中国科学院科学与社会系列报告

# 2014 科学发展报告

2014 Science Development Report

● 中国科学院

科学出版社

北 京

# 内 容 简 介

本报告是中国科学院发布的年度系列报告《科学发展报告》的第十七本，旨在综述2013年度世界科学前沿进展，展望重要科学领域发展趋势，评述诺贝尔奖科学成果，报道我国科学家具有代表性的研究成果，聚焦公众关注的科学热点问题，介绍我国科学的整体发展状况，分析科技发展的战略与政策，介绍科学在我国实施创新驱动发展战略和建设创新型国家中所起的重要作用，并向国家提出有关中国科学的发展战略和政策的建议，为高层科学决策提供参考。

本报告对各级决策部门、立法部门、行政部门具有连续的参考价值，可供各级决策和管理人员、科研院所科技人员、大专院校师生及社会公众阅读和参考。

#### 图书在版编目(CIP)数据

2014科学发展报告/中国科学院编.—北京：科学出版社，2014.3
(中国科学院科学与社会系列报告)
ISBN 978-7-03-039834-5

Ⅰ.①2…　Ⅱ.①中…　Ⅲ.①科学技术－发展战略－研究报告－中国－2014　Ⅳ.①N12②G322

中国版本图书馆CIP数据核字(2014)第030428号

责任编辑：郭勇斌　邹　聪　樊　飞　侯俊琳/责任校对：李　影
责任印制：赵德静/封面设计：无极书装

编辑部电话：010-64035853
E-mail：houjunlin@mail.sciencep.com

科学出版社 出版
北京东黄城根北街16号
邮政编码：100717
http://www.sciencep.com

中国科学院印刷厂 印刷
科学出版社发行　各地新华书店经销

\*

2014年4月第　一　版　　开本：787×1092 1/16
2014年4月第一次印刷　　印张：22
　　　　　　　　　　　　字数：443 000

定价：**98.00元**
(如有印装质量问题，我社负责调换)

## 专家委员会
（按姓氏笔画排序）

丁仲礼　杨福愉　陆　埮　陈凯先
姚建年　郭　雷　曹效业　解思深

## 总体策划

曹效业　潘教峰

## 课题组

组　　长　张志强
成　　员　王海霞　叶小梁　刘春杰　申倚敏
　　　　　苏　娜　裴瑞敏

## 审稿专家
（按姓氏笔画排序）

丁仲礼　于在林　习　复　方亚泉　叶　成
田立德　田志远　田英杰　白登海　吕厚远
刘国诠　苏昊然　李永舫　李喜先　吴善超
邱举良　余四旺　邹振隆　张　军　张利华
张树庸　陈学雷　赵见高　赵黛青　钟元元
姚檀栋　骆永明　聂玉忻　夏建白　郭兴华
黄　矛　曹效业　龚　旭　崔　峻　章静波
程光胜　解思深　蔡长塔　谭宗颖　潘教峰

# 创新，让更多人成就梦想
## （代　　序）

### 白春礼

科技史上有几个著名的"预言"。100多年前，德国物理学家普朗克的老师菲利普·冯·约利教授曾忠告他，"物理学基本是一门已经完成了的科学"。1899年，美国专利局局长查尔斯·杜尔断言，"所有能够发明的，都已经发明了"。IBM董事长老沃森也曾预言，"全球计算机市场的规模是5台"。显然，这些预言都未成为事实，但这些人都是那个时代本领域最杰出的人才。他们预言的失败，不是因为短视，而是因为经济社会发展的需求动力远远超出了所有人的预测，人类创新的潜能更远远超出了所有人的想象。

今天，我们可以在几分钟之内就了解到发生在地球另一端的新闻事件，可以随时随地和世界任何角落的人进行通信交流、研讨工作、召开会议，也可以在家里购买自已喜欢的商品。创新，推动了这样一个前所未有的历史巨变，改变了我们的生产方式、生活方式；创新，也让很多人梦想成真。

今天，包括中国、印度在内的20亿～30亿人将致力于实现现代化，许多发展中国家也在大力发展工业化。现代化的进程，对能源、资源、食品、健康、教育、文化等各个方面提出极大的需求，也对现有的发展方式提出极大的挑战。破解发展难题、创新发展模式，根本出路在于创新。

从科技创新发展自身看，以绿色、智能、安全、普惠为特征，已成为主要趋势，并取得了一系列重大突破。

比如，科学家已经制造出"人造树叶"，其光合作用的效率比天然树叶高10倍，这将为发展新能源开辟一条有效的途径。可以预计，可再生能源和安全、可靠、清洁的核能，将逐步替代化石能源，我们将迎来后化石能源时代和资源高效、可循环利用时代。

信息产业正在进入跨越发展的又一个转折期。智能网络、云计算、大数据、虚拟现实、网络制造等技术突飞猛进，将突破语言文字壁障，发展新的网络理论、新一代计算技术，创造新型的网络应用与服务模式等。

先进材料和制造领域已能够从分子层面设计、智能化制造新材料，过程将更加清洁高效、更加环境友好。3D打印已经开始应用在设计领域，满足个性化需求，大幅节约产品开发成本和时间，将带来制造业新变革。现在提出了4D打印概念并在尝试中。

合成生物学的重大突破，将推动生物制造产业兴起和发展，成为新的经济增长点。现在，科学家在实验室中已经实现首个"人造生命"，打开了从非生命物质向生命物质转化的大门。基于干细胞的再生医学快速发展，有望解决人类面临的神经退行性疾病、糖尿病等重大医学难题，引发新一轮医学革命。

在一些基本科学问题上也出现革命性突破的征兆。2013年诺贝尔物理学奖授予了希格斯粒子的发现者，这对揭开物质质量起源具有重大意义。科学家对量子世界的探索，已经从"观测时代"走向"调控时代"，这将为量子计算、量子通信、量子网络、量子仿真等领域的变革奠定基础。我们对生命起源和演化、意识本质的认识也在不断深入。这些基本科学问题的每一个重大突破，都会深刻改变人类对自然、宇宙的认知，有的还将对经济社会发展产生直接的、根本的影响。

综合判断，经济社会发展需求最旺盛的地方，就是新科技革命最有可能突破的方向。这是一个重要的战略机遇期，发达国家和后发国家都站在同一起跑线上。谁抓住了机遇，谁就将掌握发展的主动权。谁丧失了机遇，就会落在历史发展的后头。

我国改革开放30多年来，变化之大如天翻地覆，主要动力靠的是改革开放释放出的巨大能量。当前，我国经济社会发展处于重要的转型时期。一方面，资源驱动、投资驱动的发展方式，受到能源、资源、生态环境等方面的严重制约；另一方面，在产业链中的不利分工，也难以支撑经济在现有规模上的持续增长。

前不久召开的十八届三中全会，是全面深化改革的又一次总动员、总部署，也再一次强调要把全社会的创新活力充分激发出来。这是站在更高发展起点上的改革，是面向未来的改革，是增强经济发展的内生动力、走内涵式发展道路的必然选择。

作为一个科技工作者，我深切感受到，我们的科技创新与国家和全社会的期望还有很大差距。其中既有历史的原因，也有现行体制上的问题。我国科技创新起点不高、基础薄弱。记得1987年我从美国回来的时候，国内科研投入很少、研究条件也差，小到实验室所需的电阻、电容等器件，都需要自己到中关村电子一条街一家一家跑。那时我们的科研成果很少。90年代后期，这一状况才开始有所改变，但真正重大原创成果还是凤毛麟角。

现在我国科研条件大幅改善，2012年研发投入超过1万亿元，位居世界第二。我国发表的SCI论文数量已升至世界第二，高水平产出明显增多，比如我们在中微子研究、量子反常霍尔效应、量子通信、超导研究等方面，都取得了一批重大原创成果。国际专利大幅增长，中兴、华为的申请数已位居世界前列。人才队伍整体能力和水平也在显著提升，越来越多的留学人员选择回国创新创业，据统计，近5年留学回国人员已近80万人。这些迹象表明，我国科技创新已经开始从量的扩增向质的提升转变。

从一些后发国家的经验看，科技赶超跨越一般都要经过20年左右的持续积累后，才能真正实现质的飞跃。按照目前的发展态势，我相信，再有十到十五年时间，我国科技创新可望实现质的飞跃。我们将有一批具有国际水平的科学家活跃在世界科技舞台，一些重要科技领域将走在世界前列，一批具有国际竞争力的创新型企业也将发展壮大起来。

实现这样一个发展图景，需要科技界共同努力，更需要全社会的大力支持。我们的科技体制还存在很多制约发展的突出问题，需要我们以改革的精神、务实的态度去解决。更重要的是，我们要立足未来10～15年的发展图景，认真思考迫切需要解决的几个关键问题，未雨绸缪，做好充分准备。

第一，要推动科技与经济社会发展紧密结合，形成良性互动的机制。促进科技与经济结合，是深化科技体制改革的核心，也是落实创新驱动发展战略的关键。科技创新要坚持面向经济社会发展的导向，积极发挥市场对技术研发方向、路线选择、要素价格、各类创新要素配置等的主导作用，围绕产业链部署创新链，加强市场竞争前关键共性核心技术的研发。产业界特别是企业，要强化在技术创新决策、研发投入、科研组织和成果转化中的主体作用。通过建立定位明确、分工合作、利益共享、风险分担的产学研协同创新机制，着力解决科技创新推动经济增长的动力不足、应用开发研究与实际需求结合不紧、转移转化渠道不畅等问题，消除科技创新中的"孤岛"现象，提升国家创新体系的整体效能，在全社会形成强大的创新合力。

第二，要为新科技革命和产业变革做好前瞻布局。随着科学技术不断进步，从科学发现到技术应用的周期越来越短。在能源、信息、材料、空天、海洋等经济社会发展的关键领域，我们要加强前沿布局和先导研究，通过科技界和产业界密切合作、共同攻关，培育我国未来新兴产业的基础和核心竞争力。要推动基础研究与产业发展融合，加强原始创新能力建设。一直有人问我，基础研究有什么用？我想，庄子所说的"无用之用，是为大用"，明代徐光启所说的"无用之用，众用之基"，都是很好的回答。法拉第也曾表示，问基础研究有什么用，就好像问一个初生的婴儿有什么用。基础研究的"用"，首先体现在它对经济社会发展无所不在的作用，在我们现实生活中广泛使用的半导体、计算机、激光技术等，都是基础研究成果的实际应用。现在知识产权保护已从基础研究阶段开始，原始性创新是核心关键技术的源泉。基础研究还体现了人类不断追求真理、不懈创新探索的精神，也培育了创新人才，是现代社会文明、进步、发展的重要基石。

第三，要创造一个鼓励创新、支持创新、保护创新的社会环境。20世纪80年代，美国涌现出一批像比尔·盖茨、乔布斯这样的成功创业者，分析他们的成长经历，当时美国社会良好的创新条件和环境起到了非常重要的作用。我们要从国家和社会两个层面，建立和完善公平竞争的法律制度体系、广泛的社会扶持政策和创新激励机制，提高全社会的知识产权意识，尊重和保护创新者的贡献与权益。只有这样，才能出现中国的比尔·盖茨、乔布斯，才能涌现出更多的柳传志、马云。

中国科技创新的跨越发展，不仅要依靠现在活跃在科研一线的科学家、工程师和企业家们，也要依靠下一代、下两代科学家、企业家。未来，是他们以中国科学家、企业家的身份站在世界创新的舞台上。失去这一两代人，中国将会失去未来。我们必须打破现有的利益格局，为培养下一代科学家、企业家做好充分准备，让一切优秀的、有潜质的、有抱负的青年人才，得到更好的培养和更广阔的舞台，让一切劳动、知识、技术、管理和资本的活力竞相迸发，让一切创造社会财富的源泉充分涌流。

这是一个创新的时代，是通过创新实现梦想的时代。中国科学院作为国家战略科技力量，将秉承"创新科技、服务国家、造福人民"的价值理念，与社会各界携手合作，共同谱写中国科技创新的新篇章，成就中华民族伟大复兴的中国梦！

（全文曾发表在2014年1月8日出版的《光明日报》上，个别文字略有修改。）

# 前　　言

　　科学技术的迅猛发展及其对经济与社会发展的巨大推动作用，已成为当今社会的主要时代特征之一。科学作为技术的源泉和先导，作为现代文明的基石，它的发展已成为全社会关注的焦点之一。中国科学院作为我国科学技术方面的最高学术机构和自然科学与高技术的综合研究机构，有责任也有义务向决策层和社会全面系统地报告世界和中国科学的发展情况，这将有助于把握世界科学技术的整体发展脉络，对科学技术与经济社会的未来发展进行前瞻性思考，提高决策的科学化水平。同时，也有助于先进科学文化的传播和全民族的科学素养的提高。

　　1997年9月，中国科学院决定发布年度系列报告《科学发展报告》，连续综述世界科学进展与发展趋势，评述科学前沿与重大科学问题，报道我国科学家所取得的突破性科研成果，介绍科学在我国实施"科教兴国"与"可持续发展"两大战略中所起的关键作用，并向国家提出有关中国科学的发展战略和政策的建议，特别是向全国人大和全国政协会议提供科学发展的背景材料，供国家宏观科学决策参考。随着国家实施创新驱动发展战略和持续推进创新型国家建设，《科学发展报告》将致力于连续揭示世界科学发展态势和我国科学的发展状况，服务国家发展的科学决策。各年度的《科学发展报告》采取报告框架基本固定但内容与重点有所不同的方式，受篇幅所限每年所呈现的内容并不一定能体现科学发展的全部，重点是从当年关注度最高的科学前沿领域和中外科学家所取得的重大成果中，择要进行介绍与评述，进而连续反映世界科学发展的整体趋势，以及我国科学发展水平在国际上的位置。

　　《2014科学发展报告》是该系列报告的第十七本，主要包括以下八部分内容：

　　一、科学展望；二、科学前沿；三、2013年诺贝尔科学奖评述；四、2013年中国科学家代表性成果；五、公众关注的科学热点；六、科技战略与政策；七、中国科学的发展概况；八、科学家建议。

　　本报告的撰写与出版是在中国科学院白春礼院长的关心和指导下完成的，得到了中国科学院发展规划局、中国科学院学部工作局的指导和直接支持。中国科学院国家科学图书馆承担本报告的组织、研究与撰写工作。丁仲礼、杨福愉、林其谁、陆埮、陈凯先、姚建年、郭雷、曹效业、解思深、潘教峰、于在林、习复、田英杰、白登海、吕厚远、刘国诠、李永舫、李喜先、吴善超、邱举良、张军、张利华、赵见高、赵黛青、钟元元、骆永明、聂玉忻、夏建白、郭兴华、黄矛、龚旭、程光胜、谭宗颖等专家参与了本报告的咨询与审稿工作，本报告的部分作者也参与了审稿工作，中国科学院发展规划局蔡长塔、董萌同志对本报告的工作给予了帮助。在此一并致以衷心感谢。

中国科学院"科学发展报告"课题组

# 目　　录

创新，让更多人成就梦想（代序） ……………………………………………… 白春礼　 i
前言 …………………………… 中国科学院"科学发展报告"课题组　vii

## 第一章　科学展望　1

1.1　生命的曙光
　　——再生医学发展与展望 …………………… 吴祖泽　王立生　崔春萍等　2
1.2　大化学与技术革命是第六次科技革命的核心内容之一 ………… 徐光宪　12

## 第二章　科学前沿　23

2.1　2012年9月至2013年8月物理学、化学、生物学、医学前沿的
　　热门课题 ……………………………………… 王海霞　叶　成　王浩鑫等　24
2.2　平方千米阵——SKA ……………………………………………… 陈学雷　34
2.3　石墨烯在信息技术领域的应用研究进展 …………… 郭海明　高鸿钧　39
2.4　微流控芯片进展与展望 …………………… 方　群　祝　莹　潘建章　44
2.5　肿瘤纳米药物：新梦想与新希望 ……………………… 苏昊然　赵宇亮　49
2.6　癌症化学预防研究前沿 …………………………………… 杨中枢　余四旺　54
2.7　大数据的进展与展望 …………………………………………………… 石　勇　58
2.8　2013年世界科技发展综述 ……………… 王海霞　邹振隆　帅凌鹰等　64

## 第三章　2013年诺贝尔科学奖评述　83

3.1　上帝粒子：高能物理学家们半个世纪的追求
　　——2013年诺贝尔物理学奖评述 ……………………… 方亚泉　娄辛丑　84
3.2　复杂化学体系的多尺度模拟
　　——2013年诺贝尔化学奖评述 ………………………………… 高毅勤　89
3.3　囊泡运输系统：生命健康的运营者
　　——2013年诺贝尔生理学/医学奖评述 ………………… 李　雪　林鑫华　92

## 第四章  2013年中国科学家代表性成果 ············ 97

- 4.1 同余数问题的新进展 ············ 田 野  98
- 4.2 X射线极亮天体的第一例成功的动力学质量测量 ············ 刘继峰  101
- 4.3 北京谱仪实验国际合作组发现Zc(3900)新粒子 ············ 沈肖雁  104
- 4.4 量子反常霍尔效应的实验发现 ············ 何 珂  马旭村  陈 曦等  107
- 4.5 纳米金属材料研究获得重要进展
  ——金属镍中发现超硬超高稳定性二维纳米层片结构 ············ 张洪旺  卢 柯  111
- 4.6 单分子化学识别取得重大突破
  ——实现分辨率突破1纳米的单分子拉曼成像 ············ 董振超  侯建国  114
- 4.7 分子间氢键的实空间成像研究 ············ 裘晓辉  程志海  118
- 4.8 光控开关致能的新型光学成像：应对荧光探测现实挑战的创新性解决方案 ············ 田志远  120
- 4.9 仿生化学固氮研究取得新进展
  ——以硫桥联双铁氨基配合物作为固氮酶模拟物生成氨
  ············ 李 阳  李 莹  陈延辉等  125
- 4.10 从二氧化碳到甲醇的转化新方法：环状碳酸酯的催化加氢
  ············ 韩召斌  丁奎岭  129
- 4.11 囊泡货物在靶细胞膜上的卸载机制 ············ 刘佳佳  134
- 4.12 诱导多能干细胞研究新进展 ············ 裴端卿  136
- 4.13 H7N9禽流感病毒：来源、跨种传播与耐药性
  ············ 施 一  张 蔚  刘 翟等  139
- 4.14 DNA去甲基化过程关键酶TET2的催化机制研究 ············ 徐彦辉  142
- 4.15 肝癌复发的细胞基础和靶向治疗药物
  ············ 张志谦  赵 威  邢宝才等  145
- 4.16 独脚金内酯信号途径的"开关"
  ——DWARF53蛋白在调控水稻株型中的重要作用 ············ 周 峰  万建民  148
- 4.17 多纤毛细胞中心粒扩增与陆生脊椎动物进化
  ············ 朱学良  鄢秀敏  赵惠杰  150
- 4.18 全颌鱼研究改写有颌脊椎动物早期演化历史 ············ 朱 敏  朱幼安  154
- 4.19 西南印度洋洋中脊大面积出露地幔岩的发现及其对"地幔羽"假说的挑战 ············ 周怀阳  亨利·迪克  157

目　录

4.20　青藏高原降水稳定同位素揭示了西风和印度季风相互作用的三种模态
　　　　　………………………………………………姚檀栋　高　晶　田立德等　160
4.21　中国氮素沉降显著增加 ………………………刘学军　张　颖　韩文轩等　164
4.22　长江东流水系诞生于渐新世/中新世之交
　　　　　………………………………………………郑洪波　王　平　何梦颖等　166

## 第五章　公众关注的科学热点………………………………………………………171

5.1　"旅行者号"的太空之旅 ………………………………………崔　峻　李春来　172
5.2　"嫦娥三号"成功登陆月球 ……………………………………………孙辉先　178
5.3　我国大气灰霾成因及控制的科学思考
　　　　　…………………………………………………贺　泓　马庆鑫　马金珠等　184
5.4　我国人感染H7N9禽流感疫情的防控及挑战 …………………………舒跃龙　188
5.5　食品添加剂与食品安全 …………………………………………王　静　孙宝国　192
5.6　中国页岩气的勘探开发现状与利用前景
　　　　　…………………………………………………邹才能　张国生　董大忠等　196

## 第六章　科技战略与政策……………………………………………………………201

6.1　关于国家财政科技资金分配与使用情况的调研报告
　　　　　……………………………………………………………全国人大财政经济委员会等　202
6.2　关于加强科教结合推进国家创新体系建设的思考
　　　　　…………………………………………………孙福全　彭春燕　王　元　211
6.3　未来10年我国学科发展战略研究的部署 ……曹效业　张柏春　高　璐　218
6.4　2013年世界主要国家和组织科技与创新战略新进展
　　　　　…………………………………………………胡智慧　张秋菊　葛春雷等　223

## 第七章　中国科学的发展概况………………………………………………………255

7.1　2013年科技部基础研究管理工作进展 ……陈文君　沈建磊　傅小锋等　256
7.2　2013年度国家自然科学基金资助情况
　　　　　……………………………………………国家自然科学基金委员会计划局项目处　263
7.3　2013年度国家最高科学技术奖概况 ……………国家科学技术奖励工作办公室　266
7.4　2012年度国家自然科学奖情况综述 ……………………………………张婉宁　268

7.5　中国科学五年产出评估
　　——基于 WoS 数据库论文的统计分析 (2008 ~ 2012 年)
　　...... 岳　婷　杨立英　丁洁兰等　276

# 第八章　科学家建议 ...... 291

8.1　科学引领我国城镇化健康发展的建议 ...... 中国科学院学部咨询组　292
8.2　我国土壤重金属污染问题与治理对策 ...... 中国科学院学部咨询组　299
8.3　加强国家药品应急信息化建设的建议 ...... 中国科学院学部咨询组　305
8.4　我国图像传感网技术和产业现状分析与发展建议
　　...... 中国科学院学部咨询组　309

# 附录 ...... 315

附录一：2013 年中国与世界十大科技进展 ...... 316
附录二：2013 年中国科学院、中国工程院新当选院士名单 ...... 323
附录三：香山科学会议 2013 年学术讨论会一览表 ...... 328
附录四：2013 年中国科学院学部"科学与技术前沿论坛"一览表 ...... 329

# CONTENTS

**Innovation: Make Dreams Come True** ·················· *Bai Chunli*    i

**Introduction** ··················································································    vii

**Chapter 1   An Outlook on Science** ················································    1

    1.1   Regenerative Medicine: The Dawn of Life  ·······························    2

    1.2   Big Chemistry and Technological Revolution is One of the Main Content of the Sixth Scientific and Technological Revolution ························    12

**Chapter 2   Frontiers in Sciences** ·····················································    23

    2.1   Leading-edge and Hot Topics in Physics, Chemistry, Biology and Medicine from September 2012 to August 2013 ·················    24

    2.2   Square Kilometre Array —SKA ················································    34

    2.3   The Applications of Graphene Materials in Information Technologies ·········    39

    2.4   Advances and Prospect of Microfluidic Chip Research ······················    44

    2.5   Advances and Prospects of Nanotechnology Based Cancer Treatment ·········    49

    2.6   Frontiers in Cancer Chemoprevention  ·······································    54

    2.7   Advances and Prospects of Big Data ···········································    58

    2.8   Summary of World S&T Achievements in 2013 ·····························    64

**Chapter 3   Commentary on the 2013 Nobel Science Prizes** ··················    83

    3.1   The Pursuit of the God Particle by High Energy Physicists Over Half a Century
        —Commentary on the 2013 Nobel Prize in Physics ···························    84

    3.2   Multi-scale Modeling of Complex Chemical Systems
        —Commentary on the 2013 Nobel Prize in Chemistry ·······················    89

3.3 Vesicle Trafficking System: Executor of Life and Health
　　—Commentary on the 2013 Nobel Prize in Physiology or Medicine ······················ 92

**Chapter 4　Representative Achievements of Chinese Scientists in 2013**················ 97

4.1　On Congruent Number Problem·················································· 98
4.2　Puzzling Accretion onto a Black Hole in an Ultraluminous X-ray Source
　　M101 ULX-1 ································································ 101
4.3　Observation of a Charged Charmoniumlike Structure Zc(3900) at BESIII ··· 104
4.4　Experimental Realization of the Quantum Anomalous Hall Effect ············ 107
4.5　Discovery of Ultrahard and Ultrastable Nanolaminated Structure in Ni ······ 111
4.6　Single-molecule Raman Spectroscopic Mapping with Sub-nm Resolution
　　 ··························································································· 114
4.7　Real-space Image of Intermolecular Hydrogen Bonds Using Atomic Force
　　Microscopy ································································ 118
4.8　Photoswitching-enabled Novel Optical Imaging: Innovative Solutions for
　　Real-world Challenges in Fluorescence Detections ···························· 120
4.9　Ammonia Formation by a Thiolate-bridged Diiron Amide Complex as a
　　Nitrogenase Mimic ························································· 125
4.10　A New Approach from $CO_2$ to Methanol: Catalytic Hydrogenation of Cyclic
　　Carbonates ································································· 129
4.11　Regulatory Mechanism for Unloading of Vesicular Cargoes at Target
　　Membrane ·································································· 134
4.12　New Progresses of iPSCs Research ············································· 136
4.13　Novel Influenza A (H7N9) Virus: Origin, "Host Jump" and
　　Drug-resistance ····························································· 139
4.14　Insight into the Mechanism of TET2-mediated 5-mC Oxidation ············ 142
4.15　1B50-1, a mAb Raised Against Recurrent Tumor Cells, Targets Liver
　　Tumor-Initiating Cells by Binding to the Calcium Channel α21 Subunit ··· 145
4.16　DWARF53 Acts as a Repressor of Strigolactone Signaling to Participate in
　　Regulating the Developmental Processes of Plant Architecture of Rice ······ 148
4.17　Centriole Amplification of Multiciliating Cells and Its Implications in
　　Tetrapod Evolution ························································ 150
4.18　*Entelognathus* Rewrites Early Evolution of Jawed Vertebrates ············· 154

## CONTENTS

- 4.19 Discovery of Massive Exposure of Peridotite Along Southwest Indian Ridge and Its Significance to the Great Debate of "Mantle Plume" Hypothesis ... 157
- 4.20 Three Modes of Interaction Between Westerlies and Indian Monsoon Revealed by Precipitation $\delta^{18}O$ Over Tibetan Plateau ... 160
- 4.21 Enhanced Nitrogen Deposition Over China ... 164
- 4.22 Birth of the Yangtze River: Timing and Tectonic-geomorphic Implications ... 166

## Chapter 5  Science Topics of Public Interest ... 171

- 5.1 The Voyager Space Mission ... 172
- 5.2 Chang'e-3 Successfully Landed on the Moon ... 178
- 5.3 Formation Mechanism and Control Strategy of Haze in China ... 184
- 5.4 The Strategies and Challenges for Avian H7N9 Influenza Prevention and Control ... 188
- 5.5 Food Additives and Food Safety ... 192
- 5.6 The Status Quo and Future Prospects of Shale Gas Exploration and Development in China ... 196

## Chapter 6  S&T Strategy and Policy ... 201

- 6.1 The Investigation Report on Allocation and Use of National Financial S&T Funds ... 202
- 6.2 Thought about Strengthening the Combination of S&T and Education to Promote the Construction of National Innovation System ... 211
- 6.3 Mapping China's Disciplinary Development Strategy in the Next Decade ... 218
- 6.4 New Progress in S&T and Innovation Strategies of Major Countries and Organizations in 2013 ... 223

## Chapter 7  Brief Accounts of Science Developments in China ... 255

- 7.1 Major Progress in Administration Works of the Department of Basic Research of Ministry of Science and Technology in 2013 ... 256
- 7.2 Projects Granted by National Natural Science Fund in 2013 ... 263
- 7.3 Summary of the 2013 National Top Science and Technology Award ... 266
- 7.4 Summary of the 2012 National Natural Science Award ... 268

7.5 The Evaluation of Academic Production in China
—Based on WoS Database (2008-2012) ............ 276

# Chapter 8　Scientists' Suggestions ............ 291

8.1 Recommendations on China's Healthy Urbanization ............ 292
8.2 Remediation of Heavy Metal Soil Contamination in China ............ 299
8.3 Recommendations on Informatization of National Response to Drug Safety ............ 305
8.4 Recommendations on Development of China's Image Sensing Technology and its Industrialization ............ 309

# Appendix ............ 315

1. 2013's Top 10 S&T Advances in China and World ............ 316
2. List of the Newly Elected CAS and CAE Members in 2013 ............ 323
3. List of Xiangshan Science Conference Symposiums in 2013 ............ 328
4. List of Forum on Frontiers of Science & Technology by Academic Divisions of CAS in 2013 ............ 329

# 第一章 科学展望

An Outlook on Science

## 1.1 生命的曙光
### ——再生医学发展与展望

**吴祖泽　王立生　崔春萍　吴曙霞**
**(中国人民解放军军事医学科学院)**

20世纪是生命科学和医学飞速发展的100年。DNA双螺旋结构的发现、聚合酶链反应等分子生物学技术的日新月异、干细胞生物学的兴起，以及人类基因组测序计划的完成等，使人类开始从分子水平上重新认识生命现象的本质，并促进了医学诊疗新技术的发展。众多新医疗技术的应用，使人类认识和保护自身的能力有了显著的提高，平均寿命逐年增长。进入21世纪，新的问题接踵而至，心脑血管疾病和糖尿病等慢性疾病、癌症、老年退行性疾病的发病率逐年上升，各种创伤因素导致的器官损伤也日渐增多。目前，对疾病和创伤导致的器官受损或功能衰竭尚缺乏有效的治疗手段，严重影响了病人的生活质量、导致沉重的经济负担甚至威胁到生命，从而引发一系列的社会问题。一门新兴的学科——再生医学，有望为解决以上问题带来曙光。

### 一、再生医学的发展历程及重要性

再生医学是通过研究机体的组织特征与功能、创伤修复与再生机制，寻找有效的治疗方法，促进机体自我修复与再生，或构建新的组织与器官，以改善或恢复损伤组织和器官功能的科学。再生医学是一门多学科交叉融合的新兴学科，它的发展是干细胞、组织工程、细胞与分子生物学、发育生物学、生物化学、材料学、工程学、生物力学、计算机科学等多个学科汇聚融合的结果，涉及基础研究、转化医学、产品开发、临床应用等阶段。再生医学主要包括干细胞、组织工程、细胞治疗、基因治疗、器官移植等技术领域。其中，干细胞与组织工程是再生医学研究的核心内容，其发展也代表了再生医学的发展历程。

## 1.1 生命的曙光

**1. 干细胞及诱导分化**

干细胞是具有自我更新能力、在特定的条件下可以分化成不同类型功能细胞的一类原始细胞。20世纪初科学家提出"干细胞"概念，直到1963年，加拿大麦克库洛赫(McCulloch)首次通过实验证明了小鼠骨髓中存在可以重建整个造血系统的原始细胞，即造血干细胞[1]。1981年，小鼠胚胎干细胞系和胚胎生殖细胞系建系成功，英国科学家伊文斯(Evans)的这项突破性研究成果直接导致了基因敲除技术的产生，也是再生医学理论诞生的标志，伊文斯也因此于2007年获得诺贝尔生理学/医学奖[2]。1998年，美国科学家成功培养出世界上第一株人类胚胎干细胞系[3]。胚胎干细胞可以定向诱导分化为各种组织类型并用于构建组织和器官，达到替代和修复损伤组织器官的目的。2006年，日本京都大学山中伸弥(Shinya Yamanaka)通过转染四个转录因子基因使小鼠皮肤细胞重编程转化为诱导多能干(induced pluripotent stem，iPS)细胞[4]。iPS细胞的产生克服了胚胎干细胞伦理瓶颈问题，丰富了细胞逆分化和谱系转化的理论，做出这一突破性成果的科学家获得了2012年诺贝尔生理学/医学奖。干细胞根据来源分为胚胎干细胞、成体干细胞和iPS细胞。目前，由胚胎干细胞分化来的细胞产品正在进行临床试验，部分成体干细胞产品已经上市成为细胞药品，而细胞重编程技术将改变经典的干细胞的获取模式，iPS细胞成为干细胞的新来源。

**2. 组织工程解决组织器官重建困局**

组织工程学是应用细胞生物学、生物材料和工程学的原理，研究开发用于修复或改善人体病损组织或器官的结构、功能的生物活性替代物的一门科学。"组织工程"一词首先由沃尔特(Wolter)于1984年提出，并由美国国家科学基金会于1987年正式确定[5]。组织工程学能以少量种子细胞经体外扩增后与生物材料结合，构建出新的组织或器官，用于替代和修复病变、缺损的组织器官，重建生理功能。与传统的自体或异体组织、器官移植相比，组织工程克服了"以创伤修复创伤"、供体来源不足等缺陷，将从根本上解决组织、器官缺损的修复和功能重建等问题。回顾30多年的发展历程，组织工程研究在种子细胞、三维支架材料、生物活性因子、组织构建、体内植入等方面已取得很大进展，并展现了非常好的产业化前景。组织工程至今主要经历了三个发展阶段：20世纪80年代末至90年代中期为第一阶段，主要进行了工程化组织构建的初步探索，证明了应用工程技术能够形成具有一定结构与形态的组织。20世纪90年代中期以后为第二阶段，主要在免疫功能缺陷的裸鼠体内构建组织工程化组织，在此阶段成功构建了骨、软骨、肌腱等组织，并几乎进行了所有组织器官构建的尝试，为临床应用积累了丰富的实际参数并奠定了理论基础。随着20多年的飞速发展，目前组织工程已经进入了其发展最为重要的第三阶段，即组织工程临床应用与初步产业化阶段。

## 1 科学展望

### 3. 再生医学成为生命科学重要战略高地

再生医学包括干细胞、组织工程、细胞治疗、基因治疗、器官移植等多个技术领域。在Web of Science数据库中，有关干细胞的研究文献数量远远超过其他领域(图1)，显示干细胞研究是再生医学的核心和热门领域。

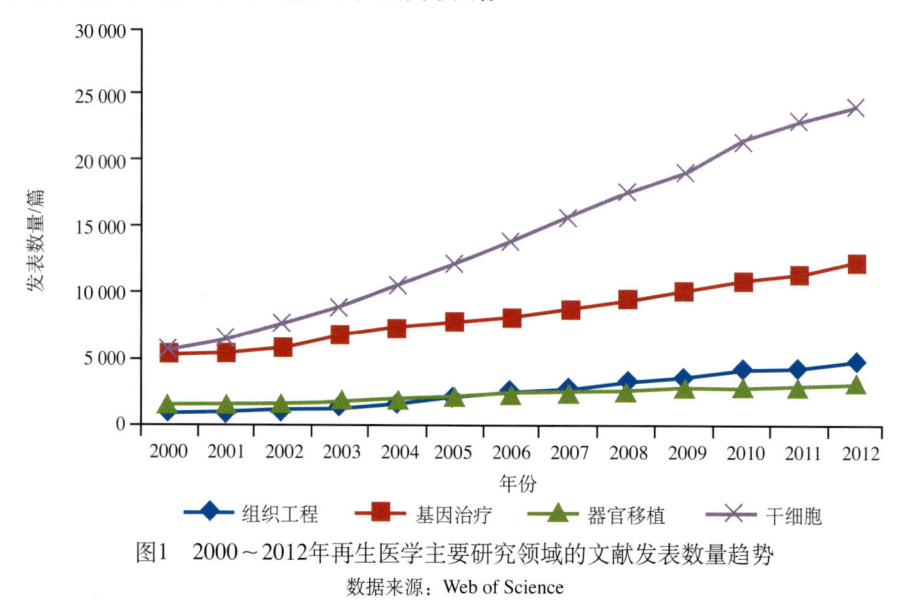

图1　2000～2012年再生医学主要研究领域的文献发表数量趋势
数据来源：Web of Science

目前干细胞与再生医学正处于重大革命性突破的前夕，其前沿性与现代医学研究手段和理念的结合将推动医学学科迅速跨上一个前所未有的高度。再生医学作为现代临床医学的一种崭新治疗模式，将成为继药物、手术治疗之后的另一疾病治疗手段，并备受国际生物学和医学界的关注。1999年以来，干细胞与再生医学研究9次入选《科学》杂志评选的世界十大科技进展，成为全球各国最重视的生命科学前沿领域。各国政府纷纷出台政策和战略规划支持再生医学研究。2009年，美国政府宣布解除对用联邦政府资金支持胚胎干细胞研究的限制。2010年，首例人类胚胎干细胞治疗在美国进入临床试验。日本在iPS细胞领域取得突破，也一跃成为该领域的先导。各国政府和企业均已在此领域投入巨资，建立了大量干细胞和再生医学研究机构。许多著名大学都拥有专门的干细胞和再生医学研究部门，如美国的哈佛大学、耶鲁大学，英国的剑桥大学、牛津大学，日本的京都大学等均成立了再生医学或干细胞研究中心。

## 二、再生医学研究进展

在新理论及新技术的推动下，再生医学研究已经成为全球研究进展最快和最热门

## 1.1 生命的曙光

的领域之一。以细胞重编程为代表的基础研究阐述和丰富了组织再生理论，部分细胞和组织工程产品已经进入临床应用，细胞大规模扩增和3D打印等关键技术不断发展，基因治疗和异种器官移植等逐渐成熟。

**1. 干细胞产品**

干细胞技术及应用能够突破传统医学发展的限制，有望解决人类面临的重大医学难题。目前干细胞研究主要集中在多能干细胞和单能干细胞。多能干细胞来源包括胚胎干细胞、成体干细胞和iPS细胞，单能干细胞来源主要为成体干细胞。胚胎干细胞来源于胚胎囊胚期的内细胞团，能够在体外大量增殖，具有很强的自我更新能力和多胚层分化潜能。胚胎干细胞的定向诱导分化为细胞替代性治疗提供了可能的细胞来源，但免疫排斥和伦理学问题限制了其应用。iPS细胞具有胚胎干细胞的生物学特性，包括自我更新的能力和三胚层分化的潜能，由于它从自体取材，从而摆脱了免疫排斥和伦理学问题的困扰，为细胞替代治疗开辟了全新的领域。目前，iPS细胞已在糖尿病、肝病、神经疾病、眼部疾病等领域开展了临床前研究。脑、骨髓、外周血、血管、骨骼肌、牙、皮肤和肝脏等成体组织都有组织特异的成体干细胞。其中，造血干细胞是应用最早的成体干细胞，目前已广泛应用于白血病、肿瘤、免疫缺陷及地中海贫血等疾病的治疗。干细胞的种类及其在再生医学中的应用方向见表1。

**表1 干细胞种类及其应用方向**

| 干细胞来源分类 | 干细胞种类 | 组织来源 | 应用方向 |
| --- | --- | --- | --- |
| 成体组织 | 造血干细胞 | 脐带血<br>骨髓<br>胎盘<br>外周血 | 造血细胞、血液代用品等<br>造血干细胞移植、输血、再生骨骼肌、肝脏细胞分化等 |
| | 间充质干细胞 | 骨髓<br>脂肪组织<br>脐带<br>牙髓等 | 促进骨、软骨及骨髓基质的功能修复等<br>治疗关节炎及软骨损伤等<br>治疗心脏疾病等<br>治疗牙周炎等 |
| | 多潜能干细胞 | 胎盘 | 分化为心肌、神经、胰腺、骨等 |
| | 骨骼肌干细胞 | 骨骼肌 | 外科整形等 |
| | 脑干细胞 | 大脑 | 治疗帕金森病及阿尔茨海默病等 |
| | 肝脏干细胞 | 肝脏 | 肝再生修复等 |
| | 胰腺干细胞 | 胰腺 | 治疗糖尿病等 |

续表

| 干细胞来源分类 | 干细胞种类 | 组织来源 | 应用方向 |
|---|---|---|---|
| 胚胎 | 胚胎干细胞 | 早期胚胎 胎儿组织 核转移技术 | 治疗帕金森病和阿尔茨海默病等 治疗多发性硬化症、糖尿病、脑卒中、关节炎、心脏病等疾病 肝脏移植、组织修复等 |
| iPS细胞 | iPS细胞 |  | 治疗糖尿病、肝病、神经疾病、眼部疾病等；建立疾病模型 |

因成体干细胞不涉及伦理问题，其临床应用和治疗技术发展尤为迅速，目前国际上已有多个成体干细胞的产品获准上市(表2)。成体干细胞产品主要应用于治疗骨与关节疾病、移植物抗宿主病、心脏疾病等。

**表2　全球获准上市的干细胞治疗产品**

| 国家或地区 | 时间 | 商品名(公司) | 来源 | 适应证 |
|---|---|---|---|---|
| 欧洲 | 2009年10月 | ChondroCelect (比利时TiGenix公司) | 自体软骨细胞 | 膝关节软骨缺损 |
| 美国 | 2009年12月 | Prochymal (美国Osiris公司) | 人异基因骨髓来源间充质干细胞 | 移植物抗宿主疾病和克隆氏病 |
| 澳大利亚 | 2010年7月 | MPC (Mesoblast公司) | 自体间质前体细胞产品 | 骨修复 |
| 韩国 | 2011年7月 | Hearticellgram-AMI (FCB-Pharmicell公司) | 自体骨髓间充质干细胞 | 急性心梗 |
| 美国 | 2011年11月 | Hemacord (纽约血液中心) | 脐带血造血干祖细胞 | 遗传性或获得性造血系统疾病 |
| 韩国 | 2012年1月 | Cartistem (Medi-post公司) | 脐带血来源间充质干细胞 | 退行性关节炎和膝关节软骨损伤 |
| 韩国 | 2012年1月 | Cuepistem (Anterogen公司) | 自体脂肪来源间充质干细胞 | 复杂性克隆氏病并发肛瘘 |
| 加拿大 | 2012年5月 | Prochymal (美国Osiris公司) | 骨髓干细胞 | 儿童急性移植物抗宿主疾病 |

## 2. 细胞重编程

重编程干细胞，又称诱导多能干细胞(iPS细胞)，是将某些转录因子或基因导入人或动物的成熟体细胞内，使成熟体细胞重编程为多潜能干细胞。细胞重编程技术颠覆了传统的细胞分化概念和理论，丰富了再生医学的内容。在应用方面解决了干细胞获取的伦理问题，是生命科学领域的一次巨大革命。iPS细胞及诱导技术不断发展，从病毒、质粒载体、RNA到化合物的诱导策略不断升级。不同细胞谱系间直接转分化技术是一项通过细胞重编程获取功能细胞的新技术，该技术可绕过重编程干细胞中间阶段，直接将某一种成体终末分化细胞特定转化为其他组织类型的功能细胞。目前，科学家们已利用该技术成功诱导生成了血细胞、内皮细胞、心肌细胞和神经细胞等。iPS细胞丰富了再生医学的理论，提供了新的细胞来源，并为疾病机理研究和药物研发提供了基础。

3. 组织工程与器官构建

自20世纪80年代兴起后，组织工程学经过20余年的发展，在阐明了众多基本科学问题的基础上，其研究成果已在多个国家有了临床应用的成功报道，如组织工程骨、软骨、皮肤、肌腱、韧带、血管、周围神经、口腔黏膜等。组织工程产品已经从构造简单组织向复杂脏器的生物制造过渡，从体外构建完整结构的组织向体内诱导组织的再生转化。同时，随着3D打印、生物芯片和微制造技术的发展，材料-细胞-结构的一体化形成策略将极大地推进重要器官构建的发展。

4. 3D打印技术的应用

生物三维打印即运用生物材料、细胞、蛋白质或其他生物组分，通过3D打印技术来构建组织工程支架、"活体"组织与器官等，并可根据患者的身体构造、病理状况等提供差异化、个性化的定制服务。从技术角度来看，3D打印是目前制造与人体组织相近、具有多层级结构支架和"活体"组织的最佳方法。组织工程支架方面，3D打印人造皮肤、耳朵、心脏瓣膜、肾脏支架，以及血管和膀胱支架已有成功临床应用案例。"活体组织"打印方面，开始利用新的3D打印技术排布人胚胎干细胞并构建三维组织结构。英、美等国大学使用3D打印技术已制造出类生物组织及肝脏等，有望用于修复衰竭的器官。我国清华大学生物制造工程研究所已实现了血管、人工耳软骨支架及骨修复材料制备，并在国内率先开发出了细胞3D打印机，实现了细胞打印。

5. 基因治疗与异种器官移植

基因治疗是20世纪80年代发展起来的最具革命性的医疗技术之一，是以改变人的遗传物质为基础的生物医学治疗手段，它直接通过基因水平的操作和介入来干预疾病的发生、发展进程。从1989年世界上首例基因治疗临床试验开展以来，全世界共进行了约1700项基因治疗的临床试验方案。欧盟和中国已经批准基因治疗药物上市。利用血管生长因子基因治疗缺血性疾病已经进入II期临床试验阶段。干细胞也是理想的基因治疗载体，干细胞和基因治疗的结合是治疗损伤性疾病的新策略。

器官移植是目前挽救器官功能衰竭患者生命的重要手段。我国每年约有150万患者需要器官移植，但仅1万人能够接受移植手术。人源化的异种器官有望成为解决移植器官短缺问题的新来源。利用基因敲除、敲入和体细胞克隆等技术，对供体猪进行基因改造，用以克服异种移植免疫排斥反应。目前已经培育出敲除半乳糖分子基因的转基因猪，并对其进行了人源基因改造，从理论上解决了超急性免疫排斥的问题。转基因猪的眼角膜、皮肤、胰岛等组织和器官有望应用于人体移植。

## 三、我国再生医学研究现状

自2005年召开以"再生医学"为主题的第264次香山科学会议以来，我国的再生医学基础研究、产品研发、临床转化，以及再生医学转化基地的建设等，都取得了长足的进步，有些领域已经在国际上产生了比较大的影响，提升了我国再生医学领域的国际地位。中国科学院《中国至2050年人口健康科技发展路线图》和中国工程院《中国工程科技中长期发展战略研究》等报告中，都把再生医学列为重大研究方向。卫生行政部门组织制订了《组织工程化组织移植治疗技术管理规范》，并正在建立干细胞技术和产品应用管理规范。总体来说，我国再生医学的基础研究和临床转化研究都取得了重要的进展，部分领域处于国际先进或领先水平。如果在"十二五"期间能够把握住方向，加大投入，合力攻关，有可能在某些方面取得突破性进展，最终走出一条基础研究成果快速转化为临床应用的成功之路。

1. 干细胞基础研究成绩斐然

中国干细胞的奠基性研究可追溯到半个世纪以前[6]。1963年，中国科学院童第周等把鲤鱼胚胎的细胞核移植到鲫鱼去核卵内得到核质杂种鱼，成为国际首例克隆鱼，被誉为亚洲鲤鱼；1964年，北京大学附属人民医院陆道培开展了中国首例临床同卵双胞胎的骨髓移植，治疗再生障碍性贫血；20世纪70年代后期，军事医学科学院吴祖泽团队在中国最早启动了造血干细胞的细胞动力学和生物学研究。

近年来，中国干细胞研究发展迅速，特别是在iPS细胞研究领域，成绩斐然。早在2001年，付小兵等首先发现并证实表皮细胞存在逆分化现象。周琪等系统开展了各种不同种类动物的iPS细胞研究，成功地从小鼠、大鼠、猕猴、猪和人的体细胞中诱导获得iPS细胞，并利用iPS细胞获得了具有繁殖能力的小鼠，率先证明了iPS细胞具有发育的全能性[7-8]。2010年，裴端卿团队研究发现细胞"逆转"过程是由间充质细胞状态转变到上皮细胞状态来驱动的，这一新细胞生物学机制有望为干细胞治疗帕金森病等退

## 1.1 生命的曙光

行性疾病开辟新途径[9]。2012年，来自中国科学院和东北农业大学的研究人员成功建立了来自孤雄囊胚单倍体胚胎细胞系，并进一步验证将这些细胞注入卵母细胞后产生了健康的小鼠。2013年，《科学》杂志刊登了邓宏魁的一项革命性的研究成果——用小分子化合物诱导体细胞重编程为iPS细胞。该成果开辟了一条全新的实现体细胞重编程的途径，给未来应用再生医学治疗重大疾病带来了新的可能[10]。2012年《科学》杂志出版《中国再生医学》专刊，这是《科学》杂志首次以专刊形式介绍中国再生医学研究的成就，也是对我国干细胞和再生医学研究成果的高度肯定。

2. 细胞治疗临床研究优势显现

我国每年有约1亿人需要进行组织修复和再生治疗。如此大的需求也极大地促进了我国干细胞临床应用研究的发展。造血干细胞移植是我国发展最早且最成熟的干细胞治疗技术，目前至少有60种疾病可以应用造血干细胞移植来治疗，包括血液肿瘤、各种遗传性血液病，以及自体免疫疾病、辐射损伤等。动员外周血干细胞治疗糖尿病足，可以明显降低晚期糖尿病患者的截肢率。间充质干细胞(MSC)是目前研究较为深入的一类成体干细胞，它在不同的诱导条件下，可以分化为成骨细胞、软骨细胞、脂肪细胞、心肌细胞、肝细胞等多种功能细胞。同时，MSC易于外源基因的转染和表达，是细胞治疗、组织器官缺损修复及基因治疗的理想载体细胞。因此，MSC临床应用将是未来干细胞治疗发展的一个重要方向。在我国有大量的MSC临床研究，其中在美国国立卫生研究院临床研究网站登记的就有50多项，分别用于治疗移植物抗宿主病(GVHD)、溃疡性肠炎、多发性硬化病、系统性红斑狼疮、缺血性心脏病、脊髓损伤和肝硬化等。正如《科学》杂志曾对中国再生医学研究做出的评述："中国的再生医学研究不单是简单地了解相关机制，而且还逐步从实验室走向临床，最终将造福于患者。"

3. 组织工程产品步入临床

我国的组织工程经过近20年的发展，在种子细胞、生物材料、组织构建，以及组织工程皮肤、骨、软骨、肌腱、角膜、神经等研究均已取得不同程度的进展，其中组织工程皮肤、软骨、角膜等已形成产品或处于临床研究阶段。组织工程皮肤(安体肤)是我国第一个组织工程产品，于2007年通过了国家食品药品监督管理总局的评审，获准上市。但是，组织工程领域也面临着临床应用的挑战。组织工程膀胱、气管、食管、小肠等空腔脏器，以及结构和功能更为复杂的肝脏、肾脏、胰腺等实质脏器的构建目前仍无突破性进展，其主要原因在于器官结构和功能的复杂性。器官中含有不同的细胞，如何将不同的种子细胞严格按照正常的解剖结构在生物材料上有序排列与组装，并在组织形成过程中维持这种有序结构，难度极大，现有的技术手段尚无法解决，这是组织工程面临的巨大挑战。组织工程面临的另一个挑战在于生产血管化组织。组织的血管化是为新生组织提供血液供应的基础。在人体组织器官再造的研究中,如何实现从结构性组织向复杂组织器官的跨越,也是再生医学研究的重要科学问题。

总之,干细胞和再生医学基础理论研究的快速发展,带动了相关临床转化及产业发展,与之相适应的科学监管也应不断发展和完善。我国应尽快建立和完善针对干细胞和组织工程产品的以"法规-监管-指导"为原则的监管体系,促进检定检测技术及质量研究技术的不断进步,并细化技术性指导原则。

## 四、再生医学发展展望

### 1. 学科交叉融合奠定发展根基

再生医学是多学科交叉融合的典范,尤其生命科学、材料科学和工程科学的相互渗透构成了再生医学的发展基础。生命科学研究将阐明组织和器官再生的原理,化学和生物材料的发展将为组织构建及产品提供物质基础,而工程科学将使再生医学产品的研发和生产成为现实。另外,再生医学产品和技术应用需要与临床医学合作。以组织和器官再生为目标的再生医学也将成为多学科交叉研究的平台。各学科的基础理论、应用技术的综合创新将极大推进再生医学的发展。

### 2. 基础理论研究是创新源泉

再生医学是基础研究牵引的新兴学科,推进基础理论研究的创新与突破将是再生医学发展的重要方向。目前,再生医学的许多基础理论问题如干细胞增殖与分化调控及干细胞治疗的核心机制等尚未阐明。未来需要研究的重要理论问题包括:胚胎和成体干细胞诱导分化及再生损伤组织的相关机制;细胞治疗用于多种难治性疾病治疗、修复与组织再生的相关机制;干细胞的规模化分离培养、扩增、传代、保存、运输、复苏等技术问题;细胞的移植途径、部位及数量对组织再生修复的影响,移植细胞在体内的归巢、增殖、分化过程、调控及最终结局;异体细胞移植的免疫原性等;诱导产生的iPS细胞在基因表达水平和表观遗传学上的改变;基因表达和表观遗传学改变对iPS细胞的维持分化及安全性的影响;组织再生和修复的关键理论等。这些基础理论研究的突破将引领再生医学的发展,成为再生医学的创新源泉。

### 3. 技术革命性突破助推发展跃升

近年来,iPS细胞技术、生物材料技术、三维细胞培养技术、3D打印技术等频获突破。细胞谱系转化及定向重编程等关键技术的应用将促进新型细胞产品的研发。纳米材料由于其特殊的结构、理化及生物学性能,更有利于诱导组织再生、药物缓释及基

## 1.1 生命的曙光

因治疗，可能引发组织工程与再生医学的革命。3D打印技术具有快速性、准确性的特征，非常符合未来个性化定制医疗的发展需求，目前已在体外医疗器械、器官模型、假体植入物、组织支架和"活体组织"的制造方面产生了巨大的推动效应。这些革命性技术的发展将从根本上改变再生医学产品的生产模式和速度，助推再生医学的发展。

**4. 产品研发前景无限**

目前，全球共有将近300种干细胞相关药物正在研发，治疗领域包括心肌梗死、糖尿病、脊髓损伤、帕金森病、多发性硬化病、肌萎缩性脊髓侧索硬化症、脑卒中、癌症等。软骨、骨组织、肝脏、神经、心脏与血管、牙齿、胰岛等多种组织工程产品也正在研发中，应用前景广阔，这为人类治愈相关疾病带来了无限希望。

**5. 临床转化带来生命曙光**

将再生医学研究成果应用于患者和大众健康是当前转化医学的发展方向和重要任务之一。未来，我国需要着力解决基础研究、临床应用、产业发展之间的有效衔接。同时，建立一批各具特色的临床转化医学研究基地，完善申报、评审、审批和监管的规范管理体系，加快推进细胞产品、组织和器官等再生医学产品的研发和临床应用。

我国应该抓住再生医学整体发展的有利时机，在基础理论、临床研究和产品研发等方面加强协同创新攻关，实现突破性发展。同时，充分利用我国病种资源丰富和患者数量巨大的特点，加快推进再生医学转化的整体发展。

## 参 考 文 献

1 Becker A J, McCulloch E A, Till J E. Cytological demonstration of the clonal nature of spleen colonies derived from transplanted mouse marrow cells. Nature, 1963, 197(2): 452-4542.

2 Evens M, Kaufman M. Establishment in culture of pluripotent cells from mouse embryon. Nature, 1981, 292(1): 154-156.

3 Thomson J A. Embryonic stem cell lines derived from human blastocysts. Science, 1998, 282(3): 1145-1147.

4 Takahashi, Kazutoshi, Yamanaka S. Induction of pluripotent stem cells from mouse embryonic and adult fibroblast cultures by defined factors. Cell, 2006, 126(4): 663-676.

5 曹谊林. 组织工程学. 北京: 科学出版社, 2008.

6 Yuan W P, Sipp D, Wang Z Z, et al. Stem cell science on the rise in China. Cell Stem Cell, 2012, 10 (1): 12-15.

7 Tong M, Lv Z, Liu L, et al. Mice generated from tetraploid complementation competent iPS cells show similar developmental features as those from ES cells but are prone to tumorigenesis. Cell Res, 2011, 21(11): 1634-1637.

8 Li W, Shuai L, Wan H F, et al. Androgenetic haploid embryonic stem cells produce live transgenic mice. Nature, 2012, 490(7420): 407-411.

9 Li R, Liang J, Ni S, et al. A mesenchymal-to-epithelial transition initiates and is required for the nuclear reprogramming of mouse fibroblasts. Cell Stem Cell, 2010, 7(1): 1-13.

10 Hou P, Li Y, Zhang X, et al. Pluripotent stem cells induced from mouse somatic cells by small-molecule compounds. Science, 2013, 341(6146): 651-654.

---

**Regenerative Medicine: The Dawn of Life**

*Wu Zuze, Wang Lisheng, Cui Chunping, Wu Shuxia*

Regenerative medicine is a rapidly growing interdisciplinary field that revolutionizes the ways we improve the health and quality of life by restoring, maintaining, or enhancing tissue and organ function. The remarkable advancements in stem cell research, tissue engineering, biomaterials engineering, growth factors and transplantation science have led to fresh insights into regenerative medicine and provided innovative medical approaches. Tissue engineering and stem cell products have been approved for clinical application in treatment of various diseases worldwide. Regenerative medicine has the potential to be a third major revolution in biotechnology and medicine. In this review, we described the history and characteristics of regenerative medicine, the development of stem cell products and tissues engineering. It is suggested to establish new regulatory systems for coordinated and sustainable development of research and development of regenerative medicine in China.

---

# 1.2 大化学与技术革命是第六次科技革命的核心内容之一

## 徐光宪

（北京大学化学学院）

科学技术是第一生产力。当前，我国面临经济转型升级的巨大挑战，不可再生的稀土等稀有元素矿产资源匮乏、淡水资源短缺、二氧化碳排放和环境污染等问题日趋严重，人口健康与老龄化问题日益紧迫，这就需要我们紧紧抓住第六次科技革命的机遇，解决中国和世界当前面临的迫切问题。第六次科技革命的主要内容是什么？国内外都在热烈研讨，曾提出是生物科技革命、新的信息革命、纳米科技革命、材料科学革命、物理革命等，目前尚无定论。本文提出的大化学与技术革命，国内外很少提到，但对中国的发展至关重要，希望广大科技界的专家学者广泛讨论并指正。

本文将讨论三个问题：第一，为什么提出大化学科技革命是第六次科技革命的主要内容之一；第二，为什么要创建"系统化学"的新学科；第三，对大学师生、专家学者和社会人士的希望和呼吁。

# 一、大化学科技革命能解决中国和世界当前面临的大部分难题，是第六次科技革命的主要内容

(1) 彻底改造污染环境的化工厂，大力发展原子经济和循环化工流程，建设绿色化工和冶金企业。"原子经济"即设计新的化学合成方法和化工流程，要使化工原料中的所有原子尽量得到充分利用，达到或接近"零排放"，大部分化工和冶金流程都要重新设计，进行革命性的改造。

(2) 石油和煤炭既是燃料，又是最重要的化工原料。如按现在世界的消耗速度，石油将在几十年内耗尽，煤炭在100~200年消耗殆尽。2013年，美国报道研发出页岩气的高效开采方法。中国有大量页岩气的储存，估计石油和页岩气可用100年。所以现在必须逐渐减少对石油和煤炭的依赖，尤其要减少石油和煤炭作为燃料的使用。大力发展新能源和可再生的生物能源及生物化工原料。

20世纪有机化合物的原料主要是石油和煤焦油，所以有机化学定义为碳氢化合物及其衍生物的化学。将来要以可再生的稻麦秸秆等纤维素和玉米等为化工原料，有机化学的定义要改为碳水化合物及其衍生物的化学，化工流程都要重新设计，教科书也要改写。这是重大的化学学科革命。

(3) 新能源的开发和有效利用，例如，海底的天然气冰、月球中的 $^3$He、水中重氢的核聚变能、稀土电机的风能、钍基核能的研发利用等。中国的铀资源很少，要以20万美元/吨的高价进口。但中国的钍资源仅次于印度，居世界第二。钍232在快中子反应堆的中子照射下，能全部转变为可裂变的铀233；而天然铀中只含有0.72%的可裂变铀235。目前，包头白云鄂博稀土、钍矿中的钍没有回收，完全浪费，非常可惜，而且污染环境。

(4) 人工化学合成固氮酶，使水稻、小麦等非豆科植物也能利用空气中的氮，不必使用化肥。在20世纪，卢嘉锡、蔡启瑞等著名科学家曾经开展固氮酶的研究，提

出"厦门模型"和"福州模型",非常接近天然固氮酶。但因缺少经费而中断,十分可惜。同时,应研究光合作用的机制,找出光合作用的有效催化剂,可以大幅提高利用太阳能的效率。上述两者有可能引起新的农业革命,可使中国和世界的粮食成倍增加。

(5) 二氧化碳的减排、吸收、利用和储存问题。减排是提高燃烧的化学过程的效率问题,吸收和利用是研究光合作用的问题。

(6) 对风能发电、高效节能灯、iPhone手机、军用精密制导、医用核磁共振仪、计算机等不可缺少的稀土功能材料和器件的研制,稀土资源的保护性开发,绿色低成本的稀土萃取分离技术的进一步研发,废品中稀土的回收技术,以及不可再生的稀有元素资源(如青海盐湖中的锂等)的节约、环境友好的开采和综合利用。

(7) 零维纳米富勒烯、一维碳纳米管、二维石墨烯的化学合成及其应用,新的分子框架结构和空腔结构的合成及应用。在特定的空腔结构内可以进行有特殊选择性的化学反应,这是合成化学的一个新创造。

(8) 人类健康必需的新药物,如新的抗癌药物、心血管药物、糖尿病药物、导向病灶靶点的新药物等的化学合成及应用。

(9) 氢通常可用电解法制备,而氢与氧通过电极反应可以发电(氢燃料电池)。2013年报刊报道了一种不用电制备氢的新方法,通过化学合成形成储氢新材料,就可以把储存氢的电池放在汽车里为电动汽车提供能源,节省石油的使用且不排放二氧化碳。

(10) 高新技术、军工技术、计算机和新的信息技术、遥控和精密制导技术等所需要的新材料的研发和化学合成。

(11) 淡水资源的节约利用和高效低成本的海水淡化问题。这是把海水中的盐等杂质分离出来的化学问题。例如,在晒盐场建造大型、低价、一层的玻璃顶房子,用太阳光照射海水晒盐,室内所得的水蒸气抽出来用冷海水冷凝就能得到淡水,而热海水又能注入作为晒盐海水,加快晒盐效率。所需费用就是玻璃顶房子的一次性建造费,以及少量抽海水和水蒸气的动力费,成本相对较低。

(12) 中国反对化学武器、生物武器,但要建立防化兵部队,研究防化学武器的方法和技术。

要实现以上12个中国和世界必须解决的问题,需要多学科的交叉综合研究,而大化学技术革命在其中起着很重要的关键作用。

## 二、大化学革命的基础性研究:要解决上述12个问题,必须独立自主地创新,立足于基础研究。首先要创建全新的"系统化学"

1900年在《美国化学文摘》(CA)登录的已知化合物只有55万种,1945年翻了一番，达到110万种，1970又翻一番达到236万种。此后新化合物增长的速度大大加快，截至2011年9月14日，已达11 685万种。如此巨大的"分子共和国"，必须用全新的"系统化学"把它们组织起来，使它们"优生优育"，为人类提供急需的新化合物。

牛顿用四条基本假设(即牛顿三大运动定律和万有引力定律，因为这四条假设，已在宏观领域被无数实验事实所证明，所以称为定律)创建的牛顿系统力学，使当时已知的全部力学原理如钟摆定理、流体力学定理等都可从这四条基本原理严格推导出来。仿照牛顿的假设，为创建系统化学，我大胆提出三大基本假设：①相反相成假设；②互补配偶子假设；③互补配偶子之间有通信，通信有五个要素：信源、信宿、信道、信的、信境。这三条基本假设也可作为创建其他系统学科之用。

1. 三大基本假设

1) 相反相成假设

宇宙间的所有事物都有相反相成的两个方面。这个假设因为已有许多事实证明，所以也可称为相反相成原理。

相反相成原理好像一个钱币有正反两面，因此也可称为钱币原理。这个普适原理有许多应用。例如，在宇宙大爆炸理论中，假设宇宙起始于一个原始真空状态，其中没有物质(substances)，只有包含四种辐射力场的超统一场(即万有引力场、强场、弱场和电磁作用力场)。时间和空间也还没有分化出来。在四种作用力场中，强场和弱场是短程作用力这个钱币的两面。电磁作用力场这个钱币有异性电荷互相吸引，同性电荷互相排斥的两面。万有引力场是远程作用力场的一面，也必须有其反面万有斥力场。所以，我建议在宇宙大爆炸理论中起始状态的超作用力场应是五种而不是四种辐射力场的超统一场。

万有引力是物质之间的相互作用力，万有斥力应是暗能量与暗能量之间的作用力。质量(包括明质量和暗质量)与能量(包括暗能量和明能量)也是相反相成的。相反方面是质量之间有万有引力，能量之间有万有斥力。相成方面有爱因斯坦著名的质能转换公式：$E=mc^2$。星系与星系之间，万有引力大于万有斥力，所以生成星系团。但在更大距离的星系团之间，万有斥力大于万有引力，所以互相远离，这可以解释哈勃定律及宇宙正在不断膨胀的实验事实。

根据2013年报道上的最新数据，明亮物质(即各种波段的天文望远镜能够观察到的物质和光波)只占宇宙总质量的4.9%，暗物质占26.8%，暗能量占68.3%。

2) 互补配偶子(pleromers)假设

根据相反相成原理可以提出互补配偶子假设，即任何物质的微观粒子、宏观物体、宇观天体都有某种性质相异而互补的"互补配偶子(体)"。这是物质的普遍属性。

把"互补配偶子"翻译成英文的"pleromers"，这一名词原自希腊文，是莱恩

(Lehn)首先借用的。在他所著的《超分子化学》(Super-Molecular Chemistry)一书中首先提出在两个分子之间,如果能形成非共价键结合的超分子,那么这两个分子就叫做pleromers。例如,蛋白质的四级空间结构像一把锁,要用一个小分子去激活它,好像是一把开锁的钥匙。莱恩把这把锁和钥匙叫做pleromers,它们之间以非共价键结合成一个超分子。所以,莱恩的pleromers是指以非共价键结合成超分子的两个分子。本文提出的"互补配偶子"的意义比莱恩的深广得多,但因提不出更好的英文译名,所以也用pleromers,它的希腊原文就有互补和配偶的意义。

互补配偶子可以是两个,也可以是三个,四个或多个。例如,两个上夸克一个下夸克是互补三联体,可以组成中子,一个上夸克两个下夸克组成质子。物质、运动能量、时间和空间是互补四连体,组成宇宙。四者互相依存而存在,没有物质和运动,就没有时间和空间。太阳和它的八大行星是互补多连体。

3) 互补配偶子之间有通信,通信的五个要素的假设是信源、信宿、信道、信的和信境

香农(C. E. Shannon)在1948年发表的著名论文《通信的数学理论》中提出通信有三要素,即信源、信宿和信道。本文的第三个假设增加了两个要素,即信的(通信的目的)和信境(通信要进行必须满足的环境)。

"互补配偶子"之间有通信。通信要满足五个要素,即信源、信宿、信道、信的和信境。互补配偶子互为信源和信宿,它们之间都有某种相互作用,这就是它们互相联系的信道。在它们之间传递信息的结果就是互相吸引,组成高一级的粒子或高一级

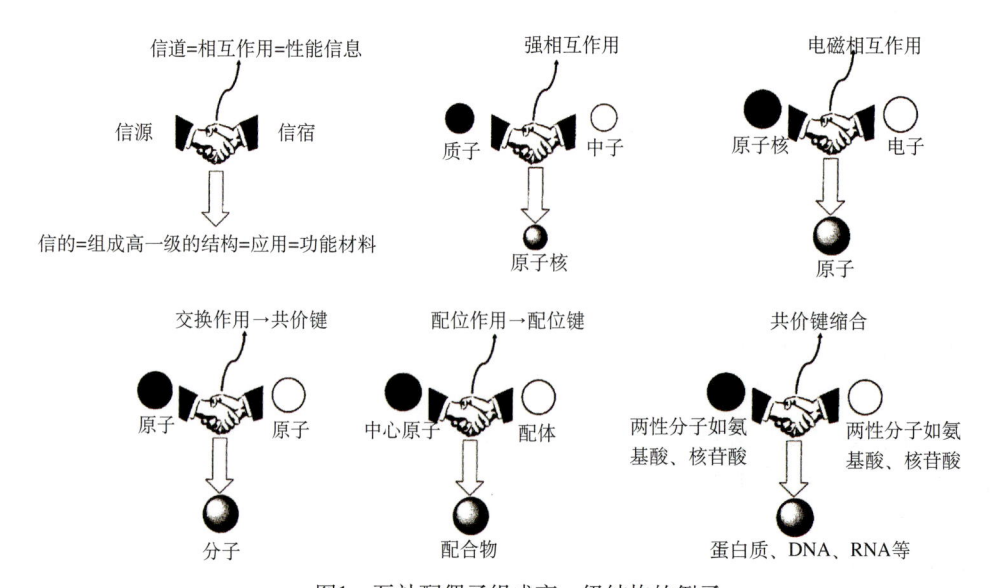

图1 互补配偶子组成高一级结构的例子

的动态平衡体系，这就是"信的"。通信的完成要满足一定的环境要求，即信源与信宿之间的距离，这就是信境。

2. 18个广义分子的层次

广义分子是由明亮物质组成的。它们可以分为18个结构层次。

1) 广义分子的基本层次

广义分子最基本的层次是质子、中子、电子和光子(以后的各层次都含有光子，就不再提到)。可观察到的宇宙共有大约$10^{78}$个质子，$10^{78}$个电子和$1.4×10^{77}$个中子，以及大约$10^{88}$个光子。可观察到的宇宙的总质量是$2×10^{54}$克。

2) 原子核层次

质子和中子是一对互补配偶子，它们可以互为信源和信宿，发出和接受的信息就是强相互作用，这就是信道。通过强相互作用互相吸引，组成高一级的结构：原子核，如氘核、$He^{2+}$、$C^{6+}$、$O^{8+}$等，这就是它们通信的目的：信的。强相互作用是短程作用，所以必须相距很近(在$10^{-15}$厘米以内)，这就是通信所需要的环境：信境。

3) 原子层次

带正电荷的原子核和带负电荷的电子也是一对互补配偶子，它们通过库仑引力的信道组成原子(信的)。信境需要接近到相当距离(在$10^{-8}$厘米左右)。

4) 小分子层次

中性的氢原子为什么能形成氢分子？这是系统化学需要解决的一个大问题。这个问题由量子力学处理氢分子的变分法解决了，从而产生了"量子化学"这门新学科，为"系统化学"打下了很好的基础。

原来原子的价电子层含有未配对的电子，电子除了围绕原子核的运动以外，还有一种电子的自旋运动，类似于地球的自转。这种自旋运动有顺时针和反时针两种，分别称为α自旋和β自旋。

含有α自旋电子的原子与含有β自旋电子的原子是一对互补配偶子，它们互为信源和信宿，它们之间的相互作用称为交换力(exchange force)。交换力就是它们之间的信道，通过后者组成高一级的结构"分子"或"分子片"。

原子或分子片含有自旋未成对电子，因而还能和其他含有相反自旋电子的原子或分子片形成共价键的稳定分子。含有相反自旋电子的原子之间的相互作用特称"交换力"，它的能量由量子力学哈密顿算符中的交换积分来表达，称为交换能。交换能是负值，可使形成的分子趋向稳定。这种通过交换力把原子连接起来的方式，称为"共价键"。惰性气体原子的价电子层已充满，没有自旋未配对的电子，因而它们之间不能形成双原子分子。

## 5) 分子片层次和分子片周期表

$$M^i = A^j L^k,\ i = j + k \tag{1}$$

$$V^i = M^i\text{的共价} = 2-i\ (\text{第一周期}) \tag{2}$$

$$= 8-i\ (\text{第二、三周期}) \qquad (\text{8电子规律}) \tag{3}$$

$$= 18-i\ (\text{第四、五、六、七周期})\quad (\text{18电子规律}) \tag{4}$$

式中$M^i$表示分子片，它由中心原子$A^j$和配体$L^k$组成，$i$、$j$、$k$分别是分子片M、中心原子A和配体L的价电子数。中心原子可以连接一个或多个配体，那么$k$就是各配体的价电子之和。

配体L可以分为含孤对电子的经典配体$L^2$，含正常共价单键的配体$L^1$，如H、$CH_3$、$NH_2$、OH等；含π电子配体，如乙烯；含环型η电子的配体，如苯分子$η^6$；含σ键的配体$L^2σ$等。配体可以是原子、分子片、小分子，也可以是很大的分子，只要它含有孤对电子或π或含环型η电子即可，所以配体的数目数以千万计。

如以分子片$M^6$为例，它可以代表$A^6$、$A^5L^1$、$A^4L^2$、$A^3L^3$、$A^2L^4$、$A^1L^5$。$A^6$可以代表Cr、Mo、W、$Fe^{2+}$、$Ru^{2+}$、$Os^{2+}$等。$A^5$可以代表V、Nb、Ta、$Fe^{3+}$、$Ru^{3+}$、$Os^{3+}$等。

分子片周期表不但可以容纳数以亿计的已知广义分子，还可以容纳数以十亿、百亿、千亿计的未知分子，为分子设计提供无数可能性。

## 6) 结构单元层次

某些分子如乙烯可以聚合成聚乙烯高分子，乙酰胺可以聚合成聚乙酰胺高分子，23种氨基酸可以缩合成蛋白质，A、T、G、C四种核苷酸可以缩合成DNA，这些可以聚合或缩合成高分子或生物大分子的小分子称为结构单元。结构单元之间的通信是以共价键为信道的；信的是形成高分子或生物大分子；信境是需要一定的反应环境，包括使用催化剂。

## 7) 分子簇合物层次

以金属原子为中心的二价分子片如$Mn(CO)_4$、$Co(CO)_3$、$Fe(CO)_4$、$Ru(PR_3)_4$，三价分子片如$Co(CO)_3$、NiCp及其他分子片等，可以用金属与金属原子间的共价键结合成金属分子簇合物。

凡价电子数少于价轨道数的原子称为缺电子原子，如B、Al等，它们会生成硼烷型或碳硼烷型的缺电子簇合物。

## 8) 高分子层次

高分子有合成纤维、合成塑料、合成橡胶等，是对人类生活至关重要的材料。例如我们用稀土配合物把尼龙纤维接起来，已经研制出小于0.7旦(Danil)的细旦尼龙。"旦"是9000米长的纤维的克重数。杜邦尼龙是50旦。细旦尼龙的色泽和手感都比杜邦尼龙好得多，可以用于制作高级服装，如能正式投产，将使我国从纺织品大国变为纺织品强国。又如，我国天然橡胶产量不足，已发明用稀土为催化剂的合成橡胶可替代一部分天然橡胶。

9) 生物大分子层次

生物大分子层次有蛋白质、DNA、RNA等。它们有一级结构，即组成这些生物大分子的结构单元的化学序列。二级结构是这些化学序列成螺旋状或片状的结构，还有具有生物活性的三、四级结构。

10) 超分子层次

超分子是两个分子通过非共价键的分子间作用力结合起来的广义分子。具有某种结构的主体分子和客体分子、抗体和抗原、酶和底物等都是互补配偶子。它们的空间结构形状像锁和钥匙一样互补，通过"非共价键的弱相互作用"互相接近组成超分子。超分子以上的层次就和生命运动接轨了。

又如，环糊精(CD)分子，形似花盆，它的尺度略大于富勒烯($C_{60}$)的直径，可以把$C_{60}$包进去，生成1∶1和2∶1的超分子。艾滋病病毒(HIV)是一个生物大分子，其活性部位形似环糊精，大小与$C_{60}$十分接近，它们可以形成超分子。因此，$C_{60}$可以作为一种能够抑制HIV的药物。环糊精分子既可作为主体，把其他小分子包在里面，又可作为客体，插入像$Zr(HPO_4)_2(H_2O)$晶体的结构层之间，组装成复杂的超分子体系。

11) 分子框架结构层次

上述的像$Zr(HPO_4)_2(H_2O)$的晶体结构可以形成一个大框架，把环糊精这样的大分子插入其中，形成复杂的分子框架结构。

12) 分子空腔结构层次

某些有空腔的分子结构可对合成化学的产品有选择性，把它吸入其中，大大提高所需产品的产率，并使产品与原料或副产品易于分离。

13) 物质的聚集态层次

(A) 气态、等离子态、气溶胶等；

(B) 液态、溶液态、乳状态、微乳态等；

(C) 固态：可分为三种。

(C1) 金属态、合金态。多个金属原子之间是互补配偶多联子，金属晶体的多个金属原子的价电子可以在金属原子之间自由流动形成电流，所以金属是电流的导体。这种由自由电子把金属原子结合成金属的化学键叫做金属键，是信道。形成金属是信的。信境是需要一定的温度环境，温度升高到熔点以上成为液体，更升高成为气体。水银是熔点最低的金属，在常温就是液体。

(C2) 离子型晶体。多个碱金属阳离子，如$Na^+$、$K^+$等，和多个卤素阴离子，如$F^-$、$Cl^-$等也是互补配偶多联体，通过离子键(信道)形成离子型晶体(信的)。信境是需要一定的温度环境。

(C3) 共价型晶体。氧气、氮气、二氧化碳等气体，在温度降低的条件下(信境)可以通过范德华力(信道)形成液体(信的)，温度再降低(信境)可以形成共价型分子固体(信的)。苯在常温下是液体，温度降低，也可形成固体。

14) 纳米结构层次

例如，零维的富勒烯、一维的碳纳米管、二维的石墨烯、三维的纳米金属微粒。纳米金的熔点要比常规金低得多，所以纳米尺度物质的理论既不同于宏观的经典力学，也不同于微观的量子力学，是一个有待探索的理论问题。

15) 分子器件层次

旋转烷(rotatane)是一类能自动旋转的分子，可以做分子马达，其相关研究探索已进行了20年。谭蔚泓等在2002年采用人工合成的单个杂交DNA分子(这种分子在一种生物环境中处于紧凑状态，但在生物环境变化后又会变得松弛)制造出单个DNA分子马达，这种分子马达具有很强的工作能力，可以像一条虫子那样伸展和卷曲，实现生物反应向机械能的转变。这一成果发表于2002年的《纳米通讯》。

利用单个分子实现二极管、三极管、导线及其他器件也已成功。1999年，惠普公司用几百万个旋转烷分子做成的分子膜已具备电子开关的功能。分子记忆器件也已研制成功。

16) 分子计算机层次

上述分子器件研制成功，使得分子计算机有希望研制成功。但还要把数以万计的上述器件自组装起来，这是很艰巨的一关。

17) 分子器官和活分子层次

器官移植是十分艰巨的医疗手术，最困难的是能提供活的器官的志愿者很少。所以期盼能人工制造可用于移植的分子器官，但难度很大。

18) 宏观的化学材料层次

如钢铁、金、银、铜等器材，钢筋混凝土、玻璃、纸、木材、油漆、染料、酒、油、酱、醋等，以及由它们组装成的各种实用品。

随着化学的进化，这18个层次还可能增加。

创建系统化学，需要我国专家学者的共同参与，发表大量科学论文和撰写专著。

上述三大假设也可用于创建系统数学、系统物理学、系统生物学、系统地质科学、系统经济学、系统社会科学等，也许还要增加一两个假设，如最大最小原理(物理学的最小作用量原理、经济学的效益最大化原理)等。

在基础研究取得进展的同时，我们更要重视技术科学和应用科学的革命，为解决上述12个重大技术问题做出贡献，那么中国的科技就会领先于世界，同时培养出大批世界级的创新型人才。

## 三、对大学师生、专家学者和社会人士的希望和呼吁

中国要领先世界，不但是GDP领先，还要科学与技术领先、人才领先。我很赞成中国科学院白春礼院长"中国要做第六次科技革命的领头羊"的号召，因此确认第六次科技革命的内涵非常重要。本文提出的观点只是核心内涵之一，其余的核心内涵有生命科学与技术革命，包括3D打印、大数据、云计算和人机结合的大成智慧革命(钱学森先生提出)、物理学革命等。我的意见不一定正确，希望专家学者们审阅、修改或提出其他核心内涵，以引起社会的重视。

目前国内外都有忽视化学的倾向，对化学有许多误解[1]。如果我们通过讨论，同意大化学科技革命是第六次科技革命的核心内容之一，使社会和家长鼓励一部分孩子们报考化学系和化工系，从而得到优秀生源；使现在的化学和化工专家学者对大化学科技革命和创建系统化学做出领先世界的卓越贡献。

对大学师生，特别是研究生，希望能将他们培养成为钱学森先生希望的独立自主的世界级创新型人才。我在这里提出一些不成熟的意见，供大家参考。

(1) 好奇心是创新的重要源泉。上课积极提问的学生比认真听课的学生到社会后有更强的适应能力和创新能力。所以老师们要保护学生的好奇心，鼓励学生随时提出问题。本文提出许多新问题，不管读者同意与否，都可启发读者的自主思考。好的老师要鼓励学生的好奇心，启发他们的独立自主创新性。

(2) 科学研究是接力赛跑，先要查阅前人的研究成果，把"棒"接过来，然后看看有哪些没有解决的问题，开始自己的独立自主研究，把科学研究推进一步。但对实用性很强的应用研究，解密的资料往往是失败的结果。这就需要寻找它们失败的原因，独立自主地开辟新路。文献[2]有我的许多从失败转向创新成功的例子，可以参考。

(3) 要使学生熟练掌握多种科学方法：实验、理论、计算、建立模型虚拟实验、猜想等。

实验方法有很大发展。如分析化学由常量到半微量、微量，然后到流控芯片分析；合成化学由常规到组合化学(同时进行许多反应，以便选择符合要求的新产品)、微流控和芯片技术(把合成反应缩小到微流控和芯片上进行，可以同时进行反应和分离，大大缩短时间，节省试剂消耗)。

计算机模拟实验方法越来越重要，如小浪底水库每年冲洗黄河泥沙都用计算机模拟实验，以决定最好的冲沙时间和流量。我所做的稀土萃取分离和一步放大技术就是用计算机模拟来代替"摇漏斗"的耗时间("三班倒"要半年多时间)、耗人力财力的方法[2]。

2013年诺贝尔化学奖授予三位科学家，奖励他们用计算机模拟复杂化学反应的细节。利用大数据可以模拟各种各样的化学反应，为高效的药物和高新材料提供分子设计合成的方法，文献[2]有创新十六法、猜想法等。

## 参 考 文 献

1 徐光宪. 第六次科技革命的内涵. 中国科学报, 2013-04-01, 第8版.
2 郭建荣. 一清如水：徐光宪传. 北京: 中国科学技术出版社, 2013.
3 徐光宪. 宇宙进化的八个层次结构. 科技导报, 2002, 9: 8-13.

**Big Chemistry and Technological Revolution is One of the Main Content of the Sixth Scientific and Technological Revolution**

*Xu Guangxian*

The paper proposes that the big chemistry and technological revolution is one of the main content of the sixth scientific and technological revolution. Cross-integrated multidisciplinary researches are required for resolving the 12 major problems confronted worldwide, whereas big chemistry technological revolution will play a key role. The paper also puts forward the creation of a new subject named systematic chemistry, and finally proposes expectations and appeals to university students, experts, scholars, and the community.

# 第二章

## 科学前沿

Frontiers in Sciences

## 2.1 2012年9月至2013年8月物理学、化学、生物学、医学前沿的热门课题

**王海霞[1]　叶　成[2]　王浩鑫[3]　章静波[4]**

(1 中国科学院国家科学图书馆；2 中国科学院化学研究所；
3 山东大学生命科学学院；4 中国医学科学院基础医学研究所)

本文以汤森路透集团出版的季刊《科学观察》(Science Watch)所提供的科学引文统计数据为基础，重点介绍了2012年9月至2013年8月国际上物理学、化学、生物学、医学四大基础学科中最受人们关注和最新出现的前沿热门课题，其相关论文均曾进入这一时期公布的前10名排行榜或得到公众关注的专题评述。与前一年的情况相比，这些领域在前沿热点的分布上都不同程度显示出若干变化。主导这四大学科前沿的最热门分支分别为物理学中的宇宙学和粒子物理学等，化学中的纳米金催化剂、石墨烯电子器件和锂离子电池等，生物学中的全基因组关联研究、细胞凋亡和埃博拉病毒等，医学中的干细胞、癌症、抗凝药物和丙型肝炎病毒等。

### 一、物　理　学

这一时期物理学的前沿热点课题中，最引人注目的是关于宇宙学的研究。近代宇宙学最神秘之处在于探究宇宙的膨胀率为何在加速，2001年诺贝尔物理学奖就授予了发现50亿年前宇宙开始这种加速的科学家。爱因斯坦对宇宙加速的标准解释是宇宙学常数，即暗能量，但理论研究者认为这种想法在理性上是不完善的。广义相对论是以常规张量场作为其基本构件的，而试图在大距离上对引力作用进行修改的标量张量理论将一个标量场加入并耦合到这个张量场上。在科学家忙于探索宇宙方程的结果时，一种被称为"伽利略场"的标量场在理论家中引发了热议，它为宇宙方程带来一个额外的自由度。该标量场自然地允许这样的宇宙模型，即宇宙开始突然加速，而无需

2.1 2012年9月至2013年8月物理学、化学、生物学、医学前沿的热门课题

通过暗能量传送剧烈的冲击。科学家提出推广标量理论的技术性方法，不需要对广义相对论做出局域性(指小于宇宙距离)的修改即可解释观察结果。对"自我加速"的宇宙模型研究表明宇宙在几十亿岁时自发地膨胀，但是在早期以及在小尺度上(如太阳系)，这些模型恢复为经典的广义相对论。而被伽利略场取代的膨胀或许可以在即将来临的引力波实验中得到测试。同样，未来的观测研究可能为广义相对论中引力的修改提供线索。威尔金森微波各向异性探测器(WMAP)的数据使观测宇宙学成为一门精密科学，因此，对伽利略宇宙学的检验和限制也成为研究的重点。伽利略宇宙学的兴起仅仅3年时间，这是一个值得探索的领域，富含智力难题和数学挑战，它已引发全球关注。

在大型强子对撞机(LHC)上开展的对标准模型希格斯玻色子的搜寻工作再次受到人们的关注。2011年，ATLAS探测器和紧凑μ介子螺线管(CMS)探测器协作组都在7太电子伏的质子-质子对撞中寻找希格斯玻色子的迹象。虽然两个协作组发现了在124～126吉电子伏上与希格斯粒子假说相一致的过量事件，但由于3.5标准偏差的误差幅度太小，不足以断言发现一种新粒子。2012年，LHC的对撞质心能量提高到8太电子伏并搜集到足够的数据。欧洲核子研究中心(CERN)于2012年7月4日宣布，ATLAS和CMS显示了带有质量125～126吉电子伏的一种新粒子的5西格玛信号。这也标志着对质量起

图1 CMS探测器于2012年5月在对撞能量为8太电子伏的质子-质子对撞中记录的事件
该事件的特征与标准模型希格斯玻色子衰变成一对光子(黄色虚线和绿色塔状体)的特征相符。这些事件也有可能来自标准模型本底过程
图片来源：CERN网站．http://cds.cern.ch/record/1459459

源长达45年的搜寻已经结束。2013年3月，科学家正式宣布累积的数据与希格斯玻色子相符。2013年10月8日，2013年诺贝尔物理学奖授予弗朗索瓦·恩格勒特(Francois Englert)和彼得·希格斯(Peter W. Higgs)，奖励他们提出希格斯理论及预测了希格斯玻色子的存在。

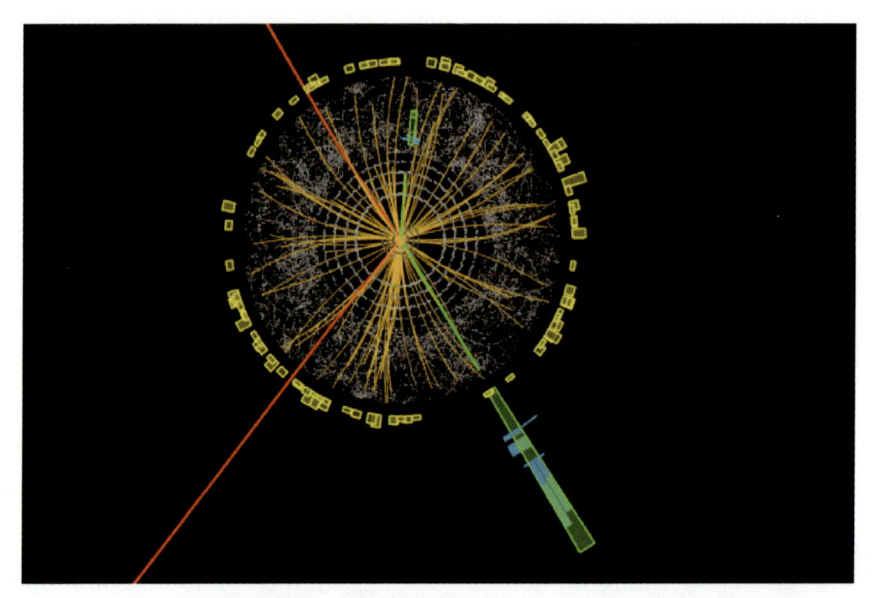

图2　ATLAS于2012年6月18日记录的事件
红色为μ介子轨迹，绿色为液氩热量计中的电子轨迹和电子簇
图片来源：CERN网站. https://cds.cern.ch/record/1459500

　　此外，对暗物质粒子的探测也在这一时期内取得进展。在意大利大萨索山进行的XENON暗物质计划旨在探寻假设的从氙靶上散射开来的弱相互作用大质量粒子(WIMP)的证据，XENON100实验在100天的实时数据中报道了3个候选事件。虽然这些统计数据距离宣布发现暗物质粒子还相差甚远，但通过对暗物质相互作用设定最严格的限制而抵达新领域。这个结果对在LHC上搜寻超对称的WIMP暗物质提出进一步的限制。2013年4月，运行在国际空间站外部的阿尔法磁谱仪(AMS-02)实验的国际团队正式公布暗物质研究的首批成果：探测器在超过一年半的时间内收集到约40万个能量为0.5～350吉电子伏的正电子，且10～250吉电子伏能量范围内的正电子与电子的比例随能量的增强而增加。实验数据没有随时间的推移而发生显著变化，也与宇宙线来源方向无显著关系。该结果符合宇宙中暗物质粒子碰撞湮灭产生正电子的理论，但还不能排除其他可能。随后，美国明尼苏达州的地下暗物质实验——超级低温暗物质搜寻计划(Super-CDMS)也报告了3个疑似暗物质事例，计算结果表明，它是WIMP的可能性为

99.81%，但不足5西格玛水平。

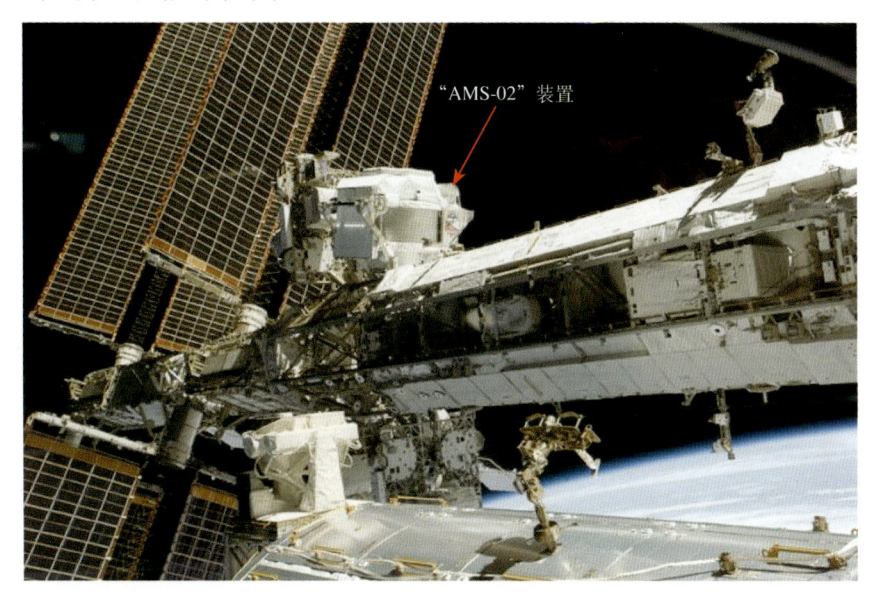

图3 在太空中收集暗物质证据的AMS-02

物理学领域的其他热门课题还包括威尔金森微波各向异性探测器的观测结果、大视场红外巡天探测器(WISE)的初期运行情况、甚大望远镜(VLT)的15周年发现、石墨烯电子器件的氮化硼衬底等。

## 二、化　　学

在化学科学中，最受关注而且发展最为迅速的学科分支无疑首推纳米化学与材料。汤森路透集团发布的2000~2011年100位世界顶级化学家中，有60位化学家认为纳米技术是他们的主要研究兴趣或选题所在。由于纳米材料的成分(如碳、半导体、合金、贵金属等)、形态(如颗粒、管、棒、角等)和特性的多样性，在催化、光电器件、新能源、传感等诸多方面都显示出巨大的研究和应用前景。其中，以纳米金为代表的新型催化剂、以石墨烯为代表的纳米碳材料都被列为近年的最热门课题。

金作为催化剂得益于日本东京都立大学有关以直径5纳米或更小的原子簇形式的金可以作为选择性催化剂，特别是催化涉及$O_2$的反应的发现。金催化剂的活性取决于簇尺寸、制备方法及载体材料，迄今已经报道的金基催化剂催化的反应包括不饱和羰基化合物的氢化、丙烯环氧化、形成仲胺的反应、2,5位有取代基的恶唑合成、脂肪端炔的选择性二聚化、温和条件下在端炔和芳基卤化物之间形成碳碳键Sonogashira偶联、

## 2 科学前沿

氧化自耦合和交叉耦合反应形成碳碳键等。固载在$TiO_2$上的纳米金粒子可以催化紫外光甚至可见光下的光解水，粒径3~30纳米的金粒子最活泼，且锐钛矿相$TiO_2$比金红石相的要好几百倍。用氧为氧化剂，金与铁、镍和钴复合催化剂由乙醇合成酰胺，金-钯簇催化剂把甲酸转化为氢等进展是绿色化工的有效探索。在实用化方面，金催化剂也已经迈出了坚实的步伐，例如，英力士(INEOS)公司已经提出了采用金基催化剂年产30万吨醋酸乙烯酯单体的计划。可以预期，金作为一种催化剂，将在化学工业的低能耗高产出和绿色化方面起到主要作用。

催化科学一直是化学科学发展中的重点领域。这一时期，催化方面的其他热门课题包括增强可见光分解水制氢效率的光催化剂、用于催化氧化碳氢键活化的钌和铑催化剂、有机合成中的光氧化还原催化、对映选择性有机膦催化剂等。以氢作为燃料的燃料电池中的铁、钴或氧化钴催化剂，不仅使其循环性能与现在使用的铂基催化剂相当(对700小时试验结果的计算表明，3万次循环后催化性能不超过10%)，而且与铂相比，前者可以说是一种近乎零成本的催化剂，这使以氢为能源的无污染燃料电池电动汽车展示出诱人前景。

石墨烯继续成为化学与材料科学领域的热点，特别是其作为电子元器件的应用研究有了新的进展，如由石墨烯制备的碳基超级电容器、石墨烯晶体管、透明电极等。石墨烯作为二维材料在纳米电子学中实现应用将有赖于n型或p型掺杂石墨烯的成功合成，在这段时间内，氮掺杂石墨烯的研究特别活跃。在新形态的石墨烯材料制备方面，具有原子精度的由从下至上方法得到的石墨烯纳米带引起了人们的关注。

新能源材料与器件研究方面，热点课题包括有机太阳能电池、锂离子电池、燃料电池和超级电容器。有机太阳能电池的实验室研究取得了突破性的进展：聚合物串联叠层太阳能电池的功率转换效率达到了10.6%，首次超过聚合物太阳能电池实现商业应用所要求的阈值(10%)；硅纳米角与聚合物杂化的太阳能电池的能量转换效率也达到了11%。汤森路透集团在2013年12月发表的评述指出，开发高效、可持续的有机太阳能电池的目标总有一天可以实现，从事有机太阳能电池研究的化学家们取得的这些成就很有意义，再过10年左右，这些实验室成果将对减少化石燃料发电、防止全球变暖做出巨大贡献。

已经在手机、笔记本电脑中得到广泛应用的锂离子电池是当前最重要的可充电电池，为了进一步提升其性能(高能量容量和长循环寿命)，近年来人们重点研发电极材料的改性和新型电极材料，并取得了重要进展。通过使用纳米材料特别是高比容材料，可以增加锂离子电池的能量密度。由于硅储量丰富，而且理论充电容量较石墨高1个量级(分别为4200毫安时/克和372毫安时/克)，远大于不同的氮化物和氧化物材料，因此是一种值得进一步研究的负极材料。但硅在锂的嵌入和嵌出中造成了大于300%的体积变化，使其应用受限。采用硅纳米线可以规避这些问题，使用由汽-液-固(VLS)法垂直生长的硅纳米线所组成的电极架构的电池容量可高达3500(毫安·时)/克以上。但是,重要的问题是如何把它们与传统的电极制备工艺相集成。另外,VLS法难以实现规模化,虽然采用超临界流体-液-固(SFLS)生长技术使硅纳米线的产量提高到大于45毫克/小时,但硅纳米线生长的规模化仍需要进一步探索。

可充锂-$O_2$电池(也称可充锂空气电池)能储存5~10倍于目前的锂离子电池的能量,而且能量密度最高可以达到目前锂离子电池的2倍,因此备受重视。典型的可充锂-$O_2$电池是由正极、$Li^+$导电有机电解质、由炭黑压制的多孔负极、催化剂和黏合剂所组成。以有机碳酸酯为电解质的电池的比能量大于1000(瓦·时)/千克(以电极总质量计),在某些情况下,可以持续充放100多个循环。但是,可充锂-$O_2$电池的实用化还面临着效率低、安全性差等问题,发展高效的具有氧还原/氧析出双功能的催化剂、高效空气电极和稳定电解液以及优化电池结构等将是研究的重点。

此外,有机合成技术的革命性突破——连续流动微反应器技术;不断增加的新有害成分的分析、"假阳性"和"被掩盖"问题的剔除等食品安全分析检测所面临的新挑战,以及功能性金属有机骨架材料及其性能的研究等也都是值得关注的热门课题。

## 三、生  物  学

在这段时期中,基于大规模基因组测序的全基因组关联研究(GWAS)仍然是最为突出的研究热点。另外,一些并不"新颖"的研究领域,如细胞凋亡也在有条不紊地向前推进。

GWAS由传统的候选基因关联研究演化而来,被广泛用于复杂疾病(如糖尿病、精神疾病等)、个人特征(如身高、体重指数)、行为(如吸烟、饮酒)和药物反应的遗传位点鉴定和机制等研究。GWAS为复杂疾病的预防、诊断和治疗带来重大变革,如果遗传因素能被理解得更加透彻,GWAS还能更好地预测甚至预防疾病,为个性化医疗铺平道路。

一项具有里程碑意义的关于体重指数(BMI)的GWAS,鉴定了一个邻近GIPR(编码肠促胰岛素)的位点,由于肠促胰岛素是血糖调节的一个关键因素,所以该研究必然会将人们引入寻找潜在生物学机制的新征途。另一项对冠状动脉疾病的GWAS,除确认了之前已知的12个关联位点中的10个之外,还在新发现的13个位点中确认只有3个与传统诱因,如胆固醇水平和血压有关;而新位点中有5个还与其他疾病如腹腔疾病存在关联也值得关注。最新的GWAS将溃疡性结肠炎的风险位点增加到47个,这项研究鉴定的位点比其他任何研究都多,真正提供了对一种复杂疾病背后机理的解释。溃疡性结肠炎和克罗恩病在临床上被视为两种截然不同的疾病,但溃疡性结肠炎至少有28个风险位点与克罗恩病相同的重要发现表明,从遗传学的观点来看,它们可能属于同一大类疾病，非遗传因素可能对临床表现有着较大影响。另一个更典型的共享风险位点的例子是注意力缺陷型多动症、自闭症、躁郁症、抑郁症和精神分裂症这5种不同的精神疾病共享4个相同的遗传变异，其中两个位于调节通往神经元的钙离子流的基因中，因此可以对行为产生影响；另一个位于10号染色体的变异进一步与冠状动脉疾病、颅内动脉瘤和帕金森病相关联。不过，对于精神疾病，遗传关联仅能解释一小部分的患病风险，本身并不足以被用作诊断工具。

细胞凋亡是一种受调控的、有序的、细胞主动实施的自杀机制，与无序的被称为坏死的细胞死亡相对。细胞凋亡不仅在发育中起着关键作用，如杀死手指和脚趾间的细胞形成指/趾头，而且在成熟的个体中也是必不可少的，如细胞数目和组织大小的控制、组织的更新，每人每年凋亡的细胞量约相当于个人的体重。如果凋亡过程出现异常便会导致癌症和其他疾病，因此，关于细胞凋亡的研究一直是生物学和医学研究的

图4　细胞凋亡概要

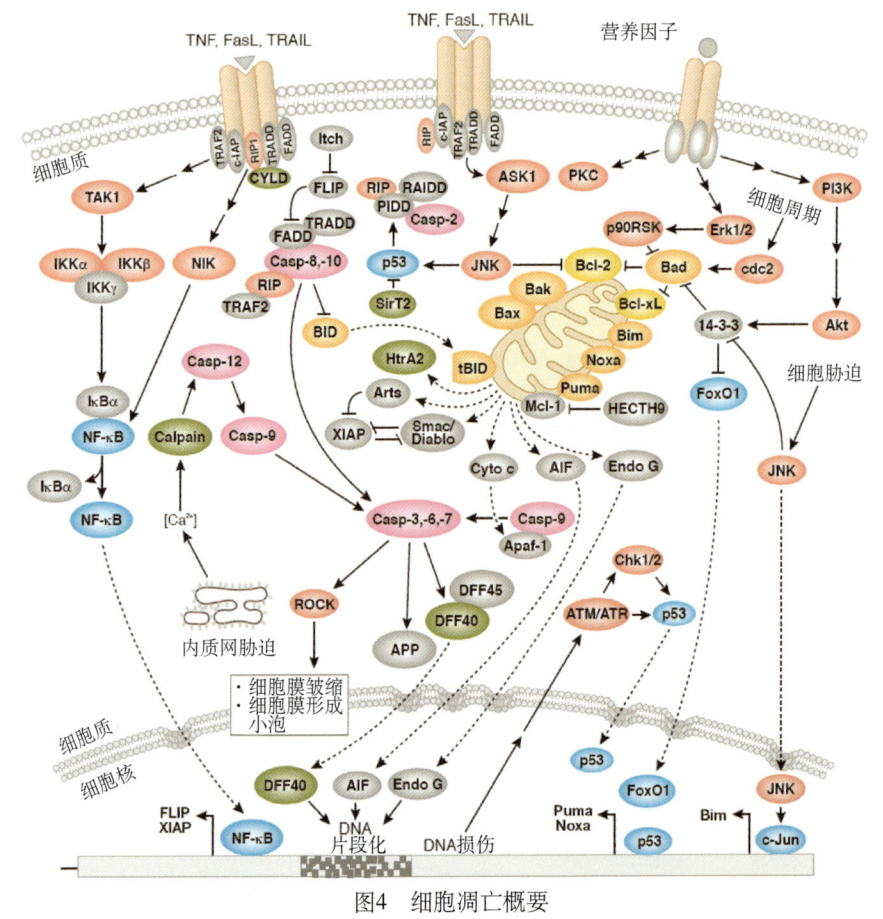

图片来源：Cell Signaling Technolgy. http://www.cellsignal.com/pathways/

一个热点。20世纪90年代后期，细胞凋亡研究曾经达到巅峰，尽管如今这一领域似乎不再那么热门，但对近年"细胞凋亡"一词在论文"主题"(包括论文标题、摘要或关键词)中出现的次数进行统计表明，虽然细胞凋亡作为主要的研究主题可能略有降温，但涉及细胞凋亡现象的论文每年仍在不断增加。

线粒体外膜通透性(MOMP)改变是细胞凋亡中的一个关键事件，许多不同的刺激都汇集于线粒体引发MOMP改变，导致能量代谢中的关键组分细胞色素c渗漏到细胞质中，与凋亡蛋白酶活化因子1相互作用，进一步激活一系列半胱氨酸蛋白酶(caspases)，破坏细胞内大部分的重要分子，破损的细胞聚集成凋亡小体，使免疫系统能快速有效地识别和清除它们(图4)。细胞凋亡与疾病密切相关，在凋亡途径中发挥着重要作用的Bcl-2家族蛋白已经被证明与某些类型的癌症有关。癌症之前被认为是一种失控的细胞增殖过程，是生长过度，就像油门一直被踩着。促进凋亡的Bcl-2基因的致癌突变表明"增殖"也可以是由于细胞死亡太少，刹车失灵造成的。能影响凋亡途径的小分子通常都会作用于Bcl-2家族蛋白，使其成为在癌症以及神经退行性疾病、艾滋病和一些缺血性心脏病及脑卒中后遗症中的一个主要靶点。另一种不依赖于半胱氨酸蛋白酶的坏死状凋亡似乎在调控肠道内皮细胞的快速更新中发挥着重要作用，可能在一些疾病如克罗恩病中扮演着重要角色。此外，还有一种需要铁离子参与的与普通凋亡不同的细胞死亡过程，虽然具体机制尚不清楚，但激活该过程可能杀死肿瘤细胞，阻断该过程则可能有助于对抗神经退行性疾病。因此，有关细胞凋亡的研究绝没有沉寂。细胞凋亡这类基础研究从出现到精确的临床应用通常有很长的滞后期，而在此期间这些基础发现已经因普及而不再"新奇"，容易造成"这些基础研究也许并不是临床进步所必不可少的"的误解。

生物学领域的其他热门课题还包括埃博拉病毒感染机理研究、表观遗传学研究和一些重要蛋白的结构生物学研究。

## 四、医　　学

一年来，有关干细胞和再生医学的研究是人们关注的热门课题之一。早在20世纪30年代，著名细胞遗传学家威尔逊(E.B. Wilson)即已提出"干细胞"(stem cell)的概念。诺贝尔生理学/医学奖获得者托马斯(E.D. Thomas)1956年以骨髓移植治疗再障等血液系统疾病取得成功，以及20世纪60年代的人们发现了胚胎癌细胞的多潜能性质，至此人们似乎仍未完全意识到干细胞的重要意义。直至1998年，詹姆斯·汤姆森(James Thomson)和约翰·吉尔哈特(John Gearhart)建立了胚胎干细胞(embryonic stem cell, ES cell)系和原始生殖(primordial germ, PG)细胞系，人们才警觉到干细胞的巨大治疗潜力。2006年，山中伸弥(Shinya Yamanaga)等成功建立了诱导多能干细胞系(induced pluripotent stem cell line, iPS cell line)，才将干细胞的研究与应用推向高潮。迄今干细胞已成为生命科学研究中的重中之重。依据汤森路透集团的统计，自2002年以来，论文主题中含有"干细胞"的文章已多达190 000余篇。

干细胞具有无限增殖以及自我分化能力，该特点使之成为再生医学的基础和基本条件，因为再生医学最主要内容在于细胞的替代，而干细胞可以为组织与器官再生提供种子细胞、各种类型的组织甚至器官，因此当今干细胞研究已逐渐步入了再生医学的研究与临床运用时期。目前再生医学有4个前沿研究领域：①脂肪源性干细胞研究，这主要出于机体中含有大量的脂肪及其所含的干细胞，它们不仅容易获取，而且同样具有多潜能性；②组织工程学，重点在于寻找最合适的天然聚合物及其构成组织与器官的支架研究；③间充质干细胞研究，此类干细胞不仅相对丰富，而且抗原性低，当前间充质干细胞在组织再生医学中应用较多；④超顺磁性氧化铁纳米粒子(superparamagnetic iron oxide naroparticles, SPIONS)应用研究，该技术在跟踪干细胞的体内分布、调控细胞周期的同时还可以起到修饰化疗的作用。

当前世界各国不惜巨资在干细胞研究方面展开竞争。2013年9月，威康信托(the Wellcome Trust)和英国医学研究会(U. K. Medical Research Council)宣布斥资1200万美元在剑桥设立干细胞研究所，实验室占地8000平方米。与此同时，美国国立卫生研究院再生医学研究中心也将提供相应平台"用以支持和加快干细胞技术的临床转化"。

癌症是人类的顽敌，也是百余年来医学研究的热点之一。2012年美国癌症研究学会(AACR)在华盛顿举行年会，与会者达1.7万人。毋庸置疑，自倡导"个体化治疗"及诸多特异性分子药物问世以来，已有数种癌症可以彻底治愈，如急性粒细胞白血病、霍奇金淋巴瘤等。但由于癌症的异质性，以及癌细胞可不断突变，仍有不少癌症令人难知其"庐山真面目"。三种癌症尤其吸引医学界的关注：①前列腺癌，鉴于前列腺癌发生率近年来又不断攀升的趋势，尤其引起人们的高度重视。但是迄今对其前列腺特异性抗原(prostate-specific antigen, PSA)筛查的意义及必要性仍争论不已，因为尽管有不少独立、随机进行的和例数较多并且随诊时间较长的对比研究，但仍"没有证据表明前列腺癌筛查有助于降低其死亡率"。同样，对于前列腺癌切除术是否可以降低死亡率各家报道也不全一致。②转移性黑素瘤，迄今多以达卡巴嗪治疗，也已取得一定疗效。本以为用其改良的BRAF抑制剂与其他药物，如Trametinib，联合应用能取得更好的疗效，不幸的是，癌细胞对BRAF抑制剂产生了耐药性。③人乳头状瘤病毒(HPV)诱发的肿瘤，现已发现，HPV不仅引发子宫颈癌，而且可以诱发多种其他肿瘤，包括咽喉癌、口腔癌，甚至食管癌。人们对HPV的认识，尤其对不同型HPV的差别作用，无疑需要更加深入。

心房颤动简称房颤，是成年人最常见的心律失常之一，其常见并发症是脑栓塞。迄今多以抗凝药华法林治疗。疗效更快速、无出血风险、能迅速逆转、无需常规监测的候选理想抗凝药物在过去10年间不断涌现，并被称之为后华法林时代(post-Warfarin Era)。其中最具代表性的是利伐沙班(Rivaroxaban)、达比加群(Dabigatran)和阿哌沙班(Apixaban)，它们的优点在于其抗凝效果可以预见、药物相互间作用小、并发颅内出血可能性小，因此备受医生们的青睐。但它们易诱发胃肠道出血、需要快速有效的解药以及费用较高，这些药物是否可以彻底取代华法林仍需要更多的临床观察与证据。

丙型肝炎简称丙肝，为丙型肝炎病毒(HCV)引起的传染病，其传染途径、临床症状与乙肝相似，只有进行病原学和血清学检测方可确诊并与乙型肝炎相鉴别。据世界卫生组织(WHO)统计，全球HCV慢性感染者达1.5亿，每年新感染人数为3万～4万，HCV相关肝病的死亡人数约为35万。迄今既无预防性丙肝疫苗，也无特效治疗方法，因此寻找新型药物为当务之急。当前被看好的药物有两种，即Boceprevir和Telaprevir及它们的第二代药物，如Vaniprevir、Sofosbuvir和MK-5172等。但有关这些药物的副作用、不同基因型的反应性差别、会否产生抵抗性、干扰素是否应继续运用、它们在未治与经治患者中的疗效比较等问题都还需要深入的研究。

## 参 考 文 献

1　Science Watch, 2012, (3, 4).
2　Science Watch, 2013, (1, 2).
3　You J B, Dou L, Yoshimura K, et al. A polymer tandem solar cell with 10.6% power conversion efficiency. Nature Commun, 2013, 4: 1446.
4　科学观察, 2013, 8 (1).
5　科学观察, 2013, 8 (2).
6　科学观察, 2013, 8 (4).

## Leading-edge and Hot Topics in Physics, Chemistry, Biology and Medicine from September 2012 to August 2013

*Wang Haixia, Ye Cheng, Wang Haoxin, Zhang Jingbo*

Hot topics and leading-edge areas in physics, chemistry, biology and medicine from September 2012 to August 2013 were identified and concisely introduced based on the citation data published in the *Science Watch* during the past year. The topics are identified according to the top ten most highly cited papers in each field listed in each issue that reflect exciting and important discoveries in specific specialty areas by world leading institutions and researchers. The hottest branches dominating the top ten hot paper listings during this period are cosmology and particle physics in physics; nana gold catalyst, grapheme electronics and lithium ion battery in chemistry; genome-wide association study, apoptosis and Ebola Virus in biology; studies on stem cell and cancer, drugs for atrial fibrillation, hepatitis C virus in medicine.

## 2.2 平方千米阵——SKA

### 陈学雷
(中国科学院国家天文台)

平方千米阵(square kilometer array, SKA)是一个规模空前、国际合作研制的大型射电望远镜项目，它将实现许多技术突破，并可能会带来射电天文学领域的跃进。经过20年的推进，这一项目已进入研发阶段。我国是SKA国际组织的创始成员之一，正在积极筹划参与这一项目。

为了探测到极其微弱的天文射电信号，射电望远镜需要很大的接收面积。现在世界上最大的可动式单天线望远镜是美国的GBT(口径100米)，最大的固定式望远镜则是美国位于波多黎各的阿雷西博望远镜(口径305米)。由于结构强度上的限制，天线口径不可能无限扩增，因此又发展了由多个天线构成的阵列望远镜，使用综合孔径方法成像，目前世界上的大型射电阵列望远镜如VLA、GMRT、ALMA等都由几十个天线组成。

如何进一步提高射电望远镜的接收面积、灵敏度和观测能力？根据科学上的需求和对技术发展的预期，20世纪90年代初，一些射电天文学家提出了建造总接收面积为一平方千米的射电望远镜阵列的设想，即SKA。由于这一望远镜规模宏大，单个国家难以承担，因此从一开始SKA就成为一个多国合作计划。1993年，包括我国在内的10个国家的科学家组成了联合工作组，2000年签署了合作备忘录[1]，参与各国将合作进行研究，分担其研发费用，建成后共享望远镜的观测时间和观测数据。

早年人们曾提出了多种SKA概念方案，这些可大致分为三类，①由少量(几十个)的大型反射面天线组阵，我国提出的利用喀斯特地貌天坑建造固定式球形天线方案也属于这一类；②由大量(几百至几千)小型反射面天线组阵；③使用大量振子天线组成孔径阵①。当年提出的这些方案，有些后来已建成了独立的项目，如我国正在建设中

---

① 孔径阵用多个振子天线代替了反射面，每个振子天线可接收来自各方向的电波，将每个振子的信号以一定的相位相加，就可以得到特定方向的信号，这称为波束合成，对于数字信号可以同时合成多个波束。这与相控阵雷达的技术相似。

## 2.2 平方千米阵——SKA

的500米口径球面射电望远镜(FAST)、荷兰的LOFAR、澳大利亚的AKSAP和MWA、南非的MeerKAT等。由少量大口径反射面天线组阵类似现有的一些阵列，只是天线面积更大，在技术上比较成熟。但是大口径天线的机电结构成本较高(成本约正比于口径的3次方)，且未来也难有大改进。由数量众多的小口径反射面或振子天线组阵，在技术上需要进行许多新探索，但机电结构简单、成本低，其主要难点在海量的数字信号处理，而数字电子技术一直在以摩尔定律迅速发展，因此未来成本会不断降低。经过评估后，SKA设计选择了用15米的碟形反射面天线组成中频阵(0.45～3吉赫，未来可能延伸到10吉赫)，由振子组成孔径阵进行低频阵(70～450兆赫)[2]。

图1 SKA碟形天线阵艺术想象图
图片来源：SKA网站

　　SKA已进行了系统设计，确定了站址[3]，并拟订了分两期建设的计划[4]。目前，SKA包括低频和中频阵(暂无高频)，可能还包括一个中频巡天阵。2014～2016年，SKA将进入详细设计和经费申请阶段，如果一切顺利，2017～2023年将进行SKA-1建设，同时开始SKA第2期设计(SKA-2)，2020年开始用部分建成的SKA-1进行早期科学观测。当然，考虑到SKA的技术复杂性和所需求的巨额经费——仅SKA-1所需经费即高达3.5亿欧元(2007年汇率)[5]，是否能完全按照上述时间表执行还有待观察。

　　SKA-1的中频阵拟建在南非，将包括约190个新建SKA碟形天线和64个MeerKAT 天线。低频阵则拟建在澳大利亚，由50个孔径阵基站构成，每个基站由约一万个振子天线组阵。此外，还拟在澳大利亚建60个SKA天线，并配备多波束馈源，与36个已建的ASKAP天线组成巡天阵。SKA-2 目前计划将碟形天线阵扩展到3000个，将低频阵扩展到250个基站，并可能在南非另建一个中频孔径阵。

## 2 科学前沿

图2 SKA低频阵艺术想象图
图片来源：SKA网站

SKA 在技术上将是一个世界奇迹，它产生的数据量前所未有：碟形天线阵产生数据的速度将是当前全世界互联网的10倍，而孔径阵的数据量将高达其100倍，用于其数据处理的计算机的计算能力相当于一亿台个人计算机。这样大的数据量的意义何在？与光学天文观测相比，射电观测成像的能力一直比较弱(在频谱方面较强)，这就像我们早期的数码相机，图像由于像素少而不够清晰，而SKA的大数据量意味着我们在射电频段也将获得清晰的图像。SKA的灵敏度也是惊人的：如果离地球几十光年以外的某个行星上有外星人，而他们也和我们一样使用雷达，SKA将足以探测到这些雷达的脉冲信号[6]。

在科学研究的目标方面，SKA设定了要回答的五个重大科学问题：①引力理论的检验——在脉冲星和黑洞的强引力场中，检验爱因斯坦的广义相对论，以及此后的物理学家们提出的种种引力理论，这主要是通过用SKA去寻找和观测脉冲星，以及利用脉冲星极其精确的信号的延迟探测引力波。②星系是如何演化的？暗能量是什么？这主要是用SKA中频阵对星系中氢原子发出的波长为21厘米的谱线进行观测，从而获知氢原子的大尺度结构分布。③第一代恒星和黑洞是怎样形成的？这主要是通过用SKA

## 2.2 平方千米阵——SKA

低频阵观测高红移星系际介质中未电离的氢原子发出的21厘米辐射，了解星系际介质的再电离过程。④宇宙的磁场是如何起源和演化的？这主要是通过用SKA观测在磁场中运动的电子发出的同步辐射、原子能级在磁场中的分裂(塞曼效应)，以及电波在有磁场的星际介质或星系际介质中传播时偏振方向发生的旋转(法拉第效应)，从而了解磁场的演化。⑤在地球之外是否存在生命？SKA可以从几个方面去尝试回答这一问题。SKA可以寻找和观测星际介质中的复杂有机分子，如氨基酸分子发出的谱线；SKA还可以观测一些年轻恒星周围的尘埃盘，从而使我们理解行星最初是如何在这些盘中形成的，类似地球这样允许生命存在的行星是否普遍？最后，如上所述，SKA也许还能直接探测到外星文明发出的电磁波，那将是最激动人心的发现。

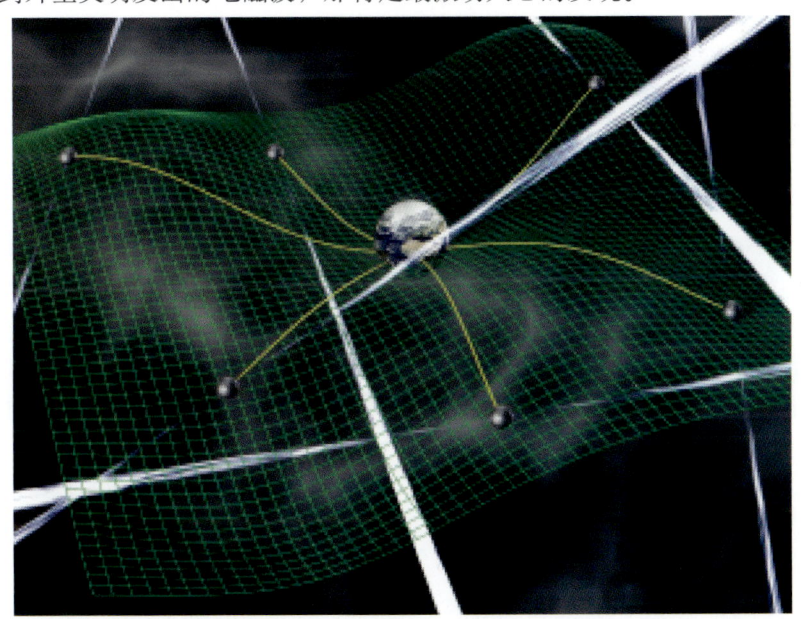

图3　通过监测不同方向脉冲星信号的时延探测引力波
图片来源：SKA网站

当然，天文学历史上一个非常有趣的经验是，大多数望远镜做出的最重大的发现往往并非来自它原来设计的科学目标，而往往是出自意外的、事先完全没有想到的发现。这并非设计者们考虑不周，而正是科学发现自身的特点。SKA将以前所未有的灵敏度和速度进行观测，它一定会做出许多我们现在无法想到的重大发现。

我国是SKA组织的创始成员国之一，目前我国工业界已有一些单位积极地开展了天线等SKA相关技术的研发。相比现在的射电天文学，SKA在技术、运行、数据处理和科学应用方面都将有巨大的不同，因此要用好SKA，也需要进行充分的准备。我国的天文学界也正在对SKA的科学应用和数据处理方法进行研究。特别是，我国已建成

37

的21CMA望远镜[7]和正在研制的天籁计划望远镜[8]都由大量小单元组成,在技术和数据处理方法上与SKA有许多相似之处,通过这方面的研究,可以为将来参与SKA研究做好准备。我们期待未来用SKA做出重大的科学发现。

## 参 考 文 献

1. Peng B. The Long March to SKA. http://pos.sissa.it/archive/conferences/163/039/RTS2012_039.pdf [2014-01-05].
2. SKA Science Working Group. The Square Kilometre Array Design Reference Mission: SKA-mid and SKA-lo. https://www.skatelescope.org/uploaded/3517_DRM_v1.0.pdf [2014-01-05].
3. SKA Siting Options Working Group. Report of the SKA Siting Options Working Group. https://www.skatelescope.org/uploaded/19942_120520_SOWG.Report.pdf [2014-01-05].
4. SKA Science Working Group. The Square Kilometre Array Design Reference Mission: SKA Phase 1. https://www.skatelescope.org/uploaded/18714_SKA1DesRefMission.pdf [2014-01-05].
5. Schilizzi R T, Alexander P, Cordes J, et al. Project Execution Plan. Preconstruction Phase for the SKA. https://www.skatelescope.org/uploaded/38221_SKA_Project_Execution_Plan.pdf [2014-01-05].
6. http://www.skatelescope.org/newsandmedia/outreachandeducation/amazingfacts [2014-01-05].
7. 中国科学院国家天文台. 宇宙第一缕曙光探测. http://21cma.bao.ac.cn/index.html [2014-01-05].
8. 陈学雷. 暗能量射电探测——天籁计划简介. 中国科学·物理力学和天文, 2011, 41(12): 1358 .

## Square Kilometre Array —SKA

### Chen Xuelei

Square Kilometre Array(SKA) is a collaborative international radio telescope project which is of unprecedented scale, and in the phase of pre-construction preparation. Brief review of its history, the choice of the basic design and its current status is presented. It may make important achievements in the studies of testing the gravitational theory, galaxy evolution and dark energy, formation of the first stars and black holes, origin and evolution of cosmic magnetic field, and the life in cosmos. It may also make great and unpredicted discoveries.

# 2.3 石墨烯在信息技术领域的应用研究进展

**郭海明　高鸿钧**

(中国科学院物理研究所)

电子器件是信息科学与技术的核心和基石，涉及信息的获取、传输、存储和处理等各个方面。半个多世纪以来，硅基集成电路产业成为掌握现代经济与产业信息化竞争主动权的关键所在，是影响国家经济、政治、国防综合竞争力的战略性产业，已成为信息时代国家综合实力和国际竞争力的重要标志。随着特征尺寸的缩小，硅集成电路正日益逼近其器件的物理极限，进一步发展需要结合新材料和新技术，以提高性能、突破瓶颈。获得2010年诺贝尔物理学奖的两位科学家关于石墨烯的研究工作为新型信息功能器件的研制开启了一扇前景诱人的大门。

## 一、石墨烯信息器件研究前沿

2004年，英国曼彻斯特大学的科学家安德烈·盖姆(A. K. Geim)和康斯坦汀·诺沃肖洛夫(K. S. Novoselov)从石墨上直接剥离下来了单原子层的石墨烯二维晶体材料[1]，引起了科学界的极大震动和兴趣。该材料具有一系列特异的电子和物理特性，如其载流子的相对论性狄拉克-费米子特征、室温量子霍尔效应等，不仅在基础研究中有着重要的科学研究意义，并且还蕴藏着巨大的应用价值。与硅相比，石墨烯具有更高的载流子迁移率，可超过20万厘米$^2$/(伏·秒)，能够用于制备超高频率的电子器件及光电器件。石墨烯作为一种只有一个原子厚度的二维平面结构，可以直接在分子尺度上构筑纳米电路，使得基于石墨烯的器件加工、构筑和电路集成更方便。作为一种理想的超薄层沟道材料，它能够避免硅纳米器件中遇到的散热问题等技术瓶颈，有望突破大规模集成电路特征尺寸进一步缩小遇到的障碍，制造出新一代的高性能信息器件。

近10年来，围绕利用石墨烯构建电子信息器件这一核心技术领域，各国政府、企业和科研机构投入了大量的人力和物力进行攻关，目前已在石墨烯信息原型器件的探索方面取得了诸多重大突破。2009年，科研人员成功地制备了石墨烯晶体管的p型和n型器件[2]；2010年实现了宽度10纳米以下的大面积石墨烯纳米网格，实现高开关比器件[3]。相较于数字电路的应用，石墨烯在射频器件应用方面的发展更为迅速。2010

## 2 科学前沿

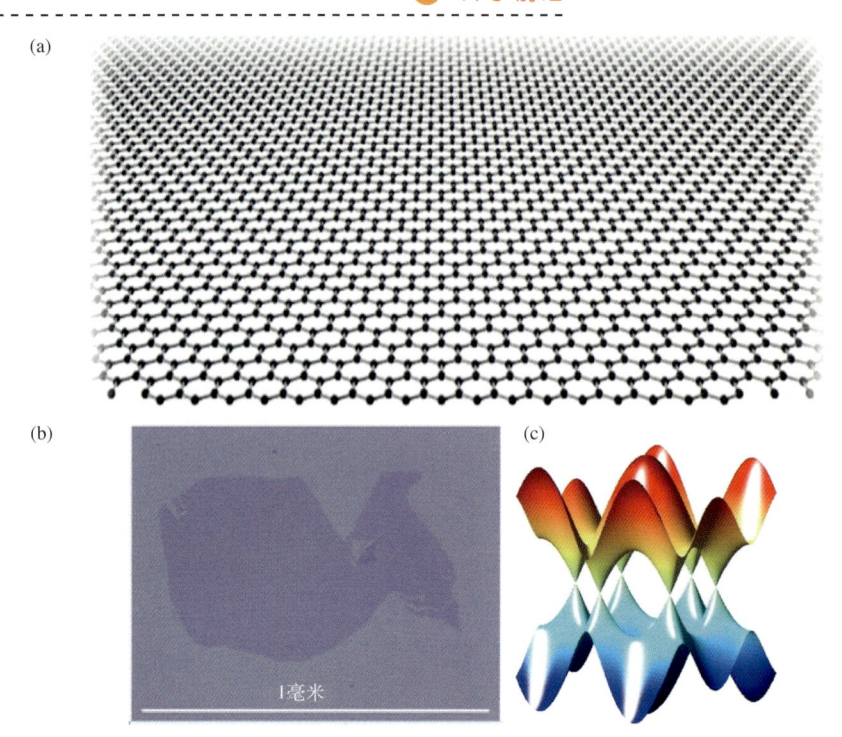

图1
(a)为石墨烯结构示意图，(b)为硅片上单层石墨烯的光学照片，(c)为石墨烯的能带结构示意图

2月，美国国际商业机器公司(IBM)的研究人员首次展示了在碳化硅(SiC)晶圆上制备的大规模射频石墨烯晶体管，截止频率高达100吉赫[4]。之后这一领域不断取得突破，到2012年，基于大面积的碳化硅外延石墨烯的本征截止频率达到350吉赫，最大振荡频率达到40吉赫左右[5]。在功能器件应用方面，以石墨烯器件为核心的倍频器电路的二倍频纯度高达94%，远远高于传统倍频器(最高30%)[8]。2011年初，IBM的研究人员又在玻璃上面研制出吉赫频段的倍频器和混频器(图2)，并报道了在10吉赫频段下工作的混频器以及工作带宽为5吉赫的石墨烯放大器[9]。

在光电子器件研究方面，最近采用石墨烯与量子点相结合制备的光电探测器响应度高达约$10^7$安/瓦，增益达到$10^8$电子/光子[6]；加利福尼亚大学伯克利分校实现了宽频的电光调制器，器件工作在1.35～1.6微米波段，速度可达1吉赫[7]。另外，石墨烯只有较小的自旋-轨道耦合和基本上为零的碳原子核自旋，可用于制备理想的自旋电子器件，科学家们实现了石墨烯室温下的自旋注入，发现其自旋相干长度超过1微米，并且自旋流的极性可以通过外电场调节。

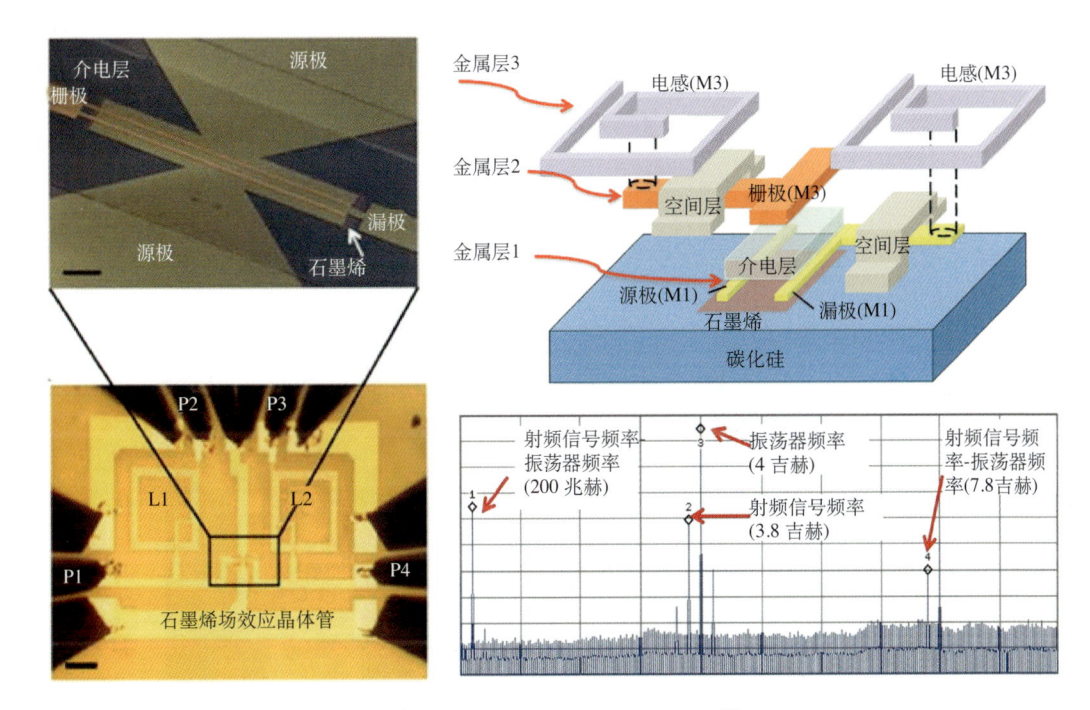

2.3 石墨烯在信息技术领域的应用研究进展

图2 碳化硅衬底上的石墨烯混频器[9]

## 二、石墨烯信息器件发展面临的主要挑战

当前，石墨烯信息器件性能进一步提高及真正实现其商业化应用，主要面临着来自材料和器件加工两方面的挑战。石墨烯是一种半金属材料，虽然载流子迁移率极高，但禁带宽度为零，直接做成的晶体管的电流开关比很小，这一点不利于其在晶体管器件中的应用。解决的办法有：①可以通过改变边界结构和尺寸，以及化学修饰和掺杂等办法打开石墨烯的带隙；②另一个比较可行的办法是通过石墨烯和衬底的相互作用来调控能带结构。

石墨烯应用于电子器件时通常需要一个绝缘介电衬底。然而，机械剥离方法制备的石墨烯在向绝缘衬底转移过程中会有引入皱褶、破裂及杂质等缺陷，使石墨烯优异的本征特性无法完美呈现；同时，由于其尺寸小而且效率低，不适合大规模工业化的使用，尤其是不适用于集成电路。虽然在碳化硅衬底上通过外延生长可以获得大面积较高质量的石墨烯，但是存在较多的结构缺陷。而在金属衬底之上外延生长大尺寸的石墨烯，也无法直接制作电子器件，同样需要转移到介电衬底，但转移工艺过程也会

41

严重降低石墨烯的质量。针对以上问题，国内外研究人员尝试其他途径来解决介电衬底上石墨烯的生长问题，特别是国内的一些研究组做出了许多具有国际影响的成果。中国科学院物理研究所通过插层技术将硅材料插层于钌(0001)表面生长的高质量、大面积石墨烯与钌基底之间[10]，巧妙地将石墨烯无损地置于介电衬底之上，可以兼顾"高质量"与"大面积"的要求，并可以实现与硅基技术兼容，从而突破硅器件发展的瓶颈，开辟了一条崭新的途径。同时，直接在二氧化硅和氮化硼等介电衬底上生长大面积单层石墨烯薄膜也是一条重要的途径，为石墨烯电学性能的调控和更为广泛的器件应用奠定了基础。

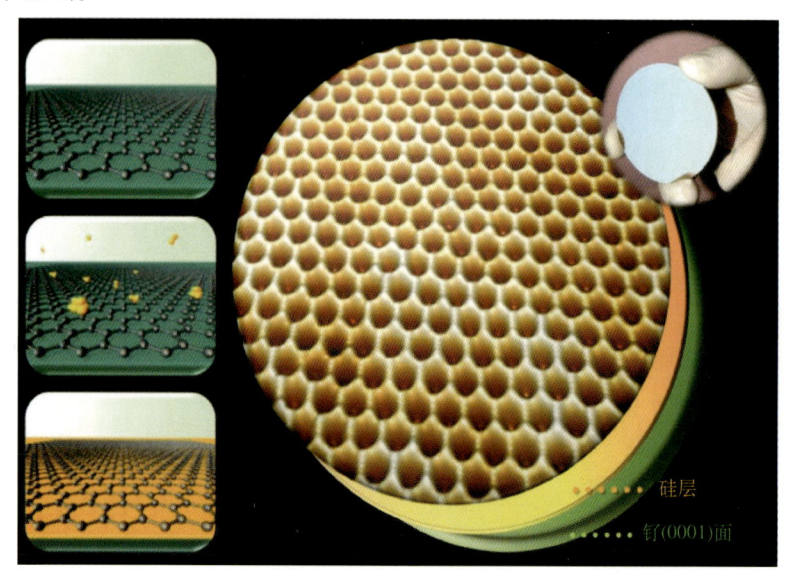

图3 通过"原位非转移"的插层技术将硅材料插层于钌(0001)表面外延生长的高质量、大面积石墨烯与钌基底之间，得到石墨烯／硅异质结构[10]

在器件加工和应用方面，有两个关键的问题需要解决。一是如何实现单个器件的高加工精度与重复性，以及器件的结构优化与性能可控；二是如何保证石墨烯电子器件集成的大面积与一致性。在设计过程中就要充分考虑与传统半导体工艺生产线相兼容的要求，又要发挥出石墨烯独特的二维可剪裁的优点。利用"自上而下"的加工技术对晶圆级高精度石墨烯纳米器件进行可控加工与结构优化，实现性能调控，正是突破目前石墨烯在器件构筑及集成技术发展瓶颈中的核心问题。目前，聚焦的电子束、离子束和等离子体刻蚀仍然是石墨烯纳米结构与器件加工的重要手段。在石墨烯构建的电子器件中，器件结构各个部分(介电衬底、源漏电极、顶栅等)的界面接触会产生不同的界面特性和接触电阻，对器件的性能产生显著的影响，这方面的研究也愈加引起国内外学者的关注，成为石墨烯器件研究中的重要课题。

## 2.3　石墨烯在信息技术领域的应用研究进展

# 三、结论与展望

从石墨烯发现以来的10年间，在基础研究和技术应用领域所取得的成就都是惊人的。就石墨烯信息电子器件的研究而言，在短时间内已经取得了一系列突破，但是要真正实现在未来信息电子学中的商业化应用还需要解决诸多技术障碍。目前，国际上该领域的竞争异常激烈，欧美等国政府和跨国公司纷纷制定相关政策加大研发力度。2009年，国际半导体技术路线蓝图(ITRS)制定了碳基半导体器件未来15年的发展路线，预测了石墨烯器件加工的发展阶段，分为初期探索(2015年前)、技术发展和完备(2015～2017年)，以及初期产业化(2017～2019年)。对我国而言，既面临着一个巨大的挑战，也存在创新的机遇。我们相信，在国际上科学与技术竞争激烈的今天，选择一条新的途径，更有利于突破传统、实现超越，从而抢占下一代信息技术的制高点。

## 参 考 文 献

1　Novoselov K S, Geim A K, Morozov S V, et al. Electric field effect in atomically thin carbon films. Science, 2004, 306: 666-669.

2　Wang X, Li X, Zhang L, et al. N-Doping of graphene through electrothermal reactions with ammonia. Science, 2009, 324: 768-771.

3　Bai J, Zhong X, Jiang S, et al. Graphene nanomesh. Nat Nano, 2010, 5(3):190-194.

4　Lin Y M, Dimitrakopoulos C, Jenkins K A, et al. 100-GHz transistors from wafer-scale epitaxial graphene. Science, 2010, 327: 662.

5　Wu Y, Jenkins K A, Valdes G A, et al. State-of-the-art graphene high-frequency electronics. Nano Lett, 2012, 12: 3062-3067.

6　Konstantatos G, Badioli M, Gaudreau L, et al. Hybrid graphene-quantum dot phototransistors with ultrahighgain. Nat Nano, 2012, 7: 363-368.

7　Liu M, Yin X, Ulin A E, et al. Graphene-based broadband optical modulator. Nature, 2011, 474: 64-67.

8　Wang H, Nezich D, Kong P T, et al. Graphene frequency multipliers. IEEE Electr Device L, 2009, 30: 547-549.

9　Lin Y M, Valdes G A, Han S J, et al. Wafer-scale graphene integrated circuit. Science, 2011, 332: 1294-1297.

10　Mao J, Huang L, Gao H J, et al. Silicon layer intercalation of centimeter-scale, epitaxially grown monolayer graphene on Ru(0001). Appl Phys Lett, 2012, 100: 093101-093104.

## The Applications of Graphene Materials in Information Technologies

*Guo Haiming, Gao Hongjun*

Graphene materials possess many unique physical and chemical properties, which have become a very active research frontier during the past decade. Recent research progresses in graphene-based electronic devices and circuits are introduced in this paper. The main challenges and bottlenecks of graphene applications in future information electronics are proposed and discussed. The multi-disciplinary cooperations, creative thoughts, and the practical endeavors of the scientists display the potential and a great promising prospect of graphene applications in next-generation information sciences and technologies.

# 2.4 微流控芯片进展与展望

### 方 群 祝 莹 潘建章
(浙江大学化学系微分析系统研究所)

微流控芯片(microfluidic chip)是指在方寸大小的微芯片上加工微通道网络，通过对通道内微流体的操纵和控制，实现整个化学和生物实验室的功能。该研究的另一名称是"芯片实验室"(lab on a chip)[1-2]。微流控芯片系统具有微量、高效、快速、高通量、微型化、集成化、自动化，以及突出的微尺度效应等特点，使其在应用中表现出许多区别于宏观系统的独特优势。目前，微流控芯片技术已在化学、生物学、医学、药学、物理学和计算机科学等众多领域获得了广泛的应用。随着微流控芯片技术的发展，也逐渐形成了一门多学科交叉的新兴学科——微流控学(microfluidics)，即在微米尺度空间内操控微量流体的技术与科学。近年来，在微流控芯片研究领域出现了多个新的发展方向和领域，如纳流控芯片与纳流控学、多相微流控技术，以及仿生器官芯片(organ on a chip)和人体芯片(human on a chip)等。

纳流控学研究的是在纳米尺度空间内超微量流体的行为和操控方法。在纳米尺度空间内，流体的行为与其在微米级空间及宏观体系相比均有明显的变化。如随着通道尺度的下降，系统的表面积比显著增加，通道内壁双电层重叠，进而出现纳米通道对不同极性离子的选择性通过的现象(图1)[3]，这一现象被应用于离子组分的高倍浓集。由于纳米通道尺度极小，为方便操作，通常纳流控芯片系统的构建采用纳通道(结构)与微通道(结构)复合的方式。目前，纳流控技术已被应用于基于纳米结构阵列的DNA筛

## 2.4 微流控芯片进展与展望

分、单分子DNA操纵与测序、生物样品富集,以及进样、纳流控二极管与晶体管研究等多个领域[4]。

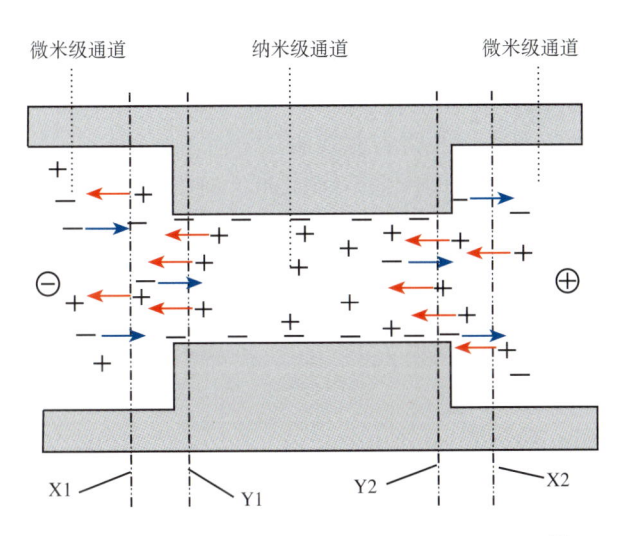

图1 纳流控通道中离子富集和消耗效应示意图[3]

当前,微流控技术正经历着一个由单相微流控技术向多相微流控技术跨越的发展阶段。多相微流控技术是指利用多相微流体的物理化学特性和尺度效应,在微流控系统中进行微量微液滴(颗粒)反应器的生成、操控、反应、分析和筛选。与常规单相微流控系统相比,多相微流控系统具有以下优点:①反应器体积微小——可在飞升级至纳升级灵活调节,因而样品和试剂消耗量可降至极低的水平;②高通量分析和筛选——在短时间内易于高速生成大批量液滴;③反应效率高——液滴反应器内可实现组分的快速传质、传热与混合;④样品扩散和污染小——由于间隔相的包裹和保护作用,有效抑制了微反应器内样品的稀释、溶剂的蒸发,以及不同反应器间的交叉污染;⑤适于进行单分子、单细胞和微量样品的复杂操控和分析筛选。作为新一代微流控技术的典型代表,目前,多相微流控技术研究成为当前微流控研究的热点领域之一,已应用于高通量药物筛选,微米和纳米功能材料的高效可控合成,基于单分子和单细胞水平的分子生物学、细胞生物学和合成生物学研究,临床检验,蛋白质结晶筛选,以及化学催化剂筛选等多个重要领域。2008年,伊斯马吉洛夫(Ismagilov)研究组[5]报道了一种基于多相微流控技术的化学极(chemistrode)系统(图2),可对微区样品进行高动态时空分辨率的取样、分析和监测。采用聚二甲基硅氧烷(PDMS)基质的芯片微取样探针,先向样品微区导入间隔液滴流,再将导出的液滴分为4份,平行采用多种检测手段[包括荧光相关光谱、荧光显微镜和基质辅助激光解析离子化质谱(MALDI-MS)]对液滴组成进

45

行分析。系统的最高时间分辨率可达50毫秒，空间分辨率可达数十微米。该系统被应用于单个小鼠胰岛中胰岛素的刺激和分泌过程的监测，取样和分析频率达到0.67赫。2010年，魏茨(Weitz)研究组[6]将微流控多相液滴技术应用于合成生物学的蛋白质定向进化研究中，建立了基于皮升级油包水液滴微反应器的高通量、大规模的酶定向进化筛选系统(图3)。将该系统应用于辣根过氧化物酶的定向进化筛选，得到的突变体的催化活性提高了10倍。系统可在10小时内实现$10^8$个酶反应的筛选，而整个试剂消耗不到150微升，其筛选速度较最新的自动化机器人筛选系统提高了1000倍，而试剂消耗则降低至百分之一。目前的研究成果显示，多相微流控系统在相关应用领域所具有的突出优势，极有可能使其成为新一代生命科学研究的重要平台之一而获得广泛的应用。

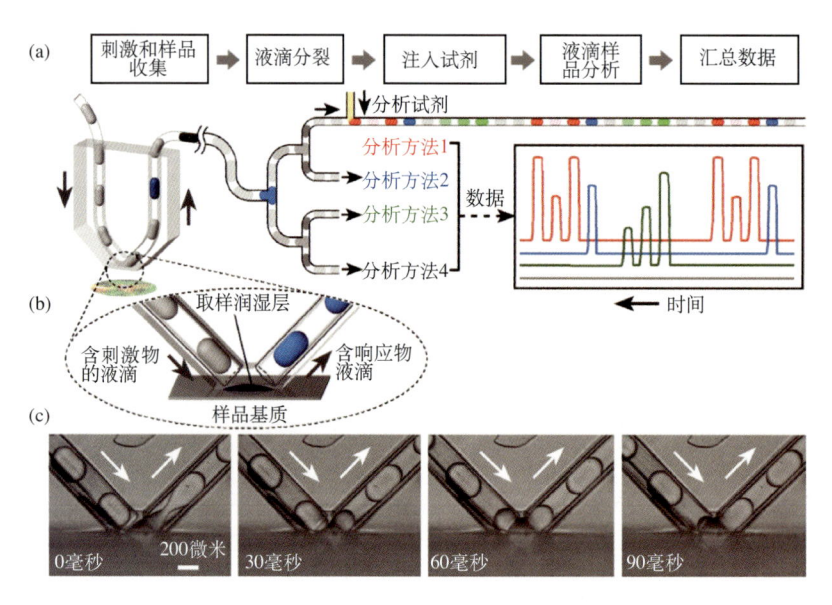

图2　基于多相微流控技术的chemistrode分析系统结构和工作原理示意图[5]

仿生器官芯片的概念则是利用微流控系统对微流体、细胞及其微环境的灵活操控能力，在微流控芯片上构建可模拟器官功能的集成微系统，为体外药物筛选和生物医学研究提供更接近人体真实生理和病理条件、成本更低的筛选模型。2010年，因格博(Ingbar)研究组[7]在微流控芯片上构建了能模拟人肺泡和肺毛细血管功能的仿生微系统(图4)。该系统能模拟肺泡的机械运动，并能对引入到"肺泡"内的细菌和炎症细胞因子产生类似正常肺器官的响应。系统被应用于纳米毒理学研究，结果显示，周期性的机械拉伸加重了肺细胞对二氧化硅纳米粒子的毒性和炎症反应，同时还促进了纳米粒子在上皮细胞和内皮细胞中的吸收和传输。这类仿生器官芯片系统可模拟正常器官

46

## 2.4 微流控芯片进展与展望

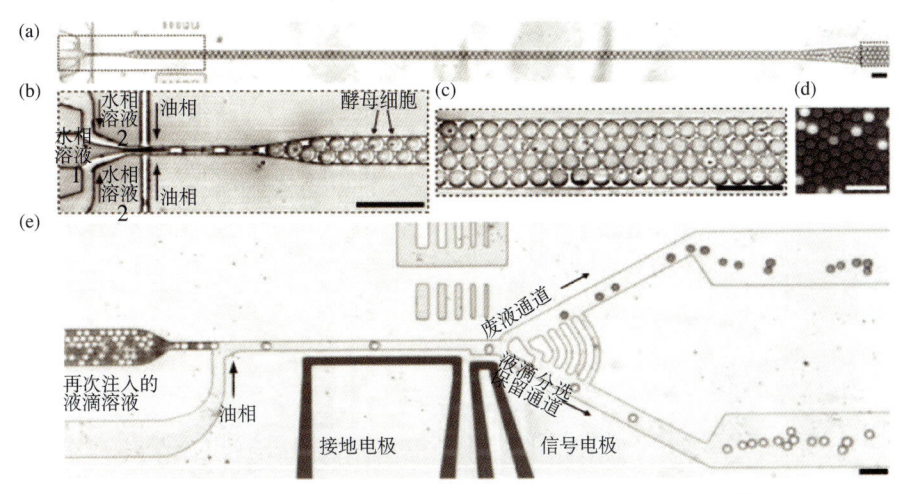

图3 基于微流控液滴技术的蛋白质定向进化筛选芯片[6]

的多种功能，有望为药物筛选和毒理学应用提供一种有别于动物实验的低成本替代方法。2011年，美国国防高级研究计划局(DARPA)、美国食品药品监督管理局(FDA)、美国国立卫生研究院(NIH)联合启动了微生理系统(microphysiological systems)研究项目，目的是通过在体外构建仿生微生理系统替代实验动物，在临床实验前快速有效地预测药物的有效性和安全性。2012年7月，哈佛大学的威斯(Wyss)研究所获得其中的3700万美元资助，计划发展能够将10种人器官芯片集成的自动化仪器系统，实现所谓仿生人体芯片(human on a chip)的目标，并利用其代替实验动物在体外进行人的生理功能和药物筛选研究。

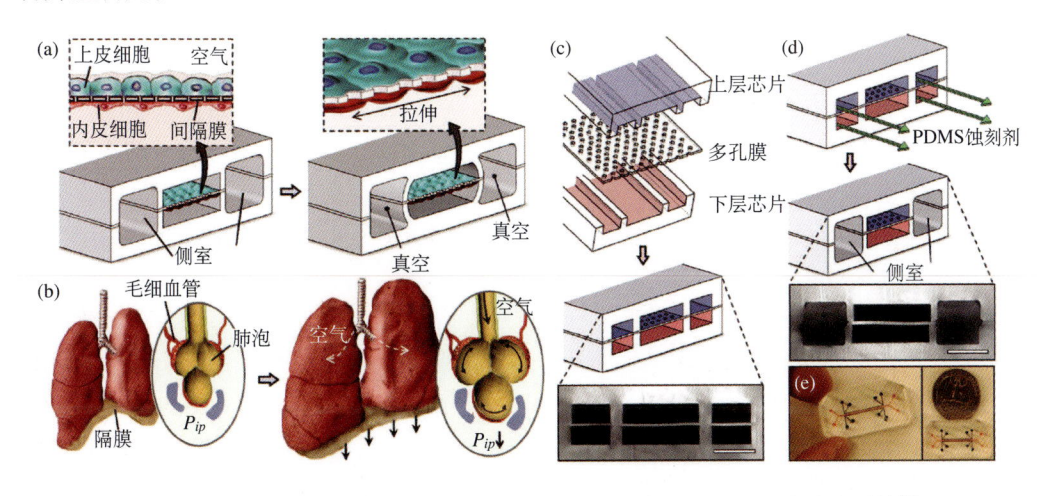

图4 基于微流控芯片构建的能模拟人肺泡和肺毛细血管功能的仿生微系统[6]

47

## 2 科学前沿

此外，近期在微流控芯片仪器产业化方面也取得了突破性进展，其中代表性的进展是多家公司基于微流控芯片的数字PCR(聚合酶链反应)系统相继面市，如世界上最大的微流控芯片公司——美国的富鲁达(Fluidigm)公司的基于集成流路(IFC)芯片的数字PCR系统(图5)，生命技术(Life Technologies)公司的基于微孔阵列芯片的OpenArray系统，以及基于微流控液滴技术的伯乐(Bio-Rad)公司的QX100数字PCR系统和飞雨技术(RainDance Technologies)公司的RainDropTM数字PCR系统等。同时，Fluidigm公司还推出了针对核酸分析、单细胞分析和单细胞测序等应用的多种微流控芯片和仪器系统，公司2013年的季度销售额超过千万美元。

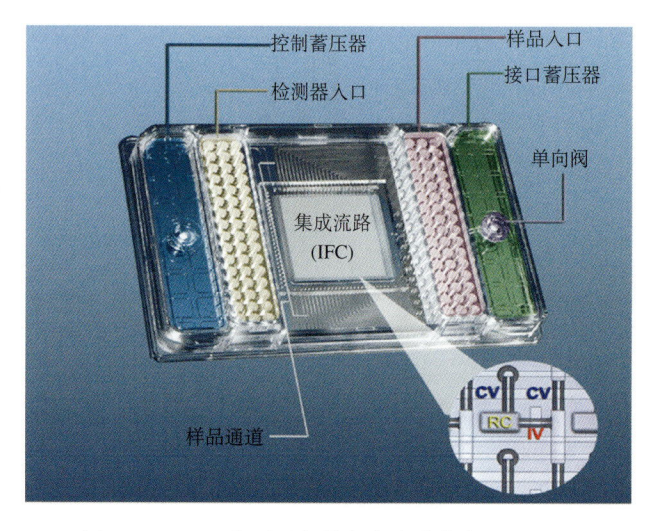

图5 Fluidigm公司开发的集成流路数字PCR芯片

历经20余年(1990～2013年)的发展，目前微流控芯片领域的基础研究仍呈现蓬勃发展的势头，发表的论文数继续保持直线上升的趋势。这说明新的微流控技术在不断地涌现，其应用范围也在不断地拓展，同时也说明该领域还存在相当多的基础问题尚需解决。随着研究的进行与成果的积累，人们对微流控芯片系统的独特特点认识愈加充分，该领域的研究也逐步进入到深度拓展其应用领域的阶段，即微流控芯片技术与其他应用学科技术相结合，在解决相关学科的重要瓶颈问题上发挥关键性作用。可以预计，微流控芯片技术将在化学和生物医学研究、临床诊断、药物研发、食品安全、卫生检疫、司法鉴定、环境监测、绿色化学合成、生物战制剂侦检和航天科技等众多领域拥有更加广阔的应用前景，在基础科学研究、人民健康、经济发展及社会安全等方面发挥越来越重要的作用。

## 参 考 文 献

1. Manz A, Graber N, Widmer H M. Miniaturized total chemical analysis system: A novel concept for chemical sensing. Sensors Actuat B, 1990, (B1): 244-248.
2. 方肇伦. 微流控分析芯片. 北京: 科学出版社, 2003: 1.
3. Pu Q S, Yun J, Temkin H, et al. Ion-enrichment and ion-depletion effect of nanochannel structures. Nano Lett, 2004, (4): 1099-1103.
4. Piruska A, Gong M, Sweedler J V, et al. Nanofluidics in chemical analysis. Chem Soc Rev, 2010, (39): 1060-1072.
5. Chen D L, Du W B, Li Y, et al. The chemistrode: A droplet-based microfluidic device for stimulation and recording with high temporal, spatial, and chemical resolution. P Natl Acad Sci USA, 2008, (105): 16843-16848.
6. Agrestia J J, Antipov E, Abate A R, et al. Ultrahigh-throughput screening in drop-based microfluidics for directed evolution. P Natl Acad Sci USA, 2010, (107): 4004-4009.
7. Huh D, Matthews B D, Mammoto A, et al. Reconstituting organ-level lung functions on a chip. Science, 2010, (328): 1662-1668.

### Advances and Prospect of Microfluidic Chip Research

*Fang Qun, Zhu Ying, Pan Jianzhang*

The recent progress of the newly-emerging research fields in microfluidic chip research is reviewed, including nanofluidic chip and nanofluidics, multiphase microfluidics (droplet-based microfluidics), and organ-on-a-chip. Some prospects of these fields are also given.

# 2.5 肿瘤纳米药物：新梦想与新希望

### 苏昊然[1]　赵宇亮[1,2]

(1 中国科学院高能物理研究所，中国科学院纳米生物效应与安全性重点实验室；
2 国家纳米科学中心)

恶性肿瘤是一类多因素诱发、多系统异常的复杂疾病。近年来，全球肿瘤的发病率始终呈上升趋势，死亡率也位居各类疾病死亡之首。2012年，仅中国肿瘤患者死亡就高达270万人。一方面，肿瘤成为威胁人类健康的头号杀手；另一方面，肿瘤的治疗消耗了巨大的社会资源与经济资源，给家庭、社会和国家造成了沉重的负担。

目前肿瘤临床治疗的三种主要手段，即手术切除、放疗及化疗，在长期的实际应用中均表现出明显的局限性。根据美国国立卫生研究院的统计，过去50年美国肿瘤病人的死亡率仅下降了5%左右。因此，为探索新的肿瘤治疗方法，世界各国投入巨资组织科学家积极攻关，希望在肿瘤治疗这个世界性难题上取得重大突破[1]。

## 一、纳米药物与肿瘤治疗新策略

纳米是一种度量单位，1纳米等于十亿分之一米($10^{-9}$米)。物质在1~1000纳米尺度下，显著地表现出许多新的特性，如尺寸效应、表面效应、量子效应等。这些性质使纳米材料能够与生物界面发生特殊的相互作用，并产生独特的生物学效应。利用物质在纳米尺度下的这些特殊纳米结构、优越的表-界面性能与可控性能等，研发出的具有靶向性与多功能的药物，称为纳米药物。

近年来，大量的研究结果发现，纳米药物由于小尺寸效应，能够从高通透性的肿瘤血管中渗出(被称为EPR效应)，进入肿瘤组织或富集在肿瘤周围，表现出良好的被动靶向性。同时，也可以在纳米颗粒的表面通过化学方法连接上与肿瘤标志物分子具有特异性结合的分子或基团，实现主动靶向(纳米药物自动寻找)肿瘤细胞。靶向性纳米药物既可以直接作用于肿瘤细胞，也可以作用于一种或多种肿瘤微环境因子，从而达到治疗肿瘤的目的。在此基础上的肿瘤纳米技术发展迅速，目前已经发展出治疗肿瘤的两种可能的新策略：一是开发具有靶向性、多种功能的药物传输体系，利用纳米药物载体携带传统肿瘤治疗药物实现肿瘤的靶向治疗，并将毒副作用降低到较低的水平；二是利用一类金属富勒醇(metallofullerend)纳米颗粒结构的特殊理化性质和低毒性，无需载带传统化疗药物即可通过直接作用于肿瘤微环境的多个不同方面来高效抑制肿瘤的生长与转移，这就提示了可能存在另一种全新的肿瘤治疗途径和方法[2-7]。

## 二、纳米药物载体

作为目前研究的热点，纳米药物载体技术是以纳米颗粒作为转移载体，将药物分子包裹在纳米颗粒之中或吸附在其表面，同时也在颗粒表面耦联特异性的靶向分子，通过靶向分子与细胞表面特异性受体结合，在细胞摄取作用下进入细胞内，实现安全有效的靶向药物输送。可用作药物载体的纳米材料有很多，其中常用的材料包括：脂质体、高分子聚合物、碳纳米管、金纳米粒、量子点及磁性纳米材料等。

## 2.5 肿瘤纳米药物：新梦想与新希望

目前，已有纳米药物经美国食品药品监督管理局(Food and Drug Administration，FDA)批准上市，其中最具代表性的是Doxil®与Abraxane®，分别是阿霉素的脂质体制剂和聚乙二醇与白蛋白表面修饰的紫杉醇纳米粒。这些第一代纳米药物的问世一度给临床肿瘤治疗带来了新希望，获得了广泛的关注。但令人遗憾的是，实际临床应用中发现，虽然上述第一代纳米药物通过纳米颗粒的表面修饰延长了药物的血液循环时间并增强了在肿瘤部位的富集，但其特殊的尺寸效应却反而制约了肿瘤细胞对化疗药物的摄取，进而影响了肿瘤治疗的效果。

针对上述挑战，研究人员正在致力于开发第二代纳米药物。它主要是基于多功能的第二代纳米载药系统，在保证体内血液循环时间与肿瘤部位富集的前提下，兼顾更多的功能性。例如，具有肿瘤微环境识别功能与肿瘤细胞内环境调控功能的纳米药物载体系统，可以通过克服体内多种给药障碍提高细胞对药物的摄取以及促进细胞内快速药物释放显著提高抗肿瘤的疗效。目前，在抗肿瘤纳米药物载体研究领域，已经有研究成果处于临床试验的不同阶段，同时还有更多基础科研工作正在迅速进展。在基础研究中不断创新的纳米载药系统具有重要的科学意义，更重要的是，这也为临床肿瘤治疗提供了极有价值的新选择。

## 三、纳米材料直接用于肿瘤转移的高效抑制：新梦想与新希望

近年来，随着对肿瘤发病机理研究的不断深入，肿瘤微环境在肿瘤发生、发展和转移过程中所发挥的重要作用，越来越被医学界与科学界所认知[8]。肿瘤微环境由各种不同功能的细胞组成，它们包围着肿瘤细胞，也称为肿瘤生长的"土壤"。而"土壤"中的肿瘤细胞则称为肿瘤的"种子"。与传统用化学药物杀死或放射线杀死肿瘤细胞的治疗策略不同，研究人员提出了通过改良肿瘤"土壤"，使其不再适合肿瘤生长的新策略。如果能够改变肿瘤生长的"土壤"，抑制肿瘤细胞"种子"的生长与转移，可以跨越用药物直接杀死肿瘤细胞的传统化疗原理，也许有望克服目前肿瘤临床治疗面临的三大难题：药物高毒性、肿瘤细胞耐药性及肿瘤转移。美国食品药品监督管理局批准上市的血管新生抑制药物Avastin™，是这类的第一个代表性药物，它通过抑制肿瘤新生血管起作用。但实际上，Avastin™在临床上的使用效果也不理想。因为Avastin™只能抑制肿瘤新生血管因子这一个方面，而肿瘤微环境中，还有近10种可以帮助肿瘤细胞生长和转移的其他因子或细胞，这些方面代偿性的恶化无疑都可能导致肿瘤治疗的最终失败。研究人员逐渐意识到，肿瘤作为一种多基因参与、多阶段发展及多途径协同的复杂疾病，最好的治疗方法，必须同时调控肿瘤微环境(肿瘤"土壤")的不同方面。

2004年以来，中国科学院高能物理研究所和国家纳米科学中心的中国科学院纳米

生物效应与安全性重点实验室的赵宇亮研究员等,经过近10年的攻关,成功设计并合成了一类有望同时调控肿瘤"土壤"(肿瘤微环境)不同方面的低毒性新型纳米结构材料金属富勒醇Gd@C$_{82}$(OH)$_{22}$。基于8个肿瘤模型进行的体外细胞筛选和体内动物实验发现,低毒/无毒的金属富勒醇Gd@C$_{82}$(OH)$_{22}$无需载带传统化疗药物,自身可以同时作用于肿瘤微环境的多个不同方面来实现高效抑制肿瘤的生长与转移[2-7]。

进一步研究发现,这种形貌类似病毒表面的Gd@C$_{82}$(OH)$_{22}$纳米药物,与靶分子的相互作用模式和传统受体-配体相互作用的"钥匙与锁眼"药物设计经典理论不同,金属富勒醇Gd@C$_{82}$(OH)$_{22}$通过疏水相互作用及氢键作用的联合模式结合在靶分子的疏水区域,而非传统的活性位点。该研究结果开辟了纳米药物设计的新理念:在传统的"锁眼"以外,靶分子可以为纳米颗粒(而非传统的配体"钥匙")药物提供有更为广阔的结合区域,这大大拓展了设计新型的高效肿瘤药物的可能性[6]。

目前,全世界有关肿瘤多靶点调控的研究主要通过特殊设计的纳米颗粒作为载体载带多种传统化疗药物分别靶向不同靶点来实现。而直接作为肿瘤治疗药物(不需要载带传统药物)并同时调控肿瘤微环境多个因素,金属富勒醇Gd@C$_{82}$(OH)$_{22}$体系是第一个。到目前为止,这也是唯一被发现的具有这种功能的体系。尽管仍有大量的研究工作需要完成(如临床前药效学、毒理学及药代动力学试验等),金属富勒醇Gd@C$_{82}$(OH)$_{22}$体系的建立的确开辟了肿瘤临床新药设计与肿瘤治疗的新途径。

除以上所述纳米药物外,纳米材料用于高温热疗及光动力治疗等也是目前抗肿瘤纳米药物研发的热点。此外,基于纳米材料的早期肿瘤标志物检测、活体动态成像等肿瘤早期诊断技术的研究也取得了显著的进展。新型诊断治疗多功能纳米药物的出现也将成为实现肿瘤诊疗一体化的有力手段。

## 四、肿瘤纳米药物的发展前景与中国机遇

据美国艾美仕(IMS)公司统计,2007年以来肿瘤治疗药物的研发在世界医药行业发展最快,2012年的总销售额超过了700亿美元。我国的抗肿瘤药物的销售额也持续快速增长,2011年达到了587.45亿元的规模。由于全球的肿瘤发病率持续升高,而死亡率却没有明显下降,全球抗肿瘤药物的市场需求巨大。而这一市场基本上被欧美的医药巨头垄断,在传统肿瘤药物中,我国拥有自主知识产权的原创性肿瘤药物很少。机遇,既在发展的起点,也在发展道路的拐点。中国的纳米技术发展与欧美基本同步,随着纳米技术的快速发展,中国有望抢占纳米医药技术的新的制高点,能否与美国、英国、德国及日本等发达国家同分天下,取决于我国创新药物研发的国家战略和政策。如果中国科学家和相关领域的人员敢于有梦想,敢于有志向,敢于有担当,抓住机遇,就有机会为人类健康做出受世界尊重的原创性贡献。

## 2.5 肿瘤纳米药物：新梦想与新希望

# 参 考 文 献

1. Cance W G. Society of surgical oncology presidential address: The war on cancer—shifting from disappointment to new hope. Ann Surg Oncol, 2010, 17: 1971-1978.
2. Chen C Y, Xing G M, Wang J X, et al. Multi hydroxylated [Gd@C$_{82}$(OH)$_{22}$]$_n$ nanoparticles: Antineoplastic activity of high efficiency and low toxicity. Nano Lett, 2005, 5: 2050-2057.
3. Meng H, Xing G M, Sun B Y, et al. Potent angiogenesis inhibition by the particulate form of fullerene derivatives. ACS Nano, 2010, 4: 2773-2783.
4. Liu Y, Jiao F, Qiu Y, et al. The effect of Gd@C$_{82}$(OH)$_{22}$ nanoparticles on the release of Th1/Th2 cytokines and induction of TNF-alpha mediated cellular immunity. Biomaterials, 2009, 30: 3934-3945.
5. Liang X J, Meng H, Wang Y Z, et al. Metallofullerene nanoparticles circumvent tumor resistance to cisplatin by reactivating endocytosis. P Natl Acad Sci USA, 2010, 107: 7449-7454.
6. Kang S G, Zhou G, Yang P, et al. Molecular mechanism of pancreatic tumor metastasis inhibition by Gd@C$_{82}$(OH)$_{22}$ and its implication for de novo design of nanomedicine. Proc Natl Acad Sci USA, 2012, 109: 15431-15436.
7. Meng H, Xing G, Blanco E, et al. Gadolinium metallofullerenol nanoparticles inhibit cancer metastasis through matrix metalloproteinase inhibition: imprisoning instead of poisoning cancer cells. Nanomed: Nanotechnol, Biol Med, 2012, 8: 136-146.
8. Bissell M J, Hines W C. Why don't we get more cancer? A proposed role of the microenvironment in restraining cancer progression. Nat Med, 2011, 17: 320-329.

## Advances and Prospects of Nanotechnology Based Cancer Treatment

*Su Haoran, Zhao Yuliang*

Conventional therapeutic approaches like surgery, radiotheraphy and chemotherapy have their conspicuous limitations in clinical application to cancer treatment. A total of 2.7 million deaths from cancer are projected to occur in China in 2012. For there's no effective actions to impact cancer, the alternative tools for the cancer diagnosis and treatment are in urgent need. In recent years, along with the rapid advance of nanotechnology, not only have remarkable achievements been made in the research of various nano-based drug-delivery systems, which reduce the toxicity, improve the biodistribution and promote drug targeting of traditional chemotherapeutic agents, but also the identification of novel structural and functional metallofullerenol nanoparticles that are capable of directly inhibiting the growth and metastasis of tumor further brings a revolutionary change of our views to future antineoplastic drug development. The next 10-20 years will be a critical period for us to exploit new ways to manage cancer and finally benefit mankind as we wished.

## 2.6 癌症化学预防研究前沿

### 杨中枢[1] 余四旺[2]

(1 美国罗格斯新泽西州立大学药学院；2 北京大学药学院)

随着环境和生活方式的巨大改变以及人口老龄化的迫近，中国癌症发病率持续上升，癌症已经成为威胁居民健康和生命安全最主要的疾病之一。根据2012年《中国肿瘤登记年报》报道，中国2009年癌症发病率为285.91/100000，死亡率为180.54/100000[1]。目前大多数癌症的治疗仍然非常困难，占用大量资源，也难以有显著疗效，并由此带来一系列的社会和经济问题。然而，多数癌症的发生与环境、饮食、吸烟及其他不良生活方式相关，许多是可以预防的。据估计，40%～60%的肿瘤可以预防。因此，中国癌症防治研究必须战略前移，这也是国际癌症研究的趋势。

### 一、国际研究进展

得益于禁烟、早期诊断和干预措施的研究和推广，美国的癌症死亡率从1994年开始出现下降的趋势。在这个过程中，癌症化学预防也逐渐成为癌症研究的热点。"化学预防"(chemoprevention)是指利用天然的或合成的化学物质(包括食物及其成分)来阻止、逆转、减缓癌症发生发展过程的策略[2]。实验室研究发现了大量具有癌症预防作用的物质，其中一些如阿司匹林、选择性雌激素受体调控剂和非甾体抗炎药等在临床试验中也取得了成功[3-4]。1998年，美国食品药品监督管理局(FDA)批准了第一个癌症化学预防药物；2003年，化学/食物预防被美国国立卫生研究院(NIH)正式列入资助领域。至今，已有近200个癌症化学预防临床试验完成，还有超过200个临床试验正在进行(http://prevention.cancer.gov/clinicaltrials, http://clinicaltrials.gov/)。同时，药物清除致病菌和接种疫苗等策略已经被证实可有效预防感染相关癌症(如胃癌、肝癌和宫颈癌等)，并开始在人群中应用[5-6]。

与整个癌症研究一样，在取得巨大成绩的同时，癌症化学预防研究也面临着严峻

## 2.6 癌症化学预防研究前沿

的挑战,尤其是在实验室研究成果的临床转化方面。尽管一些化学预防药物和疫苗在临床研究中取得了成功,但也有多个临床试验以失败告终。因此,国际化学预防研究一方面在持续升温,另一方面也在积极地总结、反思和调整[7-8]。

## 二、中国发展动态

中国癌症预防研究基本与国际上同步开始。从20世纪70年代起,中国在癌症调查和预防方面开展了大量工作,并与海外科学家合作在多个癌症高发现场进行了人群筛查和化学预防研究,取得了如中国癌症地图等一系列具有中国特色和重要国际影响的成果。河南林州市食管癌营养干预试验是全球最早的大规模随机安慰剂对照双盲人群试验之一,其后续研究至今仍在进行,产生了大量有意义的数据和成果[9]。山东临朐胃癌研究揭示了胃癌的发生发展过程,并初步证明药物清除幽门螺杆菌即可降低胃癌发病率和死亡率,更大规模的人群研究正在开展[5]。江苏启东肝癌研究已有40年历史,发现了乙肝感染和黄曲霉素等重要危险因素和若干相关生物标志物,开展了一系列化学预防人群试验,当地肝癌发病率显著下降[10]。此外,中国针对鼻咽癌的生物标志物和早诊早治研究也取得了突出成就。

自2012年起,中国国家自然科学基金委员会在肿瘤预防学科下设置了"化学预防"等方向。2013年,在北京召开了"癌症化学预防研究前沿"香山科学会议,全面深入地研讨了中国癌症控制形势和国内外化学预防研究现状和趋势等问题。这些都有力地推动了中国癌症化学预防研究的发展。

## 三、建　　议

中国面临着癌症控制的严峻局势,同时也有开展化学预防研究的良好条件。一方面,中国传统医学一直有"治未病"的理念,在慢性疾病防治方面有悠久的历史;另一方面,中国也有极为丰富的潜在化学预防药物资源和良好的研究基础。此外,中国还有多个癌症高发现场和丰富的研究经验。同时,国际上癌症和化学预防研究的发展已经积累了大量的经验和教训[8]。如何在上述基础上开展更有意义的癌症预防研究和开发更有效的癌症预防措施?我们提出以下建议。

### (一)感染相关癌症的预防

感染是癌症重要的致病因素,这一点在中国尤其重要。例如,幽门螺杆菌是胃炎和胃癌的重要致病因子,而清除幽门螺杆菌即可显著降低胃炎发病率和胃癌风险[5]。更大规模的人群研究和相应的基础研究可为大面积推广应用提供科学依据。接种乙肝病毒(HBV)疫苗是预防肝癌的可行途径。虽然中国的HBV疫苗接种率已达93%以上，但仍有1.3亿乙肝病毒携带者，每年数十万新发乙肝病例；因此，感染相关肝癌的预防仍是极为重要的研究领域。预防宫颈癌的人乳头瘤病毒(HPV)疫苗已经在全球多数国家上市，但仍未在中国得到应用[6]。其他癌症如鼻咽癌等与Epstein-Barr病毒(EBV)、HPV感染的关系及化学预防也值得研究。

### (二)癌症化学预防药物

对癌症发生发展过程的研究已发现了多种风险因素、癌前病变和相应的生物标志物，然而安全有效的化学预防药物仍极为有限。他莫西芬和雷洛昔芬等药物已被证明可在高危人群中有效预防乳腺癌，非甾体抗炎药也已被证明可有效预防结肠癌[3, 11]。大量研究显示，阿司匹林能够显著降低癌症风险，尤其是结直肠癌[11]。开展更多实验室和临床研究以确定阿司匹林等药物在中国人群中的癌症预防效用和潜在的胃肠道出血等副作用，对于中国癌症的化学预防具有重要意义。另外，炎症与多种癌症的发病相关，抗炎药的癌症预防功能值得深入研究。许多中药成分都具有抗炎活性，可能成为癌症化学预防候选药物的重要来源。

### (三)营养与饮食途径

许多流行病学研究表明癌症风险与饮食因素有强的相关性，这可能是因为：①缺乏某些营养素导致癌症风险增加；②许多食物(如全谷物、水果和蔬菜)含有癌症预防成分，而过量摄入其他食物(如红肉和脂肪)则会增加风险；③一些食物含有致癌因子，包括腌制肉类和咸鱼及被重金属或其他毒素污染的食物。

研究显示缺乏维生素E和硒与食管癌和胃贲门癌高发有关，而河南省林州市营养干预试验结果显示，补充这些营养素之后癌症相关的死亡率降低[9]。尽管中国居民生活水平已经显著提高，但铁、硒、钙和维生素D/E等营养素的缺乏还很常见，而某些营养素的略微缺乏就可能增加癌症风险。需要对中国不同人群的营养状况进行研究，并开发相应的补救措施，这是中国癌症及其他慢性病预防的一个重要问题。同时，利用食物和营养途径来增强人体的抗氧化和代谢解毒能力以减少空气和水污染的危害也是重要的研究领域。

### (四)政府法规与公众教育

建立癌症防控体系、推动癌症预防研究、开展预防知识普及、控制癌症危险因素等都需要充分发挥政府的作用。例如，强有力的证据表明吸烟和空气污染会导致肺癌、其他癌症和许多其他疾病。政府需要投入足够的资源来加强法律法规，提高民众

## 2.6 癌症化学预防研究前沿

的自觉意识来降低上述癌症危险因素。

同时，也要提倡健康饮食和癌症预防的公众教育。世界癌症研究基金会给出的癌症预防饮食指南 "即多选择植物性食物、限制红肉、避免腌制肉类" 可能对大众健康有更大的影响。该指南也有助于预防心血管疾病和其他疾病。全谷物、蔬菜、水果、香料、茶、咖啡，以及实际上几乎所有植物都含有可能在某些实验体系中具有癌症预防功能的成分，包括膳食纤维。上述饮食建议也符合传统的主要基于植物的中国饮食习惯。其他建议包括"每天至少体力活动30分钟，保持健康体重，尤其不要吸烟或嚼食烟草与槟榔"等。

## 四、结　语

化学及膳食预防是重要的、可行的癌症控制策略，相关研究已经取得了巨大进展，但也面临着严重挑战。随着癌症研究的深入和转化医学等领域的迅速发展，传统的治疗医学正在走向"预测、预防、个体化、互动参与"的系统医学。可以预见，化学预防研究将出现新的突破和发展，这对中国相关领域的研究也是新的机遇。中国癌症化学预防研究有良好的基础和环境，如果能发挥中国的特色和优势，结合国际发展趋势，进一步开展国内国际合作，中国的癌症化学预防研究有望在中国癌症控制战略中发挥重要作用，并在国际上占据重要地位。

## 参 考 文 献

1　曾红梅，陈万青. 中国癌症流行病学与防治研究现状. 化学进展, 2013, 25(9): 1415-1420.

2　Sporn M B，Liby K T. A mini-review of chemoprevention of cancer — past, present, and future. 化学进展, 2013, 25(9):1421-1428.

3　Dunn B K. Phase 3 Trials in breast cancer prevention: focus on Estrogen-Targeting agents, selective estrogen receptor modulators and aromatase inhibitors. 化学进展, 2013, 25(9): 1429-1449.

4　Bode A M, Dong Z. Cancer prevention research—then and now. Nat Rev Cancer, 2009, 9(7): 508-516.

5　You W, Zhang L, Pan K, et al. Anti-Helicobacter pylori infection in gastric cancer prevention. 化学进展, 2013, 25(9): 1576-1583.

6　王少明, 乔友林. 疫苗与癌症预防. 化学进展, 2013, 25(9): 1584-1588.

7　Umar A, Dunn B K, Greenwald P. Future directions in cancer prevention. Nat Rev Cancer, 2012, 12(12): 835-848.

8　Yang C S. Cancer Prevention by vitamin E and tea polyphenols: Lessons learned from studies in animal models and humans. 化学进展, 2013, 25(9): 1492-1500.

9 黎均耀. 癌症的营养干预研究. 化学进展, 2013, 25(9): 1462-1479.
10 Egner P A, Wang J B, Zhu Y R, et al. Prevention of liver cancer in Qidong, China: lessons from Aflatoxin biomarker studies. 化学进展, 2013, 25(9):1454-1461.
11 Chan A T. Aspirin for the prevention of colorectal cancer. 化学进展, 2013, 25(9):1450-1453.

## Frontiers in Cancer Chemoprevention

### Yang Chungshu, Yu Siwang

The cancer control strategy has to focus more on prevention so as to deal with the increasing cancer burden, and chemo/dietary prevention is one of the most important strategies. Cancer chemoprevention research has made significant progress, but still it does face challenges. China has many great opportunities in this area. More attention and resources should be focused to studies on prevention of infection-associated cancers, development of chemopreventive drugs, and nutrition/dietary interventions. Meanwhile governmental support and regulations are needed to promote the approaches of cancer chemoprevention.

# 2.7 大数据的进展与展望

## 石 勇

(中国科学院虚拟经济与数据科学研究中心；中国科学院大学管理学院)

### 一、大数据的进展

随着计算机技术的飞速发展，当今各种社会活动产生了海量的数据，互联网的应用实现了全球范围内的数据共享，人类进入了大数据(big data)时代。事实上，早在2002年世界上产生的电子媒介信息总量就已有5000万太字节，相当于3.7万个美国国会图书馆储存的信息量。2008年，谷歌(Google)声称其搜索引擎索引的网页已达一万亿个，而据估算其索引的网页最多只有全部网页的1/3。近几年，随着Web2.0的诞生，论坛、博客、微博、社交网络等社会化媒体(social media)得到了迅猛发展，更导致了形形色色数据的急增。据不完全统计，目前全球企业的信息存储量大约为1.8～2.2泽字节(1泽字节=$10^{21}$比特)。美国把大数据称为"未来的新石油"。而人是创造大数据的主体，我国作

## 2.7 大数据的进展与展望

为世界人口最多的国家，截至2012年12月底，我国已有5.64亿网民，手机网民数量为4.2亿，创造大数据的速度正在接近甚至超过发达国家。

截至目前，关于大数据定义，各方还没有达成一个统一的意见。根据美国国家科学基金会的定义，大数据"指的是大型、多样、复杂的、纵向的、和/或基于仪器、传感器、互联网交易、电子邮件、视频和点击流等产生的分布式数据集，和/或所有现在和未来可用的其他数字源"。在2013年5月的第462次香山科学会议中，与会者也对大数据概念给出了自己的定义：大数据是来源多样、类型多样、大而复杂、具有潜在价值，但难以在期望时间内处理和分析的数据集。同时为了使得政府更好地理解大数据概念，与会者还给出了大数据的通俗定义：大数据是数字化生存时代的新型战略资源，是驱动创新的重要因素，正在改变人类的生产和生活方式。

总体而言，大数据的特征可描述为四个"V"，即大容量、多种类、快速度和高价值。前三个"V"为数据的采集和预处理带来了很大的困难。第四个"V"的价值意味着大数据是巨大的、低密度的，但具有无形的内在的高价值。为了寻求大数据巨大的商业价值，数据挖掘和知识发现是必要的。

如何有效处理和利用大数据已成为人类社会所面临的越来越严峻的挑战。一方面，我们为大数据的复杂特征所困惑；另一方面，我们又非常渴望追求知识。可见，对数据相关科学问题的研究急切需要大力开展。目前，数据管理、数据仓库、数据挖掘和知识发现等数据技术正结合数学、逻辑和科学实验理论，逐渐发展成一门新的科学，称为"数据科学"(data science)。我们注意到：数据科学的精髓就是通过大数据挖掘将数据变为知识，为人类创造强大的生产力。

为了响应中国科学院院长白春礼在2012年12月30日作的《把握科技发展新态势，实现创新驱动新发展》报告中有关中国制定国家大数据战略的建议，2013年，我们先后主办了"大数据背景下的计算机和经济发展高层论坛"和以"数据科学与大数据的科学原理及发展前景"为主题的第462次香山科学会议。包括10位中国科学院院士、中国工程院院士在内的来自学术界、政府部门和企业界的41位专家学者出席了高层论坛。来自国内外管理、计算机、数学、经济、生物、社会、法律等领域的34个单位的46位专家学者出席了第462次香山科学会议。在这次香山科学会议上，我国专家与学者首次尝试性提出了自己的大数据一般性与通俗性定义，讨论了"大数据技术与应用中的挑战性科学问题"，呼吁中国政府尽快制定中国的大数据战略。

## 二、国内外大数据挖掘的发展趋势

近年来，各国政府争先恐后地投入巨资开展对有关数据与知识的科学问题的研究。美国国家科学基金会自2008年开始启动为期5年的"电算化的发现与创新"(Cyberenabled Discovery and Innovation，CDI)科研项目群，其中"从数据到知识"(From Data to Knowledge)成为首要科研目标。该基金资助了全美36个州295个项目，共计7.5亿美元。2011年5~7月，美国伊利诺伊大学举办了数据科学暑期学校以扩大人们对数据的认识，著名的贝尔实验室还启动了"数据科学行动计划"。此外，欧洲、日本、澳大利亚等国家与地区早在2000年开始就已重视有关数据结构、数据科学和知识管理方面的科研活动。例如，欧盟于2004年便完成了由众多欧洲国家参加的"数据网格"项目(The DataGrid Project)，将公共数据库与企业数据库在互联网的平台上进行连接并研究数据库关系等科学问题。日本的庆应义塾大学成立了数据科学分部(Data Science Division)以开展科研和教学项目。2004年，庆应义塾大学还与澳大利亚国家科研机构(CSIRO)联合举办了数据科学研讨会。2008年，澳大利亚的悉尼科技大学成立了"数据科学与知识发现"实验室。日本先进技术学院(JAIST)成立了知识科学学院(School Knowledge Science)专门从事知识科学的基础理论与应用研究并开展教育活动。

2008年9月，《自然》杂志出版了关于"大数据"的专辑。2011年2月，《科学》杂志出版专辑讨论大规模数据环境下的数据处理问题。2011年12月，《科学》杂志再次出版专辑讨论数据可复制性与再生产性。这两本杂志共同关注有关数据研究问题充分说明了数据作为研究对象已成为科学界面临的重大课题。2012年3月，奥巴马政府宣布了"大数据研究和发展倡议"，六大机构投入了超过两亿美元的资金，合力研发核心技术、整合相关应用人才，大力支持协同创新。

一方面，多国政府和国际科研机构已开始高度重视对大数据与知识管理的相关研究；另一方面，由大数据挖掘和知识管理产生的应用发展更为惊人。据不完全统计，大数据产业每年将为美国医疗系统带来3000亿美元的增益，为欧洲公共管理部门带来2500亿欧元的净收入，为世界零售业增加30%的纯利润，为全球制造业减少50%的产品研发等成本；而个人地理位置信息的利用，也将为通信服务商带来超过1000亿美元的收益，为全球用户带来超过7000亿美元的价值。

随着我国经济社会的高速发展，我国工业界对大数据同样也表现出了极大的热情。腾讯、百度、淘宝等互联网龙头企业相继投入巨资来研究对大数据的处理，以产生更大的经济效益。我国各行业对大数据技术的应用需求日益增长，例如，据2011年9月《人民日报》(海外版)报道，我国持有银行卡的人数已超过7亿，总持卡量达到27亿张。银行卡已经渗透到经济、社会生活的各个方面，成为商业银行的重要业务。而支持银行卡风险管理的主要工具就是数据挖掘技术。然而，目前我国大数据挖掘的研究与应用尚处于初级阶段，不能很好地满足需求。

尽管国际社会对大数据挖掘与知识管理的研究与应用发展迅猛，但是，真正将大数据与知识发现作为交叉领域进行全面科学研究与应用的科研机构并不多见。2007年，中国科学院正式成立了挂靠在中国科学院大学(简称"国科大")的非法人独立研究

2.7 大数据的进展与展望

单元：中国科学院虚拟经济与数据科学研究中心。在中国科学院大学的管理学院、数学科学学院、计算机与控制学院及中国科学院科技政策与管理科学研究所、中国科学院计算技术研究所等单位的合作与支持下，中心站在国际科学研究潮流的前沿，已开始逐渐在中国科学院形成从事虚拟经济与数据科学研究与应用的核心团队，初步得到了国内外同行的认同。我们可以充分发挥中国科学院在该交叉领域的前沿优势，通过壮大科研队伍和培养专业人才将实验室打造成该领域的国家队。

## 三、大数据的挑战与展望

从历史发展的角度看，采集、存储、传播数据并获取知识是人类社会活动最重要的部分。自中国古代的结绳记事、仓颉造字、造纸和印刷术的发明，到西方近代的电报、电话、计算机和互联网的发展，无不印证了新技术的进步是人类社会进步的重要推动力量。正是信息技术全面融入社会生产生活，才营造了大数据时代。

大数据时代的来临对现代科学和社会发展的影响是深刻的。维克托·迈尔·舍恩伯格和肯尼思·库克耶在他们的《大数据时代》(Big Data: A Revolution that Will Transform How We Live, Work, and Think)一书中描述了这些颠覆性的影响：在数据采集方面，例如，我们可以分析更多的数据，有时候甚至可以处理与某个特别现象相关的所有数据，而不再依赖于随机采样；在数据处理方面，如大数据的简单算法比小数据的复杂算法更有效。而我们认为，大数据分析或大数据挖掘相对通常基于数据库的数据挖掘而言，是高层次学习知识发现过程。首先，大数据应该既要全体，又要抽样，大数据的抽样比小数据的抽样更具有普适性。其次，大数据分析可迅速发现粗糙解，然后从中寻求精确解。最后，大数据从相关关系中逐渐把握因果关系与必然关系。

大数据刺激了大量值得研究的问题，其中具有挑战性的有如下三个技术问题。

### 1. 如何用信息技术手段处理非结构化和半结构化数据

目前，人们对非结构化和半结构化数据的个体表现、一般性特征和基本原理尚不清晰，这些都需要通过包括数学、经济学、社会学、计算机科学和管理科学在内的多学科交叉来研究。尽管，人们可用Hadoop等开源信息技术平台收集非结构化和半结构化数据，但怎样将这些数据转化为能够使用数据挖掘工具的数据形式，如多维数据表，是一大难题。企业可结合自身的领域知识去完成这个转变，但是如何找到某一领域的普适性方法又是另一难题。给定一种半结构化或非结构化数据，如图像，如何把它转化成多维数据表、面向对象的数据模型或者直接基于图像的数据模型？

假设非结构化和半结构化数据被转化为"多维数据表"，如果把通过数据挖掘提取"粗糙知识"的过程称为"一次挖掘"过程，那么将"粗糙知识"与被量化后主观知识，包括具体的经验、常识、本能、情境知识和用户偏好，相结合而产生"智能知识"的过程叫做"二次挖掘"。从"一次挖掘"到"二次挖掘"类似事物"量"到"质"的飞跃。

由于大数据所具有的半结构化和非结构化特点，基于大数据的数据挖掘所产生的结构化的"粗糙知识"（潜在模式）也伴有一些新的特征。这些结构化的"粗糙知识"可以被决策者的主观知识过滤处理并转化，生成半结构化和非结构化的智能知识。因此，寻求"智能知识"反映了大数据研究的核心价值。

2. 如何探索大数据复杂性、不确定性特征描述及大数据的系统建模

值得注意的是，大数据的每一种表现形式都仅呈现数据本身的某一侧面，并非全貌。这一问题是大数据建模的新挑战，突破它是实现大数据知识发现的前提和关键。从长远角度来看，解决大数据的个体复杂性和随机性所带来的挑战将促使人们了解大数据的数学结构，从而使大数据统一理论更加完备。从短期而言，如果学术界能发展一般性的结构化数据与半结构化、非结构化数据之间的转化原则，它将会带来企业大数据交叉应用的迅猛发展。管理科学，尤其是基于最优化的理论会在寻求大数据知识发现的一般性方法和规律性中发挥重要的作用。

大数据的复杂形式还导致了许多与对"粗糙知识"的度量和评估相关的研究问题。已知的最优化、数据包络分析、期望理论、管理科学中的效用理论都可以被用来研究如何将主观知识融合到数据挖掘产生的"粗糙知识"的"二次挖掘"过程中。这里，人机交互将起到至关重要的作用。

3. 数据异构性和决策异构性

在大数据环境下，管理决策面临着两个"异构性"关系问题："数据异构性"和"决策异构性"。传统的管理决策模式取决于决策者对业务知识的学习和日益积累的实践经验，而管理决策又是以数据分析为基础的。

根据决策者的特征，管理决策可以分为结构化的决策、半结构化决策和非结构化决策。在企业管理中，有三个层次的决策，分别是运营管理层、中级管理层和高级管理层。不同层次的管理人员在对信息(定量)和知识(非定量)的需求上也大不相同。结构化的决策与运营管理层相联系；半结构化的决策与中级管理层有关，非结构化的决策则与高级管理层紧密联系。

人们注意到，大数据使决策层次发生可能是颠覆性的改变，即基于大数据挖掘决策将结构化决策(操作员)、半结构化决策(经理)和非结构化决策(主管)融为一体。例如，一个营销人员可以根据客户评分(大数据挖掘的结果)，迅速决定对客户的交易量，他充当了营销决策者，其身份既为结构化决策者又为非结构化决策者。

## 2.7 大数据的进展与展望

直观来说，在知识管理的背景下，日常运营管理的结构化决策将是基于数据挖掘的隐藏模式(粗糙知识)，它可以是"结构化知识"或是"显性知识"。这样一个结构化知识结合了不同层次决策者的主观知识，并且逐步转化成半结构化和非结构化知识。那些半结构化和结构化的知识可以表达为"智能知识"。然而，当运营数据由半结构化和非结构化数据组成时，就可能没有结构化的决策产生，而是直接涉及半结构化和非结构化决策的运营管理层。同样，较高的管理层次将面临更为复杂的半结构化和非结构化决策。因此，大数据已经改变了传统的管理决策结构的模式。研究大数据对管理决策结构的影响成为一个具有挑战性的科研问题。除此之外，决策结构的变化要求我们去探讨如何为支持更高层次的决策而去做"二次挖掘"。无论大数据带来了哪种数据异构性，"粗糙知识"可被看做"一次挖掘"的范畴。对我们来说，通过寻找"二次挖掘"产生的"智能知识"，将其视为数据异构性和决策异构性之间的桥梁是十分必要的。探索大数据环境下决策结构是如何被改变的，相当于研究如何处理数据异构性、大数据挖掘与决策者主观知识参与决策过程的关系。

无疑，以上的技术突破将促进大数据在社会发展中的普遍应用。它从信息领域开始，渗透到媒体、教育、金融等诸多行业，形成新的商业模式，引导投资，促进消费，推动产业发展，提高劳动生产率。

## 四、结 束 语

在历史上，科学进步始终是由需求引导的。创造需求无疑是大数据发展的前提。受益于中国巨大的人口数量，中国颇具大数据发展的优势。仅从网络用户的角度来看，我国目前的网络舆论的主体已经超过 1 亿互联网用户。中国主要的门户网站日访问量都已达千万次级别，其中约有39.1%的用户上网的主要目的是获取信息。2011 年，中国拥有4.8 亿互联网用户，几乎是美国的两倍；拥有近9 亿部手机，是美国的3 倍。而互联网和手机不仅是产生数据，更是创造需求的重要来源。我们首先需要的是规范相关法律与政策，构建一个更加开放的网络环境，让大数据的各种发明与应用自由的竞争、生长。正如赫胥黎的《天演论》中所指出的那样："物竞天择，适者生存。"在不远的将来，我国必然是拥有大数据的第一位国家。

我们呼吁政府高度重视制定大数据的国家战略；建立data.gov.cn，逐步开放政府拥有的大数据，让民众利用大数据提高社会生产力；制定相关法律或优惠政策以鼓励企业之间共享彼此拥有的大数据去提高创新能力。我们希望我国正确地利用大数据，发展大数据科学，使我国经济在大数据时代健康地发展。

## Advances and Prospects of Big Data

*Shi Yong*

This article outlines the development and prospect of Big Data according to the author's experience and understanding. The first session is about how Big Data impacts the human life and how to treat it, including the Chinese definition on Big Data. The second session summarizes the trends of Big Data in home and abroad. The third session proposes the challenges and prospects of Big Data. The three challenges are: ① how to transform unstructured and semi-structured data into data with format that can be analyzed via known data mining; ② how to describe and model the complexity of Big Data; ③ Heterogeneity of data and Decision-making. The last session provides some comments on Big Data movement. It especially calls for Chinese Government to speed up the national strategy of Big Data, including the establishment of data.gov.cn to make government owned data open and finally the driven force for Chinese economic and social development.

## 2.8　2013年世界科技发展综述

王海霞[1]　邹振隆[2]　帅凌鹰[3]　万　勇[4]　边文越[1]
张树庸[5]　房俊民[6]　张　军[4]　曲建升[7]

(1 中国科学院国家科学图书馆；2 中国科学院国家天文台；3 中国科学院动物研究所；4 中国科学院国家科学图书馆武汉分馆；5 中国生物工程杂志社；6 中国科学院国家科学图书馆成都分馆；7 中国科学院国家科学图书馆兰州分馆)

2013年，世界科技发展迅速，取得众多重大发现和成果。本文将从天文学与物质科学、生命科学与生物技术、信息与通信技术、纳米科学技术、能源与环境及航天科技6个方面对其中的主要发现和成果加以综述。

### 一、天文学与物质科学

2013年，天文学研究继续取得进展。3月，欧洲空间局 (ESA) 公布了根据 2009年发射的普朗克卫星传回数据绘制的宇宙微波背景辐射 (CMB) 图。这幅迄今分辨率最高 (5角分) 的全天CMB图，让科学家以更高的精度刷新了威尔金森微波各向异性探测

## 2.8 2013年世界科技发展综述

器(WMAP)根据其 9年观测结果获得的宇宙学参数：宇宙的年龄从137.7亿年更新为138亿年；普通物质的比例从4.6%提高到4.9%，暗物质从24%提高到26.8%，暗能量则由71.4%降低到68.3%；宇宙膨胀速率(哈勃常数)的值从每兆秒差距69.3千米/秒刷新为每兆秒差距 67.3千米/秒。国际空间站阿尔法磁谱仪实验 (空间中首个测量精度达到1%的实验)初步结果正式发表：收集到约 40万个正电子，其与电子的比例稳定随着能量增强而增加，没有观测到任何各向异性。这些结果与正电子源自于太空的暗物质湮灭相容，但尚待与如脉冲星等其他可能来源进一步甄别确认。恒星与星系形成与演化研究成果显著。天文学家借助夏威夷凯克10米望远镜上的近红外多目标摄谱仪，发现了迄今已知最远的星系 z8_GND_5296，其红移$z$=7.51，距离地球约130亿光年，诞生于宇宙年龄5%的幼年时代。该星系每年诞生330个类似太阳的恒星，这比银河系高约100倍，意味着星系的恒星形成率在随时间下降。哈勃空间望远镜在执行CANDELS项目时发现了爆发在100亿年前(红移 $z$=1.914)的超新星UDS10Wil（昵称"威尔逊超新星"）。这个破超新星最远纪录的发现打开了早期宇宙的一扇窗口，观测证据支持其爆发起因于两颗恒星残骸——白矮星的碰撞合并，而非传统的白矮星吸积。一个国际团队借助钱德拉X射线天文台的观测数据，发现银河系中心附近的气体99%外流，只有1%进入黑洞视界，从而解决了大多数星系中心尽管存在大质量黑洞，同那些活动星系相比，却显得如此平静之谜。在经过20年的搜寻之后，到2013年10月，人类已发现的太阳系外行星总数突破1000颗(其中水星大小的3颗，火星大小的7颗，地球大小的11颗，超级地球114颗，海王星大小的148颗，木星大小的727颗)。2009年升空、 2013年夏季停止工作的开普勒探测器在其运行期间确认了156颗系外行星，另外还有超过3500颗正在等待进一步确认。根据开普勒探测器三年获得的资料估计，银河系内可能存在数以千亿计的行星，其中约一成可能是半径类似地球并且表面环境适合液态水存在的行星。2013年1月发现的 KOI 172.02已经被列为具有潜在生命可能性的首要候选行星。10月，欧洲天文学家宣布发现了首个与太阳系极为相似的系统：其中央恒星 KOI-351距离地球2500光年，拥有7颗行星。在我们地球所在的太阳系，赫歇尔空间天文台用高灵敏度红外探测器描绘出木星平流层水的垂直和水平分布，发现南半球的水比北半球多2~3倍，且大部分集中在1994年7月苏梅克-列维彗星和木星的剧烈撞击的撞击点附近，从而发现了彗星撞击是木星高层大气中水的主要来源的决定性证据。2013年2月15日，一颗小行星坠落俄罗斯车里雅宾斯克，释放出超过20颗广岛原子弹爆炸产生的能量，爆炸形成的火球最亮时的亮度比太阳还高30倍。在过去20年里，约有60个长达20米的陨石撞入地球，这比原来预计的要多得多，进一步提升了人们对可能威胁地球的小天体的关注。

过去的一年里，物理学领域也堪称成果卓著。我国科学家在实验中成功观察到"量子反常霍尔效应"，这是基础物理学研究的一项重要突破，未来该成果有可能应用于低能耗电子器件之中。科学家正式确认，ATLAS和CMS实验组于2012年发现的新粒子是

65

标准模型的希格斯粒子。北京正负电子对撞机上的北京谱仪Ⅲ实验国际合作组宣布发现了一个新的共振结构$Z_c(3900)$，因为其中含有一对正反粲夸克且带有和电子相同或相反的电荷，提示其中至少含有四个夸克，极有可能是科学家们长期寻找的介子分子态或四夸克态。我国科学家成功测出量子纠缠速度下限，发现该下限比光速高四个数量级，这标志着我国在自由空间量子物理实验领域继续保持国际领先。美国研究人员测出了一个铯原子的康普顿频率，并以此为基础构建了一台只用到单个原子的原子钟，计时较先前的原子钟更为精准。欧洲核子研究中心(CERN)的物理学家们使用大型强子对撞机(LHC)制造出有史以来最小的人造液滴，其大小仅为氢原子的十万分之一。奥地利科学家在实验中发现，在类似瓶子的微共振腔内的光具有独特的纵向振动方向，该成果有助于科学家们开发新的超敏传感器和量子力学路由器等新式设备。一个国际研究团队首次观察到中微子在飞行过程中变身的一种新模式，进一步推进了物理学界对这一领域的认识。德国研究人员成功借助晶体介质让光静止长达60秒，该成果有望使光存储成为可能。奥地利科学家通过将铈原子捕获在笼形包合物中，创建出一种具有极强热电性能的新材料，可用于将废热转化为电能。美国科学家首次实现"产出超过消耗"的核聚变反应，这使得人类距离实现自持核聚变梦想更进一步。在分析了2010年5月至2012年5月"冰立方"收集的数据后，科学家发现了28个能量都超过30太电子伏的高能中微子。这是自1987年以来，科学家们首次捕获到来自太阳系外的中微子。

  材料科学领域取得了一系列重要突破。美国科学家制出全球首块非线性零折射率超材料，通过这种材料的光在各个方向都会得到增强，有望促进量子计算机和网络的发展。日本研究人员研制出直径为150纳米、世界上最细的，以及直径为300纳米、断面呈Y形的纳米纤维，在同等重量下表面积都要大于以往产品，而纤维之间的缝隙也可以任意调节，制得的新产品保湿性、吸水性、摩擦系数等都有了很大提高。美国科研人员研究发现，由单层锡原子组成的复合材料可能是世界上第一个能以100%效率传输电子的材料，掺入氟可使其工作温度提高至100℃，有望用于微处理器内部的接线。瑞典科学家制备出迄今表面积最大的材料：800米$^2$/克的碳酸镁，该材料具有超强的吸水能力。美国研究人员发现，单锗薄膜电子迁移率是硅的10倍、传统锗的5倍，有望取代硅用于制造性能更好的晶体管。日本和德国研究团队制备出3.5纳米厚的二维有机材料超分子噻吩纳米片，可用于场效应晶体管、有机太阳电池、有机电致发光材料等。美国科学家利用第一性原理计算发现，单个原子厚的碳炔或是已知最强韧的微观材料，超过了同为碳家族成员的石墨烯。如能实现批量制造，碳炔纳米棒或纳米绳将展示出非凡的特性。美国科研人员在制备石墨烯时，偶然制造出仅有两个原子厚度的玻璃，创下吉尼斯世界纪录。美国、日本及欧洲的研究团队对六方氮化硼表面石墨烯的电子特性进行研究，首次通过实验方法验证了约40年前理论预测的"霍夫施塔特蝴蝶"分型图案。奥地利与日本的研究人员共同开发出世界上最薄最轻的有机LED，该材料重量约3克/米$^2$，厚度为2微米，有望应用于开发新型照明器材。中国科学家研制出一种名为"全碳气凝胶"的固态材料，密度仅0.16毫克/厘米$^3$，是目前世界上最轻的固态材料。

科学家们在化学领域也取得了很多创新突破。在无机化学领域，法国科学家首次直接对两个原子间的范德华力进行了测量。美国和欧洲研究人员首次得到了砹原子的电离势，填补了门捷列夫元素周期表中长期遗留的空缺。中国、美国、俄罗斯等多国科学家发现，在极端高压下，稳定化合物氯化钠违背传统化学规则，变成了全新的化学物质如氯化三钠和三氯化钠。在有机化学领域，美国科学家报告了烷烃脱氢成为烯烃的一条新路径——苯炔能够从一个烃分子中把两个相邻的氢原子脱掉。美国科研人员首次将通常情况下会相互排斥的两个相同的阳离子环连接起来，形成新型的自由基化合物。德国化学家通过深度冷冻结晶法解析了2-降冰片基碳正离子的结构，有可能结束一场长达50年的关于成键方式的争论。在物理化学领域，钙钛矿的光电转化效率从4年前的3.8%猛增至15%，成为太阳能电池研究领域的新星。德国科学家开发出一种可溶解的钌基催化剂，能在65～95℃和常压下，有效地释放出存储于甲醇中的氢气，从而有望实现把氢气"装入"甲醇通过管道、油罐车运输存储。中国科研人员制成平均充电电压为4.2伏、放电电压为4.0伏的新型水锂电池，大大突破了水溶液的理论分解电压1.23伏。在高分子化学领域，美国科学家研发出一种新的化学过程——逆向硫化过程，能将废弃的硫转化为轻质塑料。美国研究人员发明了一种能利用水蒸气发电，由刚性的聚吡咯矩阵和柔性的含有硼酸酯的聚合物凝胶组成的聚合物材料。这种聚合物遇到微量水蒸气会产生机械振动，加上一层压电薄膜后，就能将机械能转变为电能。在化学生物学领域，美国科学家开发出利用遗传物质密码创建合成聚合物的新方法，该方法可能"进化"出具有复杂功能的聚合物，而这种功能又是实验室难以设计的。美国科研人员研发出一种合成肽，可让外来颗粒逃避免疫系统的检测。法国科学家揭示了趋磁细菌体内一种名为MamP的蛋白质主导合成磁小体的机制及其结构特征，为人工合成磁性纳米粒子及其他含铁化合物提供了新的技术路线。在分析化学领域，中国科学家利用原子力显微镜在实空间观测到分子间氢键和配位键相互作用，首次实现了对分子间局域作用的直接成像。美国研究人员用原子力显微镜拍摄到一种烯二炔化合物环化反应前后的分子图像。美国和德国的科学家发明了利用微波波谱测量化合物手性的方法，其原理在于操纵分子的电偶极矩。由于微波谱峰窄且彼此分开，而且不存在两种分子的三个转动频率完全相同的情况，因此该方法具有很好的样品选择性。日本科学家发明了一种新的X射线分析技术，借助金属有机框架化合物，成功绕过该技术"样品必须是晶体"的软肋。

## 二、生命科学与生物技术

2013年，生命科学和生物技术领域的基础研究和应用研究不断深入，各国在基因

## 2 科学前沿

组、干细胞、癌症、艾滋病等热门研究中取得多项重要进展。

基因组研究持续受到关注,基因测序技术迅猛发展。美国科学家开发出一种改良的基因组组装工艺流程,生成的读取片段达到数万个核苷酸长度,最终的组装序列准确率大于99.999%。而以往的桑格技术只有700个核苷酸,新工艺大大提高了测序组装和分析的成本效益。科学家利用德国的单分子基因测序仪仅一周的时间就可以测大约30人次的人类基因组重复序列,而且每人次的价格下降到5000～6000美元。而在2008年完成一个人类基因组测序需用5个月的时间,花费约150万美元。我国科学家完成卵细胞的高精度全基因组测序,这一方法能够帮助医生诊断出来自母亲卵子或父亲精子的遗传病。此外,采用极体单细胞基因组测序技术可以提高体外受精的成活率,特别是对于高龄和反复流产的妇女。美国科研人员通过基因组分析表明,现代人、尼安德特人、丹尼索瓦人及一种未知的来自亚洲的人类祖先曾相互杂交。美国科学家进行了微生物"暗物质"研究,用单细胞DNA测序技术对多种微生物的基因组进行测序后发现,微生物远比我们知道的要丰富多样,研究同时揭示了不同物种间令人惊奇的关联。

DNA分析持续揭示了与人类有关的线索。科学家们在俄罗斯东西伯利亚贝尔加湖畔发现了一具死于2.4万年前的小男孩的尸体,其DNA与西欧人一致,且跟当代印第安人DNA的吻合比例约为25%,表明美洲印第安人有欧洲血统。

动物、植物基因组研究不断取得新进展。我国科研人员对藏猪和家猪的基因密码进行了对比分析,证实了人工进化能够有效地塑造、改良家畜。中外科研人员完成了一只东北虎的基因组测序,这将有助于研究大型猫科动物的遗传多样性和保护濒危动物。我国科学家领衔完成了小麦A基因组测序和草图绘制,这对未来深入和系统研究麦类作物结构和功能基因组,以及进一步推动栽培小麦的遗传改良具有重要意义。中美科学家对115个黄瓜品系进行了基因组测序,构建了360多万个位点的全基因组遗传变异图谱,为全面了解黄瓜进化及多样性提供了新思路,并为全基因组设计育种奠定了基础。

干细胞研究蓬勃开展。我国科学家仅使用4个小分子化合物的组合对体细胞进行处理,成功地将已特化的小鼠成体细胞诱导成为可以重新分化发育为心脏、肝脏、胰腺、皮肤、神经等多种组织和细胞类型的"多潜能性"细胞,实现了体细胞重编程技术的重大突破。这一成果将为未来细胞治疗及器官移植提供理想的细胞来源,极大地推动人类"克隆"组织和器官治疗疾病的医学研究。美国科学家采用培育"多利羊"的核移植技术,从一个患有遗传病的婴儿身上提取了皮肤细胞,将其与一个捐献的卵子融合,采用化学和电击法刺激卵子使卵子开始分裂形成了人类胚胎,从中提取了干细胞。这一技术进展让人们向培育用于治疗疾病的替代组织迈出了重要一步。科学家还在体外用干细胞培育出与人类器官类似的"迷你"(mini)器官,如日美研究人员在实验室利用人类多功能干细胞构建出了微小的肝芽;澳大利亚学者使用人体皮肤细胞制

## 2.8 2013年世界科技发展综述

造出一小块功能性"迷你肾脏";奥地利科学家通过人体干细胞培育出一个直径仅有4毫米的微型大脑。这些迷你型的人类器官作为研究人类疾病的模型要比实验动物模型好得多。

干细胞研究正在不断向临床应用研究推进。美国科学家利用遗传性心脏病患者的皮肤细胞培育出心肌细胞,并在实验中诱导出心脏模型,再现了心脏病发作时的主要特征,这将有助于更好地研究心脏病,测试新的治疗方法。美国科学家成功地将人体干细胞转化成功能性的肺细胞和呼吸道细胞,帮助人们研究肺部发育,构建肺病模型并筛选药物,最终制造出可供移植的肺部器官。

癌症研究界在2013年经历了一个巨变,由于在临床实验中表现出令人鼓舞的效果,癌症免疫疗法这一酝酿了数十年的策略终于展现了其潜力。该疗法治疗的靶标是人体的免疫系统而非直接针对肿瘤,会促使T细胞和其他免疫细胞攻击肿瘤,为癌症的治疗展示了美好前景。英国科学家提出使用人体血液中的T细胞杀死癌细胞的抗癌新方法,目前该技术还处于临床试验的第一阶段。法国科研人员在治疗动物癌症实验中发现,一种嗜中性粒细胞单独作用即可达到免疫治疗癌症的效果,设法提高嗜中性粒细胞的数量和活性将成为免疫治疗癌症的研究重点。美国科学家在动物实验中利用一种关键蛋白质来调节关键免疫细胞功能,能安全控制肿瘤生长。此项研究证明用药物调节特殊的免疫细胞,安全增进免疫机能控制肿瘤生长是可能的,据此有望开发出癌症免疫疗法新药。美国科研人员研制出一种全人源单克隆抗体,名为易普利姆玛(Lpilimumab),能识别出T细胞上一个名为CTLA-4的分子,并能与它结合,因为CTLA-4会阻止T细胞激增,而易普利姆玛能锁定CTLA-4分子。这样T细胞数量就会激增,并能有效地杀死癌细胞。

科学家们对癌症诊断、治疗方法进行了多项研究。例如,我国科研人员首次系统提出了多模式相控聚焦超声技术,有望取代部分手术和放疗、化疗,实现无创伤、安全无副作用的治疗,为癌症治疗开辟新途径。英国投巨资发展治疗癌症的质子束疗法。质子束疗法是一种精确的放射治疗形式,该疗法使用带电粒子代替X射线,比传统的放疗更精确,对健康细胞损伤小、术后副作用小。英国科研人员研发出一种"智能"手术刀,可在接触组织的瞬间识别出癌组织,使手术达到前所未有的精确度。在一项涉及91台癌症手术的测试中,准确率达到100%。防治癌症的新药研究也取得多项成果。我国科研人员自主研制出小分子靶向抗癌药物(盐酸埃克替尼),这是继吉非替尼和厄洛替尼之后第三个上市的表皮生长因子受体-酪氨酸激酶抑制剂,可有效治疗晚期小细胞肺癌。澳大利亚科学有开发出一种能遏制细胞内一种叫BCL-XL蛋白质的新药,该蛋白质能促进癌细胞生长。瑞典科研人员研制出一种不但能防止化疗产生毒副作用还能强化肿瘤治疗效果的新药。加拿大和美国研究人员共同研发出一种治疗癌症的特效药Sharpshooter,该药已在实验室中证明对乳腺癌、卵巢癌、结肠癌、肺癌、胰腺癌和前列腺癌等癌症具有有效抑制作用。

艾滋病治疗在2013年可以说是喜忧参半。1月，科学家将从艾滋病患者体内分离出来具有强大抗广谱艾滋病病毒效果的人类抗体注入恒河猴体内，使恒河猴体内的猿猴/人免疫缺陷病毒(SHIV)的浓度急剧下降。3月，美国科学家表示，他们通过抗反转录病毒疗法首次实现了"功能性治愈"艾滋病病毒婴儿感染者。虽不知今后如何，但是可以说明，尽早治疗对于控制病情是有一定的积极效果的。7月，在美国医生宣布两名感染艾滋病病毒的患者在接受干细胞移植治疗其血液癌症淋巴瘤后，体内艾滋病病毒消失，艾滋病可能被治愈。但到12月，艾滋病病毒又在这两名患者体内重新出现，艾滋病又复发了。通过以上两个病例说明艾滋病病毒是可以隐藏的。有科学家表示，2013年该领域最大的收获可以说是在最大程度上揭示了艾滋病病毒的奥秘。

各国在艾滋病疫苗的研制上加大了力度。法国科学家研制出一种抵御艾滋病病毒的新疫苗，已在动物试验中取得成功，将对48名艾滋病病毒感染者进行人体试验。美国科研人员开发出一种拼接多种基因的"马赛克疫苗"。动物试验显示，该疫苗可使艾滋病病毒风险降低约90%。

生命科学领域的其他方面研究也硕果累累。在神经科学研究方面，科学家首次用钙传感染料在脊椎动物(斑马鱼幼仔)大脑中得到了神经细胞放电的图像。美国科学家研发的"透明"(CLARITY)及化学处理方法可使不透明的组织变得清晰，无需大脑切片就可以显示神经回路，大大推动了绘制大脑构造的工作。首张超高分辨率的3D人脑图谱"大脑"(BigBrain)有助于研究人员了解脑细胞之间的连接如何产生复杂的行为。使用光刺激小鼠大脑海马体内经过基因修改的神经细胞可以引入错误的记忆，这表明，对神经信号进行精确的控制也为期不远。

2013年，H7N9禽流感病毒在多地肆虐。10月，我国科学家宣布成功研发出人感染H7N9禽流感病毒疫苗株。他们通过反向遗传技术，以pR8质粒为病毒骨架，与自行分离的病毒株进行基因重排，从而成功研制出H7N9流感疫苗种子株。这一成果为及时应对新型流感疫情提供了有力的技术支撑，并为全球控制禽流感疫情做出了贡献。

法国科学家发现了一个长度约为1微米的巨大病毒，其DNA共有2500个基因，而大部分普通病毒只有10个基因左右。令人震惊的是，这一被命名为"潘多拉病毒"的基因序列与地球上的病毒相似度较低，似乎是个另类。科学家仅对其7%的基因序列有所了解，剩下的93%完全陌生。科学家们认为也可能是另一种生命形式的存在。该病毒的发现也显示人类对地球上的微生物的了解还不完善。

研究人员发现，细菌具备一种有高度适应性的免疫系统，使它们能发现并击退噬菌体的多次进攻。细菌利用这一策略探测并剪切外来的DNA，而剪切外来DNA的酶Cas9会在一个RNA引导序列的帮助下发现目标。据此，科学家发明了CRISPR技术对基因进行剪切，形成一套基因编辑系统。或许将来可以选择"基因手术"，使用CRISPR

基因编辑技术将有害的变异基因切除，植入健康的DNA来治疗疾病。2013年，CRISPR技术从实验室走向市场，已有超过12个研究团队用它来操控多个植物、动物和人类细胞的基因组。

2013年，中美科学家利用结构生物学技术对常见的儿童呼吸道病毒——呼吸道合胞病毒进行操控，并设计出一种免疫原。这是首次由结构生物学得来如此强有力的对抗疾病的工具。

研究人员对小鼠的研究发现，大脑有一个独特的"垃圾处理系统"，睡眠时这个系统能够高效清除代谢废物，这一突破性的研究成果证明了睡眠是大脑自我"大扫除"清除废物的过程。科学家对数万亿以人类身体为家的细菌所做的研究已明确了这些微生物对我们有多大的影响，个性化药物研究需要将这些寄生在体内的微生物考虑在内才有效。美国计算生物学家报告称，通过将DNA数据库中的信息与公开信息进行交叉比对，不需要这些人的DNA样本，就可以确定贡献DNA样本者的身份，这一发现震惊了科学界。英国科学家首次在人体细胞中发现四螺旋DNA结构。研究表明，四螺旋DNA结构可能出现在癌细胞快速分裂的细胞中，而将这种结构作为靶标，可在将来的个性化治疗中发挥作用。

## 三、信息与通信技术

2013年，各国科学家在信息与通信技术领域取得诸多突破性研究成果，主要展现在以下几个方面：脑科学技术成为研究新热点，节能计算技术精彩纷呈，量子信息技术研究成果丰硕，光子学应用研究新成果不断，5D数据存储技术问世，声学研究攀上新高峰，微型设备制作技术取得长足进步。

脑科学技术成为研究新热点。美国科学家开发出的"CLARITY"新型大脑成像技术，有望从根本上改变大脑的实验室研究方式。与以往的脑成像技术相比，该技术可对大脑组织进行多次不同标记、清洗，实现大脑重复成像。虽然这项技术可将诸如特定大脑区域中神经元数量计算等任务的处理速度提升100倍，但目前只局限于少量的组织，处理直径为4毫米的小鼠大脑尚需要约9天的时间。美国研究人员首次成功研制出一种两个人脑之间的远程通信技术，通过互联网传送脑波信号来控制其他人的手部运动，开辟了除语言之外的人脑间信息传递方式。瑞士和美国的研究人员成功研制出一种能实时模拟大脑处理信息的新型脑神经形态芯片，这是首个大小、处理速度和能耗方面都可与真实大脑相媲美的实时硬件模拟神经电路，有助于创建与周围环境实时交互的复杂认知系统。

节能计算技术精彩纷呈。美国科学家利用"缺陷免疫设计"方法克服了创建碳纳米管复杂电路的难题，制作出首台碳纳米管计算机，有望取代硅芯片计算机，开创尺

## 2 科学前沿

寸更小、速度更快且能耗更低的新一代电子器件。利用上述方法制作的碳纳米管计算机包含178个碳纳米管晶体管，其碳纳米管处理器由142个晶体管组成，每个晶体管又由10～200纳米长的碳纳米管组成。这种处理器的性能相当于1971年英特尔公司发布的首台微处理器，使得此碳纳米管计算机可执行计数和数字排序等简单任务。虽然这种碳纳米管计算机还不够成熟，但其制作技术表明了碳纳米管半导体电子产品工业化批量生产的可能性，突显了碳纳米管在复杂计算系统设计中的潜力。美国和奥地利科学家联合，首次研制出一种单光子控制的全光晶体管，利用单光子控制该光开关的打开和关闭，实现通过一条光束控制另一条光束传输的方法，有望使传统计算机和量子计算机从中受益。IBM公司的研究人员成功研制出一种电子血液驱动的计算机原型，向创建可精确模拟人脑的低功耗计算机迈进了一步。这种电子血液既能为计算机提供运行能量，也能起到降温的作用，类似于人脑中血液的功能。美国科学家利用具有特殊性质的稀有贵金属钽创建了功耗为硅晶体管1/1000的纳米磁开关，可替代当今计算机中的传统硅晶体管，改变了现代电子学的基石。

量子信息技术研究成果丰硕。在量子密码方面，我国科学家利用与美国科学家联合开发的高效低噪声上转换单光子探测器，在国际上首次实现了测量器件无关的量子密钥分发，成功解决了现实环境中单光子探测系统易被黑客攻击的安全隐患，提高了现实量子密钥分发系统的安全性。加拿大科学家利用双光子干涉技术开发了一种新型量子加密方法，从原理上验证了量子密钥分发对探测攻击的免疫可能性。加拿大科学家打破了量子计算机在室温下25秒的信息存储时间记录，利用由硅材料制作的固态存储系统将量子态在室温下的存储寿命提高到39分钟，突破了创建超快量子计算机的一个主要障碍，开辟了量子相干信息在室温下真正长期存储的可能性。荷兰科学家利用"量子显微镜"首次拍摄到受激氢原子的电子轨道，这项技术将有助于直观地展示粒子的量子特性，推动原子和分子尺度微电子技术的发展。

光子学应用研究新成果不断。德国科学家根据电磁诱变透明原理成功研制出一种固态相干光存储器，将经典光脉冲的持续存储时间首次提高到分钟量级。这项研究成果为光量子存储器的创建奠定了稳固的基础，推动了从量子通信网络到量子计算的诸多量子信息处理技术的发展。美国物理学家首次创建了由两个光子组成的"光分子"，当成对的光子穿过超冷原子气体时，光子电磁场间的相互作用力使两个光子相互束缚，进入量子纠缠态，这项技术可使传统计算机和量子计算机能够利用光子进行编码和信息处理。

5D数据存储技术问世。英国科学家首次利用飞秒激光和纳米结构化的玻璃实现了5D数据的记录和存储，这项存储技术通过熔融石英上创造的自组装纳米结构记录数据，在由这些纳米结构的三维位置、尺寸和方向组成的五个维度上实现信息编码。与现有存储技术相比，该5D光存储技术具有空前的优势，如单盘存储容量可达360太字

## 2.8 2013年世界科技发展综述

节、耐热温度可达1000℃、寿命几乎无限。存储技术领域的另一大进展是，德国科学家创建了世界上最小的单原子比特磁存储器，不仅开辟了制作更高密度计算机存储器的可能性，还为量子计算机的创建奠定了基础。科学家利用在接近绝对零度的低温情况下量子系统的对称性，来消除单原子和基底电子间的量子力学相互作用，成功地将位于铂基底上单个钬原子的磁自旋取向维持了10分钟，与之前的原子系统相比提高了数十亿倍。

声学研究攀上新高峰。日本科学家利用声子的受激辐射放大制作了首个全声子模的声子激光器，其工作频率约为1.7兆赫，可通过与声子波导耦合来传送和使用所产生的声波。这种利用声波振动产生激光的声子激光器比同频率下光子激光器的辐射波长短，有助于提高断层扫描、超声和其他成像技术的分辨率。因其能像光子激光器那样发射强方向性的相干声波，该声子激光器也可应用于纳米机械发动机或基于声波的通信网络中。鉴于光学激光器的应用研究历史，未来声子激光器将拥有出乎意料的应用前景。

微型设备制作技术取得长足进步。美国科学家利用高能激光脉冲和固态靶源之间的相互作用制作了一种微型中子源，其强度和聚焦性已达到材料缺陷检测的要求，为利用中子源制作低成本、便携的材料特性分析工具开辟了新方向。美国和德国科学家在制作低成本、微型化X射线源方面也取得了重大的进步，这两组研究人员利用尺寸比射频粒子加速器中参数小得多的纳米光栅来产生电磁场，进而首次从实验上实现加速度高于传统加速器的可见光波段电子加速技术。这项技术可用于制作实验室规模的微型化粒子加速器，推动多功能X射线源、粒子实验和医疗设备的发展。

## 四、纳米科学技术

2013年，纳米科学技术领域继续保持蓬勃发展的态势。纳米材料与技术、纳米生物与药物、纳米电子与器件、纳米尺度的表征与检测等方面硕果累累。

在纳米材料与技术方面，美国科学家使用遗传算法逆向设计出一种构筑块，并用这种构筑块来设计新型纳米材料，这是科学家首次证明可用逆向设计方法来设计自组装的纳米结构。丹麦和瑞士的研究人员证明，单根纳米线可聚集的太阳光强度能达到普通光照强度的15倍，这一成果对开发以纳米线为基础的新型高效太阳能电池意义重大，有可能提高太阳能转换极限。美国科学家首次逐个原子地合成出石墨烯纳米带，这种六边形石墨烯"洋葱圈"有望用于锂离子电池和高级电子设备。日本研究人员开发出新型碳纳米分子——弯曲纳米石墨烯，有望用于制造太阳能电池和医学成像。奥地利、德国和俄罗斯科学家合作研发出一种可以很好地让石墨烯同当前占主流的硅基技术"联姻"的方法，制造出一种处于一层石墨烯保护和覆盖下的硅化物，有望广泛

## 2 科学前沿

应用于半导体、自旋电子、光伏及热电设备中。德国和美国的研究人员用镍纳米颗粒在一块石墨样品上挖掘出直径只有几纳米的纳米隧道，堪称世界最小隧道。美国科学家研制出一种新形式的"零维"碳纳米管，或可用于制造超薄的电子设备和人造细胞。中国科学家成功制备出单根长度达0.5米以上的碳纳米管，创造了新的世界纪录，这也是目前所有一维纳米材料长度的最高值。美国研究人员开发出了一种能将碳纳米管焊接在一起的新技术，纳米焊接仅仅需要几秒钟的时间。美国科学家开发出一种DNA"连接器"，能像绳索一样把纳米棒规则地连接在一起，形成一种"绳梯"似的带状结构，有望创造出一种新型纳米纤维。英国科学家制造出世界上强度最高、重量最轻的二氧化硅纳米纤维，虽然其粗细只有头发的千分之一，但却比高强度钢硬15倍。中国科学家利用高温高压技术成功合成出超高硬度的纳米孪晶结构立方氮化硼，该物质孪晶的平均厚度仅为3.8纳米，硬度达到甚至超过人工合成的金刚石单晶，断裂韧性高于商用硬质合金，抗氧化温度高于立方氮化硼单晶本身。美国研究人员发现，无需加热只要加水，直径约为10纳米的球形硅粒子几乎瞬间即可将水换化为高纯度的氢气，或可应用于军用装备或便携式设备中。中美科学家以氧化钴纳米粒子为催化剂，首次利用可见光快速地将水分解成氢气和氧气。美国科学家将光催化反应中低效的"白色"二氧化钛纳米粒子变成高效的"黑色"纳米粒子，这种新纳米晶体不仅能吸收红外线还可以吸收可见光和紫外线，因而能使制氢效率更高。美国科学家对锂硫代磷酸盐进行加工，开发出离子传导能力是其自然块状传导能力1000倍的高性能纳米结构固体电解质。美国科学家开发出一种新型纳米涂层材料，其主要成分是聚二甲硅氧烷，能排斥上百种液体。荷兰和美国科学家合作，制造出一种由堆积银和氮化硅基纳米层构成的新材料，能赋予可见光近乎无限的波长。美国科学家借助纳米结晶技术，开发出一种能让门窗更聪明的智能玻璃。这种玻璃中嵌入了一层超薄纳米涂层，该涂层是一种电致变色材料，由氧化铟锡纳米晶体和嵌入在玻璃基质中的氧化铌组成，可选择性控制可见光和近红外光通过。

在纳米生物与药物方面，美国科学家将人工合成的弹性蛋白质与层状石墨烯结合形成了纳米复合生物聚合物，通过光照控制，能模拟爬行运动和手指关节的弯曲。美国研究人员利用纳米金刚石的量子效应测量人类胚胎干细胞内部的温度变化，灵敏度是现有技术的10倍，能够检测出细微到0.05开的温度波动。美国科学家开发出一种碳纳米管制成的"鱼叉"，可用于捕获单个脑细胞发出的电信号，这是人们首次用碳纳米管在脑切片或完整脊椎动物大脑中记录单个神经元信号。美国研究人员设计出一种新奇的DNA感测器：把石墨烯纳米带夹在两层有纳米孔的固体膜中间，再让DNA分子穿过这种"三明治"设备，以此来感知辨认所通过的DNA碱基对，可探测DNA链的旋转和位置结构。美国研究人员开发出一种碳纳米管传感器，被植入皮肤下后，可全年实时监测活体动物体内的分子活动，或监测血糖和胰岛素水平，而无需再像传统方式那

## 2.8　2013年世界科技发展综述

样采取血样检测。美国科学家研发出一种纳米流感疫苗——"血凝素-纳米铁蛋白"疫苗，其对各种病毒亚型的免疫力高于某种获准上市的流感疫苗。美国科学家研究发现包覆有红细胞膜的纳米粒子可以中和包括耐抗生素菌在内的许多细菌产生的毒素，并能消解毒蛇或毒蝎的毒液毒性。美国研究人员开发出能装载并释放一种促消炎的肽类药的纳米粒子。这种自组装的靶向纳米粒子由首尾相连的3条链组成的聚合物构成，其中一条链能装载并缓慢释放治疗药物，另一条链赋予纳米粒子潜入组织的能力，第三条链赋予纳米粒子导航的能力。美国科学家研发出一种基于氧化石墨烯的芯片，能够捕捉一种罕见的循环肿瘤细胞。美国研究人员开发出一种可以向大脑传递的磁电纳米粒子，以充分释放抗艾滋病病毒药物活化型三磷酸体的新技术。当药物随磁电纳米粒子进入大脑后，低能量的电流会触发药物释放，然后磁电会将其引导至目标。澳大利亚化学家合成了一种新型氧化铁纳米粒子，不仅能向细胞递送抗癌药物阿霉素，而且其释放药物的过程能用荧光成像显微技术实时监控。美国研究人员研发出由放射性化学元素镥组成的纳米粒子，该放射性纳米粒子能将癌症患者身体任何地方的淋巴癌细胞作为攻击的靶子，而不会附着和破坏健康细胞。英国研究人员用纳米技术解决精子质量研究难题，将用于检测精子的化合物置于多孔氧化硅纳米粒子中，然后直接把精子放入装满这种纳米粒子的培养皿，解决了精子难以存储等问题。这项新技术可使精子质量检测和精子缺陷研究更易于开展，未来有望据此找到新的检测手段，甚至找到治疗不育症的新方法。

在纳米电子与器件方面，英国科研人员设计出一种新型石墨烯晶体管，以原子厚度的石墨烯作为外层，以二硫化钨作为中间层，室温下开关比率高达$1\times10^6$。德国和加拿大的科研人员借助硅纳米晶体，成功制造出高效的硅基发光二极管，这种二极管不仅不含重金属，而且能够发射出多种颜色的光，长期稳定性也很好。澳大利亚和德国的研究人员开发出一种由超过76万个聚合物纳米棒组成的纳米级光子晶体设备，能同时适用于线性和圆形偏振光，有望使光通信更迅捷更安全。中国和美国科学家合作开发出全透明可弯曲纳米纸晶体管，向研发纸质电子产品迈出重要一步。美国科学家用无毒的纳米硅晶体制造出"电子墨水"，如用于塑料印刷可制造出廉价的电子设备。美国研究人员把石墨烯纳米薄片分散到溶剂中制成油墨，打印出导电性能提高250倍、折叠时电导率仅有轻微下降的柔性电极。澳大利亚科学家用石墨烯制造出一种能量密度为60(瓦·时)/升的超级电容，其能量密度为目前超级电容的12倍左右，使用寿命可与传统电池相媲美。瑞士科学家将辉钼矿独特的电子特性与石墨烯优异的传导性相结合，构建出新型闪存的原型。它不仅能够储存数据，还能在缺乏电力的情况下保持数据的正常存储。美国科学家开发出一种利用海浪发电的纳米摩擦发电机，其关键组分是一层纳米级的聚二甲基硅氧烷。当置于海水中时，该发电机产生的直流电能够点亮60盏LED灯。中国科学家成功利用碳纳米管的

## 2 科学前沿

热声效应制成以碳纳米管为关键元件的耳机，至少可使用一年。美国科学家将晶体管和互联设备无缝地结合在一块石墨烯薄片上，制造出全石墨烯无缝集成电路构筑块。与目前的集成电路技术相比，新的全石墨烯电路的噪声容限更高，耗费的静态功耗更低。美国科学家发现了分子马达第三种运动形式——公转马达，前两种是"线性马达"和"自转马达"。美国科学家创建了一种纳米尺度的DNA"分子机器人"，能够辨别那些不具有单一鲜明特征的细胞群，可以对特定的人类细胞进行导向目标追踪并做上标记，以便进行药物治疗或者将其摧毁。英国研究人员通过模拟自然分子的制造过程，研发出高度复杂的人造分子机器，是目前世界上同类分子机器中最为先进的。它的突出特色是具有一个功能化的纳米环，能沿分子链"轨道"移动，并拾起"轨道"上的构筑块，以特定的顺序将它们连接在一起，以合成所需的新分子。荷兰研究人员发现水是纳米机器理想的润滑剂。在纳米机器运动时氢键会暂时被打开，分开的氢键与水分子作用形成新的氢键，这样纳米机器内部的摩擦会减少，速度会增加。英国科学家成功研发出以驱动蛋白作车、三磷腺苷作燃料、DNA作控制器的纳米自组装运输网。美国科学家制造出迄今最薄的纳米可见光吸光器，其厚度仅为目前商用薄膜太阳能电池吸光器的千分之一，其上密布金纳米点。

在纳米尺度的表征与检测方面，美国科学家在极高压下测量纳米材料的结构方面取得重大突破，解决了为金纳米晶体结构成像的高能X射线束的严重扭曲问题，有望引导科学家们在高压下制造出新的纳米材料。美国研究人员开发出一种能从原子尺度测量热散逸的纳米级"温度计"，并建立起一种能够解释纳米级系统热散逸现象的框架。核磁技术被缩小至纳米尺度，研究人员可以检测到容积只有几个立方纳米的分子并对其进行成像。中国科学家首次实现亚纳米分辨的单分子光学拉曼成像，将具有化学识别能力的空间成像分辨率提高到前所未有的0.5纳米。

## 五、能源与环境

2013年，雾霾再次为世人敲响警钟。尽管雾霾成因尚未有科学定论，解决这一重大挑战仍有赖于能源和环境科学技术的进步，使人们更深入地理解能量流、人类活动与地球、大气、生物圈之间的内在关系，加快向清洁能源系统转型与全球生态文明建设。

从全世界范围来看，煤炭仍然是近年来消费量增长最快的化石能源，中国的煤炭消费量已占到全世界的47%，发展煤炭清洁高效利用技术是解决煤炭污染问题的根本途径。发展高参数、低排放超超临界发电技术、整体煤气化联合循环技术是当前主要研发方向。2013年，法国阿尔斯通公司推出的660兆瓦超超临界循环流化床机组硫去除率达到95%以上。美国杜克能源公司建成的全美最大整体煤气化联合循环电厂(618兆

## 2.8 2013年世界科技发展综述

瓦)投入商业运营,安装了先进脱硫系统、活性炭床脱汞和低氮氧化物排放发电机组,其二氧化硫、氮氧化物、颗粒物排放可较普通燃煤电厂降低70%。日本日立公司开发的多孔同轴喷流燃烧器经过IGCC示范电厂运行,证实可将氮氧化物排放水平降低到10 ppm。

技术创新是页岩气等非常规油气开发的基础。日本石油天然气及金属矿物资源机构在1000米深度下钻孔330米,成功分离天然气水合物并提取出甲烷,首次实现了海洋天然气水合物试开采,为这一潜在储量极其丰富的矿产资源的商业化开发带来了新的突破。

太阳能始终是可再生能源领域创新突破的热门领域。其中高效太阳能电池研发不断产生新的纪录,Ⅲ-V族化合物多结太阳能电池成为竞争的焦点。日本夏普公司开发的非聚光三结化合物太阳能电池转换效率达到了37.9%的实验室水平,聚光型电池效率则达到了44.4%,已接近项目设定的非聚光型40%和聚光型45%的目标。美国能源部开发的非聚光两结Ⅲ-V族化合物太阳能电池实现了31.1%的转换效率,聚光型电池的效率达到44%,已接近美国能源部设定的48%目标。德国和法国多家机构联合开发的四结Ⅲ-V族太阳能电池在297倍聚光条件下达到了44.7%的转化效率。

二维材料异质结构的应用展现了太阳能光伏发电的新前景。英国和新加坡研究人员首次将两种二维材料石墨烯(作为透明导电层)与过渡族金属二硫属化合物单层(作为高效光吸收器)相结合,创建了三维层叠的多层异质结构。美国科学家将石墨烯和二硫化钼两种单原子厚度材料堆叠构成仅有1纳米厚的最薄太阳能电池,单位质量功率密度相当于传统太阳能电池的1000倍。美国科研人员首次发现了适用于所有二维半导体材料的简单吸光定律,从而加深了对强量子限域效应下电子光子相互作用的基本认知,并为拓展二维半导体材料新颖的光电子应用提供了新的见解。

钙钛矿太阳能电池取得了最引人瞩目的进展。瑞士科学家利用钙钛矿材料替代液体电解质作为吸光体和有机空穴输运材料,将固态染料敏化太阳能电池转换效率提升至15%。英国研究人员以一个简单的平面异质结太阳能电池结合气相沉积有机金属卤化物钙钛矿材料作为吸光层,将转换效率提高到15.4%。自2009年日本横滨桐荫大学首次制成钙钛矿太阳能电池以来,短短4年内效率提高了4倍以上,远远超过了非晶硅、染料敏化、有机薄膜太阳能电池等10余年的研究步伐。新加坡和瑞士科学家的联合研究小组首次揭示了这种类型的太阳能电池的基本光物理机制,发现在可溶液加工的 $CH_3NH_3PbI_3$ 中具有均衡的长程电子-空穴扩散长度,较传统有机半导体高出1~2个数量级,突破了可溶液加工的半导体材料的传统束缚。加上钙钛矿相有机金属卤化物材料拥有近乎完美的结晶度、超高开路电压与填充因子和低温处理工艺等优势,使得钙钛矿太阳能电池有潜力在极低成本下实现30%以上的效率。

风能是发展速度最快、装机规模最大、技术最为成熟的可再生能源。大功率海上风电、高温超导技术应用及浮体式风电系统已成为研究的最前沿。欧盟正在研发10兆瓦超导直驱海上风力发电机,以解决常规大功率发电机的尺寸和重量限制。美国超导公司、通用电气等企业开始将高温超导技术引入大规模风电系统设计。美国首座海上浮体式风力涡轮机原型成功并网运行,日本浮体式海上大规模风电场实证研究项目已完成2兆瓦顺风型浮动式海上风力涡轮机和4支柱半潜式平台的建造。

储能是实现可再生能源规模化利用的关键技术。电化学储能在系统和材料等方面都取得了很多进展。对相对较为成熟的锂离子电池,研究人员仍然在采用诸如新的电极结构结合纳米尺度设计来提高电池性能和解决安全性问题。而锂硫电池、锂空电池、钠基电池等变革性储能技术是电化学储能的研究前沿。美国科学家示范了一种初始比能量超过500(瓦·时)/千克的锂硫电池,在1000次充放电循环后比能量仍保持在300(瓦·时)/千克以上,是迄今为止报道过的生命周期最长的锂硫电池。德国科学家利用流动模拟优化设计氧化还原液流电池,将单堆输出功率提高到25千瓦。美国Liox Power公司开发了一种以直链烷基酰胺作为电解质的可充电锂空电池,为锂空电池提供了新的研究方向。美国科学家提出了新概念熔融盐空气电池,其中硼化钒熔融盐空气电池是目前理论能量密度最高的电池[27 000(瓦·时)/升]。

2013年,全球环境变化仍然是人类发展迫切关注的问题,国际科学界在气候变化、环境污染、生态系统、水资源和防灾减灾等方面的研究继续深入,取得了多项重要成果。

对气候变化科学机制及其影响的认识进一步深入,人类活动贡献的可信度提高。联合国政府间气候变化专门委员会(IPCC)发布第五次气候变化评估报告第一工作组报告指出,人类活动"极其可能"是20世纪中期以来全球气候变暖的主要原因,这进一步提高了对人类引发气候变化的确信程度。世界气象组织发布2001～2010年全球气候极端事件的报告指出,10年间,全球经历了前所未有的高影响气候极端事件,也是自1850年有现代测量数据以来最热的10年,并且预计这一趋势将持续更长时间。美国科学家对21世纪热带气旋活动的研究发现,21世纪全球飓风的频率和强度将增加近40%。日本科学家通过模拟研究发现,气候变暖会造成一些常见植物的花期显著缩短,进而危及物种多样性。一个国际科学家小组利用新的模型绘制出全球最易受气候变化影响的区域地图,指出全球范围内区域间气候的稳定性大不相同,平均气候稳定性为42.3%,气候不稳定区主要位于高纬度地区,而低纬度地区的气候稳定性较高,但赤道附近的低纬度区域也存在气候不稳定现象。英国和荷兰科学家的多项研究指出,到2025年,全球经济产出的31%(相当于44万亿美元)将面临高度或极端气候变化风险,且这些经济成本的大部分将由发展中国家承担。

环境污染对人类健康的影响已成重要研究领域。2013年10月,全球92个国家签署了《关于汞的水俣公约》,该公约是近10年来环境与健康领域内订立的第一项新的全球性公约，标志着全球携手减少汞污染迈出了重要的步伐。美国科学家发现用活性炭清除土壤中的汞是一种新的低成本、无害的减少汞暴露风险的方法。世界卫生组织下属的国际癌症研究机构宣布将室外空气污染列为一类人类致癌物，其致癌程度与烟草、紫外线和石棉等致癌物处于同一等级。美国研究人员研究发现，1850～2000年人类活动导致的悬浮颗粒物浓度上升，每年造成全球约210万人死亡；长期暴露在PM2.5超标的污染环境下，会加速人体动脉硬化的进程，引发心脏病和脑卒中；在含有高度铅、锰、亚甲基氯化物和化合金属等污染物的空气环境中，孕妇分娩出自闭症儿童的概率倍增。多国研究人员以欧洲的10个城市为例，研究居住在道路附近的人群受到车辆尾气污染的影响，发现欧洲10个城市大约有14%的慢性儿童期哮喘是由于交通繁忙的道路附近的污染所致。欧洲空气污染效应队列研究项目的部分研究指出，即使空气污染处于较低水平，长期处于颗粒物空气污染环境也会增加人们罹患肺癌的风险。

全球淡水质量和供应量下降，加之粮食和能源生产等资源密集型系统之间的竞争加剧。美国科学家通过重力场与气候实验(GRACE)卫星测量发现，2003～2009年，土耳其、叙利亚、伊拉克和伊朗的底格里斯河及幼发拉底河流域地区的淡水储备共损失143.6立方千米，其总量与死海的容量相当。欧盟研究人员对欧盟28个国家(包括克罗地亚)不同饮食结构的水足迹消费量进行了量化，指出欧盟饮食结构中，农产品的水足迹比重最大，高达84%。荷兰环境评估署的一项研究则认为，由于水足迹指标没有考虑集水区和地下含水层的脆弱性，所以不适合用于制定国家可持续发展的战略目标，也不能以水足迹为基准来核查和测量企业、消费者或国家在水资源可持续利用方面取得的进展。澳大利亚研究人员发现，澳大利亚、印度尼西亚雅加达市、美国新泽西州和佛罗里达州、中国东海海域、北美苏里南地区、南非布雷达斯多普盆地、格陵兰岛等附近大陆架海床下储存着低矿化度的地下水，总量估计达到50万立方千米。

生物多样性与生态系统服务取得若干新认识。美国科学家通过研究高二氧化碳含量的海洋中的群落动力机制发现，海洋酸化降低了物种的数量和多样性。美国和加拿大学者研究发现，北极海冰已经减少超过8.6万平方千米，海冰损失导致冰藻和浮游生物空前繁荣，这些生物体占北冰洋年初级生产力总量的57%。奥地利和美国科学家通过研究南亚及太平洋地区海平面升高对生物多样性的影响发现，许多陆地脊椎动物容易受到海平面上升的影响，那些特定岛屿上的特有物种或濒临灭绝的动物面临着非常高的灭绝风险。来自法国、意大利和荷兰的研究人员指出，气候变化和土地利用变化可能会造成入侵物种分布范围的大幅变化，未来的3个入侵热点地区分别为欧洲、北美洲东北部和大洋洲。德国科学家研究认为，植物多样性能增强气候与植被相互作用的稳定性，生物多样性的丧失将导致气候与植被系统的稳定性下降。

2 科学前沿

洪水、风暴等环境灾害在全球范围内造成的损失巨大，灾害评估、风险管理和减灾预警方面的研究日益受到重视。由世界银行经济学家主持的一项评估工作表明，2005年全球平均洪灾损失约为60亿美元，其中43%源自美国的迈阿密、纽约、新奥尔良和中国广州；如不采取必要的应对措施，到2050年，全球最大的136个沿海城市可能因洪灾每年损失1万亿美元。瑞士再保险公司(Swiss Re)发布的全球城市自然灾害风险排名报告指出，洪水是对城市居民威胁最大的自然灾害，其次是地震和暴风雨；东京是全世界最脆弱的城市，其次是马尼拉和中国的珠江三角洲地区。世界自然保护联盟、世界保护区委员会和日本经济团体联合会联合发布的报告指出，自然保护区在减灾中发挥着重要作用，保护自然生态系统对预防灾害具有经济效益，建议通过分析、规划、管理、资助和培训加强保护区的减灾作用。

## 六、航天科技

2013年，世界各国继续研发和试验先进航天技术，深入探索人类未知的宇宙。

2013年世界航天发射共进行了81次，其中俄罗斯21次、美国19次、欧洲14次、中国13次。2013年是历年来发射航天器最多的1年，共发射了约211个航天器，其中199个成功入轨工作。除发射通信、导航、遥感、气象、科学、军事等用途的卫星之外，还发射13次货运和载人飞船与国际空间站对接。

在航天运载器方面，美国的商业航天运输服务计划进展顺利。美国轨道科学公司成功进行了"安塔瑞斯"运载火箭的首次飞行，将质量3800千克的模拟载荷送入倾角51.6°、高度240～256千米的近地轨道。由该型运载火箭发射的"天鹅座"飞船成功与国际空间站对接，执行了美国国家航空航天局(NASA)商业轨道运输服务计划下的首次对接试验任务。美国太空探索技术公司成功发射在"猎鹰-9"火箭基础上改进研制的"猎鹰-9V1.1"运载火箭，将加拿大"级联小卫星和电离层磁极探索者"空间气象卫星送入预定轨道，其间进行了助推器重复使用点火启动验证。该公司的"蚱蜢"火箭在试验中创造了一项新纪录：火箭由发射台点火后飞到744米的空中，然后又垂直降落回发射台，这是研发垂直起降、完全可重复使用运载火箭的关键一步。

在卫星导航系统方面，欧洲伽利略卫星导航系统的4颗在轨验证卫星成功完成首次地面经纬度和海拔高度定位，精度达10～15米。ESA完成对22颗伽利略完全运行能力(FOC)导航卫星中的头两颗卫星的测试，但因为准备工作的延迟，头4颗FOC卫星未能如期在2013年发射。

在深空探测方面，美国迈出构建下一代空间通信能力的第一步。月球大气与尘埃环境探测器(LADEE)成功进入75千米/250千米的椭圆形环月轨道，其搭载的月球激光通信演示(LLCD)终端在月球和地球之间384 400千米的距离上实现创纪录的数据速率

## 2.8 2013年世界科技发展综述

达622兆比特/秒的月地高速激光通信,以及数据速率为20兆比特/秒的地月无错数据上载,并完成高分辨率视频流的同时双向传输。

我国首次实现地外天体软着陆。搭载"玉兔号"月球车的"嫦娥三号"着陆探测器于2013年12月2日发射升空,并于14日成功落月。"嫦娥三号"任务是探月工程二期的标志性任务,其成功标志着我国已经能够克服月面软着陆、月面两器分离、月面自主移动、月面遥操作、月面生存等技术挑战。后续将继续开展月表形貌与地质构造调查,月表物质成分和可利用资源调查,地球等离子层体探测和月基天文观测三类科学探测任务。

9月12日,NASA正式确认,人类向外层空间派出的首位使者——1977年9月发射的"旅行者1号"探测器已于2012年8月25日前后飞出太阳系空间。36年来,"旅行者1号"极大地丰富了人类对于太阳系及太阳系外空间的认知。作为第一个走出太阳系的人造物体,"旅行者1号"到达了从来没有探测器到过的空间,成为人类科学发展史上的一座里程碑。

在载人航天方面,俄罗斯"联盟号"载人飞船于2013年3月首次采用快速对接模式,升空6小时后与空间站对接。对接时间的明显缩短在技术层面并没有特别之处,只是将地面飞行控制中心的电脑程序由原来设定的飞行两昼夜后对接更改为飞行6小时左右后对接。这一调整可以进一步提高人员和物资的安全系数,并可携带更多种类的、对保质期要求高的生物化学试剂。2012年9月至2013年9月,美国、日本、欧洲、俄罗斯和加拿大在国际空间站上开展的科学研究实验数量比上一时期增加25%,达到200余项。同时也取得多项成果,如发现在没有重力的情况下,植物的根系仍向生长液方向生长;航天员首次实时、互动地远程操控位于NASA埃姆斯研究中心的K10机器人,有望未来用于远程操控深空探索机器人等。2013年9月,NASA公布国际空间站自开展科学实验以来的十大科学成就,包括化疗药物新型靶向输送方法被用于乳腺癌临床试验、机器人协助脑部手术、阿尔法磁谱仪实验在暗物质观测方面取得进展、已有4300万名学生参与国际空间站的应用与研究活动、了解细菌病原体变得高致命性的途径、发现"冷焰"燃烧新现象、利用电场下胶体自组装制造纳米材料、沿海海洋超光谱成像仪被用于海岸成像和海洋保护、理解骨质疏松症的机理及开发新的治疗药物、通过饮食和锻炼预防在空间中发生骨质流失等。

我国"神舟十号"飞船任务圆满成功,标志着中国空间站建设拉开序幕。2013年6月11日,"神舟十号"飞船成功发射入轨,并于6月23与"天宫一号"目标飞行器成功实现手控交会对接。组合体飞行期间,航天员进驻"天宫一号",开展了航天医学实验、技术试验及太空授课活动。

在空间科学研究方面,各国科学家取得众多新发现。研究人员利用费米伽马射线空间望远镜,发现了作为宇宙线在空间中穿行的高能质子和原子在银河系的云状超新星遗迹中加速的首个直接证据。2012年8月登陆火星的"好奇号"火星车发现，火星的大气主要由二氧化碳、氩气、氮气、氧气和一氧化碳的混合物组成，而二氧化碳是其中含量最丰富的气体。研究人员利用"卡西尼"号探测器获得的数据绘制了土星最大卫星——土卫六("泰坦")的首份地形图，显示土卫六上似乎存在着一条长达400千米、充斥着液态烃的"水"系。根据太阳动力学天文台(SDO)的数据，天文学家发现了长期寻找的太阳炽热表面上存在的巨大喷流，其中一些的长度足以跨越地月距离的一半。该喷流的单元结构比之前观测到的太阳表面上的其他结构更大，由此可以解释太阳在赤道附近的旋转速度比其两极附近快30%的原因。

科学家们一直认为我们地球附近只存在两个范艾伦辐射带(即环绕地球的高能粒子辐射带)，但4月公布的一项新发现推翻了该认知——地球周围曾短暂地存在过第三层辐射带，这项有可能改写教科书的重要发现对基础科学造成了冲击。来自中国、美国和欧洲的科学家首次揭示了日冕物质抛射在整个日地空间的传播规律，即脉冲加速相、快速减速相和近常速传播相三个阶段。该工作有助于提高太阳风暴研究和空间天气预报水平。

航天科技领域的其他重要进展还包括，美国实施火星大气与挥发物演化(MAVEN)探测任务，将在1年的任务期内5次深入高度达125千米的火星大气层中测量其上层大气；欧洲空间局的盖亚空间望远镜升空，将以空前精度绘制银河系3D全景图；美国成功发射界面区成像光谱仪(IRIS)卫星，开始对太阳低层大气进行观测，以提供更精确的空间天气预报；日本新型固体火箭首发成功，多项新功能备受关注；印度首颗火星探测器成功发射，预计于2014年9月通过火星入轨机动插入预定的火星环绕轨道，如任务成功将创亚洲第一；"罗老号"火箭发射成功，韩国进入太空"俱乐部"；欧洲发射新型通信卫星，多项指标创世界第一。

## Summary of World S&T Achievements in 2013

*Wang Haixia, Zou Zhenlong, Shuai Lingying, Wan Yong, Bian Wenyue, Zhang Shuyong, Fang Junmin, Zhang Jun, Qu Jiansheng*

In 2013, scientists around the world made great achievements in six areas, namely astronomy and physical science, life science, information science and technology, nanotechnology, energy and environmental science and technology, and space science and technology. These achievements are briefly summarized.

# 第三章

## 2013年诺贝尔科学奖评述

Commentary on the 2013 Nobel Science Prizes

## 3.1 上帝粒子：高能物理学家们半个世纪的追求

——2013年诺贝尔物理学奖评述

**方亚泉　娄辛丑**

(中国科学院高能物理研究所)

2013年10月8日，比利时科学家弗朗索瓦·恩格勒特(Francois Englert)和英国科学家彼得·希格斯(Peter W. Higgs)因于1964年提出希格斯理论，预测了希格斯玻色子(Higgs Boson，又称"上帝粒子")的存在而被授予2013年诺贝尔物理学奖。这两位科学家的获奖可以说是众望所归、当之无愧，他们的预言在科学家们经历了近50年的努力之后已经被强子对撞实验所证实。

弗朗索瓦·恩格勒特　　彼得·希格斯

图1　两位获奖人

3.1 上帝粒子：高能物理学家们半个世纪的追求

## 一、希格斯粒子的发现和标准模型

2012年7月4日，坐落在法国和瑞士边境上的欧洲核子研究中心(CERN)宣布，在大型强子对撞机(LHC)上发现了被称为希格斯粒子的新的基本粒子。这是高能物理和基本粒子物理研究近几十年来最重大的发现。

标准模型的理论是描述由包括6种夸克和6种轻子组成的基本粒子及其强相互作用的模型。该模型的基本粒子间是通过另外一组粒子来传递它们之间的强、弱、电磁相互作用；这些传播粒子分别为胶子(强)、W和Z (弱)，以及光子(电磁)。基本粒子变换的对称性在粒子物理学研究中有极为重要的地位。为了解释实验中观测到W、Z玻色子带有不同质量和维持对称性的原则，标准模型借用了希格斯机制并预言了基本粒子家族一个新粒子的存在。

希格斯粒子的发现，其意义远远超过发现一个新粒子。它是第一个被发现的自旋角动量为零的基本粒子，在标准模型当中起到极其微妙而重要的作用。希格斯粒子的发现，从某种意义上使标准模型成为了一个自洽完备的框架。

## 二、开始寻找希格斯粒子的历程

从20世纪80年代起，科学家开始了希格斯粒子的寻找。这些实验的探索虽然最终没有获得理想的结果，但却给出了希格斯粒子质量的一个限制，就是它的质量必须大于8 吉电子伏(GeV)或9 吉电子伏[3]。

随着加速器技术的发展，大型正负电子对撞机(large electron positron collider, LEP)在法国和瑞士交界处一个位于地下100米、长27千米的环形隧道内建成，并于1989年开始运行。它的设计是正负电子质心能量为200吉电子伏。基于该加速器有4个探测器实验：ALEPH、DELPHI、L3和OPAL。LEP第一次运行的数据将希格斯粒子65吉电子伏以下的质量范围给排除了。LEP第二次运行有一些较为有趣的结果，继其中一个实验ALEPH发现了第一个质量在114吉电子伏希格斯候选事例之后，一共发现了10个质量在115吉电子伏附近(>110吉电子伏)的事例[4]。虽然现在回过头来看这个质量不是后面发现的~125吉电子伏，但LEP在运行了10年之后关闭时，将能排除的粒子质量的上限提高到114.3吉电子伏，这就大幅度缩小了寻找希格斯粒子的质量范围。

与LEP基本同期的、在美国费米实验室的半径为1千米的环形隧道中建成的Tevatron质子-反质子强子对撞机于1987年开始运行。它运行的最高质子-反质子质心能量是1.96 太电子伏(TeV，1 TeV=1000 GeV)。该加速器上运行了两个实验：CDF和D0实验。Tevatron在2011年关机，同年它将希格斯粒子可能的质量区间156～177吉电子伏给排除掉了。2012年，利用它所收集的全部10fb$^{-1}$数据，这个排除的范围又扩大到了

100～103吉电子伏至147～180吉电子伏。

## 三、在LHC上呈现曙光

大型强子对撞机(LHC)是在原LEP隧道中建成的质子-质子对撞机。它设计的对撞质心能量是14太电子伏。在它的环上建有4个探测器：ATLAS、CMS、LHCB和ALICE。2008年9月19日，LHC运行还不到10天，因两块磁铁之间的电连接部件的差错导致了机械的损伤和液氦泄漏。此次事故后，LHC长时间处于沉默。一年之后LHC重振雄风，在短暂的900吉电子伏热身运行之后，立即于2011年进入7太电子伏的运行。2012年又刷新自己创立的纪录，进入8太电子伏的运行。不仅如此，LHC的亮度也飞速增长(意味着收集的数据量增多)。

2011年上半年，ATLAS 和CMS都没有观测到任何希格斯粒子的迹象。但在下半年，ATLAS 和CMS在$W^+W^-$衰变道的低质量区145 吉电子伏和120吉电子伏观测到2σ效应。$W^+W^-$轻子衰变道由于两个中微子不可探测的原因无法重建希格斯质量峰，所以该道观测到的事例并无实际意义，但它却暗示着希格斯粒子有可能存在于低质量区。随后在2011年底的CERN 理事会会议上，ATLAS和CMS报告了在双光子道和ZZ道的125吉电子伏附近都出现超过2σ的效应。如果将各个道合并起来，ATLAS和CMS分别观测到3.6σ和2.6σ的效应。通常，3σ被认为是观测到新粒子迹象的证据。

## 四、希格斯粒子的发现

2012年，LHC以8太电子伏运行，于当年初夏收集了足够的数据，ATLAS 合并各个道，在质量为126.5吉电子伏观测到5σ效应。类似地，CMS在125吉电子伏观测到4.9σ。在高能物理领域，5σ通常被认为是发现新粒子的证据。另一个宣称发现的重要条件是两个独立的实验都能观测到类似的信号。此时，这两个条件都具备了！2012年7月4日，科学家在CERN礼堂举行报告会，宣称发现了新粒子。提出希格斯理论部分的弗朗索瓦·恩格勒特、彼得·希格斯、杰拉尔德·古拉尔尼克(Gerald Guralnik)和迪克·哈根(Dick Hagen)等出席了当天的会议。会上，ATLAS的女发言人法比奥拉·吉亚诺蒂(Fabiola Gianotti)和CMS的发言人乔·因坎迪拉(Joe Incandela)宣布了这一激动人心的结果。随后，相关结果发表于《物理通讯B》(Physics Letter B)[5-6]。Tevatron于2012年也发表了更新后的希格斯粒子观测结果，他们同样在120～135吉电子伏质量之间观测到3.3σ的证据[7]。有些遗憾的是，截至2012年7月4日，Tevatron所收集的数据量仍不足以证实新发现的粒子是不是标准模型的希格斯粒子。

在这关键时刻，CERN做出了一个英明的决定，推迟LHC升级关闭时间，一直将机器运行到2012年底。最终，在2013年3月的Moriond和6月的Lepton-Photon国际大会上，ATLAS和CMS发布的最新结果从信号强度、耦合、自旋、宇称方面都支持了新发现的粒子是标准模型的希格斯粒子[8-10]。值得一提的是，ATLAS还在VBF模式观测到3.3$\sigma$的证据[8]，其中双光道分析作出了主要贡献。中国ATLAS组在这个道起着核心领导作用，本文笔者之一方亚泉任该分析的召集人。

2013年10月8日，诺贝尔奖颁给了提出希格斯理论的比利时科学家弗朗索瓦·恩格勒特和英国科学家彼得·希格斯。CERN的数百名科学家聚集在40号楼（该楼设计的形状为H，代表希格斯的首字母），共同在电视上目睹了这一激动人心的时刻。CERN所长罗尔夫·豪雅(Rolf Heuer)出席并在之后的即兴演讲中说"实验科学家也应该得奖"。工作于加速器、探测器和进行物理分析的数以千计的科学家、工程师数十年的汗水终于得到了回报。2013年，欧洲物理学奖颁给了实验上发现希格斯玻色子的ATLAS和CMS国际合作组，中国几十名参与这些实验的高能物理学家分享到了这份高尚的荣誉。

## 五、前景展望

希格斯粒子的发现从某种意义上完备了标准模型。但这并不是人类探索基本粒子的终结，而是一个新的开端。一个简单的例子就是现有的理论只预言了质量产生的机制，但并未预言希格斯粒子的质量大小，因此需要一个更基本的理论来解释这一质量。因为弱相互作用的传递粒子W、Z、希格斯粒子的质量都在~100吉电子伏，这说明弱相互作用的能量标度也在~100吉电子伏，这应该是新的理论能量标度。另外，如果我们能接受自然性(naturalness)原则，新物理也应该在离这个标度不远之处，因为~100吉电子伏空间已基本被LHC 2011年、2012年的数据所覆盖。太电子伏的物理就成为我们最为期待的、可能有超出标准模型的新物理的最近区域。

目前有很多理论在这个区域比较活跃，其中比较突出的有超对称、复合粒子模型以及额外维度等。LHC计划在2015年进行质心能量为13~14太电子伏的运行。届时会在这一个能量区域发起进一步的冲击，高能物理学界乃至科学界都会翘首以待这一令人振奋的时刻。需要指出的是，LHC新的运行能量无法覆盖太电子伏物理的区域。更为主要的区域应该在一个更高能级的质心能量(50~100太电子伏)，更为大型的质子对撞机上来实现。

另外，新物理会对标准模型中希格斯粒子和其他粒子的耦合参数带来微妙的变化。探测到这种细微的变化也会暗示新物理的存在。日本有意承建的国际直线对撞机(ILC)便是以此为目的，采用正负电子直线对撞实现希格斯工厂。但直线对撞机有造价高和技术复杂等局限性。正在研讨中的欧洲粒子物理中心(TLEP)和中国高能物理界提出的CEPC旋转加速对撞机，采用的方案是用储存环进行正负电子对撞实现希格斯工厂的目标，然后再升级为几十、几百太电子伏的强子对撞机去探索和发现新物理。

总之，希格斯粒子的发现是粒子物理学研究的一个重大里程碑。它提出了质量产生的机制，为下一步理论和实验的发展指明了新的路标。希格斯工厂设施将提供新一代的工具和手段，我们期待着更为激动人心的发现。

## 参 考 文 献

1　Glashow S L. Partial-symmetries of weak interactions. Nucl Phys, 1961, 22(4): 579-588.

2　Weinberg S. A model of leptons. Phys Rev Lett, 1967, 19(21): 1264-1266.

3　Trost H J. Evidence for a massive state in the radiative decays of the up sillon. Proc. 22nd Int Conf on High Energy Physics, 1984, 1: 201-203.

4　LEP Working Group for Higgs boson searches and ALEPH, DELPHI, L3 and OPAL Collabs. Search for the standard model Higgs boson at LEP. Phys Lett B, 2003, (565): 61-75.

5　ATLAS Collabs. Observation of a new particle in the search for the Standard Model Higgs boson with the ATLAS detector at the LHC. Phys Lett B, 2012, (716): 1-29.

6　CMS Collabs. Observation of a new boson at a mass of 125 GeV with the CMS experiment at the LHC. Phys Lett B, 2012, (716): 30-61.

7　Aaltonen T, Abazov V M, Abbott B, et al. Evidence for a particle produced in association with weak Bosons and decaying to a bottom-antibottom quark pair in Higgs Boson searches at the tevatron. Phys Rev Lett, 2012, 109: 071804.

8　ATLAS Collabs. Measurements of Higgs Boson production and couplings in diboson final states with the ATLAS detector at the LHC. Phys Lett B, 2013, (726): 88-119.

9　ATLAS Collabs. Evidence for the spin-0 nature of the Higgs boson using ATLAS data. Phys Lett B, 2013, (726): 120-144.

10　CMS Collabs. Measurements of the properties of the new boson with a mass near 125 GeV. CMS Phys Anal Sum, 2013, HIG-13-005.

# The Pursuit of the God Particle by High Energy Physicists Over Half a Century
## —Commentary on the 2013 Nobel Prize in Physics

*Fang Yaquan, Lou Xinchou*

The 2013 Nobel Prize in Physics was awarded on October 8 to Peter W. Higgs and Francois Englert for providing the theory of Higgs mechanism and predicting the existence of the Higgs particle. Their prediction nearly 50 years ago was recently confirmed by the LHC(large hadron collider) experiments. In this short note, we presented a review of the history for the discovery of Higgs particle and a concise outlook of the particle physics after the discovery.

# 3.2 复杂化学体系的多尺度模拟
## ——2013年诺贝尔化学奖评述

### 高毅勤
(北京大学化学与分子工程学院生物动态光学成像中心)

2013年10月9日，瑞典皇家科学院诺贝尔奖评审委员会将2013年诺贝尔化学奖授予马丁·卡普拉斯(Martin Karplus)、迈克尔·莱维特(Michael Levitt)和亚利耶·瓦谢尔(Arieh Warshel)三位科学家(图1)，以表彰他们"为复杂化学系统创立了多尺度模型"。

马丁·卡普拉斯 　　迈克尔·莱维特 　　亚利耶·瓦谢尔

图1 三位获奖人

化学是一门研究物质化学变化的"中心科学",传统上以实验为主。通常化学反应是复杂的,同时涉及许多微观的过程。对于很多化学反应过程,传统的实验化学方法无法同时具有足够高的时间和空间分辨率来记录化学反应中的每一个过程并进行定量研究,因此在研究化学反应的机制和对反应的调控中需要借助理论和计算手段。现代理论化学的基础建立在统计力学和基于量子力学的电子结构理论之上,前者可以处理较大的由分子组成的宏观体系,后者可以用来精细地研究化学反应中的细节但对计算量有严格的要求,因此一般只能对较小的体系实行精确计算。从20世纪50~60年代开始,基于统计力学的分子动力学与蒙特·卡罗(Monte Carlo)相空间取样方法逐渐发展成熟起来[1],其应用也由简单模型系统扩展到生物分子等更为复杂与真实的体系。在这些应用中,分子力场也慢慢变得成熟起来。在现代分子模拟技术的发展和复杂化学体系的应用中,2013年的三位获奖人扮演了极为重要的角色。他们在20世纪70年代开展了一系列开创性的研究工作。詹姆斯·安德鲁·麦卡蒙(J. Andrew McCammon)、布鲁斯·R.格林(Bruce R. Gelin)和马丁·卡普拉斯于1977年在《自然》杂志上发表论文[2],描述了利用计算机模拟牛胰蛋白酶抑制剂的研究工作。在这项工作中他们建立了蛋白质的分子力场和分子模拟程序,从X射线晶体学方法获得的静态蛋白质结构出发进行了时长为8.8皮秒的分子动力学模拟,第一次实现了在计算机模拟中"跟踪与观察"蛋白质分子的运动。而1976年亚利耶·瓦谢尔和迈克尔·莱维特在《分子生物学》杂志上发表的工作[3]:使用量子力学来模拟活性部位化学反应中的电子转移,使用分子力学模拟反应位点周围的蛋白酶环,以及使用诱导介质模型来模拟来自溶剂的贡献。这项工作突破性地将不同尺度的理论和计算方法结合起来,奠定了复杂化学体系多尺度计算与模拟的基础。

马丁·卡普拉斯、迈克尔·莱维特和亚利耶·瓦谢尔三位科学家的工作将量子物理和经典物理结合起来,大大拓宽了计算化学的适用范围并提高了处理复杂体系的能力。同时得益于理论计算方法和计算机软硬件技术的快速发展,理论和计算化学逐步发展成一个有效的定量化学研究工具,改变着化学研究的格局,丰富了对物质科学进行研究的理论工具。理论化学的研究不但促进了本学科自身的发展,也为其他领域的发展提供了有力的研究手段。其提供的量子计算、分子模拟和动力学方法极大帮助了人们在分子水平上研究和理解复杂的物质体系和现象,寻找这些现象和过程的物理化学本质,从而实现化学学科和相关生命与材料科学研究的定量化。生命科学的一些重要成果,例如,蛋白结构的确定、催化机制、信号传导机制的研究等,都得益于物理化学包括实验与理论手段的发展和进步。多尺度分子模拟方法同时为材料、大气、海洋等众多学科的发展提供了理论和计算工具,帮助人们在分子层次上寻找规律。而分子模拟作为一项研究手段也日渐高效和准确,在复杂体系的应用[4]和从头算法分子动力学模拟等方向得到快速发展[5]。

## 3.2 复杂化学体系的多尺度模拟

但是，计算化学对很多复杂体系的研究还未能达到精确定量，对包括与生命和材料科学相关的许多化学过程的描述依然处在表观层面。同时，基础解析性理论的发展还有待加强，以实现对生命和材料科学等复杂体系中化学现象的规律性总结和新的概念上的突破。基础理论和计算能力与计算方法的发展对于理论化学的健康发展都是十分重要的，在计算机硬件、软件和基本算法飞速发展的时代，我们需要重视数值计算，同时需要注重与鼓励基本思想方法、基础理论研究、包括简化物理和数学模型的建立等方向的进步和发展。基于进一步发展的物理化学方法和理论是解决一些重要科学问题和环境、能源等社会问题的一个重要途径，理论化学具有非常广阔的应用前景，会在处理复杂体系的能力上有更大的提高。当前分子模拟方法在以下几个方向都有较快的发展：①精确算法的进一步发展以提高计算的稳定性和精确度；②多尺度及精确和快速的QM方法、可极化力场、粗粒化模型的发展、分子间弱键相互作用的更准确的描述；③与实验的更紧密结合，对凝聚相和生物分子体系由结构到动力学的研究；④对复杂体系和过程的高效抽样方法的发展；⑤非平衡动力学的理论与计算研究；⑥与激发态有关的生物体系动力学过程，以及光、电、磁性质的研究。

我国的理论和计算化学研究具有扎实的基础，既重视基本理论和方法的发展又重视实际应用，取得了一些有重要影响力的研究成果。但某些领域的研究刚刚起步，同国际先进水平仍有差距，需要大力发展。理论化学依赖于数学、物理、化学、材料和生物等多学科交叉，在其发展中加大对青年学生的培养具有尤为突出的重要性，要真正造就出有潜力、在未来能开辟和引领新方向的人才。我国培养的学生应该有扎实的理论基础，有对科学原理的深刻理解，也要有开放的思想和宽阔的视野，而不是只盯住当前的热门问题或者将研究范围人为地局限于某一个学科分支。理论化学的发展不但借助和依赖于其他学科的发展，而且从物理、生命科学、化学的其他分支等汲取了大量的营养，也曾经为其他学科的发展提供了实验和思想工具。随着学科的发展，各学科的界限会越来越淡化，分子模拟作为一个研究手段也一定会得到更广泛的应用。

## 参 考 文 献

1 Alder B J, Wainwright T E. Studies in molecular dynamics. I. general method. J Chem Phys, 1959, 31(2): 459-466.

2 McCammon J A, Gelin B R, Karplus M. Dynamics of folded proteins. Nature, 1977, 267: 585-590.

3 Warshel A, Levitt M. Theoretical studies of enzymic reactions: Dielectric, electrostatic and steric stabilization of the carbonium ion in the reaction of lysozyme. J Mol Biol, 1976, 103: 227-249.

4 Zhao G P, Juan R P, Ernest L Y, et al. Mature HIV-1 capsid structure by cryo-electron microscopy and all-

atom molecular dynamics. Nature, 2013, 497: 643-646.
5  Carloni P, Rothlisberger U, Parrinello M. The role and perspective of a initio molecular dynamics in the study of biological systems. Acc Chem Res, 2002, 35: 455-464.

## Multi-scale Modeling of Complex Chemical Systems
### —Commentary on the 2013 Nobel Prize in Chemistry

*Gao Yiqin*

Martin Karplus, Michael Levitt, and Arieh Warshel shared the 2013 Nobel Prize in chemistry "for the development of multiscale models for complex chemical systems". Over the last few decades, people have observed impressive advancements in the field of the molecular dynamics (MD) simulations. Together with the fast development of computers and soft wares, MD simulation is becoming a widely used and reliable quantitative research tool in chemical and biological sciences. With further development of accurate force fields, efficient sampling techniques and well-calibrated multi-scale methods, it is expected that MD simulations will play irreplaceable roles in the studies of chemical, material and life sciences to reveal the molecular mechanisms of larger and more complex systems.

# 3.3 囊泡运输系统：生命健康的运营者
## ——2013年诺贝尔生理学/医学奖评述

### 李 雪　林鑫华
（中国科学院动物研究所生物膜与膜生物工程国家重点实验室）

备受关注的2013年诺贝尔生理学/医学奖于10月7日揭晓，詹姆斯·罗思曼(James E. Rothman)、兰迪·谢克曼(Randy W. Schekman)和托马斯·祖德霍夫(Thomas C. Südhof)三位科学家(图1)因发现并阐释细胞囊泡运输系统及其调控机制而共享此殊荣。囊泡运输系统作为细胞的基本组成，经由精密的调控广泛地参与生命活动的各个方面，囊泡运输系统障碍还与发育缺陷、白化病、代谢类疾病、神经系统疾病及癌症等诸多人类疾病发生息息相关。他们的研究引领对囊泡运输系统作用机制的深入探索，对解析疾病的致病机制和寻找合适的治疗靶点产生了深远的影响。

## 3.3 囊泡运输系统：生命健康的运营者

詹姆斯·罗思曼 　　　　兰迪·谢克曼 　　　　托马斯·祖德霍夫

图1　三位获奖人

　　细胞是生物体的基本功能单位，是产生并分泌多种分子的小型精密工厂，细胞内在结构、功能及发生上相关的膜组织结构将细胞分隔成不同区室，称为细胞器，各细胞器之间流通的分子"货物"的运输，依赖于膜组织包被的微小囊泡，这些囊泡穿梭于细胞器及细胞质膜间，维持细胞内的运输系统稳定。如何组织和调控其运输系统在正确时间输送货物分子到正确的地点，是复杂而精密的生物学过程，也是当下细胞生物学领域的研究热点。罗思曼揭示了促使运输囊泡与目的膜融合以实现"货物"运输的蛋白机器，谢克曼发现了一系列参与囊泡运输过程的基因，而祖德霍夫则证实了如何通过信号调控囊泡释放货物的过程，下文将分别详细介绍。

　　罗思曼(1950年11月生于美国马萨诸塞州)现任耶鲁大学细胞生物学系主任。20世纪70年代中期，罗思曼开始对细胞的膜结构进行研究，直至80年代早期，罗思曼等通过"分离细胞膜结构体外再组装"的方法，发现向无细胞体系中添加ATP和细胞基质可以保障蛋白的囊泡运输过程达到正常水平，由此建立了体外的囊泡运输检测模型，用来追踪蛋白分子的运输途径。随后，他们利用含有放射性$^3$H标记N-乙酰氨基葡萄糖的VSV-G蛋白作为检测目标，通过生物化学的检测方法发现该蛋白在供体膜组织和受体膜组织中同时存在，且最终全部出现在受体膜组织中，据此提出囊泡运输的靶向性和连续性[1]，同时也提出了新的问题：囊泡运输的靶向性和连续性又是如何维系的？随后的1984～1985年，罗思曼在他发表的17篇论文中给出了充分论证：蛋白质的合成和加工贯穿于内质网、高尔基体等多种膜性细胞器，囊泡运输系统维系了"货物"分子的空间传递性，这种运输需由灌装(priming)、转换(transfer)和融合(fusion)三步配合实现[2]。首先，"货物"蛋白分子在供体膜组织中被灌注到芽状突起之中，随后脱离供体膜组织进行运输，这些运输的囊泡通过与受体膜组织融合完成"货物"的运送，同时，一系列定位于运输囊泡膜表面和受体膜表面的蛋白复合体组装，促进二者

93

膜结构的融合最终实现货物的靶向性运输[3](图2)。与此同时，罗思曼等还利用电子显微镜和标记蛋白的放射自显影方法，将囊泡运输的具体过程直接展现在世人面前，并在后续的工作中证实了高尔基体和内质网作为细胞内膜系统的重要组成，参与并维系囊泡运输系统的动态稳定性[4]。

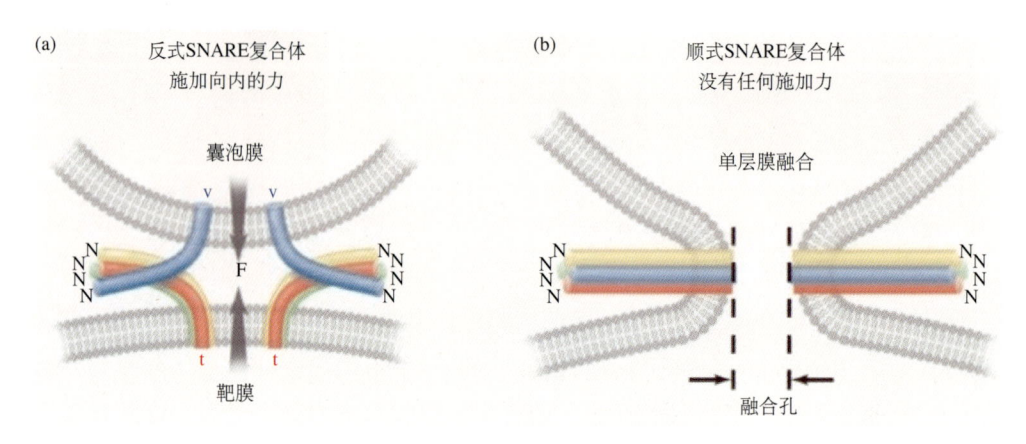

图2　SNARE介导膜融合的拉链模型[4]
(a)目的膜表面锚钉的三股螺旋蛋白(t-SNARE)与囊泡表面的单股螺旋蛋白(v-SNARE)组装；
(b)组装由蛋白N端起始，拉动双层膜结构靠拢并施加向内的作用力，促使双层膜结构融合

现就职于美国加利福尼亚大学伯克利分校和霍华德·休斯医学研究所的谢克曼(1948年12月生于美国明尼苏达州)，是与罗思曼年纪相仿的细胞生理学家。谢克曼从20世纪70年代末就开始筛选对温度敏感的酵母突变菌株，这些突变菌株的蛋白分泌能力受温度影响，由此鉴定出一系列参与蛋白分泌的基因，这些基因的突变直接导致酵母细胞内的"货物"分子运输受阻，并且不同基因的缺陷导致货物蛋白被阻断在分泌途径的不同阶段。谢克曼等通过分离细胞组分、利用放射性同位素标记新合成蛋白以追踪蛋白的运输途径等方法，发现在这些分泌缺陷的酵母突变菌株内，多种膜性细胞器发生形态学改变，其中尤其明显的是内质网变膨大和细胞内出现诸多直径在80～100纳米大小的囊泡，据此，谢克曼推断这些细胞器在蛋白分泌过程之中扮演重要角色，并提出膜性细胞器和微小囊泡组成细胞的"运输系统"的概念[5]，开辟了细胞生物学囊泡运输系统的新领域(图3)。

随着罗思曼与谢克曼工作的深入进行，囊泡运输系统的调控者引发了科学家越来越多的关注和探求。与罗思曼和谢克曼同一时代的细胞生理学家祖德霍夫(1955年12月出生于德国哥廷根)，从20世纪80年代早期就致力于钙电蛋白(calelectrin)的研究并发现钙离子浓度影响神经递质的释放过程。祖德霍夫在其后续的工作中鉴定出一系列在神经细胞中表达的蛋白，这些蛋白通过调控肌动蛋白组装和小G蛋白来调控神经突触处的

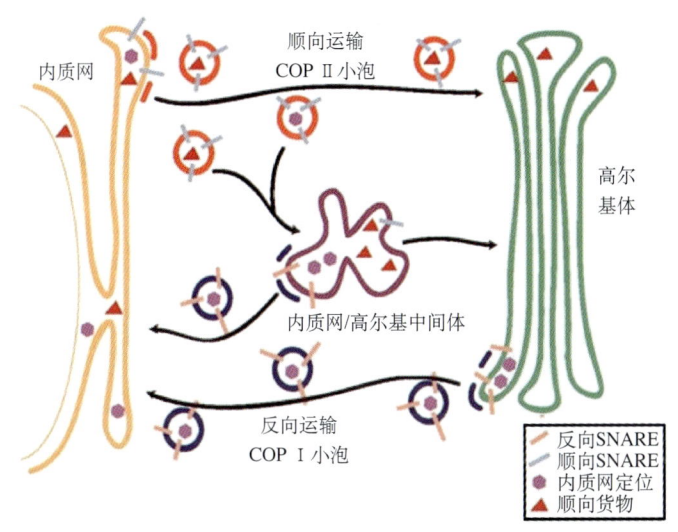

3.3 囊泡运输系统：生命健康的运营者

图3 高尔基体与内质网间复杂的蛋白选运通路[5]
COPⅡ小泡介导内质网向高尔基体的顺向运输，COPⅠ小泡介导高尔基体向内质网的反向运输

囊泡运输过程，从而控制神经递质的释放。由此，神经传导过程中囊泡运输的调节过程展现在人们面前：钙离子浓度的瞬时改变引发了突触上一系列特异性蛋白的活性改变从而诱发突触小体中突触小泡的外排，形成神经传导。现任霍华德·休斯医学研究所和斯坦福大学教授的祖德霍夫还致力于神经系统病变机制的研究(图4)[6-7]，他指出，某些囊泡运输相关基因与神经突触的形成和功能息息相关，这些基因的突变可能和包括自闭症在内的某些神经系统疾病发生相关。

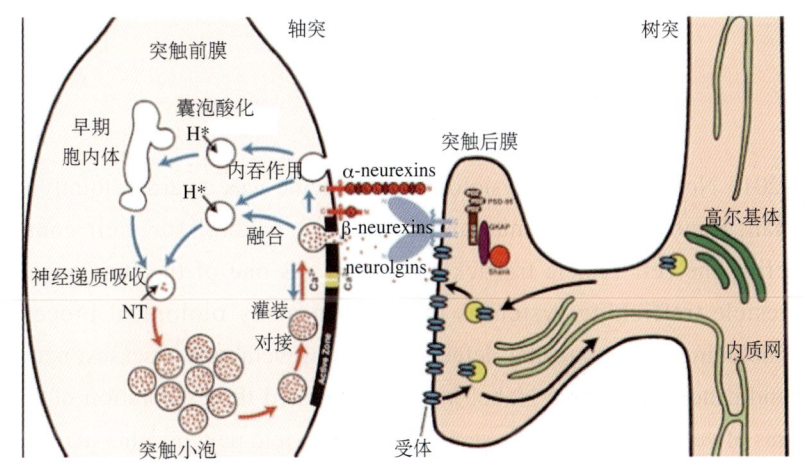

图4 轴突末端的突触前膜与脊髓树突的突触后膜构成完整突触，跨突触的细胞黏附分子neurexins和neuroligins等在突触处发挥作用[7]

95

罗思曼、谢克曼和祖德霍夫三人是同时期的细胞生理学家，他们的工作揭示了细胞货运的精细调控过程。此次诺贝尔生理学/医学奖的颁发也印证了国际学术界对膜生物学领域研究的关注和认可。囊泡运输是生命活动的重要组成，与多种生理现象和疾病发生相关，对其详细作用机制的研究是一项长久而艰巨的任务。

## 参 考 文 献

1　Braell W A, Balch W E, Dobbertin D C, et al. The glycoprotein that is transported between successive compartments of the Golgi in a cell-free system resides in stacks of cisternae. Cell, 1984, 39(3 Pt 2): 511-524.

2　Balch W E, Glick B S, Rothman J E. Sequential intermediates in the pathway of intercompartmental transport in a cell-free system. Cell, 1984, 39(3 Pt 2): 525-536.

3　Sudhof T C, Rothman J E. Membrane fusion: grappling with SNARE and SM proteins. Science, 2009, 323(5913): 474-477.

4　Dunphy W G, Rothman J E. Compartmental organization of the Golgi stack. Cell, 1985, 42(1): 13-21.

5　Lee M C, Miller E A, Goldberg J, et al. Bi-directional protein transport between the ER and Golgi. Annu Rev Cell Dev Bi, 2004, 20: 87-123.

6　Sudhof T C. The synaptic vesicle cycle. Annu Rev Neurosci, 2004, 27: 509-547.

7　Sudhof T C. Neuroligins and neurexins link synaptic function to cognitive disease. Nature, 2008, 455(7215): 903-911.

## Vesicle Trafficking System: Executor of Life and Health
—Commentary on the 2013 Nobel Prize in Physiology or Medicine

*Li Xue, Lin Xinhua*

The 2013 Nobel Prize in Physiology or Medicine was awarded jointly to James E. Rothman, Randy W. Schekman and Thomas C. Südhof for their contribution to uncovering the cell vesicle trafficking system. As one of the fundamental units of cell, vesicle trafficking system is involved in many biological processes and diseases, including developmental defects, albinism, metabolic diseases, neurological diseases and cancer. The three Nobel laureates initiated the exploration of molecular mechanisms of vesicle trafficking system, which will yield new insights into our human health for prevention and therapies of the related human diseases.

# 第四章

## 2013年中国科学家代表性成果

Representative Achievements of Chinese Scientists in 2013

## 4.1 同余数问题的新进展

### 田 野

(中国科学院数学与系统科学研究院)

同余数问题是数学中古老而又未解决的主要问题之一。它至少可以追溯至公元10世纪的一份阿拉伯文稿，也可能会更久远得多。它在公元10世纪是有理直角三角形理论的核心课题[1]。这个问题的实质与椭圆曲线算术的现代理论相关。椭圆曲线的算术理论是当前数论中最为活跃的一个分支，而其产生和发展均与同余数问题的研究相关。所谓同余数问题是指对给定的一个正整数，判断是否存在一个以之为面积的三边长均为有理数的直角三角形。若存在，我们则称此正整数为同余数。换言之，同余数问题就是判断给定正整数是否是同余数的问题。比如，6是同余数，它是三边长为3，4，5的直角三角形的面积。最小的同余数是5，它是边长为3/2，20/3，41/6的直角三角形的面积。另外，7也是同余数，它对应于边长为35/12，24/5，337/60的直角三角形。但1不是同余数，这等于说不存在三边长为整数的直角三角形其面积为平方数。斐波拉契在1225年所著的《平方数之书》中猜测1不是同余数，而其证明则是由费马在4个多世纪之后才给出。一个正整数为同余数和它的一个平方倍数为同余数是等价的，即对任意正整数$n$，$m$，我们有$n$为同余数当且仅当$nm^2$为同余数。因此，我们此后只需对无平方因子的正整数讨论同余数问题。

人们在对这个有着千余年历史的古老问题的研究中，逐渐发现对一些较小的正整数，若它模8余5，6或7，则可找到以之为面积的边长为有理数的直角三角形，即是同余数。而对模8余1，2或3的正整数只有很少是同余数，事实上，最小的模8余1，2，3的同余数分别是41，34，219。于是人们猜测：

- 任意模8余5，6，7的正整数都是同余数。
- 模8余1，2，3的同余数密度为0。

为什么同余数会有这样的规律呢？当人们把同余数问题和椭圆曲线的算术理论联

## 4.1 同余数问题的新进展

系起来后，这些猜想才变得自然。事实上，它可以归结为2000年初美国克雷数学研究所的科学顾问委员会选定的七个"千年大奖问题"之一的伯奇(Birch)和斯温纳顿-戴雅(Swinnerton-Dyer)猜想(简称BSD猜想)及戈德菲尔德(Goldfeld)猜想[2]。易见，同余数问题是对给定正整数$n$求方程$a^2+b^2=c^2$，$\frac{1}{2}ab=n$的有理数解。这两个方程定义了有理数域上的一条椭圆曲线。而$n$为同余数当且仅当这条曲线上有无限多个有理点(即坐标为有理数的点)，深刻的BSD猜想又断言这等价于一个类似于黎曼(Riemann) zeta-函数的解析函数在1处取值为0，从这里我们进而可以看出上述关于同余数猜想的合理性。

对上述的猜想，直到1952年才由德国数学家希格纳(Heegner)给出如下的结果[3]。

**定理1** 任何一个模8余5，6，7的正整数若只有一个奇素因子则为同余数。

这是一个相当不平凡的定理。比如，它断言素数157是同余数，但以157为面积的"最简单"的有理直角三角形的三边长是：

$$a = \frac{411340519227716149383203}{21666555693714761309610},$$

$$b = \frac{6803298487826435051217540}{411340519227716149383203},$$

$$c = \frac{224403517704336969924557513090674863160948472041}{8912332268928859588025535178967163570016480830}。$$

之后的60多年来，人们一直寻找具有多个素因子的情形。在这个方向上我们得到如下的结果[4-5]。

**定理2** 存在无穷多个不含平方因子的同余数恰有任意指定个数的素因子。

而且我们的存在性可以进一步要求在模8余5，6，7的任意一个剩余类中成立。事实上，我们得到了如下比希格纳定理更强的构造性结果[5-6]。

**定理3** 令$n \equiv 5 \pmod{8}$是一个正整数且其所有素因子均模4余1，若域$\mathbf{Q}(\sqrt{-n})$无阶为4的理想类，则$n$是一个同余数。

对模8余6，7的情形我们也有类似的结果。这个定理中的条件是非常容易判定的。我们这些结果的建立基于希格纳之后椭圆曲线算术理论的一系列丰富成果[7-10]，关键的是，我们对一类亏格(genus)点算术性质进行了深入研究并运用了相应归纳方法。BSD猜想中所涉及的解析函数的深刻算术性质在我们的研究中起到了关键的作用。

## 参 考 文 献

1. Dickson L E. History of the Theory of Numbers. Vol II. Carnegie Institute, Washington D C, 1920, reprinted by Chelsea, 1966.
2. Goldfeld D. Conjectures on elliptic curves over quadratic fields. // Nathanson M B, ed. Number theory. Carbondale 1979. Lecture Notes in Math. Vol 751. Berlin: Springer, 1979: 108-118.
3. Heegner K. Diophantische analysis und modulfunktionen. Math Z, 1952, 56: 227-253.
4. Tian Y. Congruent Numbers with many prime factoirs. Proc Natl Acad Sci USA, 2012, 109(52): 21256-21258.
5. Tian Y. Congruent numbers and Heegner points. Submitted.
6. Tian Y, Yuan X Y, Zhang S W. Genus periods, genus points, and congruent number problem. Preprint.
7. Coates J, Wiles A. On the conjecture of Birch and Swinnerton-Dyer. Invent Math, 1977, 39: 233-251.
8. Gross B, Zagier D. Heegner points and derivatives of L-series. Invent Math, 1986, 84 (2):225-320.
9. Kolyvagain V A. Finiteness of E(Q) and Ⅲ(E,Q) for a subclass of Weil curves. Math USSR Izvestiya, 1989, 32 (3): 523-541.
10. Yuan X Y, Zhang S W, Zhang W. The Gross-Zagier formula on Shimura curves. // Annals of Mathematics Studies. Vol 184. Princeton N J: Princeton University Press, 2012: 272.
11. Coates J. Congruent numbers. Proc Natl Acad Sci USA, 2012, 109(52): 21182-21183.

## On Congruent Number Problem

### Tian Ye

Recall the congruent number problem is to determine if given a positive integer is a congruent number, i.e., the area of a right triangle with rational sides. For example, 1, 2, 3 are not congruent, while 5, 6, 7 are. It is the oldest unsolved major problem in mathematics and has close relation with the conjecture of Birch and Swinnerton-Dyer (one of the seven Millennium Prize Problems listed by Clay Mathematics Institute). It is conjectured that any positive integer $n \equiv 5, 6, 7 \mod 8$ is a congruent number. In 1952, Heegner proved that this conjecture holds if $n$ has exactly one odd prime factor. In 2012, we proved that for any given $k \geq 1$, there are infinitely many square-free congruent numbers with exactly $k$ prime factors. J. Coates reviewed our work in an article[11] and said that Tian's work is an important milestone in the history of this ancient problem.

## 4.2 X射线极亮天体的第一例成功的动力学质量测量

### 刘继峰
(中国科学院国家天文台)

研究黑洞及其周围天体的物理过程是美国国家航空航天局提出的当下4个天体物理前沿之一。目前已经观测证实了两种黑洞，一种是几个或十几个太阳质量的恒星级黑洞，产生于大质量恒星的死亡；另一种是星系中心的几百万到几亿个太阳质量的超大质量黑洞，产生于恒星级黑洞的级联并合[1]。级联理论预言了几千个太阳质量的中等质量黑洞，但是一直没有观测证实。

自20世纪90年代以来，特别是两颗造价分别为16亿美元和7亿欧元的钱德拉(Chandra)X射线空间望远镜和XMM-牛顿X射线天文卫星投入使用，高空间分辨率的X射线观测在其他星系中揭示了一批X射线光度极高的X射线极亮天体[2]。然而，国际天文和天体物理界对这类X射线极亮天体的本质却一直难以定论，众说纷纭。X射线极亮天体可能是几千个太阳质量的中等质量黑洞，是天文学家一直寻找的超大质量黑洞形成理论中的缺失链条；也可能是恒星级黑洞，但是具有特殊的、我们现在所不理解的辐射机制。无论是哪种可能，都可以增进人们对黑洞形成、黑洞辐射机制的理解与认知，因此一直是天文与天体物理研究的国际前沿与热点。

研究X射线极亮天体的关键与难点在于通过动力学方法测定系统中心黑洞的质量，确定它们到底是中等质量黑洞还是恒星级黑洞。动力学的方法是通过从光学波段测量黑洞的伴星运动，进而求得黑洞的质量。这个方法要从伴星光谱谱线的移动得到伴星的视向速度曲线，从测光监测得到光变曲线，结合黑洞双星模拟，拟合得出黑洞质量及轨道参数。但是，采用动力学质量测量对X射线极亮天体是非常困难的。因为X射线极亮天体处于其他星系中，非常遥远，它们在光学上看起来非常暗，需要8～10米级望远镜通过长时间的曝光来获得光谱。即便如此，所获得的光谱信噪比也比较低，传统方法用以揭示伴星运动的伴星光谱吸收线一般无法探测到，而必须使用大多数伴星所不具有的发射线才能揭示伴星运动。

尽管技术难度大，但鉴于其科学重要性和影响深远性，中心黑洞质量的精确测量仍为学界孜孜以求的目标，并被国际同行誉为X射线极亮天体研究领域的"圣杯"。近年来，国际上已有多组科研团队数次使用欧洲10米甚大望远镜(VLT)和美国双子座

(Gemini)8米望远镜进行X射线极亮天体的动力学质量测量的尝试，但是都没有成功。在分析大量档案数据的基础上，我们发现了处于2200万光年之外的M101旋涡星系中一个X射线极亮天体ULX-1，其伴星可能是一个罕见的沃尔夫-拉叶天体，具有很强的发射线[3]，而此发射线的移动可以比较容易地被探测并被用以黑洞的动力学质量测量。以刘继峰研究员为首的国际科研团队因此申请了美国双子座8米望远镜20个小时的观测时间，在3个月的时间跨度上对M101 ULX-1进行了10次光谱观测。观测结果证实了M101 ULX-1(图1)的伴星是一个沃尔夫-拉叶天体，其发射线的移动揭示了其具有8.2天的轨道周期，并确认中心天体是一个恒星级黑洞。这是对X射线极亮天体的第一次也是唯一一例成功的动力学质量测量。

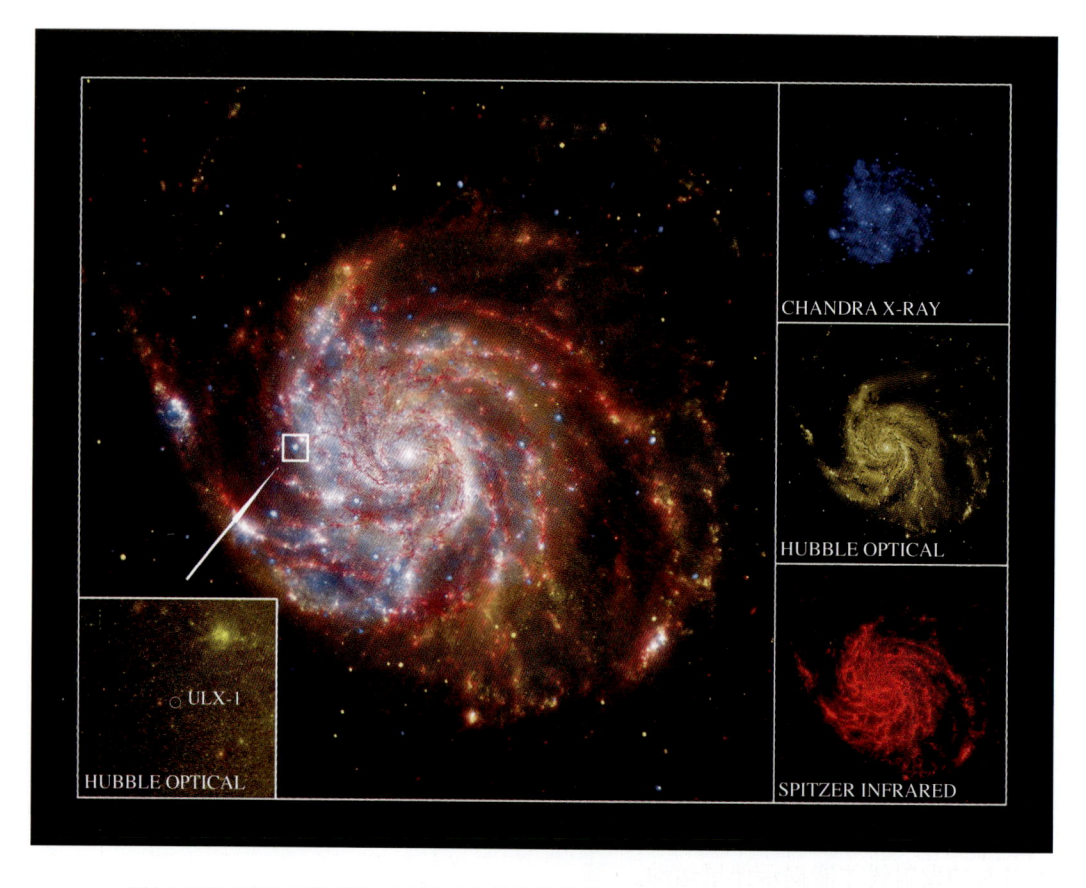

图1 M101 ULX-1处于2200万光年之外的旋涡星系M101(风车星系)中一个旋臂附近
注：这个伪彩图是由钱德拉卫星的X射线数据、哈勃空间望远镜的光学数据及斯皮策(Spitzer)卫星的红外数据合成的。左下处的哈勃光学图像显示了M101 ULX-1的光学对应体和附近稠密的星场

## 4.2 X射线极亮天体的第一例成功的动力学质量测量

此例证明一些X射线极亮天体，从某些X射线特性来判定似乎为中等质量黑洞，但实质上并不是中等质量黑洞，这一发现可能会促成对现有超大质量黑洞形成理论的重新认识。这项研究还极大地改变了人们对恒星级黑洞吸积盘X射线辐射的认知，M101 ULX-1的X射线谱中严重缺失高能光子，这种现象不能被黑洞吸积的"经典"研究结果所解释，突破了现有吸积盘理论框架的范畴。这项研究发表在2013年11月28日出版的《自然》杂志上[4]，被审稿人誉为"夺取了X射线极亮天体研究的圣杯"。同时《自然》杂志还在同期《新闻与观点》(News and Views)专栏刊登相应评述文章[5]，并被选为《自然》杂志周头条新闻。该工作被双子座天文台评为2013年科学亮点的第一名，并被国内外几十家媒体广为报道。

### 参 考 文 献

1　Madau P, Rees M. Massive black holes as population III remnants. Astrophys J Lett, 2001, 551: 27-30.
2　Fabbiano G. The hunt for intermediate-mass black holes. Science, 2005, 307: 533-534.
3　Liu J F. Multi-epoch multi-wavelength study of an ultraluminous X-ray source in M101: the nature of the secondary. Astrophys J Lett, 2009, 704: 1628-1639.
4　Liu J F, Bregman J N, Bai Y, et al. Puzzling accretion onto a black hole in an ultraluminous X-ray source M101 ULX-1. Nature, 2013, 503: 500-503.
5　Kuntz K. Astrophysics: Exceptions test the rules. Nature, 2013, 503: 477-478.

### Puzzling Accretion onto a Black Hole in an Ultraluminous X-ray Source M101 ULX-1

*Liu Jifeng*

Ultraluminous X-ray sources could be the long-sought intermediate mass black holes crucial for supermassive black hole formation, or stellar mass black holes with special radiation mechanisms yet to understand. Here we report the optical spectroscopic monitoring of M101 ULX-1, one of the best candidates for intermediate mass black holes. We confirm the previous suggestion that the system contains a Wolf-Rayet star, and reveal that the orbital period is 8.2 days. The black hole has a minimum mass of $5M_\odot$, and more probably a mass of $20M_\odot \sim 30M_\odot$, but we argue that it is very unlikely to be an intermediate mass black hole as previously suggested. Therefore, its exceptionally soft spectra at high Eddington ratios violate the expectations for accretion onto stellar mass black holes. Accretion must therefore occur from captured stellar wind, which has hitherto been thought to be so inefficient that it could not power an ultraluminous source.

## 4.3 北京谱仪实验国际合作组发现 Zc(3900)新粒子

### 沈肖雁[*]
(中国科学院高能物理研究所)

2013年3月26日，北京谱仪Ⅲ(BESⅢ)实验国际合作组在北京宣布，利用电子和正电子对撞能量4.26吉电子伏附近采集的数据，发现一个新粒子，被命名为"Zc(3900)"。Zc(3900)的质量比一个氦原子略大，寿命很短，在$10^{-23}$秒内衰变为一个带电π粒子和一个由粲夸克和反粲夸克组成的J/ψ粒子。这个粒子含有粲偶素中的粲夸克和反粲夸克成分，同时带有跟电子相同或相反的电荷，这与目前所知的粲偶素只含有粲夸克和反粲夸克从而都不带电不同，提示其中至少含有四个夸克。其特殊性质表明它可能是科学家长期寻找的一种奇特态。

Zc(3900)的发现得到国际物理学界的高度评价，《自然》杂志发表文章，强调"找到一个四夸克构成的粒子将意味着宇宙中存在奇特态物质"，《物理评论快报》发表评论指出："如果四夸克解释得到确认，粒子家族中就要加入新的成员，我们对夸克物质的研究就需要扩展到新的领域。"2013年12月30日，美国物理学会在其主编的《物理》杂志公布了2013年国际物理学领域11项重要成果，"发现四夸克物质"位列榜首。该杂志网站对这一成果做了如下介绍："以前的实验表明，基本粒子一般由两个或三个夸克组成。今年夏天，在中国的BESⅢ实验合作组和在日本的Belle合作组宣布，在高能正负电子对撞中发现了一个'神秘粒子'，其中含有四个夸克。虽然人们对这个被称为Zc(3900)的粒子的性质有多种解释，但'四夸克态'的解释得到更多关注。"

粒子物理夸克模型认为介子由一个夸克和一个反夸克组成，重子由三个夸克或三个反夸克组成，介子和重子统称为强子。由粲夸克和反粲夸克组成的粒子被称为粲偶素粒子。夸克模型的预言与很多实验事实一致，表明它是非常成功的。然而描述夸克之间强相互作用的标准动力学理论——量子色动力学——并不排除常规强子以外其他

---

[*] 代表北京谱仪Ⅲ实验国际合作组。

## 4.3 北京谱仪实验国际合作组发现Zc(3900)新粒子

粒子的存在，如分子态(两个或多个介子或重子束缚在一起)、多夸克态(含四个夸克或更多)、胶子球(只含胶子不含夸克)和混杂态(除夸克外还有激发的胶子)等。人们实验上对非常规强子的寻找已进行了很多年，但到目前为止并没有可靠的证据表明已观测到它们的存在。

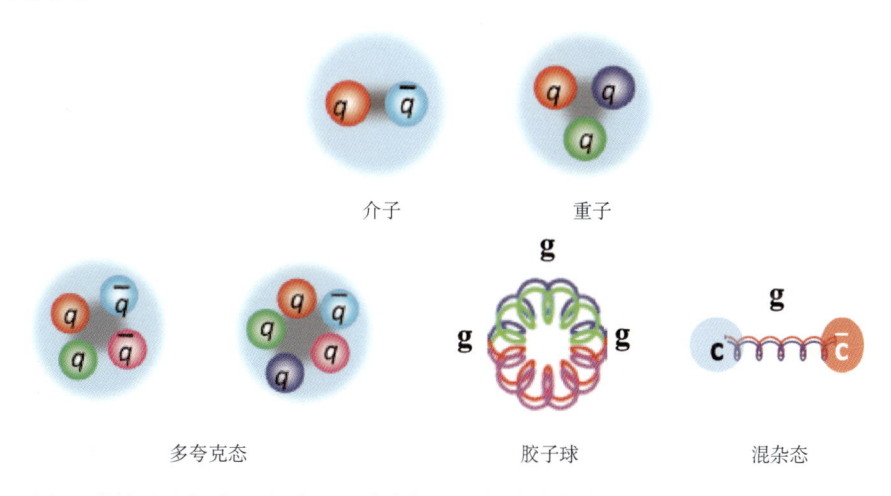

图1 常规强子态(介子和重子)及非常规强子态(多夸克态、胶子球和混杂态)的图示

进入21世纪以来，美国斯坦福直线加速器中心的BaBar实验和日本高能加速器研究机构的Belle实验，以史无前例的大数据量和多种可能的研究手段，对强子谱进行了广泛的研究，发现了一系列新的粲偶素和类粲偶素粒子，如Y(4260)等。这些新的发现不仅丰富了常规强子的研究内容，也向夸克模型提出了挑战，即有些新的粒子不能用常规的强子态来解释。

北京正负电子对撞机设计运行的能量为2～4.6吉电子伏，是精确检验标准模型理论、寻找新粒子和新物理的重要场所。对撞机的设计最高亮度为$10^{33}$/(厘米$^2$·秒)，可以在短时间内产生大量的对撞事例。运行在北京正负电子对撞机上的BESⅢ探测器，采用全新的探测技术建造而成，因而具有良好的探测性能。BESⅢ合作组提出了采集大统计量Y(4260)数据的建议，并于2013年1月14日完成了Y(4260)事例的采集。Zc(3900)就是从Y(4260)粒子的衰变中发现的。

BESⅢ实验合作组有近400名来自11个国家的52个大学或研究所的科学家参加。经过几代科学家的努力，北京谱仪实验已在t-粲物理研究领域占据国际领先地位。

Zc(3900)的发现引发了实验和理论研究的热潮，并提出了一系列亟待回答的问题：它的自旋-宇称量子数是什么，还有什么其他衰变模式，是否存在与Zc(3900)性质相同的伴随态，等等。BESⅢ合作组近期又有四篇论文被《物理评论快报》接收发表，如

105

## ④ 2013年中国科学家代表性成果

图2  北京谱仪Ⅲ实验(BESⅢ)

宣布发现了一种Zc(3900)新的衰变模式，并确定了其自旋-宇称量子数；在两个不同的衰变末态中发现了两个新的共振结构，它们极有可能是Zc(3900)的质量较高的伴随态。我们希望以此为突破口，在积累大量数据的基础上，全面理解近年来发现的一系列新的粲偶素或类粲偶素粒子，并确认奇特强子的存在。

### 参 考 文 献

1 Ablikim M, An Z H, Bai J Z, et al. Design and construction of the BESIII detector. Nucl Instrum Meth Phys Res, 2010, A614: 345-399.
2 Ablikim M, Achasov M N, Ai X C, et al. Observation of a charged charmoniumlike structure in e+e- to pi+pi- J/psi at 4.26 GeV. Phys Rev Lett, 2013, 110: 252001.

### Observation of a Charged Charmoniumlike Structure Zc(3900) at BESIII

*Shen Xiaoyan*

An international team, composed of about 400 scientists from 52 institutions in 11 countries, reported the observation of a new charged charmoniumlike structure, named Zc(3900), with the Beijing Spectrometer (BESIIII) at the Beijing Electron Positron Collider in China, in March of 2013. The mass of Zc(3900) is slightly higher than that of a helium atom and it decays into an electrically charged π-meson plus a neutral quark-antiquark (c anti-c) meson within $10^{-23}$ seconds, and thus indicating itself to contain at least four quarks. More data accumulated at BESIII will allow more comprehensive investigations of the nature of this unusual, electrically charged Zc(3900) state, which opens the door toward a full understanding of the XYZ particles discovered in recent years.

## 4.4 量子反常霍尔效应的实验发现

何 珂[1,2]　马旭村[1,2]　陈 曦[1]　吕 力[2]　王亚愚[1]　薛其坤[1]

(1清华大学物理系低维量子物理实验室；2中国科学院物理研究所
北京凝聚态物理国家实验室)

　　1879年，美国物理学家埃德温·霍尔(Edwin H. Hall)首先发现的霍尔效应，是自然界最基本的电磁现象之一，在半导体工业及各种传感器、探测器中有着广泛的应用[1]。在霍尔效应发现一个世纪以后，物理学家在高载流子迁移率的半导体异质结构中观测到其量子化版本：整数量子霍尔效应[2]和分数量子霍尔效应[3]。这两种量子化的霍尔效应的发现使人们开始认识到拓扑概念在凝聚态物理中的重要性[4]，为凝聚态物理开辟了一个新的方向，在该领域做出重要贡献的相关物理学家分别获得1982年和1998年的诺贝尔物理学奖。

　　量子霍尔效应只有在很强的外加磁场下才能实现，如果可以在没有外加磁场的情况下也能实现量子霍尔效应，将会大大降低量子霍尔效应研究的门槛，并为其在低能耗电子器件和拓扑量子计算中的应用带来希望[5]。这种不需外加磁场的量子霍尔效应可以看做是磁性材料中反常霍尔效应[6-7]的量子化版本，因此也被称为量子反常霍尔效应[7]。自1988年开始，很多理论物理学家为实现量子反常霍尔效应提出了多种理论模型和材料系统，然而这方面实验上的进展非常缓慢[5-8]。2005年，一类新的拓扑材料——拓扑绝缘体[9-10]的发现为量子反常霍尔效应的实现提供了新的契机。2008年，美国斯坦福大学的张首晟教授等首先从理论上提出在磁性拓扑绝缘体中实现量子反常霍尔效应的可能性[11-12]。2010年，中国科学院物理研究所方忠、戴希研究员等与张首晟教授合作，预言磁性掺杂的$Bi_2Se_3$族三维拓扑绝缘体薄膜可能是实现量子反常霍尔效应的最佳体系之一[13]。世界多个著名的研究组都在朝此方向努力，希望能在实验上观测到量子反常霍尔效应。

## 4 2013年中国科学家代表性成果

自2009年起，由清华大学薛其坤院士带领的由清华大学物理系王亚愚、陈曦、贾金锋和中国科学院物理研究所马旭村、何珂、王立莉、吕力组成的联合实验团队，与张首晟、方忠和戴希等理论物理学家合作，对$Bi_2Se_3$族拓扑绝缘体和磁性掺杂拓扑绝缘体薄膜的分子束外延生长、电子结构和性质进行了系统的研究[14-17]。在尝试了多种材料组合之后，他们从实验上发现，在钛酸锶表面外延生长的Cr掺杂$(Bi, Sb)_2Te_3$薄膜同时具有长程铁磁序和绝缘性质，并可以通过场效应对体系的化学势进行精密的调控。这从实验上为量子反常霍尔效应的实现提供了第一个理想的材料系统[18]。在此基础上，他们艰苦攻关，对薄膜的层厚、成分、覆盖层和衬底表面等参数进行了详细的优化，终于于2012年底在世界上首次在实验上实现了量子反常霍尔效应[19]。

图1展示的是最后发现量子反常霍尔效应的磁性掺杂拓扑绝缘体薄膜样品的结构示意图(a)和光学显微镜照片(b)[19]，图2展示了在极低温(30毫开)下此样品的电输运测量结果[19]。图2a显示的是在不同栅极电压下霍尔电阻随磁场变化的曲线。这些曲线都呈现标准的磁滞回线形状，说明薄膜具有很好的长程铁磁序。在栅极电压为−1.5伏时，磁滞回线的高度达到最大值，恰好位于量子电阻$h/e^2$，约为25.8千欧。图2b显示的是零磁场下的霍尔电阻和纵向电阻随栅极电压的变化曲线。我们可以看到，在栅极电压为−1.5伏附近时，霍尔电阻达到高度为量子值$h/e^2$的平台。与此同时，纵向电阻呈现一个明显的下降，表明电子能量损耗的降低，这是量子霍尔态的一个重要特征。当施加一个强磁场促进体载流子的局域化时，纵向电阻可以完全降到零，实现无能耗的电子传输。以上实验结果毫无疑问地证明了量子反常霍尔效应的存在。该成果受到《科学》杂志审稿人的高度评价，被称为"凝聚态物理一项里程碑式的发现"，并被迅速发表[19]。

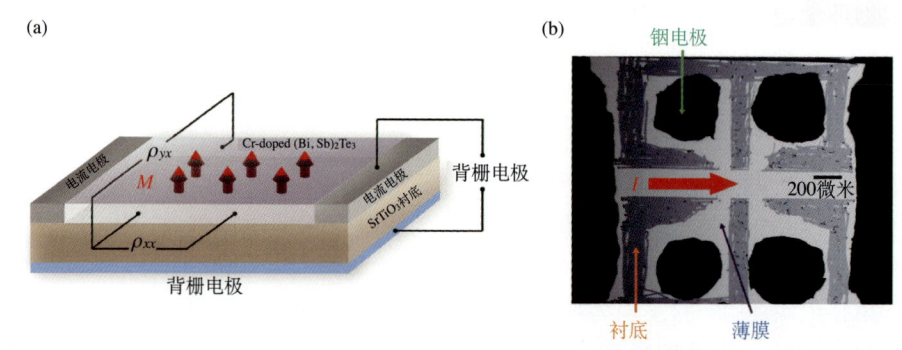

图1　获得量子反常霍尔效应的钛酸锶衬底上外延生长的磁性掺杂拓扑绝缘体 (Cr-doped $(Bi, Sb)_2Te_3$) 薄膜样品

(a)结构示意图；(b)光学显微镜照片

量子反常霍尔效应的实验发现不仅为科学家对零磁场量子霍尔效应超过20年的探寻画上了句号，也为基于量子反常霍尔效应的各种其他量子效应，如拓扑磁电效应、

## 4.4 量子反常霍尔效应的实验发现

马约拉纳(Majorana)模的实现奠定了基础[10]。量子反常霍尔效应所提供的电子无能耗输运机制,有可能应用于低能耗电子器件中[10]。目前量子反常霍尔效应研究和应用方面的主要挑战是其很低的观测温度。科学家下一步的研究重点是如何可以在更高温度甚至室温环境下实现量子反常霍尔效应。

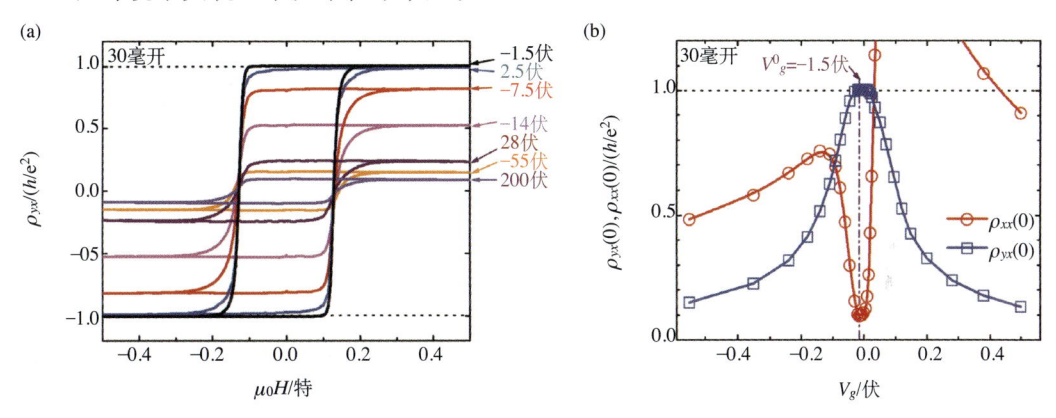

图2 30毫开温度下量子反常霍尔效应的测量结果
(a)不同栅极电压下样品霍尔电阻($\rho_{yx}$)随磁场($\mu_0 H$)的变化曲线;(b)零磁场下的霍尔电阻($\rho_{yx}(0)$)和纵向电阻($\rho_{xx}(0)$)随栅极电压($V_g$)的变化

## 参 考 文 献

1. Hall E H. On a new action of the magnet on electric currents. Am J Math, 1879, 2: 287-292.
2. Klitzing K V, Dorda G, Peper M. New method for high-accuracy determination of the fine-structure constant based on quantized Hall resistance. Phys Rev Lett, 1980, 45: 494-497.
3. Tsui D C, Stormer H L, Gossard A C. Two-dimensional magnetotransport in the extreme quantum limit. Phys Rev Lett, 1982, 48: 1559-1562.
4. Avron J E, Osadchy D, Seiler R. A topological look at the quantum Hall effect. Phys Today, 2003, 56(7): 38-42.
5. Haldane F D M. Model for a quantum Hall effect without Landau levels: Condensed-matter realization of the "parity anomaly". Phys Rev Lett, 1988, 61: 2015-2018.
6. Hall E H. On the "rotational coefficient" in nickel and cobalt. Philo Mag, 1881, 12: 157-172.
7. Nagaosa N, Sinova J, Onoda S, et al. Anomalous Hall effect. Rev Mod Phys, 2010, 82: 1539-1592.
8. Onoda M, Nagaosa N. Quantized anomalous Hall effect in two-dimensional ferromagnets: Quantum Hall effect in metals. Phys Rev Lett, 2003, 90: 206601.
9. Hasan M Z, Kane C L. Topological insulators. Rev Mod Phys, 2010, 82: 3045-3067.
10. Qi X L, Zhang S C. Topological insulators and superconductors. Rev Mod Phys, 2011, 83: 1057-1110.

11 Qi X L, Hughes T L, Zhang S C. Topological field theory of time-reversal invariant insulators. Phys Rev B, 2008, 78: 195424.

12 Liu C X, Qi X L, Dai X, et al. Quantum anomalous Hall effect in Hg$_{1-y}$Mn$_{1-y}$Te quantum wells. Phys Rev Lett, 2008, 101: 146802.

13 Yu R, Zhang W, Zhang H J, et al. Quantized anomalous Hall effect in magnetic topological insulators. Science, 2010, 329: 61-64.

14 Li Y Y, Wang G, Zhu X G, et al. Intrinsic topological insulator Bi$_2$Te$_3$ thin films on Si and their thickness limit. Adv Mater, 2010, 22: 4002-4007.

15 Song C L, Wang Y L, Jiang Y P, et al. Topological insulator Bi$_2$Se$_3$ thin films grown on double-layer graphene by molecular beam epitaxy. Appl Phys Lett, 2010, 97: 143118.

16 Zhang Y, He K, Chang C Z, et al. Crossover of the three-dimensional topological insulator Bi$_2$Se$_3$ to the two-dimensional limit. Nat Phys, 2010, 6: 584-588.

17 Wang G, Zhu X G, Wen J, et al. Atomically smooth ultrathin films of topological insulator Sb$_2$Te$_3$. Nano Res, 2010, 3: 874-880.

18 Chang C Z, Zhang J, Liu M, et al. Thin films of magnetically doped topological insulator with carrier-independent long-range ferromagnetic order. Adv Mater, 2013, 25: 1065-1070.

19 Chang C Z, Zhang J, Feng X, et al. Experimental observation of the quantum anomalous Hall effect in a magnetic topological insulator. Science, 2013, 340: 167-170.

## Experimental Realization of the Quantum Anomalous Hall Effect

*He Ke, Ma Xucun, Chen Xi, Lv Li, Wang Yayu, Xue Qikun*

The quantum anomalous Hall effect is a special kind of quantum Hall effect that occurs without magnetic field. This effect has been recently experimentally realized in molecular beam epitaxy-grown thin films of Cr-doped (Bi, Sb)$_2$Te$_3$ topological insulator by Chinese scientists. The work lays a foundation for studies of many novel quantum phenomena in condensed matter physics and for exploring applications of quantum Hall physics in low-power-consumption electronics.

## 4.5 纳米金属材料研究获得重要进展
### ——金属镍中发现超硬超高稳定性二维纳米层片结构

**张洪旺　卢　柯**

(中国科学院金属研究所沈阳材料科学国家(联合)实验室)

中国科学院金属研究所沈阳材料科学国家(联合)实验室卢柯研究小组，利用表面机械碾磨技术在纯镍中制备出二维纳米层片结构发现，这种结构兼具超高硬度和超高热稳定性。相关结果发表在2013年10月18日出版的《科学》杂志上[1]，在纳米金属材料领域引起广泛关注。

对金属材料进行严重塑性变形可显著细化其微观组织。近半个世纪以来，材料科学家对这种结构细化过程进行了广泛深入的研究，旨在探索通过塑性变形实现金属材料结构纳米化，从而大幅度提高其强度等力学及物理化学性能。但是，经过几十年的努力，发现利用塑性变形技术可以将晶粒细化至亚微米(0.1～1微米)尺度，继续增加塑性变形这种亚微米尺度晶粒不再继续细化。也就是说，晶粒尺寸达到了其极限，形成了三维等轴状稳态超细晶结构，绝大多数晶界为大角晶界。出现这种极限晶粒尺寸的原因是，变形产生位错增殖主导的晶粒细化过程与晶界迁移主导的晶粒粗化过程相平衡，其实质是超细晶结构的稳定性随晶粒尺寸减小而降低所致。如何突破这一晶粒尺寸极限，进一步细化微观组织到纳米尺度，在继续提高金属材料强度的同时提高其结构稳定性，成为当今国际上纳米金属材料研究面临的一个重大科学难题。

研究表明，塑性变形过程中提高变形速率[2]和变形梯度[3]可有效提高位错增殖及储存位错密度，从而促进晶粒细化进程。为此，卢柯研究小组研发了表面机械碾磨技术(SMGT)[4]，如图1a所示，通过球形压头碾压高速旋转的金属棒材表面，引入高速剪切塑性变形。棒材表层的变形同时具有大应变、高应变速率及高应变梯度的特点，且沿深度方向呈梯度分布[1]。纯镍棒经过SMGT处理之后获得了梯度变形结构，如图1(b，c)所示。样品的亚表层(深度大于80微米)包括了各种低、中、高变形结构，分别对应于不同位错组态结构、亚晶界结构和超细晶结构。超细晶结构的典型特征(图1d)为三维方向近似等轴状晶粒，平均晶粒尺寸为230纳米，大角晶界分数约为80%，具有随机取向，是一种典型大塑性变形方法(如高压扭转)形成的稳态结构。随着结构尺寸逐渐减小，这些变形结构的维氏硬度从1吉帕(芯部粗晶结构)增加到2.76吉帕(超细晶结构)。但是，其热稳定性却逐渐降低[结构粗化温度从高于700℃(位错结构)降低至467℃(超细晶结

图1

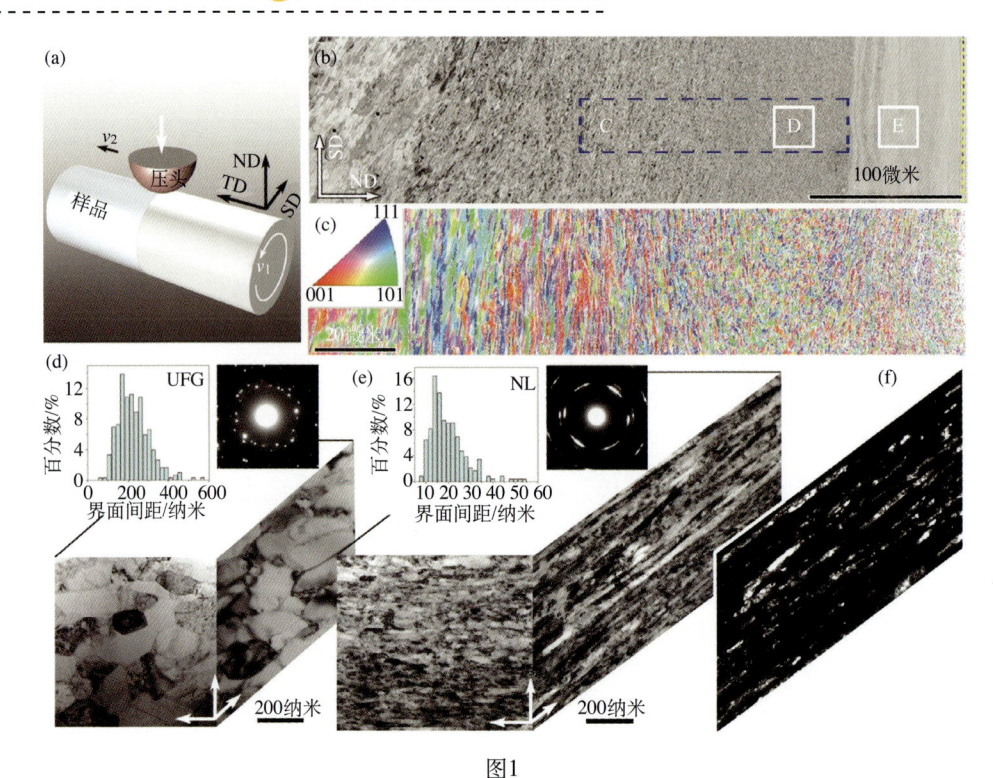

(a) 表面机械碾磨的设备示意图；(b) 横截面(SD-ND)扫描电子显微镜揭示梯度变形结构；(c) 图(b)中虚框对应的背散射电子衍射分析，揭示不同的变形结构；(d, e) 横截面和纵截面(ND-TD)透射电子显微镜观察距表层110微米深度形成的超细晶结构和(d)距表层40～50微米深度形成的纳米层片结构(e)的明场象；(d, e) 中插入界面间距分布(左)和相应的选取电子衍射谱(右)；(f) 为由纵截面观察的纳米层片结构的暗场像

TD-横向；SD-剪切方向；ND-法向；UFG:超细晶；NL:纳米层片结构

构)]，表现为强度-稳定性的"倒置关系"。

然而，在距离表层80微米深度的表层中发现形成了二维纳米层片结构，其平均层片厚度为20纳米，比常规严重塑性变形制备的超细晶尺寸低约一个数量级。这种纳米层片结构具有强的剪切变形织构，层片之间的界面平直且取向差很小(低于10度)，属典型的小角晶界，如图1(e, f)所示。这种二维纳米层片结构具有超高的维氏硬度(6.4吉帕)，远高于超细晶结构的硬度(～3.0吉帕)。超高硬度的本质是纳米尺度的层片厚度，同时也说明小角晶界具有与普通晶界相似的强化效果。更为独特的是，这种纳米结构具有很高的热稳定性，其结构粗化温度高达506℃，比超细晶结构的粗化温度高40℃。高热稳定性源于二维纳米层片结构的平直小角晶界和强变形织构。这种二维纳米层片结构的高硬度和高热稳定性打破了金属材料中传统的强度-稳定性倒置关系，如图2所示。该研究成果丰富和拓宽了人们对纳米金属材料"结构-性能"关系的认识，同时也

## 4.5 纳米金属材料研究获得重要进展

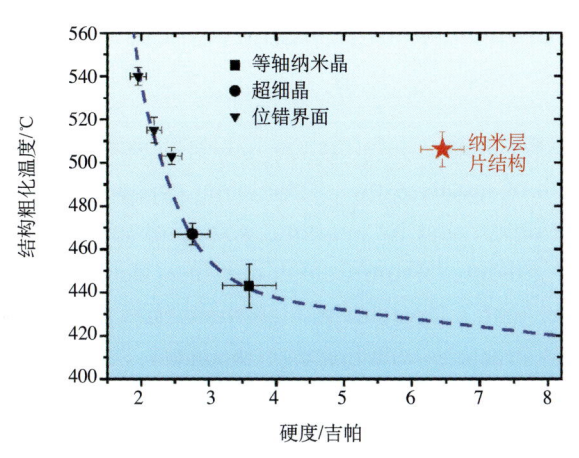

图2  镍中不同微观结构的硬度与结构粗化温度的关系

为进一步开发高性能纳米结构材料及其应用提供了新的途径。

同期《科学》杂志《研究评述》栏目配发的一篇法国科学家署名文章[5]认为，该研究发现的超高硬度和热稳定二维纳米层片结构"非同寻常"，它"将为各类工业制造的基础研究与潜在的技术应用打开新视野"。

## 参 考 文 献

1  Liu X C, Zhang H W, Lu K. Strain-induced ultra-hard-stable nano-laminated structure in nickel. Science, 2013, 342: 337-340.

2  Luo Z P, Zhang H W, Hansen N, et al. Quantification of the microstructures of high purity nickel subjected to dynamic plastic deformation. Acta Mater, 2012, 60:1322-1333.

3  Yan F, Zhang H W, Tao N R, et al. Quantifying the microstructures of high purity Cu subjected to dynamic plastic deformation at cryogenic temperature. J Mater Sci Technol, 2011, 27: 673-679.

4  Fang T H, Li W L, Tao N R, et al. Revealing extraordinary intrinsic tensile plasticity in gradient nano-grained copper. Science, 2011, 331: 1587-1590.

5  Salah Ramtani. How to be both strong and thermally stable. Science, 2013, 342: 320-321.

## Discovery of Ultrahard and Ultrastable Nanolaminated Structure in Ni

*Zhang Hongwang, Lu Ke*

How to break the plastic deformation-induced grain size limit and to further enhance the strength of metals is one of the major challenges for metallic materials research. Here we report that by applying a state-of-art deformation technique, surface mechanical grinding treatment, high rate shear deformation is applied on the sample surface layer with a large strain, high strain rates and a high strain gradient. Nanolaminated (NL) structures with low angle boundaries are formed in the deformed surface layer of pure Ni with an average lamellar thickness of about 20 nm. The NL structure possesses a hardness of 6.4 GPa, far above that of Ni processed by any other deformation process. The coarsening temperature of the NL structure is as high as 506°C, about 40°C higher than that of the ultrafine grained Ni. Such a combined property of ultrahigh hardness and high thermal stability of the NL structure distinguishes itself from the traditional trade-off between strength and stability in metals and alloys.

## 4.6 单分子化学识别取得重大突破

—— 实现分辨率突破1纳米的单分子拉曼成像

### 董振超　侯建国

(中国科学技术大学合肥微尺度物质科学国家实验室)

物质世界里的分子非常小，一般在1纳米左右。如此小的尺度，不仅肉眼看不到，光学显微镜也无能为力。如何在纳米甚至亚纳米尺度上实现分子成像并能识别分子的化学信息和结构，从而帮助人类了解微观世界，是国际科技界持续关注的一个热点。

当光与物质发生相互作用时，一部分光子会发生非弹性散射而导致光的频率发生变化，频移量的大小取决于散射物质的振动激发特性，这是物理学上著名的"拉曼散射"效应[1]。印度人拉曼(Raman)也因此贡献成为亚洲第一个获得诺贝尔奖殊荣的科学家。拉曼散射光中包含了丰富的分子振动结构信息，不同分子的拉曼光谱的谱形特征各不相同。因此，正如通过指纹可以识别人的身份一样，拉曼光谱的谱形也就成为科学家们识别不同分子的"指纹"光谱。拉曼光谱已经成为物理、化学、材料、生物等领域研究分子结构的重要手段。

## 4.6　单分子化学识别取得重大突破

但是，分子的拉曼散射截面极小，常规拉曼信号非常微弱。20世纪70年代发展起来的表面增强拉曼散射技术，借助物理与化学增强手段使探测灵敏度得到了很大提高，而进一步将该技术与扫描探针显微术结合后发展起来的针尖增强拉曼散射(TERS)技术[2]，除能极大提高光谱探测的灵敏度外，还可以同时提供高空间分辨率的拉曼光谱成像。这是因为，金属针尖除可以进行精密的二维扫描给出样品的形貌图像之外，还可以作为光学天线，通过局域表面等离激元的共振效应，对局域电磁场起到高度限域和极大增强的作用，从而显著提高单分子拉曼光谱的探测灵敏度和空间分辨率，因此人们对TERS技术探测微观世界构造的能力和前景充满了期待。的确，经过科技人员的大量努力，TERS测量的空间成像分辨率正在不断提高，但迄今为止分辨率仍然处于几个纳米的水平，显然还难以实现单个有机分子的高空间分辨化学识别与成像。

近10年来，我们瞄准人类对高分辨化学识别与成像的迫切需求，一方面致力于方法与技术的创新性研究，自主研制科研装备，将具有低温超高真空环境的高分辨扫描隧道显微镜(STM)技术与具有单光子检测灵敏度的光学检测技术结合起来；另一方面积极开展单分子尺度的光量子态调控研究[3]，寻求原理与概念层面上的突破。最近，我们利用STM隧道结中的纳腔等离激元"天线"的宽频、局域与增强特性，通过等离激元共振模式与入射激光、分子光学跃迁三者之间的"双共振"频谱匹配调控，仅使用单束连续波激光就实现了一般需要两束脉冲激光才能实现的三阶非线性受激拉曼散射效应，将非线性效应与TERS技术的优势融合在一起，不仅大大地提高了TERS的探测灵敏度，使得入射激光强度得以大幅降低(比前人的结果低两到三个数量级)，保证了被测单个分子的稳定性，而且也显著提高了空间分辨能力，实现了前所未有的0.5纳米的空间分辨率，并能识别分子在表面上的不同吸附构型(图1、图2)[4]。

这项研究成果对于单分子层次上的纳米光子学和生物光子学光谱与显微研究具有重大深远的影响。不管是表面科学、光化学、光催化，还是分子电子学、生物分子成像，可以说，在任何需要在单分子尺度上对材料的成分和结构进行识别的领域，该项研究成果都有很大的用途。这项研究结果对于了解微观世界，特别是微观催化反应机制、分子纳米器件的微观构造和包括DNA、蛋白质测序在内的高分辨生物分子成像，具有极其重要的科学意义和实用价值，也为研究单分子非线性光学和光化学过程开辟了新的途径。

《自然》杂志于2013年6月6日在线发表了这项成果[4]。文章发表后立即引起国际科技界的广泛关注。《自然》新闻网站和同期的《新闻与观点》栏目、美国《化学与工程新闻》和《今日物理》、美国《全国广播电台》科学网站、英国《化学世界》、德国《应用化学》等国际知名杂志和媒体纷纷撰文评价和介绍这一重大研究进展。

美国纳米光子学专家拉希克(Raschke)教授在《自然》同期的《新闻与观点》栏

## 4 2013年中国科学家代表性成果

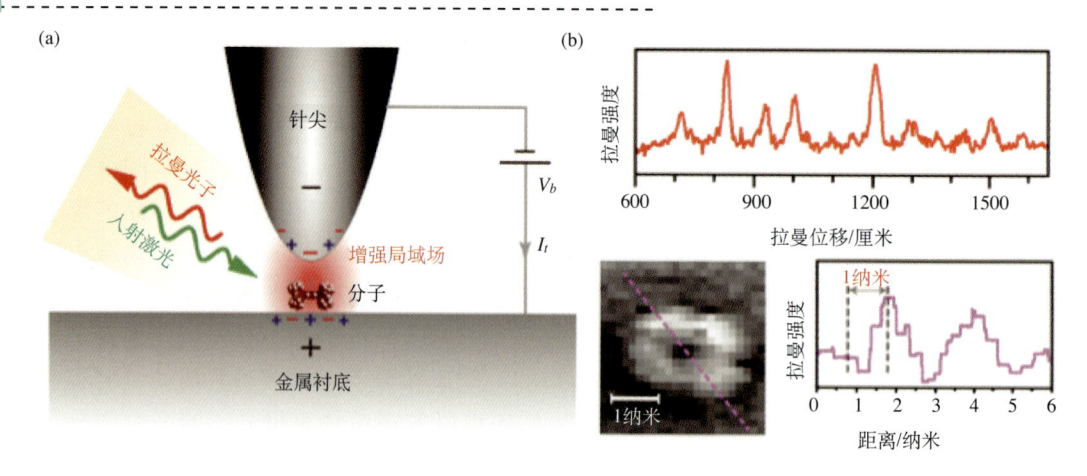

图1

(a) STM控制的针尖增强拉曼散射测量原理示意图。图中所示为共焦边照射实验构型，$V_b$ 为加在样品上的偏压，$I_t$ 为控制探针与衬底间距的隧穿电流。当一束激光聚焦到金属针尖与衬底之间的纳腔时，就会产生很强的高度局域化的等离激元电磁场，后者会显著增强针尖下单个分子的拉曼散射信号。(b) 上部分为分子瓣上的典型拉曼光谱，下部分为拉曼成像图和强度分布曲线

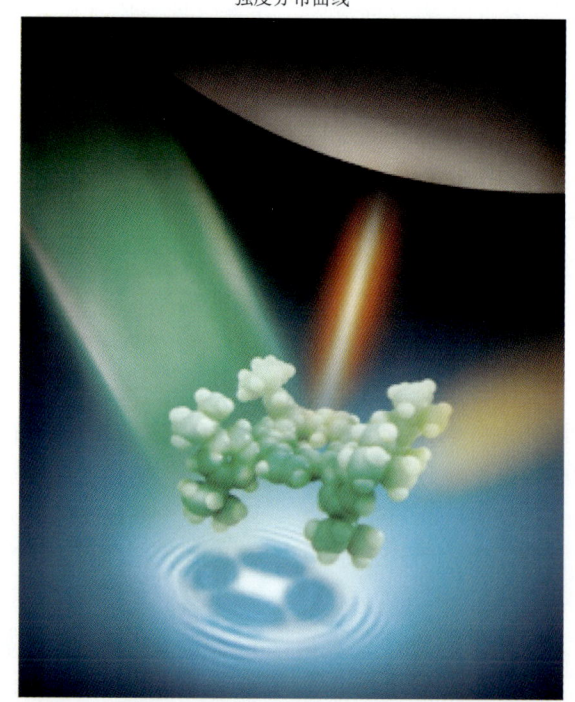

图2  亚纳米分辨单分子拉曼成像的艺术化示意图

注：在绿色入射激光的激发下，处于STM纳腔中的卟啉分子受到高度局域且增强的等离激元光的强烈影响，使得分子的振动指纹信息可以通过拉曼散射光进行高分辨成像。该图片是实验原理的艺术化处理，分子的振动信息和拉曼成像通过底幕上的波状影像来表示。绿色激光照耀下卟啉渲染成翡翠质感，彰显了"玉如意"的中国元素

## 4.6 单分子化学识别取得重大突破

目中以"光学光谱探测挺进分子内部"为题,撰文评述了这一研究进展[5]。他们评价说:"原子尺度分辨的光学光谱探测在以前被认为是不可能的……作者的工作为在分子尺度上探测,甚至控制材料开辟了道路……这一进展将催生探测和控制纳米结构、动力学、力学和化学的新技术。"德国马尔堡飞利浦大学的表面化学专家高特夫里德(Gottfried)教授在《应用化学》的《研究亮点》栏目中撰文评价说:"这一进展代表着一种非同寻常的突破,将会触发表面科学和相关领域的激动人心的研究活动。"[6]《今日物理》副主编威尔逊(Wilson)博士在《探索与发现》栏目以"光学光谱探测挺进亚纳米水平"为题,也专门对这一研究进展进行了详细介绍[7],他说:"这一亚纳米分辨率比前人最佳的结果几乎提高了四倍……将对单分子尺度上的催化、光化学、DNA测序和蛋白质折叠等诸多研究产生深远的影响。"

### 参 考 文 献

1　Raman C V. The Raman effect: Investigations of molecular structure by light scattering. Trans Faraday Soc, 1929, 25: 781-792.

2　Pettinger B, Schambach P, Villagomez C J, et al. Tip-enhanced Raman spectroscopy: Near-fields acting on a few molecules. Annu Rev Phys Chem, 2012, 63: 379-399.

3　Dong Z C, Zhang X L, Gao H Y, et al. Generation of molecular hot electroluminescence by resonant nanocavity plasmons. Nat Photon, 2010, 4: 50-54.

4　Zhang R, Zhang Y, Dong Z C, et al. Chemical mapping of a single molecule by plasmon enhanced Raman scattering. Nature, 2013, 498: 82-86.

5　Atkin J M, Raschke M B. Optical spectroscopy goes intramolecular. Nature, 2013, 498: 44-45.

6　Gottfried J M. Where does it vibrate? Raman spectromicroscopy on a single molecule. Angew Chem Int Edit, 2013, 52(43): 11202-11204.

7　Wilson R M. Optical spectroscopy goes subnanometer. Phys Today, 2013, 66(8): 15.

### Single-molecule Raman Spectroscopic Mapping with Sub-nm Resolution

*Dong Zhenchao, Hou Jianguo*

Visualizing individual molecules with chemical recognition is a longstanding target in catalysis, molecular nanotechnology and biotechnology. Molecular vibrations provide a valuable "finger-print" for such identification. Vibrational spectroscopy based on tip-enhanced Raman scattering allows us to access the spectral signals of

> molecular species very efficiently via the strong localized plasmonic fields produced at the tip apex. However, the best spatial resolution of the tip-enhanced Raman scattering imaging is still limited to 3-15 nanometres, which is not adequate for resolving a single molecule chemically. Here, through delicate spectral matching, we demonstrate Raman spectral imaging with spatial resolution down to 0.5 nm, resolving the inner structure and surface configuration of a single molecule. Our technique not only allows for chemical imaging at the single-molecule level (including DNA sequencing), but also offers a new way to study the optical processes and photochemistry of a single molecule.

## 4.7 分子间氢键的实空间成像研究

### 裘晓辉　程志海

(中国科学院纳米标准与检测重点实验室，国家纳米科学中心)

氢键是自然界中广泛存在的、最重要的分子间相互作用形式之一。虽然氢键的强度相对化学键较弱，但是对物质的性质有至关重要的影响。例如，氢键作用使得水在常温下以液态存在、DNA形成双螺旋结构、蛋白质的二级结构等。目前，氢键的研究主要使用X射线衍射、红外和拉曼光谱、核磁共振及近边X射线吸收精细结构等方法，然而这些谱学测量缺乏空间分辨信息，难以在原子、分子尺度直接探测分子间相互作用。此外，有关氢键作用的本质也是一个理论界长期讨论的问题，科学界之前普遍认为，氢键的主要特征是静电相互作用，然而近年来有实验证据显示氢键似乎有类似共价键的特性，即形成氢键的原子间也存在微弱的电子云共享。为此，国际纯粹与应用化学联合会(IUPAC)在2011年推荐了氢键的新定义，氢键的理论和实验研究仍在继续。

最近，国家纳米科学中心的研究人员利用原子力显微镜技术在实空间观测到8-羟基喹啉分子间氢键和配位键的相互作用，在国际上首次实现了对分子间局域作用的直接成像，据此精确解析了分子间氢键的构型，实现了对键角和键长的直接测量。2013年11月1日，《科学》杂志以"报告"(report)形式发表了该项成果，并在同期的《本周科学》栏目以"看见氢键"为题进行了评述推介。大量的学术期刊和新闻媒体随后广泛地报道了这一开创性成果，包括英国皇家化学会的《化学世界》、美国化学学会的《化学与工程新闻》、《自然·物理》及《自然·中国》杂志的《研究亮点》栏目、国际科技出版机构威利(Wiley)的《显微镜检查与分析》(Microscopy & Analysis)杂志的

## 4.7 分子间氢键的实空间成像研究

"社论"(editorial)等，纷纷以"第一张氢键照片""首次看见氢键""首次揭示神秘氢键"等为题进行了介绍。国际纯粹与应用化学联合会的氢键推荐定义负责人阿鲁南(E. Arunan)博士特别撰文论述了该项工作，认为其将深化人们对氢键本质的认识，具有极其重要的科学意义和应用价值。该项结果还入选《自然》杂志评选的2013年年度图片，并被认为是该年度国际科学界最震撼的三张图片之一。

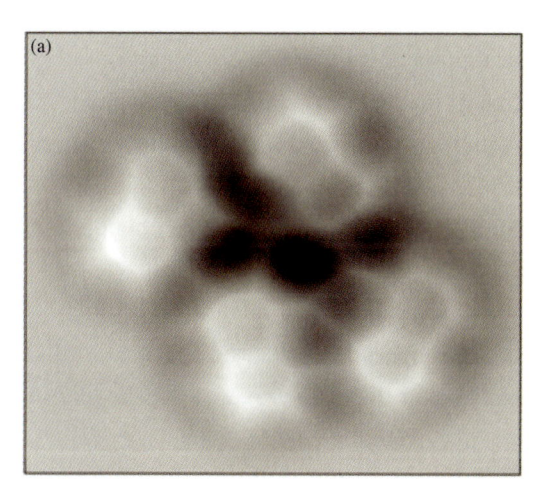

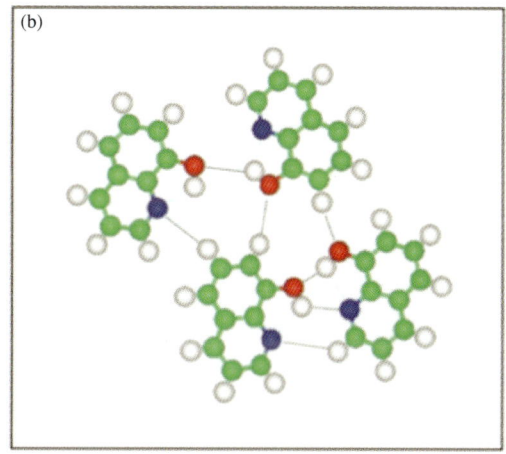

图1
(a)非接触式原子力显微镜下的8-羟基喹啉分子及分子间氢键图片；(b)8-羟基喹啉分子及分子间氢键的对应结构模型图

国家纳米科学中心的纳米表征研究团队长期坚持自主研制、升级和改造科研装备，通过对现有仪器设备的优化，特别是独立自主地自制核心部件——高性能qPlus型力传感器，极大地提高了仪器性能，关键技术指标达到国际最好水平。利用高分辨率原子力显微图像可以获得丰富的分子结构和性质信息，包括分子构型、化学键组态、分子官能团及作用位点等，为研究复杂分子间作用、分子组装及化学识别开辟了一条崭新的实验途径，在功能材料和药物分子设计等应用研究领域有着广阔的应用前景。

### 参 考 文 献

1　Zhang J, Chen P C, Yuan, B K, et al. Real-space identification of intermolecular bonding with atomic force microscopy. Science, 2013, 342(6158): 611-614.

## Real-space Image of Intermolecular Hydrogen Bonds Using Atomic Force Microscopy

*Qiu Xiaohui, Cheng Zhihai*

Hydrogen bonding is an important intermolecular interactions ubiquitous in nature. Although they are much weaker than the covalent or ionic bonds, hydrogen bonds play major roles in explaining the physical properties of substances in condensed phases. Here we report a real-space visualization of the formation of hydrogen bonding in 8-hydroxyquinoline (8-hq) molecular assemblies on a Cu(111) substrate, using noncontact atomic force microscopy (NC-AFM). The atomically resolved molecular structures enable a precise determination of the characteristics of hydrogen bonding networks, including the bonding sites, orientations, and lengths. The observation of bond contrast was interpreted by *ab initio* density functional calculations, which indicated the electron density contribution from the hybridized electronic state of the hydrogen bond. Intermolecular coordination between the dehydrogenated 8-hq and Cu adatoms was also revealed by the submolecular resolution AFM characterization. The direct identification of local bonding configurations by NC-AFM would facilitate detailed investigations of intermolecular interactions in complex molecules with multiple active sites.

## 4.8　光控开关致能的新型光学成像：应对荧光探测现实挑战的创新性解决方案

### 田志远
（中国科学院大学化学与化工学院）

中国科学院大学化学与化工学院田志远研究小组与美国华盛顿州立大学合作，在2013年2月19日出版的《化学研究述评》杂志上发表了题为"光控开关致能的新型光学成像：应对荧光探测现实挑战的创新性解决方案"的学术论文[1]。《化学研究述评》是以作者介绍自己的系统研究为主而不同于其他综述性杂志，在化学研究领域深具影响，被认为是化学化工领域顶级综述性杂志之一。这是笔者应邀在由Wiley-VCH出版集团出版的英文专著《纳米材料示踪分析》上撰写第一章"生物成像应用中的光控开关纳米探针"以来[2]，再一次就光控荧光开关探针主题发表的综述性学术论文。

荧光成像已经成为对生物样品进行可视化探测不可缺少的工具和手段。然而，衍射极限(约150纳米)、强背景荧光(如细胞自体荧光)的干扰等问题制约了荧光成像在生物领域的广泛应用。近年来，光控荧光开关的发展与成像技术的创新相结合，催生了能突破衍射极限的超高分辨显微技术——它被认为彻底变革了人们对于细胞生物学的理解，因而被《自然·方法》杂志选为"2008年的年度技术"。光控荧光开关可在荧光"暗"和"亮"态之间进行光触发式转换；在衍射极限区域内的分子可在不同的时域内被激活成"亮"态并被准确定位，使得原本在空间图像上相互重叠的分子通过在不同时域的成像和定位而被分开。通过将连续获取的多幅单帧图像进行叠加和重构即可获得突破衍射极限的荧光图像，使得亚细胞结构特征在以前无法想象的尺度(约20纳米)上的可视化成为了现实。光控荧光开关探针在这项革命性的成像技术中的作用不可或缺，美国国家科学院院士、国立卫生研究院(NIH)细胞生物学家施瓦茨(J. Lippincott-Schwartz)博士因此将此类成像技术定义为"基于探针的超高分辨成像"。对于生物荧光探测中的背景噪声及其他荧光干扰问题，光控荧光开关可以通过将调制频率编码到荧光信号中，从而将光控荧光开关的信号与背景噪音、自发荧光和其他干扰区分开来。

笔者及其研究小组近年来与相关研究机构合作，设计构建出可对外界光刺激产生应激性响应、在荧光"亮"与"暗"态之间或在不同荧光发光通道之间进行可逆转换的新型光控荧光开关探针；通过将光控荧光开关探针与"光驱动单分子逻辑开关获取重建图像"(PULSAR)技术相结合，实现了细胞内14纳米的成像空间分辨率，并将成像的时间分辨率从"小时"提高到了"分钟"的尺度[3-4]；这一成果使得对活细胞的生物学研究朝"实时"成像的目标迈进了重要的一步，被国际同行评价为"将对活细胞的生物学研究产生重要影响"。他们从实验上证实了双色光控荧光开关探针在解决细胞探测中自体荧光和背景噪声的假阳信号干扰问题上的突破性作用[5]；该成果被国际同行评价为"是一个在寻求发展更加有效的荧光探针方面的重要进步"。他们还基于光控荧光开关探针，利用锁相放大原理与荧光共振能量转移(FRET)分析的结合，成功地将微弱目标荧光信号从10倍强的背景噪声环境中提取出来[6]，研究成果被国际同行评价为"基于FRET的生物传感领域里的一项重大突破"。

图1展示的是实现光控荧光开关的两种机制：一种是阻断分子π-共轭通道[图1(a, b)]，另一种是能量转移(或电子转移)给邻近的发光团或淬灭基团[图1(c, d)]。通过阻断分子的π-共轭通道限制了电子离域范围及电子通过桥连从给体到受体的活动[图1(a, b)]，π-电子离域受限，发射光能量高，通常为不可见的紫外光或蓝绿荧光；当π-共轭通道恢复后，π-电子离域得以扩展的共轭体系发光能量低，通常接近红光。

## 4 2013年中国科学家代表性成果

光控荧光开关中，外部光子的刺激控制π-桥连的阻断与恢复，从而实现分子局部能态变化。这种能态的变化可以通过FRET或光诱导电子转移过程影响邻近发光团的发光[图1(c，d)]，从而实现对荧光的调制。

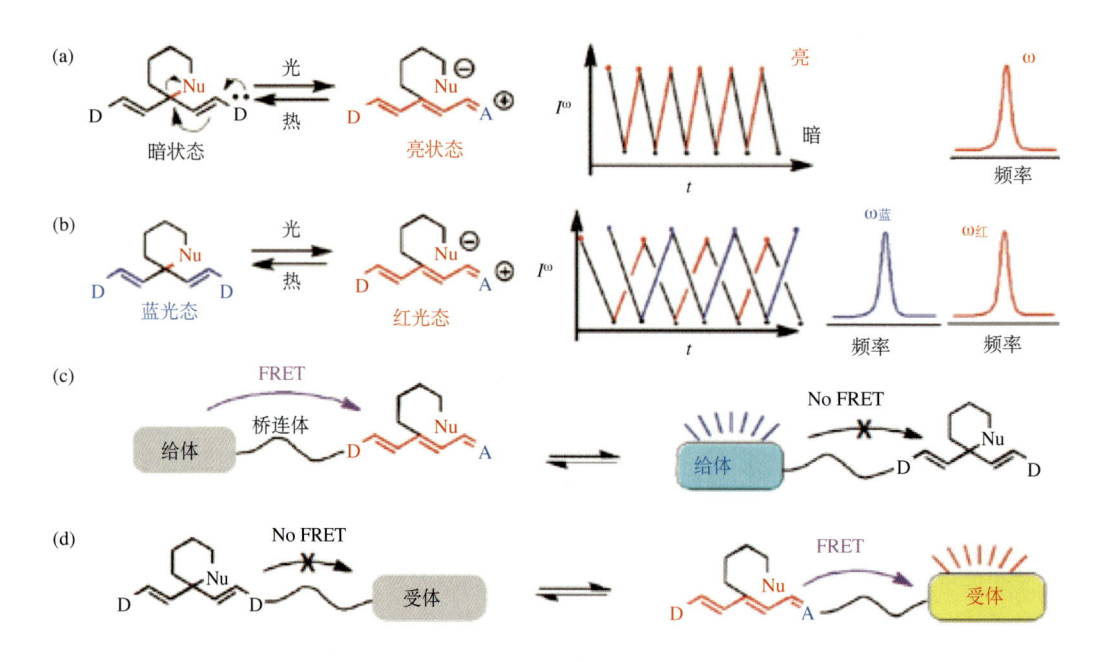

**图1 基于分子设计实现荧光开关**

(a) 分子内亲核反应中断π-共轭通道、使长波长吸收与荧光发射在"开"与"关"之间转换；(b) 当(a)中的两种状态均为荧光态时，光开关诱导出的是具有相同转换频率和反相特征的双色荧光调制；(c) 归因于FRET，一个分子的光开关能诱导其周围分子的荧光调制；如果周围的分子是荧光给体而光开关是荧光淬灭剂，那么给体的荧光状态可以在"开"与"关"之间被调制；(d) 如果周围的分子是相对于光开关组分而言的荧光受体，则可以通过FRET将光开关组分的荧光调制转移给(a)中所示的长波长受体

图2a显示的是基于光控荧光开关将光开关分子逐一"激活"成荧光"亮"态并在每一幅荧光照片里通过高斯拟合进行准确定位，最后将大量包含有每个光开关分子精准定位信息的图像重构成一幅突破衍射极限的荧光图像。图2b显示的是基于光控荧光开关、通过荧光双通道成像模式来克服生物荧光成像实际应用中经常遇到的细胞自体荧光带来的"假阳信号"问题。图2c显示的是基于光控荧光开关和FRET机制，通过将调制频率编码到目标荧光信号中并基于锁相放大原理将弱荧光信号(目标信号)从强大的背景噪音中提取出来。

该研究小组还在相关类型荧光探针的设计构建上开展了系统研究。最近设计构建了具有无染料渗漏、磷光寿命动力学范围得以扩展、与生物样本相容、抗光漂白、能

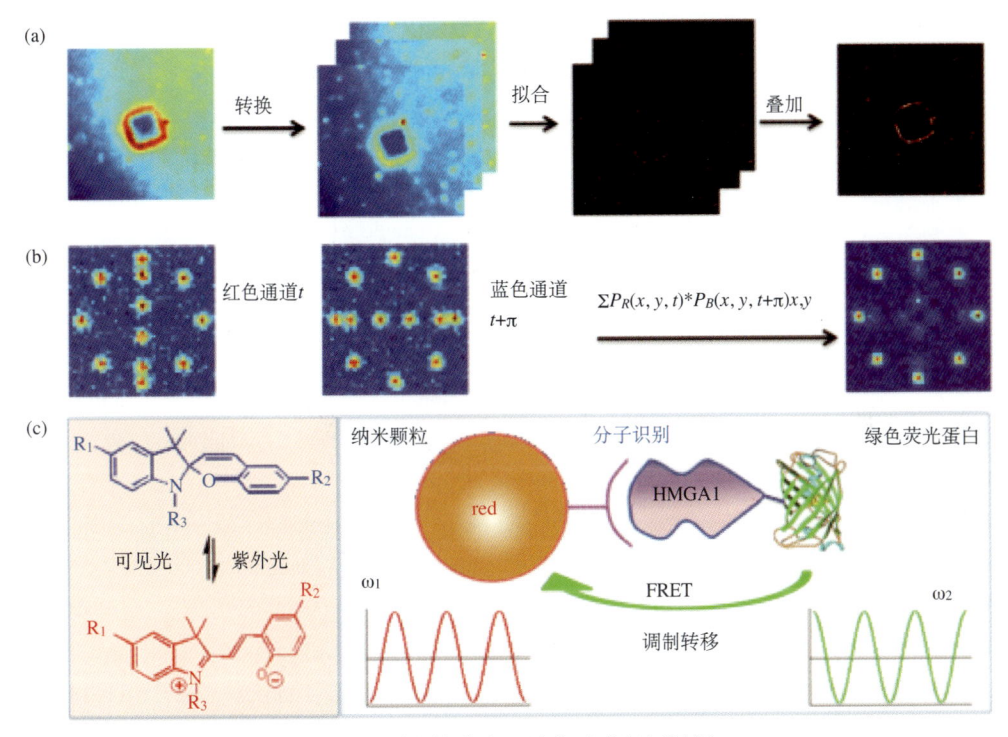

4.8 光控开关致能的新型光学成像：应对荧光探测现实挑战的创新性解决方案

**图2　对光控荧光开关信号进行解调制**

(a) 降低激发功率使得衍射极限范围内的众多分子中每次只有一个分子被激活成"亮"态并被准确定位和记录；重复该过程很多次后将所获取的很多帧照片进行叠加即可重构出超高分辨的荧光图象；(b) 双色双调制模式利用两种荧光转换之间的反相位(antiphase)关系及双色关联性来准确确定目标信号；(c) 基于FRET及给体(被分析物)与具有光开关特性的受体之间同频率、反相位的荧光振荡关系"提取"目标荧光信号(HMGA1：高迁移率蛋白家族A1)

以"自行载入"方式进入细胞并对活体细胞内的氧浓度在0～20%范围内的变化做出指示性传感的新型光学活性探针[7]；基于荧光共轭聚合物设计构建了以远红荧光(波长710纳米)为传感信号，可从环境中选择性地识别铝离子的新型荧光探针，而且从实验上验证了这类探针在活细胞内对铝离子的传感性能[8]。该研究组还设计合成了一系列基于荧光共轭聚合物的复合纳米探针并首次提出了这类探针对银离子的协同识别传感机制，相关结果被选为封面文章发表[9]。Wiley-VCH出版集团旗下的中国材料视角(Materials Views China，MVC)网站还以"基于协同识别机制的共轭聚合物纳米探针对银离子的选择性传感"为标题，专门对该研究成果进行了"研究亮点"介绍。

123

## 参 考 文 献

1. Tian Z Y, Li Alexander D Q. Photoswitching-enabled novel optical imaging: innovative solutions for real-world challenges in fluorescence detections. Acc Chem Res, 2013, 46 (2): 269-279.
2. Tian Z Y, Wu W W, Li Alexander D Q, et al. Photoswitchable nanoprobes for biological imaging applications. // Trace Analysis with Nanomaterials. Weinheim: Wiley-VCH, 2010: 3-30.
3. Hu D H, Tian Z Y, Wu W W, et al. Photoswitchable nanoparticles enable high-resolution cell imaging: PULSAR microscopy. J Am Chem Soc, 2008, 130 (46): 15279-15281.
4. Tian Z Y, Li Alexander D Q, Hu D H, et al. Super-resolution fluorescence nanoscopy applied to imaging core-shell photoswitching nanoparticles and their self-assemblies. Chem Commun, 2011, 47 (4):1258-1260.
5. Tian Z Y, Wu W W, Wan W, et al. Single-chromophore-based photoswitchable nanoparticles enable dual-alternating-color fluorescence for unambiguous live cell imaging. J Am Chem Soc, 2009, 131 (12): 4245-4252.
6. Tian Z Y, Wu W W, Wan W, et al. Photoswitching-induced frequency-locked donor-acceptor fluorescence double modulations identify the target analyte in complex environments. J Am Chem Soc, 2011, 133 (40): 16092-16100.
7. Liu H, Yang H, Hao X, et al. Development of polymeric nanoprobes with improved lifetime dynamic range and stability for intracellular oxygen sensing. Small, 2013, 9 (15): 2639-2648.
8. Liu H, Hao X, Duan C H, et al. $Al^{3+}$-induced far-red fluorescence enhancement of conjugated polymer nanoparticles and its application in live cell imaging. Nanoscale, 2013, 5(19): 9340-9347.
9. Yang H, Duan C H, Wu Y S, et al. Conjugated polymer nanoparticles with $Ag^+$-sensitive fluorescence emission: A new insight into the cooperative recognition mechanism. Part Part Syst Char, 2013, 30 (11): 972-980.

## Photoswitching-enabled Novel Optical Imaging: Innovative Solutions for Real-world Challenges in Fluorescence Detections

*Tian Zhiyuan*

The real-world applications of fluorescence technologies encounter many practical challenges such as optical interferences, high background from autofluorescence, and diffraction limit. Photoswitchable molecules that alternate their emissions between two colors or between bright-and-dark states in response to external light stimulation form the core of the technologies for solving these problems. Specifically, molecular fluorescence on-and-off modulation supports super-resolution, which enhances resolution by an order of magnitude greater than the longstanding diffraction-limit barrier. The reversible modulation of such probes at a particular frequency amplifies the frequency-bearing target signal while suppressing interferences and autofluorescence. Herein, we outline the fundamental connection between constant excitation and oscillating fluorescence. We introduce the design of molecules that can convert constant excitation into oscillating emission, the key step in fluorescence modulation. We discuss various technologies that use fluorescence modulation: super-resolution imaging, dual-color imaging, phase-sensitive lock-in detection, and frequency-domain imaging. Finally, we present two biological applications to demonstrate the power of photoswitching-enabled fluorescence imaging.

## 4.9　仿生化学固氮研究取得新进展

——以硫桥联双铁氨基配合物作为固氮酶模拟物生成氨

### 李　阳　李　莹　陈延辉　曲景平
**（大连理工大学精细化工国家重点实验室）**

大连理工大学精细化工国家重点实验室曲景平研究小组，围绕化学模拟生物固氮(biological nitrogen fixation)分子体系的构筑，设计并合成了新型硫桥联双铁配合物，成功实现了在该双铁体系上二氮烯活化转化生成氨气的反应，很好地模拟了生物固氮过程，并提出了生物固氮的新机制。相关结果于2013年3月17日发表在《自然·化学》杂志上，引起国际同行的广泛关注。

氮元素(N)，既是核酸、氨基酸、蛋白质等维持生命活动的生物分子所含有的必要元素，又是医药、农药、化学纤维及肥料等维系现代文明生活的功能化学品中不可或缺的重要元素。虽然大气中含有约80%氮气($N_2$)，但是人类及动植物不能直接从氮气获取氮元素。生物体在消化吸收氮元素前，必须通过各种方法将其转化为含氮的化合物，如存在于自然界氮循环中的氨($NH_3$)、铵离子、亚硝酸根、硝酸根等。生物体吸收这些含氮化合物后，再合成出其生存、生长及繁衍所需的其他含氮化合物。如今，大部分氮元素是由工业合成氨技术提供的，通过氨制造的多种氮肥料，奠定了现代农业的基础，为确保人类社会发展所必需的粮食等食品生产作出了重要贡献。

工业合成氨技术是20世纪最重大的科学发现之一，已有百年历史(图1a)。目前，全球合成氨的年产量约为1.6亿吨，它是在铁催化剂作用下，通过氮气和氢气反应得以实现的。但高温高压的苛刻反应条件(400~600℃，200~400标准大气压)，耗能巨大，据推算合成氨工业每年耗能量约占全球耗能总量的1%~2%。而自然界中存在的生物固氮酶(Nitrogenase enzymes)能够在常温常压下，将氮气转化成氨[图1(b，c)]。因此，开展化学模拟生物固氮酶的功能研究，实现在温和条件下催化氮气转化成氨，对确保人类社会可持续发展意义重大，是化学研究领域最具挑战性的课题之一。

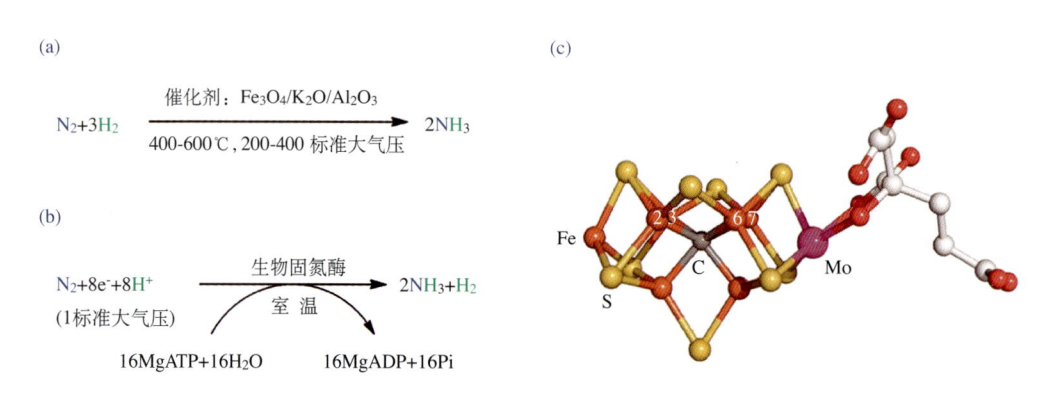

图1　工业合成氨技术和生物固氮酶合成氨方法
(a) 工业合成氨技术；(b) 生物固氮酶合成氨方法；(c) 固氮酶活性部位结构
e-为电子/还原剂，H+为质子，MgATP为三磷酸腺苷合镁，MgADP为二磷酸腺苷合镁，Pi为正磷酸

仿生化学固氮领域的科学研究已有40多年的历史。我国作为世界上较早开展该领域研究的国家之一，早在20世纪70年代初期，著名化学家卢嘉锡、蔡启瑞、唐敖庆等就共同发起了化学模拟生物固氮的基础研究。其中，卢嘉锡先生提出的$MoFe_3S_3$原子簇的网兜结构模型、蔡启瑞先生等提出的铁钼辅基的多核原子簇结构模型，有力地推动了我国原子簇化学的发展。尽管科学家们在长期的研究中取得了一系列可喜成果，但是，"有关固氮酶活性机制仍有很多悬而未决的问题，使其被视为生物酶中的珠穆朗玛峰"[1]。近10年来，随着固氮酶活性中心铁钼辅基(FeMo-cofactor)结构的日趋明晰[2-3]，以及合成氨工业面临节能降耗的重大挑战，全球又掀起了新一轮的仿生化学固氮研究热潮[4-5]。

笔者研究组以仿生化学固氮研究为重点，以利用廉价易得的双核铁硫簇开展仿生化学固氮为策略，设计并合成了多种新型硫桥联双铁配合物，探索构筑仿生化学固氮新的功能双铁分子模型；实现了双铁中心协同催化肼类化合物N—N键的断裂反应[6-7]，以及二氮烯(HN=NH)还原转化成氨的全过程，揭示了氮气在固氮酶铁钼辅基金属簇$[Fe_7MoS_9C]$的"腰部"双铁中心上活化转化的本质，提出了$N_2 \rightarrow HN=NH \rightarrow$

## 4.9 仿生化学固氮研究取得新进展

HN—NH$_2$ → NH( + NH$_3$) → NH$_2$ → NH$_3$仿生固氮机制[8]。该系列研究结果发表后,引起国内外的关注。《自然·中国》分别以"铁配合物对潜在的固氮作用机理给出新的阐述"和"双铁配合物模拟固氮酶功能,将二氮烯还原成氨"为题,连续两次对该研究结果予以评述和报道。同时,部分研究结果还被选为《美国化学会志》(JACS)亮点论文[6]。

结合氮气在生物固氮酶活性中心铁钼辅基"腰部"双铁中心上活化转化的可能机制(图2a),我们构建了硫桥联双铁仿生固氮新的分子体系(图2b)[8]。使用该双铁分子体系中邻苯二硫酚配体对于固氮过程起到了至关重要的作用,原因在于该配体在具有氧化还原非保守性的同时,其配位方式又具有良好的可调节性。实验研究发现(图3),邻苯二硫酚桥联的双铁配合物**1**能够很容易地与肼(N$_2$H$_4$)发生反应,生成二氮烯(HN═NH)配位的双铁配合物**2**,进一步的质子(H$^+$)化反应生成单氮桥联的肼(HN—NH$_2$)配合物**3**,配合物**3**可继续发生还原质子化(e$^-$/H$^+$)反应生成氨基(NH$_2$)桥联的双铁配合物**4**,并放出一分子氨气。理论计算表明,该步反应经由一个亚氨基(NH)桥联的双铁配合物中间体。非常重要的是,配合物**4**以水(H$_2$O)为质子源,在还原剂(e$^-$)的存在下,顺利实现了温和条件下的高收率放氨反应功能。值得强调的是,含有二氮烯、肼、亚氨基及氨基的配合物被认为是生物酶固氮过程中的中间体物种。因此,我们构

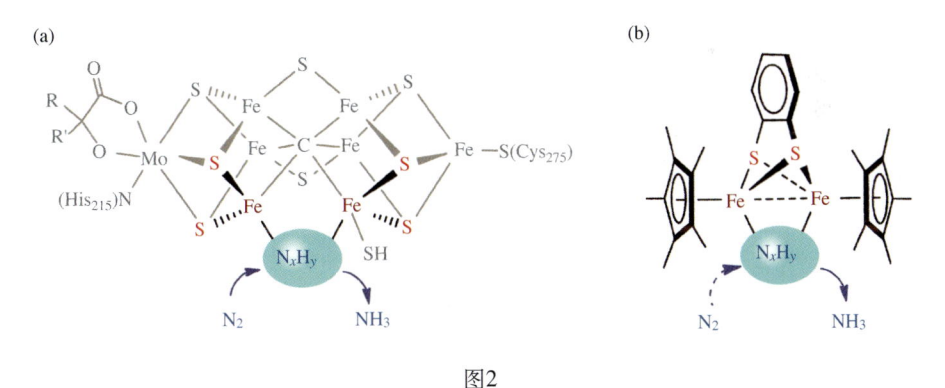

图2
(a)铁钼辅基生物固氮体系示意图;(b)硫桥联双铁分子配合物仿生固氮体系示意图(N$_x$H$_y$: $x = 1-2; y = 0-4$)

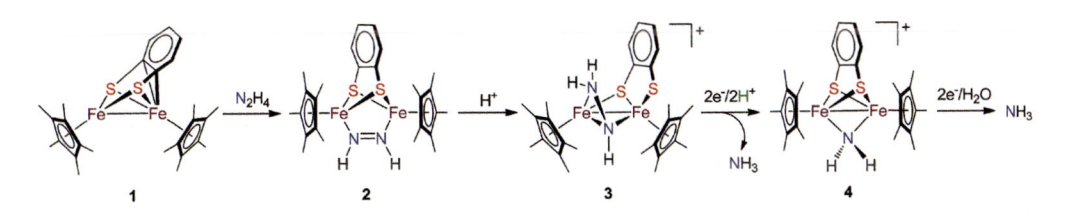

图3 硫桥联双铁分子体系模拟生物固氮反应过程

建的双铁体系很好地模拟了生物固氮过程，为温和条件下合成氨催化剂的设计与开发提供了新的契机与方向。

## 参 考 文 献

1. Hoffman B M, Dean D R, Seefeldt L C. Climbing nitrogenase: toward a mechanism of enzymatic nitrogen fixation. Acc Chem Res, 2009, 42: 609-619.
2. Spatzal T, Aksoyoglu M, Zhang L, et al. Evidence for interstitial carbon in nitrogenase FeMo cofactor. Science, 2011, 334: 940.
3. Lancaster K M, Roemelt M, Ettenhuber P, et al. X-ray emission spectroscopy evidences a central carbon in the nitrogenase iron-molybdenum cofactor. Science, 2011, 334: 974-977.
4. Rodriguez M M, Bill E, Brennessel W W, et al. $N_2$ reduction and hydrogenation to ammonia by a molecular iron–potassium complex. Science, 2011, 334: 780-783.
5. Anderson J S, Rittle J, Peters J C. Catalytic conversion of nitrogen to ammonia by an iron model complex. Nature, 2013, 501: 84-87.
6. Chen Y, Zhou Y, Chen P, et al. Nitrogenase model complexes [Cp*Fe($\mu$-SR$^1$)$_2$($\mu$-$\eta^2$-R$^2$N=NH)FeCp*] (R$^1$ = Me, Et; R$^2$ = Me, Ph; Cp* = $\eta^5$-C$_5$Me$_5$): Synthesis, structure, and catalytic N—N bond cleavage of hydrazines on diiron centers. J Am Chem Soc, 2008, 130: 15250-15251.
7. Chen Y, Liu L, Peng Y, et al. Unusual thiolate-bridged diiron clusters bearing the cis-HN=NH ligand and their reactivities with terminal alkynes. J Am Chem Soc, 2011, 133: 1147-1149.
8. Li Y, Li Y, Wang B, et al. Ammonia formation by a thiolate-bridged diiron amide complex as a nitrogenase mimic. Nat Chem, 2013, 5: 320-326.

## Ammonia Formation by a Thiolate-bridged Diiron Amide Complex as a Nitrogenase Mimic

*Li Yang, Li ying, Chen Yanhui, Qu Jingping*

Although nitrogenase enzymes routinely convert molecular nitrogen into ammonia under ambient temperature and pressure, this reaction is currently carried out industrially using the Haber-Bosch process, which requires extreme temperatures and pressures to activate dinitrogen. Biological fixation occurs through dinitrogen and reduced N$_x$H$_y$ species at multi-iron centres of compounds bearing sulfur ligands, but it is difficult to elucidate the mechanistic details and to obtain stable model intermediate complexes for further investigation. Metal-based synthetic models have been applied to reveal partial details, although most models involve a mononuclear system. Here, we report a novel diiron complex bridged by a bidentate thiolate ligand that can accommodate HN=NH. Following reductions and protonations, HN=NH is converted to NH₃ through pivotal intermediate complexes bridged by $N_2H_3^-$ and $NH_2^-$ species. Notably, the final ammonia release was effected with water as the proton source. Density functional theory calculations were carried out, and a pathway of biological nitrogen fixation is proposed.

## 4.10　从二氧化碳到甲醇的转化新方法：环状碳酸酯的催化加氢

### 韩召斌　丁奎岭
（中国科学院上海有机化学研究所金属有机化学国家重点实验室）

甲醇不仅是一种很好的清洁安全燃料，还是高效的储氢材料。由于在常温下呈液态，甲醇可以方便地运输和储存。它还是一种可替代石油的重要化工原料，可用于生产包括醋酸、醋酐、烯烃(MTO、MTP)、芳烃(MTA)等在内的众多化工产品。对于后油气时代，甲醇作为燃料或者化学工业的基础原料，将成为支撑能源、材料和化学工业的重要载体。因此，1994年诺贝尔化学奖得主、有机化学家乔治·奥拉(G. A. Olah)教授提出了"甲醇经济"的概念[1]。近年来全球甲醇的生产规模增长迅速(2010年全球需求量近5000万吨，我国超过3800万吨)，但这些生产工艺都以煤、天然气或石油等为原料，存在不可再生的问题。

虽然$CO_2$是一种导致全球气候变暖的温室气体，但它可以作为一种廉价易得的碳资源进行多种化学转化和有效利用。如何将$CO_2$这种廉价的碳资源与新型能源(如太阳能、风能等)结合制备甲醇，实现碳中性循环，是甲醇经济的一个重要目标。但由于$CO_2$的高度惰性，实现其向甲醇的催化转化依然是目前工业和学术界面临的一个挑战性课题。迄今为止，虽然科学家针对这一转化已经研发了一些金属氧化物催化剂，但这些催化体系还存在不少缺陷，包括需要在苛刻的压力(50~100标准大气压)和温度(250~300℃)条件下进行，也容易产生一氧化碳和甲烷等副产物。另一方面，使用均相催化剂对$CO_2$直接氢化的研究表明，多数停留在甲酸及其衍生物这一步[2]，而进一步氢化成为甲醇的报道则极为罕见[3]，最近虽然有一些报道[4-5]，但催化效率很低(催化转化数最高221），与实际应用的距离仍相差甚远。而以色列化学家米尔斯坦(Milstein)等则报道了在温和条件下通过碳酸二甲酯的均相催化氢化，高效(转化数4400)、高选择性(>99%)制备甲醇的间接方法[6]。虽然碳酸二甲酯可从$CO_2$制备，但其价格较高，从经济效益上讲显然不划算。

与碳酸二甲酯不同的是，环状碳酸酯可由$CO_2$和环氧化合物大规模工业生产，是一类量大、价廉的工业原料和溶剂，例如，碳酸乙烯酯是著名的壳牌"欧米伽"工艺(Shell OMEGA Process)(图1a)中生产乙二醇的关键中间体①，虽然这一迂回工艺可以大幅提高乙二醇生产的选择性(>99%)，但其不足之处是$CO_2$并没有得到真正的有效利用，反应结束后又被释放出来。如果能够实现碳酸乙烯酯的催化氢化，将可以完成由$CO_2$和环氧乙烷间接转化为甲醇和乙二醇，达到一石二鸟的效果(图1b)。

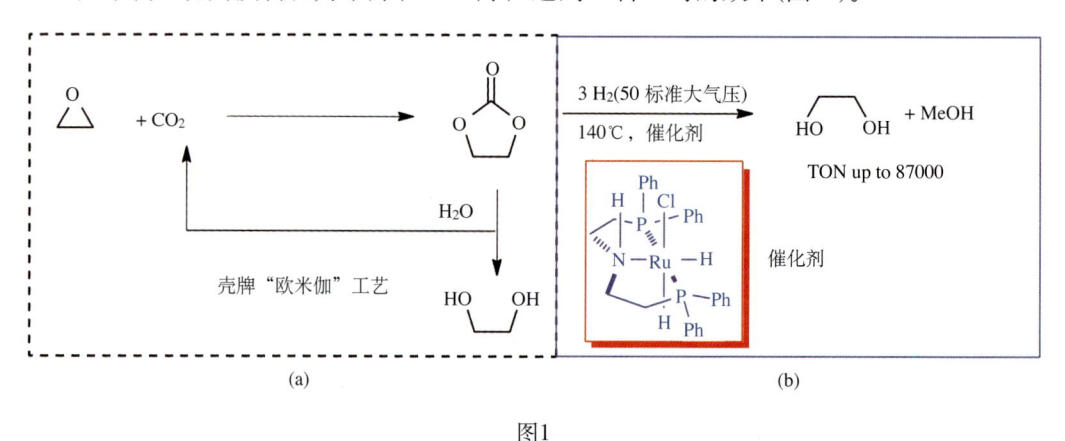

图1

(a) 以碳酸乙烯酯为中间体的壳牌"欧米伽"工艺合成乙二醇；(b) 通过碳酸乙烯酯的催化氢化合成甲醇和乙二醇

我们对这一新合成途径的可能性进行了探索，并于近期报道了首例通过环状碳酸酯均相催化氢化制备甲醇和1,2-乙二醇的研究结果[7-8]。以(PNP)Ru$^{II}$钳形络合物为催化剂，对多种环状碳酸酯进行氢化反应，在较温和的条件(≤140℃，50标准大气压氢气压力)下，高效(转化数最高达到87 000)、高选择性(>99%)地得到甲醇和乙二醇类化合物(图1b)，该反应具有100%的原子经济性(即所有原料中的原子均进入产品中)，符合绿色化学的原则要求。由于反应的压力和温度比目前所有通过多相催化$CO_2$氢化制备甲醇的条件要温和得多，因此能耗更低；如将壳牌"欧米伽"工艺的碳酸乙烯酯工艺与本成果的碳酸乙烯酯催化氢化新反应耦合，将可能为高效、高选择性地将$CO_2$转化为甲醇提

---

① Shell OMEGA (Only Mono Ethylene Glycol Advanced) Process：由环氧乙烷首先与$CO_2$作用生成环状碳酸乙烯酯，然后再在碱性条件下水解得到>99%纯度的乙二醇，并释放出$CO_2$，避免了传统工艺(环氧乙烷直接水解)产生聚醚等副产物而乙二醇选择性低(<90%)的问题。1,2-乙二醇是一类极其重要的化工原料和溶剂，在聚酯(涤纶)纤维、薄膜、树脂及发动机防冻液等方面有广泛的应用，2010年全球需求量达2500万吨。

## 4.10 从二氧化碳到甲醇的转化新方法：环状碳酸酯的催化加氢

供一个新的解决方法，与此同时，由环氧乙烷转化为乙二醇所增加的价值可以使该方案具有更高的经济性。同时，我们还发现这一催化体系能够通过氢化将聚碳酸丙烯酯(PPC)降解成为甲醇和1,2-丙二醇，为此类聚合物废弃物的资源化回收再利用提供了一种新方法(图2a)；该催化体系还可以用$D_2$代替$H_2$对环状碳酸酯进行氘化，将$CO_2$转化为氘代甲醇，氘代率>99%(图2b)，为氘代甲醇的合成提供了一种简便和实用的方法。

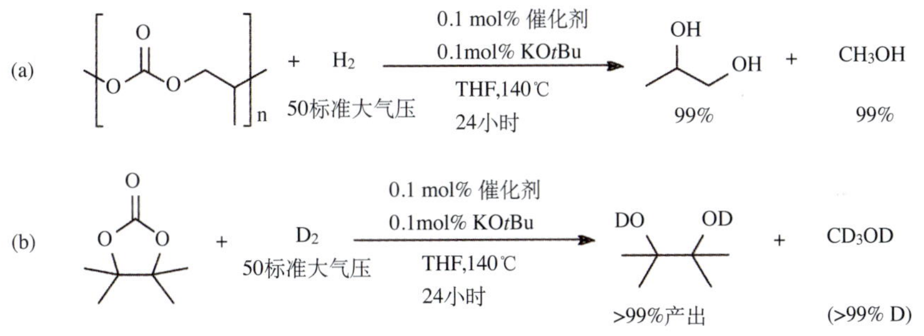

图2
(a) 聚碳酸酯PPC的氢化解聚合成丙二醇和甲醇；(b) 通过4,4,5,5-四甲基碳酸乙烯酯的催化氘化合成氘代甲醇

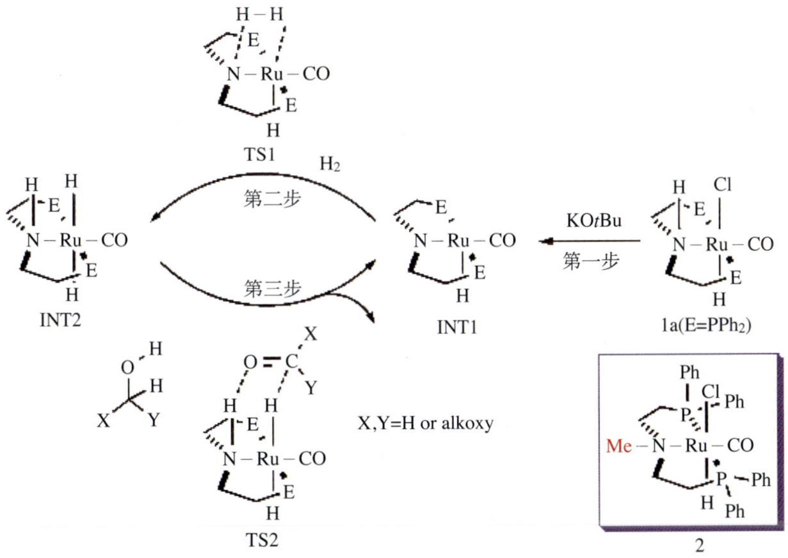

图3 (PNP)Ru$^{II}$催化的环状碳酸酯氢化的可能机理

催化反应的机理研究表明(图3)，催化剂前体**1a**首先在碱性条件下消除HCl，生成16e结构的氨基Ru(II)活性物种(INT1)(第一步)；然后一分子$H_2$经过六元环过渡态TS1与其作用发生异裂反应，生成18e结构RuH$_2$ (INT2) (第二步)；最后RuH$_2$对羰基进行亲核

131

加成，生成相应的还原产物(第三步)。在这一过程中，催化剂中N—H氢与C=O氧之间的氢键作用对羰基的活化将有利于RuH$_2$的亲核加成(TS2)。很显然，催化剂中N—H官能团与中心金属Ru之间的协同作用，对于催化活性物种的生成及活性物种对羰基的亲核加成过程都是十分重要的[9]。一个直接的证据是，当使用含有N-Me的络合物**2**作为催化剂时，在相同的条件下反应完全不能发生。

这项研究成果发表后，德国莱布尼茨催化研究所贝勒(Beller)教授专门撰文给予了高度评价[10]，他认为："这一工作是在CO$_2$化学利用研究方面的重大进展，这一新过程将成为同时生产甲醇和乙二醇两个大宗化工产品的理想选择。如果与可再生氢能结合，这一工作可能成为绿色碳循环的很好案例。"当然，要使得这一新反应真正应用于工业过程，还有许多工作要做，因为目前使用的是贵金属催化剂，还需要考虑均相催化剂的多相化，以及工程化方面的技术问题等。因此，在上述原创性反应和技术路线基础上，进一步发展新的、效率更高的、更廉价的催化剂体系(包括多相催化体系)，因地制宜地与可再生能源结合，加强过程和工程化研究，将能够为大规模CO$_2$资源化利用和碳循环提供科学基础和技术支撑，这对于建设具有我国特色的CO$_2$资源化利用和碳循环体系具有重要意义。

## 参 考 文 献

1 Olah G A, Geoppert A, Prakash G K S. Beyond Oiland Gas: The Methanol Economy. 2nd ed. Weinheim: Wiley-VCH, 2009.

2 Jessop P G. Homogeneous Hydrogenation of Carbon Dioxide. // de Vries J G, Elsevier C J, eds. Handbook of Homogeneous Hydrogenation. Weinheim: Wiley-VCH, 2007: 489.

3 Boddien A, Gärtner F, Federsel C, et al. Catalytic Utilization of Carbon Dioxide: Actual Status and Perspectives. // Ding K, Dai LX, eds. Organic Chemistry: Breakthroughs and Perspectives. Weinheim: Wiley-VCH, 2012: 685-722.

4 Huff C A, Sanford M S. Cascade catalysis for the homogeneous hydrogenation of CO$_2$ to methanol. J Am Chem Soc, 2011, 133: 18122-18125.

5 Wesselbaum S, vom Stein T, Klankermayer J, et al. Hydrogenation of carbon dioxide to methanol by using a homogeneous ruthenium-phosphine catalyst. Angew Chem Int Edit, 2012, 51: 7499-7502.

6 Balaraman E, Gunanathan C, Zhang J, et al. Efficient hydrogenation of organic carbonates, carbamates and formats indicates alternative route to methanol based on CO$_2$ and CO. Nat Chem, 2011, 3: 609-614.

7 Han Z, Rong L, Wu J, et al. Catalytic hydrogenation of cyclic carbonates: a practical approach from CO$_2$ and epoxides to methanol and diols. Angew Chem Int Edit, 2012, 51: 13041-13045.

8 丁奎岭, 韩召斌. 新型钌络合物及制备甲醇和乙二醇的方法. 中国发明专利申请号: 201210403332.5,

PCT/CN2013/073095.
9   Zhao B, Han Z, Ding K. The N-H functional group in organometallic catalysis. Angew Chem Int Edit, 2013, 52: 4744-4788.
10  Li Y, Junge K, Beller M. Towards more efficient hydrogenation of carbonates and carbon dioxide to methanol. Chem Cat Chem, 2013, 5: 1072-1074.

## A New Approach from CO$_2$ to Methanol: Catalytic Hydrogenation of Cyclic Carbonates

### Han Zhaobin, Ding Kuiling

A highly efficient catalytic hydrogenation of cyclic carbonates has been developed for the preparation of methanol with the cogeneration of the corresponding diols by using (PNP)Ru$^{II}$ pincer complexes as the catalysts under relatively mild conditions. This process has provided a facile approach for the simultaneous production of two important bulk chemicals, methanol and EG, from ethylene carbonate, which is industrially available by reacting ethylene oxide with CO$_2$. The coupling of the present catalytic system with the process of ethylene carbonate production in the OMEGA process is expected to establish a new bridge from CO$_2$ and ethylene oxide to methanol and EG. Apart from the clean production of diol, a big bonus of the present protocol is the efficient chemical utilization of CO$_2$, which represents a distinct advantage in terms of sustainability over the OMEGA process, which gives back CO$_2$. Moreover, this catalytic system has also provided a potential process for the utilization of waste poly(propylene carbonate) as a resource to afford 1,2-propylene diol and methanol through hydroenative depolymerization, and a convenient method for the preparation of deuterated methanol from CO$_2$ and D$_2$. A possible catalytic mechanism is proposed, in which the NH moiety of the ligand is demonstrated to be critically important in facilitating the reduction of the carbonate C=O bond through secondary coordination sphere interactions with substrates.

## 4.11 囊泡货物在靶细胞膜上的卸载机制

### 刘佳佳
(中国科学院遗传与发育生物学研究所)

2005年，《科学》杂志为庆祝建刊125周年，向科学界提出了面向未来的125个重大科学问题，其中之一是细胞内的物流是如何被调控的[1]。细胞是真核生物的基本组成单位，真核细胞中容纳了功能形态迥异的各种细胞器、囊泡及大量蛋白质分子、核糖核酸、脂类分子等。细胞进行生理活动需要和周围环境进行持续的物质和信息交流，包括摄取各种营养物质、接收外界信号并做出反应、通过分泌生物活性分子(如激素、生长因子、神经递质、细胞因子等)向邻近细胞发送信号等，而细胞内部的物质运输是完成上述种种生理活动的结构基础。细胞内的运输系统将各种需要运输的物质分拣、包装到膜状的囊泡结构中，利用动力蛋白(又称为分子马达，molecular motor)水解ATP产生的能量，驱动携带这些货物的囊泡沿着微管或微丝细胞骨架充当的轨道移动，高效精确地将它们定向运输到相应的亚细胞结构发挥生理功能。细胞内重要的生物活性分子如胰岛素、神经递质等都被包装在囊泡中运输，它们的分泌、释放依赖于囊泡运输系统。囊泡运输作为细胞内主要的运输系统，一旦被阻断将影响细胞的正常生理功能，并导致多种疾病，如β细胞的胰岛素分泌受阻导致糖尿病，色素细胞中黑色素运输缺陷导致白化病，神经轴突中的运输发生障碍导致轴突萎缩、神经元死亡，进而引起神经退行性病变。

囊泡运输的调控机制是细胞生物学领域中一个富有活力和挑战性的分支。由于囊泡运输对于人类健康的重要性，2013年诺贝尔生理学/医学奖授予三位研究囊泡运输的科学家，以表彰他们开创性的研究工作，发现了调控细胞内的囊泡货物在正确的时间被运输到正确地点并与靶膜融合的分子机制。在亚细胞和分子水平上，囊泡运输分为几个环节：货物识别、沿着轨道运输及货物卸载。对于货物识别机制的研究发现，以微管细胞骨架为轨道驱动逆向运输的dynein-dynactin动力蛋白复合体中某些亚基可通过囊泡表面的介导分子(cargo adaptor)特异性识别相应的货物[2]。而囊泡运输领域另一个重大问题，即当货物到达靶细胞器时，动力蛋白识别靶膜并将货物精确卸载的分子机制尚不明晰。

先前的研究发现，SNX6是dynein-dynactin的货物介导分子，它通过与dynein-dynactin亚基p150[Glued]和retromer运输复合体亚基SNX1分别结合，将动力蛋白复合体与retromer介导的囊泡货物连接，介导从胞内体(endosome)到反式高尔基体(trans-Golgi

## 4.11 囊泡货物在靶细胞膜上的卸载机制

network)的逆向运输[3-4]。最近，我们通过与中国科学技术大学田长麟及中国科学院生物物理研究所龚为民课题组的合作，揭示了SNX6参与的货物卸载机制，从而解答了细胞生物学领域这一长期悬而未决的科学问题。

我们发现，SNX6的PX结构域不仅能与p150$^{Glued}$结合，而且与高尔基体膜富含的一类磷脂分子——磷酸肌醇4-磷酸(PtdIns4P)有弱亲合力。磷酸肌醇是细胞质膜及内膜系统中广泛存在的磷脂，参与胞内运输、信号转导及细胞骨架重塑，它们对细胞生命活动的重要性正逐渐被揭示[5]。当高尔基体膜中的PtdIns4P浓度降低，retromer介导的囊泡货物CI-MPR在高尔基体附近区域大量积累，说明PtdIns4P在dynein-dynactin驱动的囊泡运输最后环节——货物卸载中具有重要的调控作用。进一步研究发现，PtdIns4P对SNX6和p150$^{Glued}$的结合具有负调控作用，而且能够促进retromer和dynein-dynactin的解离。这些结果表明，高尔基体膜中的磷脂能够通过抑制动力蛋白-货物相互作用而促进动力蛋白在靶细胞器膜精确释放囊泡货物。不仅如此，我们还发现，PtdIns4P通过抑制SNX家族成员SNX4和dynein之间的结合来调控另一种囊泡货物transferrin及其受体从胞内体到内吞循环体(endocytic recycling compartment)的逆向运输，提示靶膜中的磷脂对动力蛋白-货物相互作用的调控可能是货物卸载的普遍机制。该项研究成果发表于2013年4月1日出版的《自然·细胞生物学》杂志[6]。论文审稿人评价说："发现磷酸肌醇调节动力蛋白-货物相互作用具有重要意义。"同时我们指出，实验证据显示PtdIns4P对细胞内两条由dynein-dynactin驱动的逆向囊泡运输通路都具有调控作用，从而提示细胞内膜中的磷脂可能广泛参与了囊泡运输的精确调控。这些结果为进一步解析囊泡运输的分子机制提供了新的思路。《自然·中国》的《研究亮点》栏目还发表专题评述文章指出，这些发现有助于获得关于高尔基体上发生的分子事件更为清晰的图景，而且证实了PtdIns4P在胞内运输中具有多重功能[7]。

## 参 考 文 献

1　So Much More to Know. Science, 2005, 309(5731): 78-102. http://www.sciencemag.org/content/309/5731/78.2.full [2005-07-01].

2　Allan V J. Cytoplasmic dynein. Biochem Soc T, 2011, 39(5): 1169-1178.

3　Hong Z, Yang Y, Zhang C, et al. The retromer component SNX6 interacts with dynactin p150(Glued) and mediates endosome-to-TGN transport. Cell Res, 2009, 19(12): 1334-1349.

4　Wassmer T, Attar N, Harterink M, et al. The retromer coat complex coordinates endosomal sorting and dynein-mediated transport, with carrier recognition by the trans-Golgi network. Dev Cell, 2009, 17(1): 110-122.

5　Di Paolo G, De Camilli P. Phosphoinositides in cell regulation and membrane dynamics. Nature, 2006,

443(7112): 651-657.

6  Niu Y, Zhang, Sun Z, et al. PtdIns(4) P regulates retromer-motor interaction to facilitate dynein-cargo dissociation at the trans-Golgi network. Nat Cell Biol, 2013, 15(4): 417-429.

7  Duca E. Chemical biology: Let it go. Nature China. http://www.nature.com/nchina/2013/130501/full/nchina.2013.33.html [2013-05-01].

### Regulatory Mechanism for Unloading of Vesicular Cargoes at Target Membrane

*Liu Jiajia*

The molecular mechanisms for the retrograde motor dynein-dynactin to unload its cargoes at their final destination remain to be elucidated. In this study, we have investigated the regulatory mechanism underlying release of retromer-associated cargoes at the trans-Golgi network (TGN). We report that PtdIns4P, a Golgi-enriched phosphoinositide, negatively regulates the protein-protein interaction between the p150$^{Glued}$ subunit of dynein-dynactin and the retromer component SNX6. We show that PtdIns4P specifically facilitates dissociation of retromer-mediated membranous cargoes from the motor at the TGN and uncover an important function for PtdIns4P in the spatial control of retrograde vesicular trafficking to the TGN membrane. In addition, PtdIns4P also regulates SNX4-mediated retrograde vesicular trafficking to the endocytic recycling compartment (ERC) by modulating its interaction with dynein. These results establish organelle-specific phosphoinositide regulation of motor-cargo interaction as a mechanism for cargo release by molecular motors at target membrane.

## 4.12　诱导多能干细胞研究新进展

### 裴端卿

(中国科学院广州生物医药与健康研究院)

2006年，日本科学家山中伸弥(Shinya Yamanaka)成功将小鼠成纤维细胞诱导成为多能干细胞，首次建立诱导多能干细胞技术(也称体细胞重编程技术)[1]，也因此与英国科学家约翰·戈登(John Gurdon)分享了2012年诺贝尔生理学/医学奖。近年来，体细胞重编程的相关研究吸引了众多科学家参与，并有一系列重编程过程中的分子机制被揭

## 4.12 诱导多能干细胞研究新进展

示。但遗憾的是，目前体细胞重编程机制仍然还有很大一部分处于迷雾之中。

2010年，裴端卿领导的团队，从体细胞重编程过程中细胞形态会发生明显变化的现象出发发现，间充质-上皮转换(MET)是体细胞尤其是成纤维细胞重编程早期的必要过程。相关结果发表在当年的《细胞·干细胞》上[2]。2013年，裴端卿与郑辉合作，通过控制可以将成纤维细胞重编程为多能干细胞的4个因子(*Oct4*、*Klf4*、*c-Myc*和*Sox2*)在成纤维细胞中的表达起始时间，筛选最优化因子表达起始时间的组合。在筛选70余种不同的表达时间的组合之后发现，在重编程过程中先表达*Oct4*和*Klf4*，再表达*c-Myc*，最后表达*Sox2*，可以大幅度提高重编程效率。在进一步的研究中，通过将这一新方法与4个因子同时在成纤维细胞表达的原有方法比较，科学家们发现：①如果4个因子同时在成纤维细胞中表达，成纤维细胞会由间充质细胞状态转变到上皮细胞状态，再转变为诱导多能干细胞；②如果4个因子按照上述顺序在成纤维细胞中表达，成纤维细胞会首先进一步向间充质细胞状态转变，然后再转变到上皮细胞状态及诱导多能干细胞。也就说，在重编程早期的MET之前引入短暂的上皮-间充质转换(EMT)，可以有效提高成纤维细胞的重编程效率。结合EMT及MET在胚胎发育中的重要作用，这一研究成果进一步揭示了细胞在间充质状态及上皮状态之间的相互转换对细胞命运决定的重要调节作用。其研究论文于2013年7月发表在《自然·细胞生物学》杂志上[3]。

另一方面，裴端卿也致力于研究体细胞重编程过程中的表观遗传调控过程，Tet家族是近年来发现的与DNA主动去甲基化紧密相关的重要表观遗传调控酶。此前有报道称，Tet1蛋白有促进体细胞重编程的作用。然而，裴端卿、陈捷凯及中国科学院上海生命科学研究院生物化学与细胞生物学研究所徐国良的团队，采用*Tet1*基因敲除的小鼠细胞模型进行研究发现，*Tet1*对体细胞重编程具有抑制作用。进一步研究发现，通过调节细胞培养条件中的维生素C浓度，可以实现*Tet1*在促进和抑制重编程的角色之间的转换。在存在生理浓度维生素C的情况下，*Tet1*会通过抑制体细胞重编程中必需的MET过程，从而阻碍体细胞重编程；而在维生素C浓度远低于生理浓度的情况下，*Tet1*的这一作用则会被隐藏起来。研究不仅进一步将MET与细胞命运转换联系起来，而且提示了细胞外环境对控制细胞命运的表观遗传调控酶具有重要的调节作用。其研究论文于2013年12月发表在《自然·遗传学》杂志上[4]。

此外，裴端卿的研究团队通过诱导尿液细胞来源的多能干细胞分化为上皮样的膜状结构，取代再生牙齿的构建必需的上皮组织。该诱导多能干细胞衍生的上皮组织接受小鼠牙胚间充质的成牙信号，共同启动了再生牙齿的发生发育，并在移植到免疫缺陷鼠体内3周后形成了牙样结构。这些牙样结构具有人牙齿的正常结构，这是科学家利用人诱导多能干细胞获得的成型再生器官。其研究论文于2013年7月发表在《细胞再生》杂志上[5]。

## 参 考 文 献

1. Takahashi K, Yamanaka S. Induction of pluripotent stem cells from mouse embryonic and adult fibroblast cultures by defined factors. Cell, 2006, 126(4): 663-676.
2. Li R, Liang J, Ni S, et al. A mesenchymal-to-epithelial transition initiates and is required for the nuclear reprogramming of mouse fibroblasts. Cell Stem Cell, 2010, 7(1): 51-63.
3. Liu X, Sun H, Qi J, et al. Sequential introduction of reprogramming factors reveals a time-sensitive requirement for individual factors and a sequential EMT-MET mechanism for optimal reprogramming. Nat Cell Biol, 2013, 15(7): 829-838.
4. Chen J, Guo L, Zhang L, et al. Vitamin C modulates TET1 function during somatic cell reprogramming. Nat Genet, 2013, 45(12): 1504-1509.
5. Cai J, Zhang Y, Liu P, et al. Generation of tooth-like structures from integration-free human urine induced pluripotent stem cells. Cell Regeneration, 2013, 2(6): 1-8.

### New Progresses of iPSCs Research

*Pei Duanqing*

iPSCs technology which reprograms somatic cells into pluripotent state has been considered as future direction of regenerative medicine. However, the underlying mechanisms are still not clear. The group led by Dr. Pei Duanqing has demonstrated that mesenchymal-epithelial transition(MET) is essential and beneficial for the reprogramming in 2011. In 2013, by cooperating with Dr. Zheng Hui and Dr. Chen Jiekai, the group illustrated several new MET-related mechanisms. ①Introducing a temporary epithelial-mesenchymal transition before the MET in the early phase of reprogramming increases the efficiency of reprogramming. ②The concentration of Vitamin C modulates the function of Tet1 on somatic reprogramming, that is Tet1 inhibits reprogramming by impairing MET under the physiological concentration of Vitamin C. These results provide a new direction to study cell fate transition.

## 4.13 H7N9禽流感病毒：来源、跨种传播与耐药性

施 一[1,3] 张 蔚[1,2] 刘 翟[1,2] 齐建勋[1,2]

吴 莹[1,2] 严景华[1,2] 高 福[1,2,3,4]

(1 中国科学院病原微生物与免疫学重点实验室; 2 中国科学院微生物研究所; 3 中国科学院北京生命科学研究院; 4 中国疾病预防控制中心)

流感是由流感病毒(influenza virus)引起的流行于人群和多种动物中的急性、高度接触性传染病。人类历史上曾出现过4次流感的大暴发，造成了巨大的经济损失和人员伤亡，同时每年季节性流感的传播也严重威胁着人类健康。不时突现的动物流感病毒跨越种属屏障感染人的事件，更是引发了公众对新一轮流感大暴发的担忧。

2013年2月底，在我国上海和安徽地区发现了人感染H7N9亚型禽流感病毒，并造成病人死亡。之后的数周中病例先后出现在江苏、浙江、北京、河南、台湾和江西等省(直辖市)，感染人数超过100人。这是国际上首次发现H7N9亚型流感病毒感染人，并造成严重疾病。我们的研究团队就H7N9病毒的起源、跨种传播机制和耐药性进行了系统的研究，相关研究发现发表在《柳叶刀》《科学》《细胞研究》《自然·通讯》等国际权威学术期刊上。

病毒基因组序列分析表明，造成这次暴发的H7N9禽流感病毒是一种新型的重配病毒，由多个不同来源的流感病毒重配(reassortment)而成。病毒的表面抗原血凝素(Hemagglutinin，HA)基因很可能来源于我国长江三角地区的鸭群中的H7亚型禽流感病毒，另一个表面抗原神经氨酸酶(Neuraminidase，NA)基因的最可能来源是路过我国的迁徙候鸟，而鸭群很可能作为一个重要的宿主将野鸟的病毒传入家禽。另外6个内部基因片段分别来源于两组在我国家禽中(主要是鸡群)流行的H9N2亚型禽流感病毒。该研究成果发表在2013年6月1日出版的《柳叶刀》杂志上[1]。

随着疫情的扩大，大范围的序列比对分析发现，此次的H7N9病毒存在高度遗传多样性，而且各个地方特异性的H9N2病毒通过动态重配增加了这种遗传多样性。我们提出，鸡有可能在这种动态重配中起到病毒混合器的作用，将禽流感病毒混合重配后传播给人类。该研究成果发表在《自然·通讯》(Nature Communication)杂志[2]。

我们的研究工作表明，通过对于H7N9禽流感病毒的溯源工作，加强对家禽和野鸟中不同亚型流感病毒的监控，并且建立完善的病毒数据库与信息分析平台，可以准确

地判断病毒来源，切断病毒重配与传播途径，从而有效控制病毒扩散，预判禽流感暴发的潜在风险。

除了基因溯源和追踪及流感病毒跨种传播的生态学机制，我们的研究团队还致力于在分子水平上探求H7N9禽流感病毒跨种间传播机制和耐药机制。我们着重关注此次流感暴发事件中的两个不同的分支病毒：流行毒株安徽株(A/Anhui/1/2013)和早期分离的上海株(A/Shanghai/1/2013)，它们在病毒的受体结合特性、流感特异性抗病毒药"达菲"(Oseltamivir)耐药性等方面有不同的表征。

HA是病毒表面参与受体结合、膜融合和病毒侵入宿主细胞的主要膜蛋白，HA介导的受体结合是流感病毒跨种传播的主要决定因素。而在这次的新型H7N9病毒中，上海株HA蛋白在影响受体结合的关键位点226位是谷氨酰胺(Q)，而安徽株HA的226位是亮氨酸(L)。我们的研究在病毒和蛋白水平上都证明安徽株既能结合禽源受体，又能结合人源受体(禽源受体结合力稍强)，而上海株却偏好性地结合禽源受体。这充分解释了安徽株由于获得人源受体的结合能力，使得该毒株具有在人群中普遍流行的趋势。与之前报道的H5N1病毒不同[3]，我们在安徽株HA的226位引入L226Q突变后发现，突变体仍然具有双受体结合能力，表明Q226L氨基酸突变对于H7N9病毒的HA蛋白获得人源受体结合能力不是唯一关键位点，受体结合位点的其他相关氨基酸也至关重要。我们利用X射线晶体学的方法成功解析了两个病毒的HA蛋白及其突变体与受体类似物的复合体结构，阐明了受体结合特性发生变化的结构基础。该研究成果发表在2013年10月11日出版的《科学》杂志上[4]。我们推测，由于H7N9病毒仍然具备强结合禽源受体的能力，而人呼吸道上有很多带禽源受体的黏液素(musin)束缚住了病毒的扩散，使得H7N9病毒无法进行有效的人际传播。一旦病毒丧失强结合禽源受体能力，而继续保留人源受体的结合能力，就有可能引发流感大流行(当然，这种自然选择或许永远不会出现)。因此，监测H7N9病毒的演化，尤其是可能引起跨种传播的关键氨基酸的变异，对于流感大流行的预警具有重要意义。

NA蛋白在流感病毒侵染末期，通过催化细胞表面糖蛋白分子上唾液酸从糖链上解离，并促进新生病毒颗粒的释放，帮助病毒粒子迁移，所以NA的活性与病毒的感染、传播与致病密切相关。同时，NA也是抗流感药物的主要靶点。序列比对表明，上海株和安徽株的NA蛋白在关键位点294位氨基酸存在差异。安徽株NA的第294位是精氨酸(R)，而上海株NA的第294位是赖氨酸(K)。我们在蛋白和病毒水平上分别证明了带有K294的上海株NA活性比R294的安徽株NA低，会影响病毒复制，且K294突变会导致其对多种流感病毒NA抑制剂达菲、扎那米韦(Zanamivir)、帕拉米韦(Peramivir)和拉尼纳米韦(Laninamivir)产生不同程度的耐药性。另外，我们通过晶体结构进一步阐明了其耐药的分子机制。该研究成果发表在2013年12月23日出版的《细胞研究》(Cell Research)杂

## 4.13 H7N9禽流感病毒：来源、跨种传播与耐药性

志上[5]。我们的研究表明虽然在临床病例中发现了携带有K294耐药突变的病毒，但是该病毒并不能成为感染人的主流病毒，因此常用的抗流感药物仍然能有效应用于H7N9病人的临床治疗中。

我们的一系列研究成果为H7N9禽流感病毒的有效防控提供了重要的理论依据。

### 参 考 文 献

1. Liu D, Shi W F, Shi Y, et al. Origin and diversity of novel avian influenza A H7N9 viruses causing human infection: Phylogenetic, structural, and coalescent analyses. Lancet, 2013, 381(9881): 1926-1932.

2. Cui L B, Liu D, Shi W F, et al. Dynamic reassortments and genetic heterogeneity of the human-infecting influenza A (H7N9) virus. Nat Commun, 2014, 5: 3142.

3. Zhang W, Shi Y, Lu X S, et al. An airborne transmissible avian influenza H5 hemagglutinin seen at the atomic level. Science, 2013, 340(6139): 1463-1467.

4. Shi Y, Zhang W, Wang F, et al. Structures and receptor binding of hemagglutinins from human-infecting H7N9 influenza viruses. Science, 2013, 342(6155): 243-247.

5. Wu Y, Bi Y H, Vavricka C J, et al. Characterization of two distinct neuraminidases from avian-origin human-infecting H7N9 influenza viruses. Cell Res, 2013, 23(12): 1347-1355.

## Novel Influenza A (H7N9) Virus: Origin, "Host Jump" and Drug-resistance

*Shi Yi, Zhang Wei, Liu Di, Qi Jianxun,*
*Wu Ying, Yan Jinghua, George F. Gao*

A novel avian influenza A (H7N9) virus was discovered to cause human infections in China since February 2013, raising serious concerns of potential pandemics. Here, using bioinformatics methods, we found that the novel H7N9 virus originated from multiple reassortment events. Detailed analyses showed that H7N9 virus was undergoing dynamic reassortments and displayed great genetic diversity. Chickens probably acted as the intermediate hosts (or called mixing vessel) in these multiple reassortment events. Besides, taking the advantages of molecular virology and X-ray crystallography, we revealed the molecular mechanisms of interspecies transmission and drug resistance of H7N9 avian influenza virus. Our studies have provided an important theoretical basis for the effective prevention and control of H7N9 influenza virus.

## 4.14 DNA去甲基化过程关键酶TET2的催化机制研究

### 徐彦辉

(复旦大学生物医学研究院,复旦大学附属肿瘤医院)

表观遗传学是近10年来生命科学领域研究的热点之一,它在不改变DNA序列的情况下,通过对染色体中组蛋白和DNA的修饰,调节染色体的高级结构,进而调控基因的转录。哺乳动物的DNA甲基化主要发生在胞嘧啶的第五位碳原子上,称为5-甲基胞嘧啶(5-mC),是一种非常重要的表观遗传学修饰,参与调控许多生物学过程,包括基因印迹、X染色体失活、基因组稳定、转座子及逆转录转座子沉默和组织特异性基因沉默等[1]。因此,DNA甲基化在胚胎发育、干细胞分化与重编程、血液系统分化等生理过程中发挥重要作用,其失调也导致多种疾病,尤其是白血病和实体肿瘤的发生。

在胚胎发育早期,雄原核来源的DNA甲基化会被迅速去除,发育再被重新建立,这一过程是生命发育早期重要事件,但DNA甲基化是如何被去除的一直不清楚。2009年,研究人员发现,TET(ten eleven translocation,TET)蛋白家族可以将5-mC氧化成5-羟甲基胞嘧啶(5-hmC),这一发现揭开了人类研究DNA去甲基化过程的新篇章[2]。后续的研究发现,TET蛋白不仅可以将5-mC氧化成5-hmC,还能够进一步将5-hmC氧化生成5-甲酰胞嘧啶(5-fC)和5-羧基胞嘧啶(5-caC)[3]。5-hmC是重要的表观遗传调控修饰,与肿瘤的发生有密切关联。5-fC和5-caC被人体内的一种糖苷水解酶TDG识别,启动细胞内碱基错配切除修复,将其替换成胞嘧啶,最终实现DNA去甲基化[4]。具有氧化5-mC能力的TET蛋白一经报道,立即引发了全世界科学家的广泛关注,TET蛋白随即成为近年来表观遗传学领域的"明星"分子。

TET蛋白最早发现于2002年。研究人员发现,在一种急性髓系白血病(AML)中,第10号和11号染色体发生易位,产生的组蛋白甲基转移酶基因MLL与一个新基因发生融合,由此其被命名为10-11易位蛋白,即TET。哺乳动物TET蛋白包括TET1、TET2和TET3,属于$Fe^{2+}$和同戊二酸($\alpha$-KG)依赖型双加氧酶。后续研究发现,在人类白血病中常伴随有*TET2*基因突变[5],尤其在骨髓增殖性肿瘤(MPN)、系统性肥大细胞增生症(SM)、骨髓增生异常综合征(MDS)和急性髓系白血病等疾病中,TET2突变率均高达20%以上,这表明TET2蛋白在血液系统疾病的发生和恶化过程中起着重要的作用。因此,研究TET蛋白,特别是通过结构生物学的手段来研究TET2蛋白识别底物和催化反

## 4.14 DNA去甲基化过程关键酶TET2的催化机制研究

应的分子机制，将对开发靶向TET蛋白的特异性药物有重要意义。

为了能够更加直观、准确地揭示TET蛋白识别甲基化修饰DNA，并连续催化底物氧化的分子机制，我们课题组在国际上首次成功地解析了TET2-DNA复合物的晶体结构(分辨率2.02埃，图1)。这一结果发表在2013年的《细胞》杂志上[7]，被认为是表观遗传研究领域的重大突破。

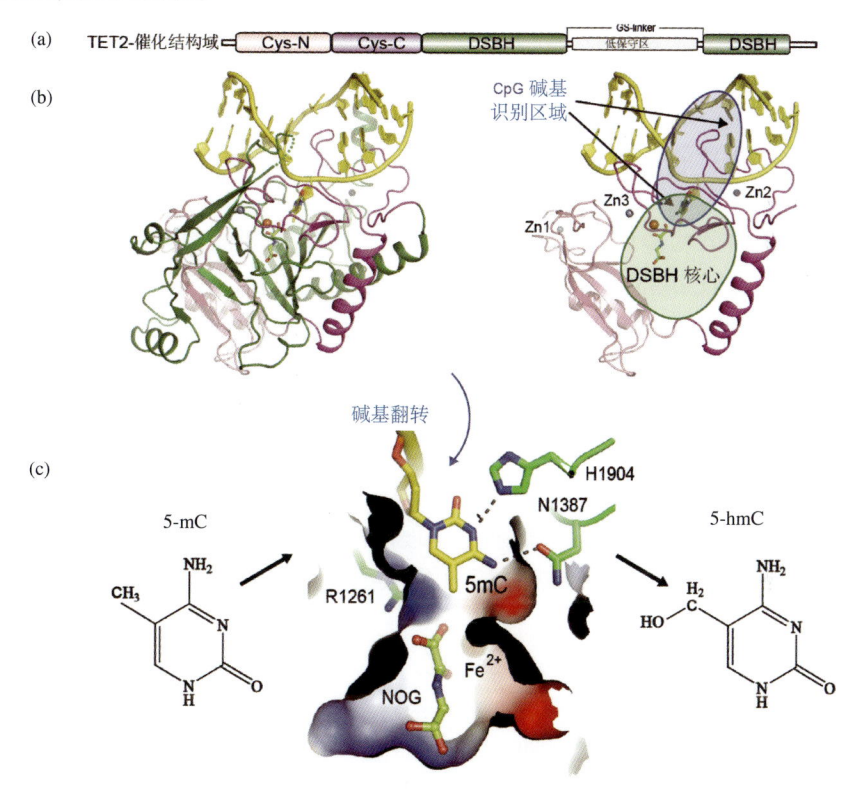

图1　TET2-DNA三维晶体结构

(a) TET2蛋白的结构域示意图，其催化结构域包括Cys-N、Cys-C和DSBH结构域；(b) TET2-DNA的整体结构图；
(c) 碱基翻转和5-mC特异性识别的空间结构图

我们的研究结果表明，TET2蛋白具有保守的双加氧酶的催化中心，形成双片层β螺旋(double-stranded beta helix，DSBH)结构域，$Fe^{2+}$和α同戊二酸位于DSBH结构域的中心，在氧分子的作用下，催化5-mC上的甲基发生氧化反应。TET2蛋白含一个TET蛋白特有的半胱氨酸富集结构域(Cysteine-rich)，包裹在催化结构域外面。该结构域有两个功能，既维持催化结构域的稳定性，又负责与DNA底物的结合。在DSBH和Cysteine-rich结构域的共同作用下，5-mC被翘出DNA双螺旋，通过碱基翻转机制插入TET蛋白催化中心，将甲基指向催化反应中心完成氧化反应。

我们的研究还发现，TET2蛋白识别底物DNA的机制。TET蛋白通过特异性的氨基酸，识别CpG二核苷酸。由于哺乳动物中5-mC主要存在于CpG二核苷酸中，结构的发现很好地解释了TET对DNA底物的选择性。TET对CpG二核苷酸周围的DNA序列没有明显的偏好性，这也提示我们，TET2蛋白在染色体的定位可能会受到其相互作用蛋白的辅助。

通过对TET2-DNA的结构分析和TET2的酶活性检测，我们发现，白血病病人体内TET2的突变大部分都发生在对TET结构或功能至关重要的氨基酸上。这些突变有的降低TET2蛋白稳定性，有的影响底物DNA的识别，有的是削弱TET2蛋白酶活力。这一研究也很好地将TET2的功能与白血病的发生建立了联系。TET2的结构也可以用于新发现的疾病突变体的分析。

针对TET蛋白的功能研究才刚刚开始，还有很多重要的问题有待解决，我们的研究为更深入研究TET蛋白的功能打开了一扇大门。首先，TET蛋白的氨基端的功能是未知的，催化结构域中间还有一段"无序"区域，这些区域一直存在于TET蛋白家族中，可能对其功能有重要意义。其次，对TET结合蛋白的结构与功能研究也将是重要的研究方向，有可能揭示TET蛋白的染色质定位、活性调节等重要的分子机制。最后，体内多种小分子代谢产物也对TET蛋白的酶活力有调节作用，可能通过TET影响表观遗传修饰介导肿瘤的发生发展。上述问题的研究将有助于我们对TET功能的深入理解，并为治疗因TET失活而引起的疾病奠定理论基础。高分辨率TET-DNA复合物的三维结构也为小分子药物的设计与改造奠定了重要的结构生物学基础。

## 参 考 文 献

1 Robertson K D. DNA methylation and human disease. Nat Rev Genet, 2005, 6: 597-610.

2 Tahiliani M, Koh K P, Shen Y, et al. Conversion of 5-methylcytosine to 5-hydroxymethylcytosine in mammalian DNA by MLL partner TET1. Science, 2009, 324(5929): 930-935.

3 Ito S, Shen L, Dai Q, et al. Tet proteins can convert 5-methylcytosine to 5-formylcytosine and 5-carboxylcytosine. Science, 2011, 333(6047): 1300-1303.

4 He Y F, Li B Z, Li Z, et al. Tet-mediated formation of 5-carboxylcytosine and its excision by TDG in mammalian DNA. Science, 2011, 333(6047): 1303-1307.

5 Tan L, Shi Y G. Tet family proteins and 5-hydroxymethylcytosine in development and disease. Development, 2012, 139(11): 1895-1902.

6 Estey E, Dohner H. Acute myeloid leukaemia. Lancet, 2006, 368(9550): 1894-1907.

7 Hu L, Li Z, Cheng J, et al. Crystal structure of TET2-DNA complex: Insight into TET-mediated 5mC oxidation. Cell, 2013, 155(7): 1545-1555.

## Insight into the Mechanism of TET2-mediated 5-mC Oxidation

*Xu Yanhui*

DNA methylation is one of the most important epigenetic regulations and DNA demethylation has been extensively studied in the past several years. TET protein was found to be involved in DNA demethylation and plays an important role in various biological and pathological processes, including development of leukemia. To reveal the mechanism of catalysis and substrate recognition of TET proteins, we determined the crystal structure of TET2 in complex with methylated DNA at 2.02 angstrom. The structural and biochemical analyses indicate that the cys-rich domain wraps around the DSBH domain to stabilize the catalytic core. The methyl-Cytosine is flipped out of the DNA double helix and inserted into the catalytic cavity. TET2 specifically recognizes CpG dinucleotide and has no preference on its flanking sequence. Patient-derived TET2 mutation significantly decreases the enzymatic activity or the stability of TET2 protein. The studies also provide a structural basis for designing of specific inhibitors or activators for functional studies and potential therapeutic applications.

# 4.15 肝癌复发的细胞基础和靶向治疗药物

张志谦[1] 赵 威[1] 邢宝才[2] 程和平[3]

(1 北京大学肿瘤医院暨北京市肿瘤防治研究所细胞生物学研究室，恶性肿瘤发病机制及转化研究教育部重点实验室；2 北京大学临床肿瘤学院暨北京肿瘤医院肝胆外科I；3 北京大学分子医学研究所，北京大学-清华大学生命科学联合中心)

我国是肝癌高发的国家，每年新发病例超过36万人，占全球肝癌新发病例的55%以上，发病率位列我国各种恶性肿瘤的第四位。肝癌对常规化疗和放疗均不敏感，最有效的治疗方法仍是手术切除。但即使是手术切除，病人的5年生存率仍然低于11%。我国每年约有11万人死于肝癌，在各种恶性肿瘤中死亡率位列第二位。其中主要原因是，肝癌术后复发和转移率均较高，其复发率超过70%。尽管文献中对与肝癌复发相关的分子有很多报道，但肝癌如同其他肿瘤一样存在异质性，其中哪些细胞导致肝癌复发一直不清楚。引起肝癌复发的细胞不能分离鉴定，直接导致针对肝癌复发的药物研发缺少目的性，因而是亟待解决的关键技术瓶颈。

肿瘤干细胞(tumor stem cells)学说认为，肿瘤的复发转移是由肿瘤干细胞所引起。

肿瘤干细胞是肿瘤组织中具有无限自我更新能力、能驱动肿瘤形成和生长的一类细胞的代称，因与正常干细胞特点相似而得名。肿瘤干细胞好比肿瘤发生和复发转移的种子细胞，清除这一类的细胞有可能使肿瘤彻底治愈。尽管有很多研究证明肝癌中存在肿瘤干细胞，但如何鉴定这些细胞及其与肝癌复发的关系、清除这些细胞的药物等的研究还处于起步阶段。

以人源化抗体为代表的生物技术靶向药物具有特异性强、副作用小等优点，在临床肿瘤的治疗中发挥着重要作用。因此，抗体药物的市场前景广阔。截至目前，全球每年相关的抗体药物的产值为数百亿美元，已成为新的经济增长点。因此，研制抗体药物是发展我国生物医药产业的重大战略需求。但是，目前我国的药物研发多以模仿跟踪为主，所针对的靶点多为国外学者发现，真正拥有从靶点到药物完全自主知识产权的源头创新药物极为缺乏。

我们课题组与北京大学临床、基础多个研究小组的科研人员合作，建立了国内外首对来源于同一患者原发和复发的肝癌细胞对，并证明复发来源的Hep-12肝癌细胞系富含肿瘤干细胞，而原发来源的Hep-11细胞则不致瘤，为研究肝癌原发和复发、肝癌干细胞和非干细胞提供了独特模型。利用这一细胞对，通过全细胞免疫的方法制备了一个针对复发肝癌的单克隆抗体1B50-1，该抗体识别电压依赖性钙通道的$\alpha 2\delta 1$亚基(亚型5)。研究发现，$\alpha 2\delta 1$阳性细胞具有肿瘤干细胞特性，这些细胞在手术切缘组织的检出可以预测病人的复发和预后，是肝癌复发的起源细胞。此外，1B50-1抗体具有清除肝肿瘤干细胞作用，在肝癌的治疗中有持久的效果(撤药后肿瘤未显著反弹)。功能研究实验表明，$\alpha 2\delta 1$通过调控钙离子的细胞内流在肝癌干细胞的自我更新、成瘤、存活等肿瘤干细胞生物功能行为中发挥重要作用，抑制$\alpha 2\delta 1$(亚型5)可以诱导肝肿瘤干细胞凋亡、自我更新能力降低、动物致瘤能力降低或消失。$\alpha 2\delta 1$(亚型5)可以引起ERK1/2磷酸化，控制*BMI1*、*ABCG2*、*OCT4*等与肿瘤干细胞特性密切相关基因的表达。鉴于$\alpha 2\delta 1$(亚型5)阳性的细胞具有肿瘤干细胞特性，因此，$\alpha 2\delta 1$是一个新的肝肿瘤干细胞的功能标志物和治疗的分子靶点。

这一工作在寻找鉴定引起肝癌复发的细胞、靶向该细胞的靶向治疗的分子靶点和抗体药物研究方面有突破。1B50-1抗体是我国自主研发、拥有完全自主知识产权(靶点和药物)、作用机制新颖(靶向肿瘤干细胞)的新候选药物。该工作为揭示肝癌复发的细胞分子机制、研发新的拮抗药物奠定了基础。

上述结果已申请欧盟及美国、日本等另外5国的国际专利，并于2013年4月发表在《癌细胞》(Cancer Cell)上。该杂志同期配发了由西班牙国家肿瘤研究中心赛恩斯(Sainz)和海森(Heeschen)博士撰写的题为"Standing out from the crowd: cancer stem cells in hepatocellular carcinoma"的评述，对本工作给予高度评价，认为本工作不仅表明$\alpha 2\delta 1$是适合肝癌干细胞分离的标志，而且首次揭示了其通过调控$Ca^{2+}$内流在肿瘤干

#### 4.15 肝癌复发的细胞基础和靶向治疗药物

胞生物学特性调控中发挥关键作用。尤为重要的是，笔者令人信服地证明靶向α2δ1可以清除肿瘤干细胞，从而在肝癌甚至其他肿瘤治疗中有应用前景。

## 参 考 文 献

1. 郝捷, 陈万青. 中国肿瘤登记年报. 北京：军事医学科学出版社，2012.
2. Llovet J M, Bruix J. Molecular targeted therapies in hepatocellular carcinoma. Hepatology, 2008, 48: 1312-1327.
3. Sainz B, Heeschen C. Standing out from the crowd: cancer stem cells in hepatocellular carcinoma. Cancer Cell, 2013, 23: 431-433.
4. Society A C, ed. Global Cancer Facts & Figures. 2nd Edition. Atlanta: American Cancer Society, 2011.
5. Visvader J E, Lindeman G J. Cancer stem cells: current status and evolving complexities. Cell Stem Cell, 2012, 10: 717-728.
6. Xu X L, Xing B C, Han H B, et al. The properties of tumor-initiating cells from a hepatocellular carcinoma patient's primary and recurrent tumor. Carcinogenesis, 2010, 31: 167-174.
7. Zhao W, Wang L, Han H, et al. 1B50-1, a mAb raised against recurrent tumor cells, targets liver tumor-initiating cells by binding to the Calcium channel α2δ1 Subunit. Cancer Cell, 2013, 23: 541-556.

## 1B50-1, a mAb Raised Against Recurrent Tumor Cells, Targets Liver Tumor-Initiating Cells by Binding to the Calcium Channel α2δ1 Subunit

*Zhang Zhiqian, Zhao Wei, Xing Baocai, Cheng Heping*

The identification and targeted therapy of cells involved in hepatocellular carcinoma (HCC) recurrence remain challenging. We have generated a monoclonal antibody against recurrent HCC, 1B50-1, that bound the isoform 5 of the α2δ1 subunit of voltage-gated calcium channels and identified a subset of tumor-initiating cells (TICs) with stem cell-like properties. A surgical margin with cells detected by 1B50-1 predicted rapid recurrence. Furthermore, 1B50-1 had a therapeutic effect on HCC engraftments by eliminating TICs. Finally, α2δ1 knockdown reduced self-renewal and tumor formation capacities and induced apoptosis of TICs whereas its overexpression led to enhanced sphere formation which is regulated by calcium influx. Thus, α2δ1 is a functional liver TIC marker and its inhibitors may serve as potential anti-HCC drugs.

## 4.16 独脚金内酯信号途径的"开关"
### ——DWARF53蛋白在调控水稻株型中的重要作用

**周 峰　万建民**

(南京农业大学作物遗传与种质改良国家重点实验室，中国农业科学院作物科学研究所作物基因资源与遗传改良国家重点实验室)

杂交稻的推广应用被誉为第二次绿色革命，为我国的粮食增产做出了巨大贡献。但是统计表明，近30年来，我国普通籼型杂交稻单产潜力的提高已十分有限。因此，我们认为，籼粳亚种间强大杂交优势的有效利用，可实现水稻单产的再次飞跃。但是，籼粳交杂种普遍存在株高超亲等问题，使得籼粳亚种间杂交优势的利用受到了极大的限制。利用部分显性矮秆基因可有效解决籼粳杂种的株高偏高问题。

分蘖和株高被认为是水稻株型的重要组成部分，同时也是水稻产量形成的决定因素[1]。此外，前人研究表明，内源激素对植物分枝(蘖)的生长发育起着至关重要的调控作用[2]。2008年，法国和日本的两个研究小组的科研人员同时发现了调控植物分枝的第三种激素——独脚金内酯(Strigolactone)，突破了植物茎分枝由生长素和细胞分裂素这两种激素调控的传统观念[3-4]。大量研究结果证实，独脚金内酯的合成来源于类胡萝卜素途径，β-类胡萝卜素经过4种酶的异构或催化作用形成具有生理活性的激素分子[5]，但其信号传导途径的机理人们还知之甚少。为此我们从水稻部分显性矮秆、分蘖、株型及独脚金内酯激素信号途径等角度开展了相关探索性研究。

近日，利用一个部分显性水稻矮化多分蘖突变体——dwarf53(d53)，我们的研究团队在控制植物分枝(蘖)的独脚金内酯激素信号转导研究中取得了开创性新进展。通过外源激素处理和内源激素测定表明，d53是一个独脚金内酯信号传递缺失型突变体。通过精细定位和图位克隆，我们获得了位于水稻第11号染色体短臂末端的*DWARF53*(*D53*)基因，该基因编码的一个新的在结构上与I类Clp ATPase类似的核蛋白。后续的功能分析发现，在独脚金内酯存在的条件下D53蛋白可与两个已知的独脚金内酯信号分子D14、D3互相作用形成D53–D14–SCF$^{D3}$蛋白复合体，进而使得泛素化的D53蛋白特异地被蛋白酶体系统降解，从而诱导下游目标基因的表达及独脚金内酯信号的响应。相关的实验结果以"研究论文"的形式发表在2013年12月19日出版的《自然》杂志上[6]。审稿人一致评价："此项研究结果是该领域一个非常重要的科研进展，对研究独脚金内酯激素的作用方式具有里程碑式的意义，并会对细胞生物学、作物遗传学及分子育种等领

## 4.16 独脚金内酯信号途径的"开关"

域具有很强的借鉴意义。"

我们的研究结果，首次在遗传和生化层面证实了D53蛋白作为独脚金内酯信号途径的抑制子参与调控植物分枝(蘖)的生长发育，具有重要的科学意义。为植物，特别是为农作物的株型改良提供重要的理论基础。同时，利用携带部分显性矮秆基因*d53*的杂交亲本可在杂种一代有效地降低株高、增加分蘖，从而也为实现水稻籼粳交杂种优势在生产上的有效利用提供可能。保障粮食安全是我国的一项基本国策，为解决水稻增产缓慢的难题，利用水稻籼粳杂交中的强大杂种优势将是其中一个有效途径。同期《自然》杂志的《新闻与观点》栏目还为此项研究成果发表了专题评述[7]，文章指出："D53蛋白的发现为研究独脚金内酯和其他激素信号途径提供了积极的帮助并对调节植物中营养资源的分配与利用具有深远的影响。"

在本课题组独立开展*D53*基因研究的同时，中国科学院遗传与发育生物学研究所李家洋课题组利用他们发现的水稻矮化多分蘖突变体*e9*也独立完成相关实验并得到了与本研究相似的结论。

## 参 考 文 献

1　Khush G S. Green revolution: The way forward. Nat Rev Genet, 2001, 2(10): 815-822.

2　Domagalska M A, Leyser O. Signal integration in the control of shoot branching. Nat Rev Mol Cell Biol, 2011, 12(4): 211-221.

3　Gomez-Roldan V, Fermas S, Brewer P B, et al. Strigolactone inhibition of shoot branching. Nature, 2008, 455(7210): 189-194.

4　Umehara M, Hanada A, Yoshida S, et al. Inhibition of shoot branching by new terpenoid plant hormones. Nature, 2008, 455(7210): 195-200.

5　Alder A, Jamil M, Marzorati M, et al. The path from β-carotene to carlactone, a strigolactone-like plant hormone. Science, 2012, 335(6074): 1348-1351.

6　Zhou F, Lin Q, Zhu L, et al. D14-SCF$^{D3}$-dependent degradation of D53 regulates strigolactonesignalling. Nature, 2013, 504(7480): 406-410.

7　Smith S M. Plant biology: Witchcraft and destruction. Nature, 2013, 504(7480): 384-385.

## DWARF53 Acts as a Repressor of Strigolactone Signaling to Participate in Regulating the Developmental Processes of Plant Architecture of Rice

*Zhou Feng, Wan Jianmin*

Strigolactones(SLs), a newly discovered class of carotenoid-derived phytohormones, are essential for developmental processes that shape plant architecture. Despite the rapid progress in elucidating the SL biosynthetic pathway, the perception and signaling mechanisms of SL remain poorly understood. Here we find that the rice (*Oryza sativa*) *d53* mutant is caused by a gain-of-function mutation and is insensitive to exogenous SL treatment. The *D53* gene product can form a complex with DWARF14 (D14) and DWARF3 (D3), two previously identified signaling components potentially responsible for SL perception. We demonstrate that, in a D14- and D3-dependent manner, SLs induce *D53* degradation by the proteasome and abrogate its activity in promoting axillary bud outgrowth. Our combined genetic and biochemical data reveal that *D53* acts as a repressor of the SL signaling pathway to participate in regulating the developmental processes of shoot branching or tillering.

## 4.17 多纤毛细胞中心粒扩增与陆生脊椎动物进化

朱学良　鄢秀敏　赵惠杰

(中国科学院上海生命科学研究院生物化学与细胞生物学研究所细胞生物学国家重点实验室)

中心粒是一种主要存在于动物细胞中的细胞器，它既能以"中心体"的方式作为细胞骨架微管的组织中心，参与细胞形状维持、胞内运输及细胞分裂，又能以"基体"的方式作为纤毛形成的基础[1-2]。纤毛是一种突出于细胞表面的毛状细胞器，在单细胞的原生动物中就已出现。纤毛的摆动为原生动物纤毛虫(如草履虫)和鞭毛虫(如衣藻)的运动提供动力。在高等动物中，精子和一些上皮组织的细胞具有动纤毛，而其他类型的很多细胞则具有不能摆动的纤毛，也称初级纤毛。初级纤毛是细胞重要的感觉器官，也是动物体视、听、嗅觉的感受器。初级纤毛多为单根，但动纤毛可有数根甚

## 4.17 多纤毛细胞中心粒扩增与陆生脊椎动物进化

至数百根。在高等动物的气管、脑室、输卵管等组织表面就分布着大量具有致密动纤毛的细胞。纤毛功能异常可导致视、听、嗅觉丧失及不育、多囊肾、多指、肥胖、气管炎、内脏倒位等疾病[2-3]。

通常每个细胞只有一对中心粒。为了保证中心粒数目的这种恒定性，细胞分裂前每个"母"中心粒的侧面会并且只会产生一个"子"中心粒。此过程受到精细的调控，并需要在母中心粒上呈现环状分布的Cep63招募Cep152和Plk4等蛋白质形成孕育子中心粒的"摇篮"[1-2, 4]。如果调控中心粒发生的机制失调，会导致细胞分裂和其他功能的异常，引起癌症等疾病[2]。但是，在多纤毛发生过程中却需要产生大量的中心粒。这些中心粒如何产生是重要的科学问题。

早在20世纪60年代的电子显微镜研究就发现，在多纤毛发生过程中母中心粒打破了"一胎制"[5]。而且，中心粒在很多被称作deuterosome(暂译"摇篮体")的环状结构周围也能大量形成，且绝大多数中心粒都是以这种不依赖于母中心粒(也称"从无到有")的方式产生的[5-6]。然而，几十年过去了，人们对摇篮体的分子组成和作用机制几乎还是一无所知[1]。

我们利用超高分辨率荧光显微术和电镜等技术，揭示了小鼠气管上皮多纤毛细胞终末分化过程中中心粒大规模扩增的分子机制(图1)。我们证明，在多纤毛细胞分化早期Cep63、Cep152和Plk4等蛋白质的高表达使得一个母中心粒能同时产生多个子中心粒。更重要的是，发现了摇篮体的一个关键蛋白质Deup1(意即摇篮体蛋白质1)。我们的研究表明，Deup1不仅为多纤毛细胞中摇篮体的形成所必需，将其人为表达在普通细胞中也可诱导摇篮体的形成和"从无到有"的中心粒发生，甚至在细菌中表达也能形成类似摇篮体的环状结构。我们发现，Deup1是Cep63的同源蛋白质。虽然Deup1形成的环状结构也通过招募Cep152和Plk4发挥作用，但由此形成的"摇篮"却不需要母中心粒，而且还能大量生成(图1)。这种机制的精美之处在于生物体可以既满足终末分化的多纤毛细胞对大量中心粒的需求，又可通过在其他类型的细胞中关闭Deup1基因的表达而确保这些细胞只采用可控性很强的母中心粒依赖的方式产生新的中心粒，避免它们因中心粒过量而产生细胞分裂和其他功能的异常。

此外，我们的分子进化树分析提示，*Deup1*基因从*Cep63*基因进化而来。而且，*Deup1*基因出现在四足脊椎动物及其共同祖先肉鳍鱼类[7]中，在其他硬骨鱼(辐鳍鱼类)和更原始的脊索动物(文昌鱼、海鞘)中并不存在。相应地，在斑马鱼等辐鳍鱼中多纤毛细胞只拥有稀疏的纤毛。因此，在脊椎动物进化中，*Deup1*的出现很可能通过增加多纤毛细胞的纤毛密度而增强了纤毛保持气管等组织表面的湿润与清洁、形成脑脊液流、推动输卵管和附睾中配子流动等方面的能力，从而促进了四足动物对陆地环境的适应性。

2013年12月出版的《自然·细胞生物学》(Nature Cell Biology)杂志以封面论文发

### 4 2013年中国科学家代表性成果

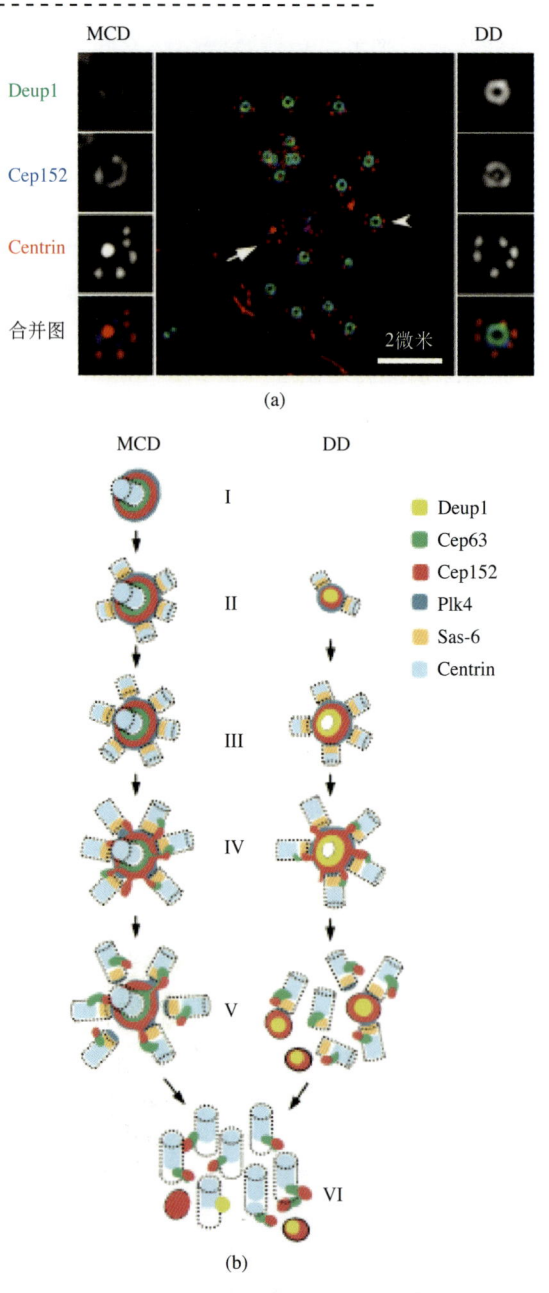

**图1 多纤毛细胞中心粒扩增的机制**

(a)采用超高分辨率荧光显微镜拍摄的小鼠气管上皮细胞的免疫荧光图，显示Deup1主要定位于摇篮体(右侧为典型影像的放大图)，Cep152在母中心粒(左侧放大图)和摇篮体上都有明显定位，而它们周围呈花瓣样分布的Centrin阳性点代表新产生的中心粒；(b)用模式图显示的中心粒扩增和释放的过程，到第VI期时中心粒已经成为纤毛的基体
MCD：母中心粒依赖的方式；DD：摇篮体依赖的方式

4.17 多纤毛细胞中心粒扩增与陆生脊椎动物进化

表了以上研究结果，并在同期配发了由"台湾中央研究院生物医学科学研究所"唐堂撰写的评述文章[8]。随后，12月出版的《科学》杂志在《编辑推荐》(Editor's Choice)栏目也介绍了这项研究发现。

## 参 考 文 献

1 Nigg E A, Stearns T. The centrosome cycle: Centriole biogenesis, duplication and inherent asymmetries. Nat Cell Biol, 2011, 13(10): 1154-1160.

2 Nigg E A, Raff J W. Centrioles, centrosomes, and cilia in health and disease. Cell, 2009, 139(4): 663-678.

3 Goetz S C, Anderson K V. The primary cilium: a signalling centre during vertebrate development. Nat Rev Genet, 2010, 11(5): 331-344.

4 Gonczy P. Towards a molecular architecture of centriole assembly. Nat Rev Mol Cell Bio, 2012, 13(7): 425-435.

5 Sorokin S P. Reconstructions of centriole formation and ciliogenesis in mammalian lungs. J Cell Sci, 1968, 3(2): 207-230.

6 Anderson R G, Brenner R M. The formation of basal bodies (centrioles) in the Rhesus monkey oviduct. JCell Biol, 1971, 50(1): 10-34.

7 Amemiya C T, Alfoldi J, Lee A P, et al. The African coelacanth genome provides insights into tetrapod evolution. Nature, 2013, 496(7445): 311-316.

8 Tang T K. Centriole biogenesis in multiciliated cells. Nat Cell Biol, 2013, 15(12): 1400-1402.

## Centriole Amplification of Multiciliating Cells and Its Implications in Tetrapod Evolution

*Zhu Xueliang, Yan Xiumin, Zhao Huijie*

In animal cells centriole serves as both microtubule-organizing center and basal body of cilium. Centriole biogenesis usually depends on the Cep63-containing "cradle" of "mother" centriole and one mother is allowed to only produce one "daughter" per cell cycle. During multicilia formation, however, hundreds of centrioles can be generated around many ring-shaped electron microscopic structures termed deuterosomes. In this study we reveal the molecular composition and functioning mechanism of the deuterosome. We show that during multicilia formation Deup1 (Deuterosome protein 1), a Cep63 paralog, enables the assembly of the centriole biogenic "cradles" in large quantities in a mother centriole-independent manner. This mechanism ensures that nonmulticliate cells stick to the mother-dependent pathway by simply silencing Deup1 expression. The emergence of Deup1 during evolution probably also contributes to the land adaption of vertebrate by enabling dense multicilia formation for airway surface moisturization and cleanup, cerebrospinal fluid flow, and germ cell movement.

## 4.18 全颌鱼研究改写有颌脊椎动物早期演化历史

朱 敏　朱幼安

(中国科学院古脊椎动物与古人类研究所，中国科学院脊椎动物演化与人类起源重点实验室)

长着上下颌的脊椎动物被称为有颌类，它们是脊椎动物演化的主干。现生有颌类分属软骨鱼纲(鲨鱼、鳐和银鲛)和硬骨鱼纲(硬骨鱼类和四足动物)，共占现生脊椎动物物种数的99.8%[1]。除此之外，有颌类还包括已经绝灭的盾皮鱼纲和棘鱼纲两大类群。这些类群之间的演化关系如何？包括人类在内的陆生脊椎动物所属的硬骨鱼纲是怎么起源的？现生有颌类共同祖先的形态又是什么样的？在过去的数十年间，这些问题备受古生物学界和演化生物学界关注。

随着对早期有颌类研究的深入，多数学者已经同意从盾皮鱼纲的一支中演化出其他有颌脊椎动物的观点，然而硬骨鱼纲、软骨鱼纲和棘鱼纲的演化关系仍然谜团重重。近年来，一些学者提出棘鱼类可代表现代有颌类的共同祖先，但根据这一假说，软骨鱼纲仅有小型鳞片外骨骼就代表了现代有颌类的一个原始状态[2-3]。

现生硬骨鱼纲和软骨鱼纲之间经过长期演化，已经存在巨大的形态学鸿沟，难以追溯它们各自特征演化的先后顺序。因此，对上述问题更加深入的解答有赖于对早期有颌类化石材料的研究。然而，泥盆纪——"鱼类时代"肇始，有颌类各大类群彼此之间已经分化得十分不同。例如，软骨鱼纲和棘鱼纲只有内骨骼构成的颌骨，盾皮鱼纲有简单的位于口缘内侧的外骨骼颌骨，在硬骨鱼纲中却出现了一系列包括口缘骨片在内的外骨骼颌骨。而在更早的志留纪地层中，有颌类化石往往又十分稀少而破碎，无法提供足够的解剖学信息。

针对这一领域的研究现状，我们对完整保存的志留纪有颌脊椎动物初始全颌鱼(*Entelognathus primordialis*，图1)进行了详尽的研究，使用包括高精度CT扫描、三维重建在内的比较解剖学手段深入发掘其形态学信息。研究发现，这一4.23亿年前的古鱼前

## 4.18 全颌鱼研究改写有颌脊椎动物早期演化历史

所未见地既具有典型盾皮鱼纲的躯体和颅顶甲，又具有过去仅在硬骨鱼纲中发现过的边缘膜质颌骨，这一奇异的特征组合将盾皮鱼纲和硬骨鱼纲紧密联结起来，为解开围绕现代有颌类起源重重谜团提供了关键性证据。

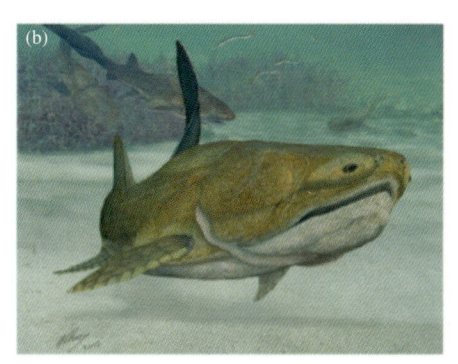

图1 初始全颌鱼
(a)初始全颌鱼正型标本(IVPP V18620)照片；(b)生态复原图(苏博恩绘)

我们利用取得的形态学资料，进行了涵盖大量分类单元和形态特征的综合性系统发育分析，构建了新的有颌脊椎动物早期演化框架。分析结果表明，全颌鱼的出现在很大程度上改写了有颌脊椎动物的演化历史，它将过去只有硬骨鱼纲才有的典型颌骨特征追溯到盾皮鱼纲，在盾皮鱼纲和硬骨鱼纲两大支系间架起了直接的桥梁，更新了现有的有颌脊椎动物各类群演化关系假说。在新的有颌类演化树中(图2)，现生有颌类的共同祖先包裹在大块骨片之中，可能与全颌鱼十分相似。这一共同祖先向两个方向发展：一支保留并改进了盾皮鱼类的大型外骨骼骨片，这就是硬骨鱼类；另一支则丢失了大型外骨骼，代之以细小的鳞片和小块骨片，其中较原始的类群构成棘鱼，而软骨鱼类是由棘鱼类中的一支演化而来。这一演化框架将为演化-发育生物学提供一个新的研究课题：软骨鱼纲丢失大型膜质外骨骼的发育机制。

2013年10月出版的《自然》杂志以"长文"(article)形式发表了全颌鱼相关研究成果[4]。同时，《自然》杂志网站在主页头条位置上以"古鱼展新脸——令人瞠目结舌的科学发现"为题做了新闻报道。在同期杂志上，英国牛津大学弗里德曼(Matt Friedman)博士和伦敦帝国学院布雷泽(Martin Brazeau)博士以"令人瞠目结舌的化石鱼"为题撰写评论，认为这条古鱼"将完全颠覆过去的观点"，改变我们对于早期有颌类演化的认识[5]。古脊椎动物协会副主席、澳大利亚弗林德斯大学朗(John Long)教授撰文称："对古生物学家来说，找到这条鱼就像物理学家找到了上帝粒子，它极大地冲击了我们对早期脊椎动物演化的理解……这可以说是自始祖鸟(即第一块在恐龙和鸟类间架起桥梁的化石)以来，最激动人心的化石发现之一。"[6]

图2　基于全颌鱼提供的证据修改后的有颌脊椎动物早期演化框架(苏博恩绘)

## 参 考 文 献

1. Nelson J S. Fishes of the World. 4th ed. New York: John Wiley & Sons, Inc. 2006.
2. Brazeau M D. The braincase and jaws of a Devonian 'acanthodian' and modern gnathostome origins. Nature, 2009, 457: 305-308.
3. Davis S P, Finarelli J A, Coates M I. *Acanthodes* and shark-like conditions in the last common ancestor of modern gnathostomes. Nature, 2012, 486: 247-251.
4. Zhu M, Yu X, Ahlberg P E, et al. A Silurian placoderm with osteichthyan-like marginal jaw bones. Nature,

2013, 502: 188-193.

5 Friedman M, Brazeau M D. Palaeontology: A jaw-dropping fossil fish. Nature, 2013, 502: 75-177.
6 Long J. Extraordinary 'missing link' fossil fish found in China. http://theconversation.com/extraordinary-missing-link-fossil-fish-found-in-china-18461[2013-09-26].

## *Entelognathus* Rewrites Early Evolution of Jawed Vertebrates

### Zhu Min, Zhu You'an

Modern gnathostomes or jawed vertebrates comprise two major extant clades, Chondrichthyes (cartilaginous fish) and Osteichthyes (bony fish and tetrapods), with contrasting character complements. Notably, Chondrichthyes lack the large dermal bones that characterize Osteichthyes. The polarities of these character differences are the subject of continuing debate and there is still great uncertainty about early evolution of modern gnathostomes. Recently, we have described a near-complete 423-million-year-old fish, *Entelognathus primordialis* (literally "the primordial complete jaw") that shares many features with placoderms, a paraphyletic array of extinct armoured fishes in the gnathostome stem group, yet also shows characters previously restricted to Osteichthyes. The new finding puts a novel face on the common ancestor of modern gnathostomes, highlights that large dermal bones were greatly reduced in the branch that led to sharks, and provides a new framework for studying the early evolution of gnathostomes.

# 4.19 西南印度洋洋中脊大面积出露地幔岩的发现及其对"地幔羽"假说的挑战

周怀阳[1]　亨利·迪克[2]
(1 同济大学海洋地质国家重点实验室；2 美国伍兹霍尔海洋研究所)

1912年，魏格纳(A. Wegener)提出著名的"大陆漂移"假说，在众多科学家的努力下，"板块构造学"理论得以确立，从根本上改变了人们对地球内部运动的认识。然而，关于板块内部及板块分离边界(洋中脊)上众多的隆起或海山的形成机制，人类始终没有找到合理统一的解释。为此，摩根(J. Morgan)提出了"地幔羽"假说，并在很长一段时间占据了主流地位。"地幔羽"假说认为，是地幔内部温度的局部异常导致大规模岩浆涌出地表，形成了隆起或海山，这些隆起或海山代表了较厚的地壳或洋壳。但近年来越来越多的研究发现使人们开始怀疑这个假说，"地幔羽"假说已成为当今地球科学领域最大的争论之一。

就其长度和水深规模而言，西南印度洋洋中脊中部绵延3100千米的马里安隆起与一般认为是"地幔羽"成因的冰岛隆起的大小基本相当。长期以来，人们认为马里安的隆起是由于其南边256千米处马里安热点下方"地幔羽"流来源的物质流向了西南印度洋洋中脊形成的。

2010年1月，在中国的"大洋一号"科考船对西南印度洋洋中脊的调查航次中，我们绘制了位于加列尼(Gallieni)和高斯(Gauss)断裂带之间的53°E洋中脊段上将近11 000平方千米的海底地形图，并通过11个拖网站位和3个电视抓斗站位，在这块区域总共获得了大约1938千克的岩石样品。对岩石样品的分析结果表明，53°E洋中脊段是一段非岩浆型扩张的洋中脊段。有约3200平方千米大小的区域几乎完全缺失洋壳，地幔岩直接出露于地表。从大约9.4百万年前到现在，53°E洋中脊段从岩浆型扩张逐渐向东变成了非岩浆型的扩张，形成核杂岩之后，又受到比较对称的块断断裂作用，使得广泛的蛇纹石化橄榄岩出露地表。这片大面积出露地幔岩的发现是"地幔羽"假说无法解释的。

采自裂谷山脉和加列尼转换断裂带东侧壁上7个站位的16块橄榄岩中的尖晶石及西侧壁上2个站位的10块橄榄岩里的尖晶石的铬号[Cr#=Cr×100/(Cr+Al)]平均值约为30，相当于假设原生上地幔组分发生了大约12%的熔融。53°E洋中脊段的一玄武岩玻璃碎屑的$Na_8$值为2.8，而那些采自于东侧及西侧洋中脊的玄武岩样品的$Na_8$平均值为2.5，以此可以推测这里洋壳厚度应为4~6千米、洋中脊段水深应为约2500米，而这比我们实际观测的要浅1000米。53°E洋中脊段为非岩浆型扩张的发现和对比研究，支持了我们对西南印度洋洋中脊其他地方采样结果的解释。

在大量细致的甄别和严密推理之后，我们认为，温度异常显然不是造成隆起的唯一原因，也极可能不是主要原因。大洋的隆起可能是由高度亏损的浮力地幔支撑的，或者说地幔的成分异常很可能才是控制洋中脊水深变化的主因。因为深海橄榄岩的成分可以有大幅度的变化，如果有密度补偿到458千米深处的话，0.6%的密度差异可以轻而易举地引起全球洋中脊-水深的变化。马里安隆起拥有2100米的局部深度异常，其密度补偿深度为200~250千米，这还完全是在软流圈内。

根据其他大量的研究，我们进一步推测，伴随着180百万年以前冈瓦纳大陆的分裂，西南印度洋洋中脊形成，洋中脊下面的软流圈物质来自于南非、马达加斯加和南极洲下面的软流圈。因此，它很可能代表了卡鲁、马达加斯加和费尔马(Ferrar)大规模溢流玄武岩事件侵位于软流圈的亏损源区地幔。如果这个地幔代表了成分上具浮力的地幔羽流，那么这种亏损可以追溯到地球历史上更远古的时期。

2013年2月14日，《自然》杂志发表了同济大学海洋地质国家重点实验室周怀阳教授联合美国伍兹霍尔海洋研究所迪克(Henry J. B. Dick)教授进行研究的成果，对这一沿用40多年的"地幔羽"假说提出了挑战。

该论文发表之后到2013年底，已有5篇在国际重要刊物上发表的文章引用了该文的研究结论。英国剑桥大学麦柯勒伦(Maclennan)教授在评述中说，如果这一对印度洋洋中脊的地质观测是正确的话，将对人类深入理解地幔具有重要意义。然而要验证这一假说，需要进行更广泛的地质取样和地球物理调查工作。

至今，所有对洋壳厚度的估计都是基于地球化学、地震和重力数据进行的推测，还没有直接用地质手段加以验证的。而越来越多精细的调查表明，慢速和超慢速扩张洋中脊上地球物理或地球化学意义上的"洋壳"和真正的地质概念上的"洋壳"之间还没有建立相等的关系。通过深海钻探打穿洋壳，直接获取地球深部的样品，解剖地球内部的真正结构和构造，深入理解地幔的变化机制，对于了解海底成矿和全球气候变化都有重要意义。

## 参 考 文 献

1 Morgan W J. Deep mantle convection plumes and plate motions. Am Assoc Petrol Geol Bull, 1972, 56: 203-213.

2 Zhou H, Dick H J B. Thin crust as evidence fordepleted mantle supporting the Marion Rise. Nature, 2013, 494: 195-200.

3 Maclennan J. All rise for the case of the missing magma. Nature, 2013, 494: 182-183.

4 Anderson D. The persistent mantle plume myth. Australian J Earth Sci, 2013, 60(6-7): 657-673.

5 Foulger G, Panza F, Artemieva M, et al. Caveats on tomographic images. Terra Nova, 2013, 25(4): 259-281.

6 Langmuir C. Mantle geodynamics: older and hotter. Nat Geosci, 2013, 6: 332-333.

## Discovery of Massive Exposure of Peridotite Along Southwest Indian Ridge and Its Significance to the Great Debate of "Mantle Plume" Hypothesis

*Zhou Huaiyang, Henry J. B. Dick*

The global ridge system is dominated by oceanic rises reflecting large variations in axial depth associated with mantle hotspots. Marion Rise is as large as the Icelandic Rise, considering both length and depth, but has an axial rift (rather than a high) nearly its entire length. Uniquely along the Southwest Indian Ridge systematic sampling allows direct examination of crustal architecture over its full length. Here we show that, unlike the Icelandic Rise, peridotites are extensively exposed high on the rise, revealing that the crust is generally thin, and often missing, over a rifted rise. Particularly, discovery and comparative studies of amagmatic spreading segment of 53°E support our interpretation of sampling elsewhere along Southwest Indian Ridge. Therefore the Marion Rise must be largely an isostatic response to ancient melting events that created low-density depleted mantle beneath the Southwest Indian Ridge rather than thickened crust or a large thermal anomaly. The origin of this depleted mantle is probably the mantle emplaced into the African asthenosphere during the Karoo and Madagascar flood basalt events.

## 4.20 青藏高原降水稳定同位素揭示了西风和印度季风相互作用的三种模态

姚檀栋　高　晶　田立德　余武生
杨晓新　赵华标

(中国科学院青藏高原研究所环境变化与地表过程重点实验室)

青藏高原具有两极之外最大的冰川面积和储冰量[1]。近年来，随着全球气候变暖，该区域的部分冰川加速退缩。冰川变化会严重影响青藏高原的湖泊变化和发源于青藏高原的长江、黄河、印度河、雅鲁藏布江等主要河流的水量变化。青藏高原冰川、湖泊、河流的变化最终都和影响青藏高原的两大环流系统，即西风和印度季风相互作用紧密地联系在一起。青藏高原平均海拔超过4000米的高大地形迫使西风经过时发生南北绕流，同时也使得印度季风在爬升高原的动力过程和高原产生的热力作用影响下不断向内陆深入[2]，所以，两大环流系统在青藏高原这一特殊区域发生碰撞并产生强烈相互作用。西风和印度季风的影响对青藏高原的热量和水汽传输起着关键作用，进而影响这一地区的冰川变化，使得目前冰川状态具有明显的空间差异特征：在其东南部地区退缩最为强烈，向中部地区退缩减弱，在帕米尔地区退缩达到最小并有部分冰川前进[2]。这种差异特征的存在促使我们试图进一步揭示西风和季风相互作用影响引起冰川变化的空间差异的机制。

合适的指标是揭示这种差异机制的关键。降水稳定同位素通常分别表示为$\delta^{18}O$和$\delta D$，是包含了综合大气过程的示踪器，所以是目前青藏高原地区最合适的指标之一[3]。其公式为$\delta = (R_{sample}/R_{standard}-1) \times 1000$。$R$代表重同位素对轻同位素的比值，如

## 4.20 青藏高原降水稳定同位素揭示了西风和印度季风相互作用的三种模态

$^{18}O/^{16}O$。$R_{sample}$代表样品中的重同位素对轻同位素的比值，$R_{standard}$代表标准样品中的重同位素对轻同位素的比值。δ值越高，表示重同位素越富集。近年来，我们在青藏高原开展了系统的事件尺度的降水$\delta^{18}O$分析并进行了模拟研究，发现青藏高原降水$\delta^{18}O$受到大尺度环流和局地再循环(蒸发、局地对流、再蒸发等)过程的综合影响[4]，并确认降水$\delta^{18}O$可以作为西风和季风相互作用的指标。$\delta^{18}O$和$\delta D$有很好的正相关关系，并已有精确的大气降水水线公式表述两者之间的关系。因此在实际运用中，只要用$\delta^{18}O$或$\delta D$一个参数，就可以进行过程研究。

在本研究中，我们使用了目前最完整的青藏高原24个站点(图1)的超过10年的连续降水$\delta^{18}O$数据，也使用了青藏高原以外更大范围站点的高精度的降水$\delta^{18}O$数据和相应的气象数据，运用了目前最先进的降水$\delta^{18}O$大气环流模型(LMDZiso、ECHAM5-wiso和REMOiso)，分析了青藏高原降水$\delta^{18}O$的日变化、月变化和季节变化及其对西风和印度

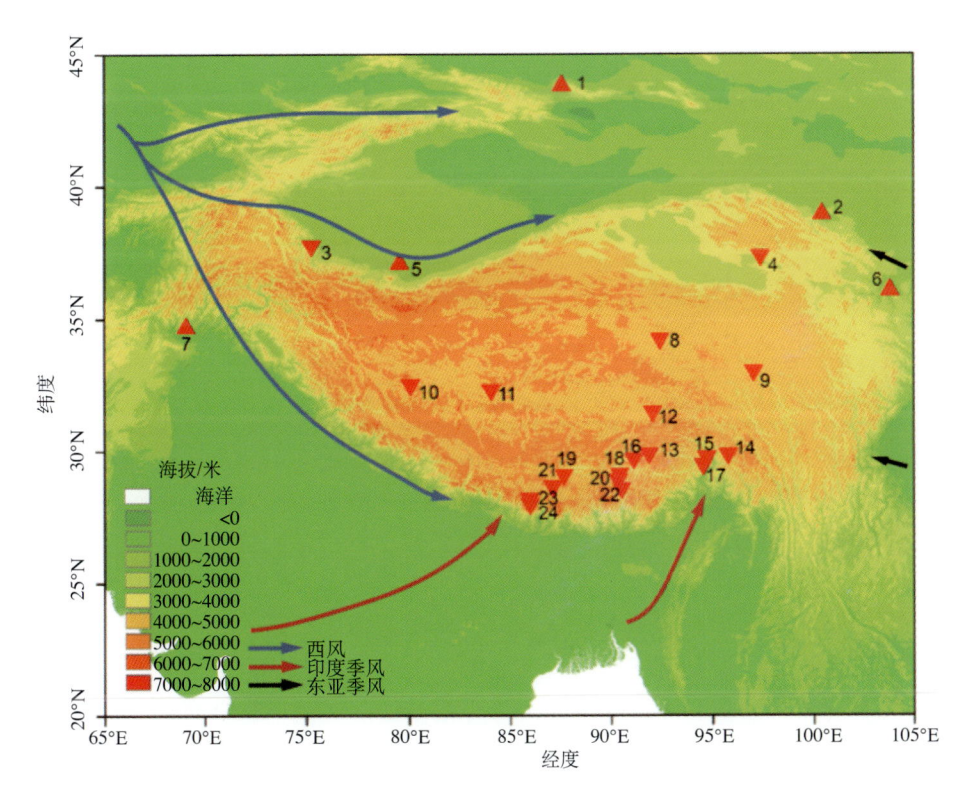

图1　青藏高原降水$\delta^{18}O$研究站点分布图

▲代表长期台站，▼代表短期台站；N代表北纬，E代表东经。1-乌鲁木齐，2-张掖，3-塔什库尔干，4-德令哈，5-和田，6-兰州，7-坎布尔，8-沱沱河，9-玉树，10-狮泉河，11-改则，12-那曲，13-羊村，14-波密，15-鲁朗，16-拉萨，17-奴下，18-白地，19-拉孜，20-翁果，21-定日，22-堆，23-聂拉木，24-樟木

季风过程的响应,发现西风和印度季风对青藏高原降水$\delta^{18}$O有决定性影响[5],并在空间和时间上呈现三种模态,即西风模态、印度季风模态和过渡模态(图2)。西风模态中降水$\delta^{18}$O(图2a)与气温和降水量[图2(b,c)]具有相同的季节变化模式,即夏季高值,冬季低值,与气温显著正相关。印度季风模态中降水$\delta^{18}$O(图2d)在春季达到最高值,自5月开始迅速减小,8月达到最低值,与夏季气温和降水量[图2(e,f)]具有反相关趋向。过渡模态中降水$\delta^{18}$O(图2g)没有明显的冬季或者夏季的极值,与气温和降水量[图2(h,i)]的关系也较其他两个模态复杂。

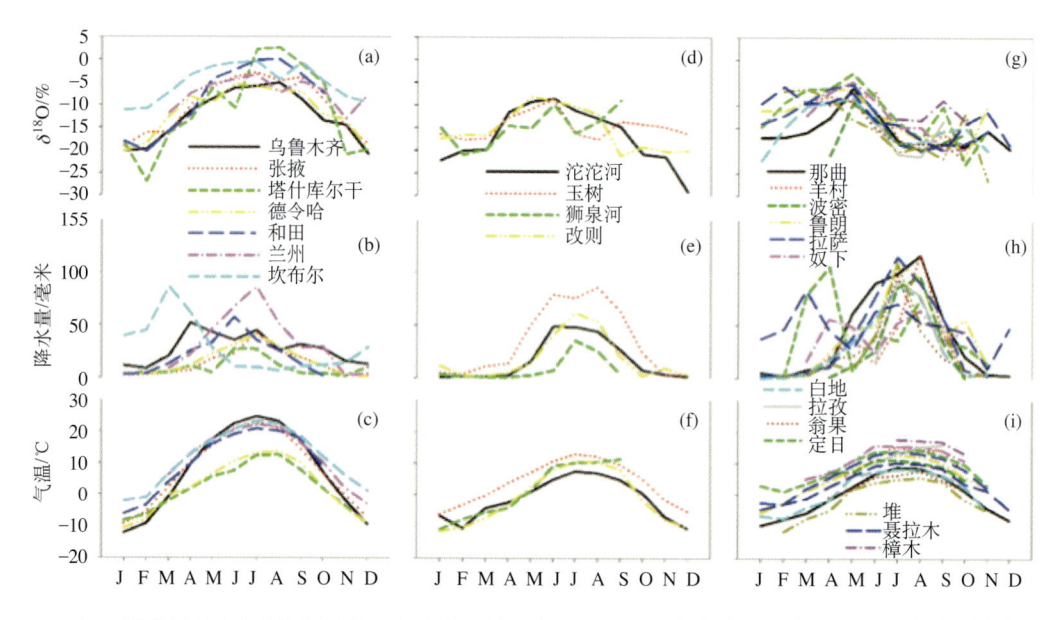

图2 青藏高原降水$\delta^{18}$O季节变化揭示的西风模态(a,b,c)、印度季风模态(d,e,f)和过渡模态(g,h,i)与温度、降水的关系

横坐标为月份,其中,J、F、M、A、M、J、J、A、S、O、N、D依次分别代表1月、2月、3月、4月、5月、6月、7月、8月、9月、10月、11月、12月

这三种模态的发现具有重要的科学意义:西风模态对应青藏高原及其周边地区冰川退缩微弱并有部分冰川前进的地区,印度季风模态对应青藏高原及其周边地区冰川强烈退缩的地区,过渡模态对应青藏高原及其周边地区冰川退缩过渡区。这一研究更深远的科学意义在于其系统揭示了青藏高原降水$\delta^{18}$O的变化与各种气象因子的关系,进而揭示了大气环流(西风和印度季风)对青藏高原降水$\delta^{18}$O时空变化的驱动机制,为定量解释稳定同位素古气候记录提供了科学依据,也为建立古气候和古海拔高度模型提供了重要科学参考。

《地球物理学进展》(Reviews of Geophysics)杂志于2013年将这一研究成果作为封面文章发表。

## 参 考 文 献

1　Yao T, Thompson L, Yang W, et al. Different glacier status with atmospheric circulations in Tibetan Plateau and surroundings. Nat Clim Change, 2012, 2: 663-667.

2　Wu G X, Liu Y M, He B, et al. Thermal controls on the Asian summer monsoon. Sci Rep, 2012, 2: 404; DOI:10.1038/srep00404.

3　Clark I D, Fritz P. Environmental Isotopes in Hydrogeology. CRC Press, part of Taylor & Francis Group LLC, 1997: 21-60.

4　Tian L, Yao T, MacClune K, et al. Stable isotopicvariations in west China: A consideration of moisture sources. J Geophys Res, 2007, 112, D10112; DOI:10.1029/2006JD007718.

5　Yao T, Masson-Delmotte V, Gao J, et al. A review of climatic controls on $\delta^{18}$O in precipitation over the Tibetan Plateau: Observations and simulations. Rev Geophys, 2013, DOI: 10.1002/rog.20023.

## Three Modes of Interaction Between Westerlies and Indian Monsoon Revealed by Precipitation $\delta^{18}$O Over Tibetan Plateau

*Yao Tandong, Gao Jing, Tian Lide, Yu Wusheng, Yang Xiaoxin, Zhao Huabiao*

The elevated topography of the Tibetan Plateau divides the westerlies into two branches (north branch and south branch) and strengthens the Indian monsoon through its dynamical and thermal impacts, influencing glacier behavior over the Tibetan Plateau. Meanwhile, the interaction of the westerlies and Indian monsoon plays an important role on the climate patterns and water resources of main rivers over the Tibetan Plateau. Here, we use precipitation $\delta^{18}$O over the Tibetan Plateau and different simulations from high-resolution isotopic general circulation models to reveal the interaction between the westerlies and Indian monsoon. We find that the interaction between the westerlies and Indian monsoon displays three isotopic modes, the westerlies mode, Indian monsoon mode and transition mode. This is significant to interpret the different patterns of glacier behaviors over the Tibetan Plateau and the variations of moisture transport processes and moisture origins.

## 4.21 中国氮素沉降显著增加

### 刘学军　张　颖　韩文轩　张福锁
(中国农业大学资源与环境学院)

2013年2月28日英国的《自然》杂志发表了中国农业大学刘学军教授和张福锁教授等关于大气氮沉降的最新研究成果，论文题目为"中国氮素沉降显著增加"[1]。该论文系统揭示了1980~2010年中国氮素沉降历史变化及其与人为活性氮排放的关系，引起国内外同行的高度重视。

大气氮素沉降是指大气中活性氮化合物通过降雨降尘等途径降落到地表的过程，它既是大气活性氮污染的一种清除机制，又是全球氮素生物地球化学循环的重要环节，也是陆地和水生态系统氮素养分的重要来源[2]。大气中活性氮的浓度、形态与沉降通量不仅是影响空气质量的重要指标，而且是影响陆地和水生态系统功能的重要因素。一方面，农田施肥(含氮化肥或有机肥)不合理、养殖场畜禽粪便管理不佳、燃煤、汽车尾气排放等都会增加人为活性氮向大气排放，这些气体及通过次生反应形成的气溶胶/细颗粒物(如PM2.5)导致空气质量下降或大气污染[3]。另一方面，从大气沉降到陆地和水生态系统的活性氮数量和形态也将影响生态系统的稳定性及功能[4]。因此，大气活性氮污染与氮素沉降一直受到各国政府、科学家和环保组织的高度关注。多年来，我国一直没有在区域大尺度上开展人为活性氮排放与沉降的系统研究，缺乏氮素沉降动态、效应及其与人为活性氮排放关系的直接证据。

以刘学军教授和张福锁教授为首的科研团队依托国家973计划、国家自然科学基金和中德国际合作项目等科研项目，通过国内外相关单位的合作，建立了一个由50多个监测站点组成的基本覆盖全国的大气氮素沉降监测网，开展了长达15年的氮素沉降综合研究，积累了大量氮素沉降的科学数据。在此基础上，进一步收集了自20世纪80年代以来国内外公开发表的大量有关中国氮素沉降的文献数据、植物叶片氮浓度数据和长期定位试验无氮区作物吸氮量数据等，构建了中国氮素沉降通量及相关参数的大样本数据库。

研究结果表明，1980~2010年，中国陆地生态系统氮素沉降显著升高，从20世纪80年代每公顷年均13.2千克氮增至21世纪初21.1千克氮，增幅约8千克/公顷，比80年代高60%；并且人口相对密集和农业集约化程度更高的中东部地区(华北、东南和西南)的氮素沉降量和年增幅显著高于人口密度相对较低和氮肥及其他人为活性氮排放相对较低的东北、西北和青藏高原地区。目前我国中东部地区(尤其是华北平原)的氮素沉降量已经高于北美任何地区氮素沉降量，与西欧80年代(采取大气活性氮减排措施/政策之前)氮沉

## 4.21 中国氮素沉降显著增加

降高峰时的数量相当[5]。研究还发现，1980~2000年，同样在长期不施氮肥条件下，农田生态系统水稻、小麦和玉米三大粮食作物的吸氮量平均增加16%，非农田生态系统木本、草本和所有物种的叶片含氮量平均增加33%；而同时期的植物叶片含磷量没有发生显著改变，指示土壤环境保持相对稳定，氮素增加主要来自大气干湿沉降。

研究结果还表明，中国氮素沉降的增加主要受氮肥、畜牧业等农业源和工业、交通源等非农业源活性氮排放的影响。目前主要来自农业源氨排放的铵态氮沉降是氮素沉降的主体，占总沉降量的2/3左右，氮肥的直接排放(农田)和间接排放(养殖场畜禽粪便等)是铵态氮沉降的主要贡献者；而以来自非农业源(燃煤和汽车尾气等化石能源燃烧)氮氧化物排放为主的硝态氮沉降约占总沉降量的1/3，硝态氮在沉降中的比例已经从20世纪80年代的1/6增至21世纪初的1/3，说明来自非农业源的排放增速更快。

该研究成果揭示了过去30年(1980~2010年)，中国出现了区域性大气活性氮污染、氮素沉降及农田与非农田生态系统"氮富集"加剧的现象；中国氮素沉降的显著升高与氮肥施用(农田不合理施氮及畜禽粪便等管理)和化石能源消费大幅度增加所导致的人为活性氮排放有密切关系。众所周知，人为活性氮向环境排放的急剧增加会加剧大气污染、水体富营养化、土壤酸化和生态系统生物多样性下降等环境问题。该研究表明，实现氮肥和畜牧业等农业源氨的减排是当前中国控制氮素沉降的主要立足点；同时，大幅度减少各种化石能源等非农业源活性氮的排放已日益迫切。

鉴于该研究成果的重要性，论文入选《自然》杂志的《新闻与观点》(News and View)专栏介绍，由国际氮倡议组织(International Nitrogen Initiative，INI)主席、英国生态与水文中心著名氮素专家马克·萨桐(Mark A. Sutton)教授及其同事在该栏目撰写了一篇题为"环境科学：氮素未来发展方向"(Environmental Science: The Shape of Nitrogen to Come)的评述文章[6]，详细介绍了该文的科学背景、研究意义及其与全球氮素挑战(即如何同时保障全球粮食安全与环境安全的氮素综合管理)之间的紧密联系，突出中国氮素沉降的显著增加作为一个快速发展中国家的典型案例反映了全球面临的活性氮管理成为保证粮食安全和环境安全中的迫切需要[7]。正如论文的评审人所指出的，该论文"首次将中国大气活性氮排放的理论变化(基于统计数据)和氮沉降的实测变化(大气和植被水平)有机联系起来，有望成为一篇反映中国大气污染和沉降的历史性文献"。

## 参 考 文 献

1 Liu X J, Zhang Y, Han W X, et al. Enhanced nitrogen deposition over China. Nature, 2013, 494: 459-462.

2 Matson P, Lohse K A, Hall S J. The globalization of nitrogen deposition: Consequences for terrestrial ecosystems. Ambio, 2002, 31: 113-119.

3 Richter D D, Burrows J P, Nüß H, et al. Increase in tropospheric nitrogen dioxide over China observed

from space. Nature, 2005, 437: 129-132.
4 Clark C M, Tilman D. Loss of plant species after chronic low-level nitrogen deposition to prairie grasslands. Nature, 2008, 451: 712-715.
5 Holland E A, Braswell B H, Sulzman J, et al. Nitrogen deposition onto the United States and Western Europe: Synthesis of observations and models. Ecol Appl, 2005, 15: 38-57.
6 Sutton M, Bleeker A. Environmental science: The shape of nitrogen to come. Nature, 2013, 494: 435-437.
7 Sutton M, Bleeker A, Howard C M, et al. Our Nutrient World: The Challenge to Produce More Food and Energy with Less Pollution. Edinburgh: Published by Centre for Ecology and Hydrology, 2013.

## Enhanced Nitrogen Deposition Over China

*Liu Xuejun, Zhang Ying, Han Wenxuan, Zhang Fusuo*

Based on a meta-analysis from literature review and nationwide monitoring data, we first report bulk nitrogen (N) deposition change in China between 1980 and 2010 and its relationship with anthropogenic reactive N emissions. We find that the average annual bulk deposition of N increased by approximately 8 kg N ha$^{-1}$ or 60% ($P < 0.001$) between the 1980s (13.2 kg N ha$^{-1}$) and the 2000s (21.1 kg N ha$^{-1}$). Nitrogen from ammonium is the dominant form of N in bulk deposition, but the rate of increase is largest for deposition of N from nitrates, in agreement with increased $NH_3$ and $NO_x$ emissions and decreased ratios of $NH_3$ to $NO_x$ emissions since 1980. We also find significantly increased foliar N concentrations in semi-natural ecosystems and increased crop N uptake from long-term unfertilized croplands during the same period, suggesting significant impact of elevated N deposition on agro- and non-agro ecosystems across China.

## 4.22 长江东流水系诞生于渐新世/中新世之交

郑洪波[1] 王 平[1] 何梦颖[2] 罗 超[2]

（1 南京师范大学地理科学学院；2 南京大学地球科学与工程学院）

长江是世界第三大河、亚洲第一大河，连接了地球上最大最高的大陆/高原和最大

## 4.22 长江东流水系诞生于渐新世/中新世之交

的海洋。长江流域面积广大，在季风气候控制下产生并携带巨量的水沙，对流域生态环境和边缘海的海洋环境产生重大影响，在全球变化中扮演了重要角色，成为重大国际研究计划的靶区，如"洋陆边缘"(MARGINS)科学计划及其"从源到汇"(Source to Sink)计划[1]。长江的地质演化也是地质学的重大科学问题，因为大型河流的演化是构造-气候相互作用的结果，是深部地球动力作用的直观表现，是认识新生代亚洲地区重大构造事件和古气候事件相互作用的纽带。

自1907年威利斯(Willis)开展长江三峡地区的地质研究开始[2]，中外科学家相继对长江演化问题进行过专门研究[3]，取得了丰硕的成果。但对于"长江东流水系形成于何时"这一关键科学问题却一直存在重大争议，计有前第三纪、第三纪早期(古近纪)、第三纪晚期(新近纪)、更新世早期和更新世晚期等多种观点。对于长江东流水系形成和演化的方式也有袭夺说、先成说等差异，成为地球科学领域著名的"世纪谜题"。

所谓"长江的起源"或者"长江的诞生"，是指发源于青藏高原，流经多个构造地貌单元(昌都地块、松潘—甘孜褶皱带、秦岭—大别造山带、华夏地块、扬子地台，图1)，最终形成统一贯通的大型东流水系的重大构造地貌事件。普遍认为，在长江贯通东流之前，流域内可能存在几个独立或者有限联通的水系：上游金沙江水系与西流

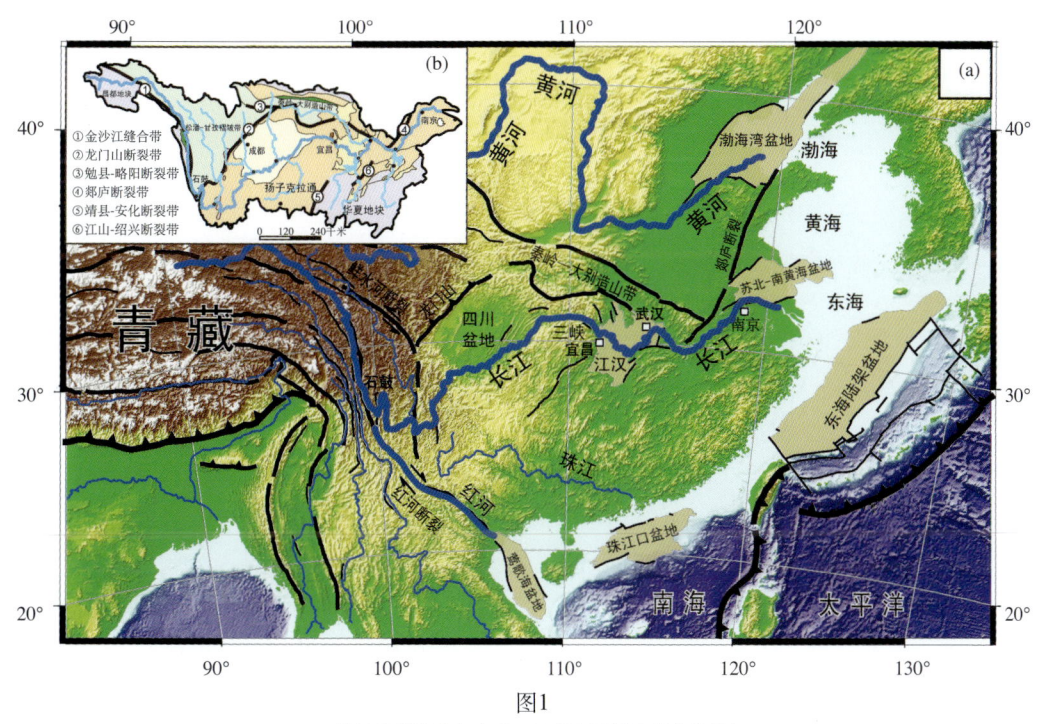

图1
(a)长江流域地貌与水系；(b)长江流域大地构造格架

的川江水系在滇西石鼓(即长江第一弯)汇合后通过古红河或者古湄公河水系南流注入南海;三峡以东的江汉—洞庭盆地为内流盆地,古长江下游苏北—南黄海盆地也可能是内流盆地,江汉盆地和苏北盆地并不像现今这样被长江下游连通。因此,确定长江上游物质(例如,来自于青藏高原的物质)何时到达下游就成为理解长江何时贯通形成统一东流水系的关键。

我们在地球系统科学思想指导下,采用构造和地貌结合、流域和盆地结合、海洋和陆地结合的研究思路,将长江作为一个系统,研究沉积物的"源汇过程"。首先对长江干流、支流河床沉积物和悬浮物进行系统采样,结合流域构造分区和岩性分区,建立长江流域不同区域沉积物物源示踪体系,包括矿物学、元素与同位素地球化学,尤其是单矿物锆石年龄谱与铪同位素(Hf)。在此基础上,研究了长江流域盆地(江汉盆地、苏北—南黄海盆地、东海陆架盆地)新生代沉积物物源时空变化规律,着重对长江中下游普遍分布的"长江砾石层"(即宜昌砾岩、阳逻砾岩、安庆砾岩、铜陵砾岩、雨花台砾岩)开展了测年和物源研究(图2)。经过对南京地区雨花台组上覆和夹层玄武岩开展了 $^{40}Ar/^{39}Ar$ 测年和沉积物单矿物锆石年龄谱与Hf同位素研究,确定长江上游(即金沙江流域)在约23百万年前已经为下游提供物源,表明长江东流水系建立于渐新世/中新世之交[4]。

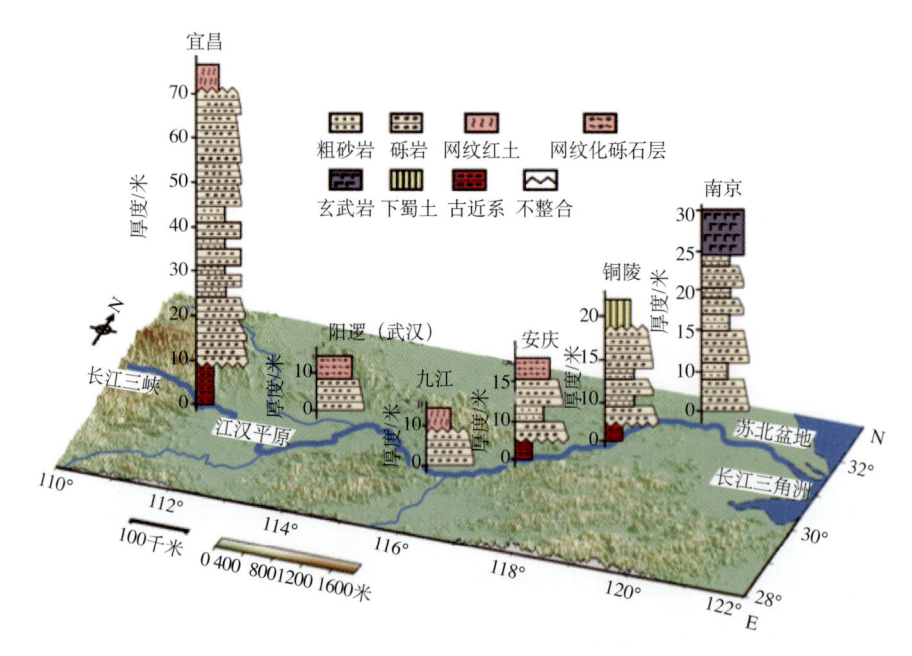

图2 长江中下游"长江砾石层"的分布与地层层序示意图
注:南京地区的砾石层普遍被玄武岩覆盖

## 4.22 长江东流水系诞生于渐新世/中新世之交

在新生代，中国(亚洲)宏观地貌地形格局发生了根本性变化：西部岩石圈挤压加厚，青藏高原整体隆升；东部岩石圈在中生代基础上继续伸展减薄，在古近纪广泛发育断陷盆地，在新近纪普遍发育凹陷盆地，中国西高东低的宏观地形地貌格局最终建立[5]。长江水系的重大调整尤其是东流水系的最终建立，是对青藏高原整体隆升、高原东南缘大型走滑运动、中国东部区域拉张凹陷及东亚季风形成的综合响应(图3)。

相关系列成果发表在国际国内核心刊物上，其中以封面论文发表在《美国国家科学院院刊》(PNAS)的论文相继被美国《科学新闻》(Science News)和《经济学人》(The Economist)杂志报道，也被新华网、科学网和国家自然科学基金委员会网站重点推介。

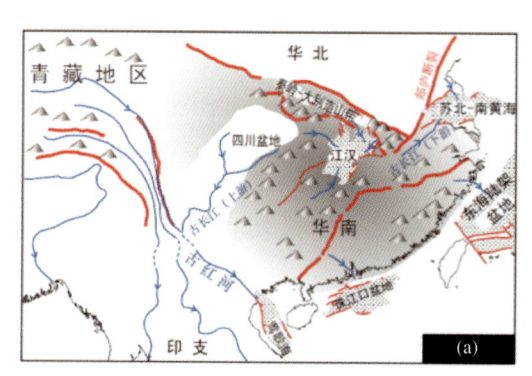

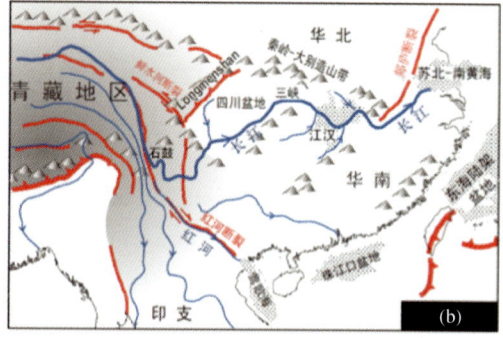

图3 长江演化模式示意图

(a)始新世：长江贯通东流水系尚无建立，上游金沙江与西流川江汇合后南流，中国东部发育断陷盆地与内流水系，青藏高原地区发育盆岭型地貌；(b)中新世：长江贯通东流水系建立，中国东部发育凹陷盆地

## 参 考 文 献

1 MARGINS Office. NSF MARGINS Program Science Plans. New York: Columbia University, 2003.

2 Willis B, Blackwelder E, Sargent R H, et al. Research in China. Washington D C: Press of Gibson Brothers, 1907: 278-339.

3 任美锷, 包浩生, 韩同春, 等. 云南西北部金沙江河谷地貌与河流袭夺问题. 地理学报, 1959, 25(2): 135-155.

4 Zheng H B, Clift P, Wang P, et al. Pre-Miocene birth of the Yangtze River. Proceedings of the National Academy of Sciences, 2013, 110(19): 7556-7561. http://www.pnas.org/cgi/doi/10.1073/pnas.1216241110 [2013-03-22].

5 汪品先. 亚洲形变与全球变冷——探索气候与构造的关系. 第四纪研究, 1998, (3): 213-221.

## Birth of the Yangtze River: Timing and Tectonic-geomorphic Implications

*Zheng Hongbo, Wang Ping, He Mengying, Luo Chao*

The development of fluvial systems in East Asia is closely linked to the evolving topography following India-Eurasia collision. Despite this, the age of the Yangtze River system has been strongly debated, ranging from Pre-Tertiary, Early Tertiary, Late Tertiary to Pleistocene. Here, we present new $^{40}Ar/^{39}Ar$ ages from basalts interbedded with fluvial sediments from the lower reaches of the Yangtze together with detrital zircon U/Pb ages from sand grains within these sediments. We show that a river containing sediments indistinguishable from the modern river was established before ~23 Ma. We argue that the connection through the Three Gorges must post-date 36.5 Ma because of evaporite and lacustrine sedimentation in the Jianghan Basin before that time. We propose that the present Yangtze River system formed in response to regional extension throughout Eastern China, synchronous with the start of strike-slip tectonism and surface uplift in eastern Tibet and fed by strengthened rains caused by the newly intensified summer monsoon.

# 第五章

## 公众关注的科学热点

Science Topics of Public Interest

5 公众关注的科学热点

# 5.1 "旅行者号"的太空之旅

### 崔 峻　李春来
(中国科学院国家天文台)

深空探测是指不以地球引力为主引力场的空间探测活动。近年来，随着"嫦娥"探月工程的实施，我国开始制定长远的深空探测规划，将探测目标延伸到月球以外太阳系更遥远的天体，如火星、金星、木星等。从国外的发展历程看，深空探测从来就不是单纯的科学或技术活动，而是会对一个国家产生多方面的综合影响，促进科学、技术、经济、政治等多个领域的进步。从科学角度看，深空探测有利于人类认识太阳系、生命的起源和演化，了解天体活动对地球的灾害性影响，开发地外资源，同时促进基础学科的渗透，形成新的交叉学科分支；从技术角度看，深空探测是航天发展的重要领域，需要突破新型运载、行星际轨道设计、测控与通信、自主导航与控制、新能源、新动力、新型探测载荷等众多关键技术；从经济、政治角度看，深空探测活动需要雄厚的经济实力支持，并能够创造新的经济增长点，它争取的是未来的领先地位，代表的是人类走向未知空间、战胜遥远距离、挑战极端环境的理想。

自20世纪50年代以来，欧美发达国家已进行了200余次深空探测活动，探测目标包括了太阳系几乎所有类型的天体，其中美国的"旅行者号"探测器飞行距离最远，并且目前仍然可以向地球发送信号，成为人类科学史上的一个里程碑，这对我国深空探测活动的展开具有重要的借鉴意义。

### 一、"旅行者号"简介

"旅行者计划"包括"旅行者1号"和"旅行者2号"两个"孪生"飞行器，先后于1977年8月20日和9月5日从美国佛罗里达州卡纳维拉尔角发射升空。其中"旅行者2号"先于"旅行者1号"发射，特殊的轨道设计使其可以顺次飞越木星(1979年7月

## 5.1 "旅行者号"的太空之旅

9日)、土星(1981年8月26日)、天王星(1986年1月24日)和海王星(1989年8月24日);而"旅行者1号"具有较短的飞行轨道,先于"旅行者2号"飞越木星(1979年3月5日)和土星(1980年11月12日),但是没有飞越其他更遥远的外行星。

"旅行者号"的科学目标为探测外行星系统,主要包括:探测木星和土星的引力场及其天然卫星的质量;研究木星和土星的大气动力学,特别是木星"大红斑"的机理;探测木星和土星的磁层及其与天然卫星的相互作用;研究木星和土星的能量平衡;分析木星和土星的部分天然卫星的大气及表面性质;探测土星环的结构和成分;探测行星际空间的物理特性等[1]。随着"旅行者号"探测活动的持续、深入展开,其科学目标已远远超出木星和土星的范畴,延伸至天王星、海王星,乃至更遥远的太阳系外星际空间。

图1 "旅行者号"外观图片

基于上述科学目标,"旅行者1号"和"旅行者2号"上各搭配了11台有效载荷,包括成像科学系统、射电科学系统、红外干涉光谱仪、紫外光谱仪、三轴磁通门磁强计、等离子体谱仪、低能带电粒子探测仪、宇宙线探测系统、行星射电天文探测系统、偏光仪系统及等离子体波探测系统[1]。

"旅行者号"在其36年的历程中,获取了大量的科学成果,全面更新了人类对太阳系的认识。截至作者完稿,基于"旅行者号"探测数据发表的科学论文接近3000篇。其中涉及新发现的重要成果包括:新发现了22颗天然卫星,其中木星3颗、土星3颗、天王星10颗、海王星6颗;首次探测到木星环;首次探测到天王星及海王星的磁层；首次在木星的卫星木卫一上探测到火山活动，并且在海王星的卫星海卫一上探测到喷流结构；首次探测到木星、土星及天王星的极光现象等[2-5]。

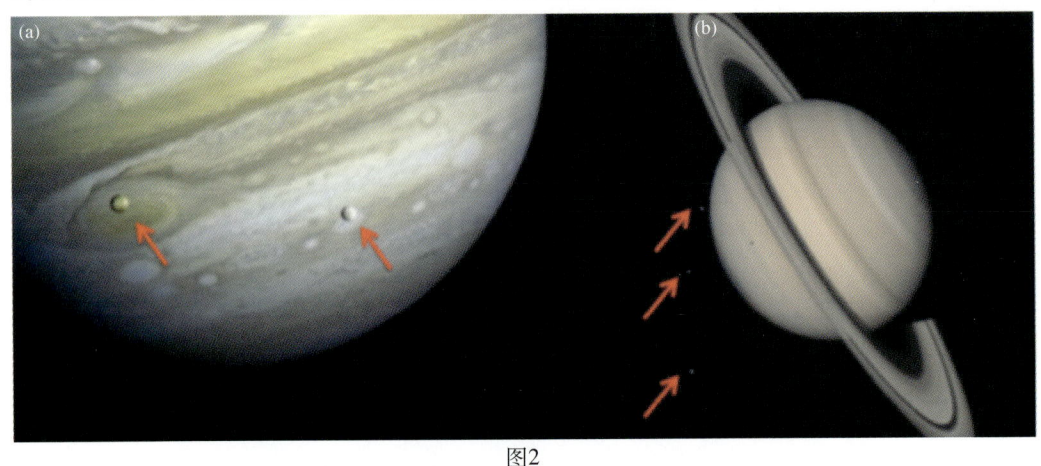

图2
(a)"旅行者号"所拍摄的木星照片，前方红色箭头标记的小点为其两颗天然卫星(木卫一、木卫二)；
(b)"旅行者号"所拍摄的土星照片，左侧红色箭头标记的小点为其三颗天然卫星(土卫三、土卫四、土卫五)

## 二、"旅行者号"携带的"地球之音"

"旅行者1号"和"旅行者2号"上各自携带了一个镀金的铜质唱片，可以在太空中保存10亿年。唱片正面的铝制贴膜含放射性同位素铀238(半衰期为44.68亿年)，意味着亿万年后，若"旅行者号"有幸被地外文明发现，它们可以根据铀238的衰变来推断出唱片的寿命。

"旅行者号"携带的唱片上保存了各种来自地球的声音，如海浪声、风声、雷声及鸟、犬、鲸等动物的叫声，同时，唱片还记录了55种不同语言表达的问候(包括汉语普通话和闽南语、粤语、吴语三种方言)，以及贝多芬、莫扎特等著名音乐家的作品，中国音乐家管平湖演奏的古曲《高山流水》也在其中。唱片上还用简单的笔画勾勒出具有代表意义的116幅图片，如太阳系在宇宙中的位置、DNA结构、人体解剖图、自然界多种动物的形态、建筑及人类的日常生活图示等。

"旅行者号"在其漫长的太空旅途中，通过镀金唱片向太空深处持续发送着代表人类文明的"地球之音"。如唱片上时任美国总统詹姆斯·卡特的问候语："这是一份来自一个遥远的小小世界的礼物，上面记载着我们的声音、科学、影像、音乐、思想及感情，我们正努力度过我们的时代，并进入你们的时代。"在遥远的未来，即使地球上的文明由于某些特殊原因覆灭了，这张唱片也会作为铭刻人类历史的存储器而永久地保留下来。

5.1 "旅行者号"的太空之旅

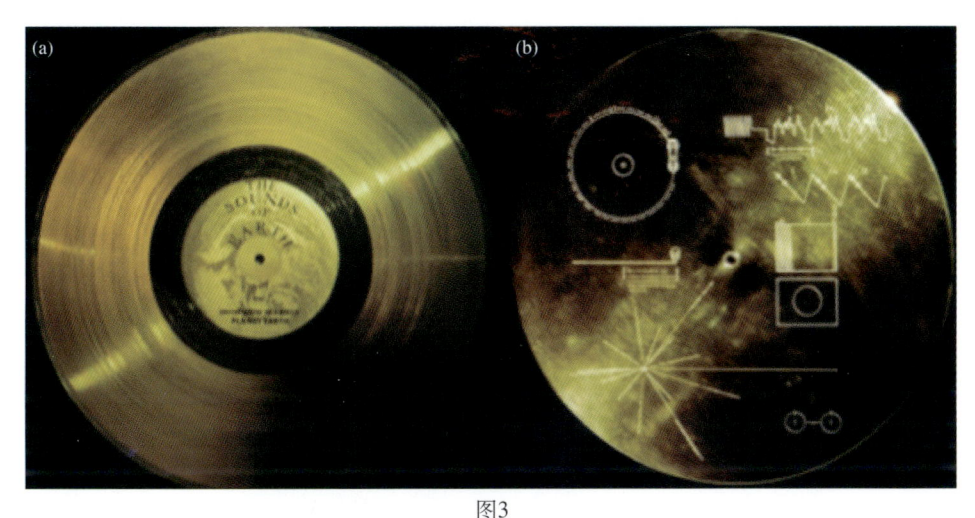

图3
(a)录有"地球之音"的"旅行者号"所携带的镀金唱片；
(b)绘制着代表地球文明图案的唱片贴膜

## 三、"旅行者号"的现在及未来

近一年多来，科学界及媒体始终关注的一个问题是："旅行者1号"到底是否已经离开太阳系，成为第一个进入星际空间的人造天体？事实上，不同学术领域对太阳系的范围有不同的定义，因此上述问题并没有绝对的答案。

从空间物理学的角度看，太阳系的最外缘称为日球层顶，代表从太阳"吹出"的高能带电粒子流(即太阳风)和星际介质的交汇处[6]。基于传统的太阳风理论，日球层顶在物理状态上表现为三个指标的突变：①源自太阳的带电粒子数量；②源自太阳系外死亡恒星的宇宙线强度；③磁场方向。如果三个指标均发生了突变，那么就可以认为"旅行者1号"已离开了太阳系。根据"旅行者1号"所获取的数据，科学家已探测到前两个指标的突变，即太阳风带电粒子密度的急剧降低及宇宙线强度的急剧增加，然而第三个指标的突变一直没有被观察到，使得学术界迟迟未就"旅行者1号"是否已飞出太阳系这一问题做出明确的结论。近期，空间物理学家对传统的太阳风模型进行了修正，而修正的模型不再预言日球层顶发生磁场方向的突变，使得太阳系的范围完全可由①和②两个指标来决定。在此基础上，美国国家航空航天局于2013年9月正式宣布"旅行者1号"已飞出太阳系，飞出的日期被确定为2012年8月25日。同时，按照上述标准，科学家预期"旅行者2号"也将于2016年前后飞出太阳系。

从天文学的角度看，太阳系除了太阳、八大行星，以及处于火星和木星之间的小

175

行星带以外，还存在一类位于巨行星之外呈盘状分布的柯伊伯带天体，以及更加遥远的呈球状分布的奥尔特云天体[7]，二者均在太阳引力束缚下运动，属于太阳系的组成部分。从太阳系中心计算，"旅行者1号"目前的距离接近190亿千米，而奥尔特云的分布距离为1500亿～15万亿千米，因此在天文学的角度上，"旅行者1号"还远未超出太阳系的范围。

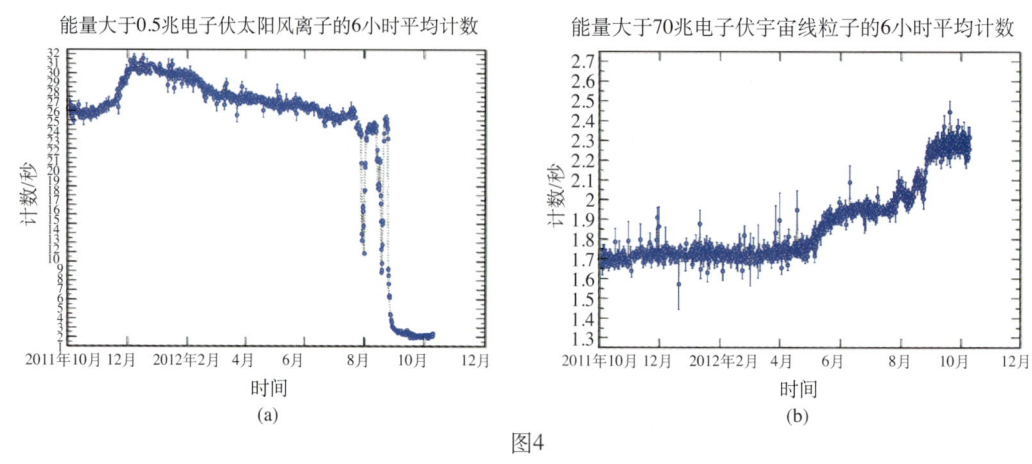

图4
(a) "旅行者1号"获取的太阳风离子密度随时间的变化趋势；
(b) 宇宙线强度随时间的变化趋势

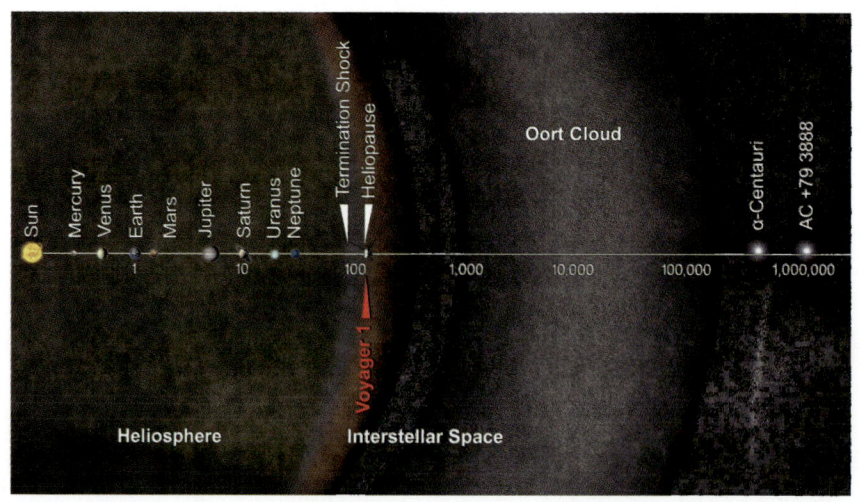

图5 空间物理学和天文学意义上太阳系的范围
注：横轴下方的数字为离太阳系中心的距离(单位：天文单位，约1.5亿千米)
Sun：太阳；Mercury：水星；Venus：金星；Earth：地球；Mars：火星；Jupiter：木星；Saturn：土星；Uranus：天王星；Neptune：海王星；Termination Shock：边界层激波；Heliopause：日球层顶；Oort Cloud：奥尔特云；α-Centauri：半人马座阿尔法星；AC +79 3888：鹿豹座恒星Gl 445；Voyager 1："旅行者1号"；Heliosphere：日球层；Interstellar Space：星际空间

## 5.1 "旅行者号"的太空之旅

"旅行者1号"目前以17千米/秒的速度远离太阳系中心,这意味着它将于30 000年后穿过奥尔特云,在天文学意义上离开太阳系。大约40 000年后,"旅行者1号"将接近另一个"太阳系",即离北极星不远的鹿豹座恒星Gl 445。"旅行者1号"的工作能量由放射性同位素(基于钚238的衰变,半衰期为87.74年)温差发电提供,发射时(1977年)的输出功率为470瓦,目前已衰减近半。2025年后,"旅行者1号"将无法提供足够的能量进行任何科学测量,同时也无法向地球传回任何数据,从而成为太空中一个孤独的漫游者。

"旅行者号"作为人类科学史上的一个里程碑,具有特殊的意义及重要性。正如1911年12月14日人类第一次征服南极,以及1953年5月29日人类第一次征服珠穆朗玛峰一样,"旅行者号"的太空之旅是人类向极端距离、极端空间、极端环境做出的又一次成功尝试,其所携带的"地球之音"将成为人类历史存在的见证,并把人类对未知世界的渴求永久地传唱下去。

## 参 考 文 献

1 Kohlhase C E, Penzo P A. Voyager mission description. Space Sci Rev, 1977, 21: 77-101.
2 Owen T, Danielson G E, Cook A F, et al. Jupiter's rings. Nature, 1979, 281: 442-446.
3 Krimigis S M, Armstrong T P, Axford W I, et al. The magnetosphere of Uranus: hot plasma and radiation environment. Science, 1986, 233: 97-102.
4 Ness N F, Acuna M H, Burlaga L F, et al. Magnetic fields at Neptune. Science, 1989, 246: 1473-1478.
5 Morabito L A, Synnott S P, Kupferman P N, et al. Discovery of currently active extraterrestrial volcanism. Science, 1979, 204: 972.
6 Gurnett D A, Kurth W S, Burlaga L F, et al. In situ observations of interstellar plasma with Voyager 1. Science, 2013, 341: 1489-1492.
7 Weissman P R. The Oort cloud. Nature, 1990, 344: 825-830.

## The Voyager Space Mission

*Cui Jun, Li Chunlai*

In recent years, with the successful implementation of the Chang'E Lunar missions, Chinese scientists are making plans for more ambitious, long-term deep space projects that extend the targets of exploration to more distant objects within the Solar System. Deep space exploration is able to influence our country in various aspects, including science, technology, economy and politics. Since 1950's, more than

> 200 missions to different solar system objects have been conducted by the United States, the (former) Soviet Union and European countries. Among them, the Voyager mission, launched in 1977, has now become the most distant man-made object that is still capable of sending signals back to the earth. As a milestone in the history of science, the Voyager mission is very useful for designing the framework of deep space exploration for our own country.

# 5.2 "嫦娥三号"成功登陆月球

## 孙辉先
(中国科学院国家空间科学中心)

2013年12月2日1时30分,"嫦娥三号"探测器在西昌卫星发射中心发射;1时48分器箭分离,探测器进入近地点210千米、远地点约368 000千米的地月转移轨道;2时18分太阳翼展开,发射任务取得圆满成功。2013年12月14日21时11分,"嫦娥三号"成功实施月面软着陆,此次成功落月,使中国成为全世界第三个实现月面软着陆的国家。本文将简要介绍人类月球探测的历程,"嫦娥三号"(与"玉兔号"月球车)的主要任务、技术特色及中国月球与深空探测的未来。

## 一、我国及世界月球探测的历程[1-3]

自1959年以来,世界各国共进行了129次月球探测活动,其中,美国59次,苏联64次,日本和中国各2次,欧洲空间局和印度各1次。"嫦娥三号"是我国第3次、人类第130次月球探测。

1959~1976年是月球探测的第一次高潮,在此期间,苏联和美国实施了规模浩大的月球探测计划。在冷战的背景下,美国和苏联展开了月球探测的激烈竞争,探测的高潮发生在1965~1972年,每年发射的月球探测器多达3~8个。探测器的类型包括近月飞越探测、击中月球、地月轨道探测、环月轨道探测、无人月面探测、采样返回和载人登月探测。在美国载人登月之前,苏联在飞越月球、月面硬着陆、月面软着陆和月球轨道器等方面一直领先一步,而美国首先实现了载人登月。

1976~1994年,苏联和美国都没有再发射月球探测器,月球探测活动处于宁静期。

1989年,美国总统布什提出了"重返月球"的设想后,美国、俄罗斯、欧洲空

## 5.2 "嫦娥三号"成功登陆月球

间局和日本等均提出了各自的月球探测计划。1990年，日本发射了"飞天号"探测器探测地月环境；1994年，美国发射了"克莱门汀"环月探测器，其后又相继发射了月球轨道勘探器(LRO)、月球大气与尘埃探测器(LADEE)等；欧洲空间局、中国、印度等也相继发射了多颗月球探测器。人类月球探测活动又进入了一个新的高潮。与冷战时期不同，新一轮的月球探测多是基于对宇宙奥秘的探索，都有明确的科学目标。

在月球车方面，1970年11月7日，苏联发射的"月球17号"着陆器携带"月球车1号"在月球雨海成功着陆，释放出月球车，它成为人类历史上第一辆在地外天体上成功运行的探测车。"月球车1号"看上去像一个放在车架上的浴盆(图1)，它的质量为756千克，高1.35米、长2.2米、宽1.6米。"月球车1号"白天工作，夜间休眠保温。携带的有效载荷包括：2台摄像机、4台全景相机、X射线荧光谱仪、X射线望远镜、辐射探测器和激光反射器。在地面人员的操纵下，它在月球上工作了322天，总行程10 540米。1973年1月15日，苏联的第二辆月球车由"月球21号"着陆器成功送上月球，降落于澄海东部。"月球车2号"结构与"月球车1号"大致相同，在随后4个月的工作时间内，行程达42千米。

图1　第一辆成功在月面运行的"月球车1号"

苏联的两辆月球车是无人巡视探测器，而美国送上月球的3辆月球车则是航天员的代步工具"LRV"(Lunar Roving Vehicle)，分别随"阿波罗15号""阿波罗16号""阿波罗17号"被送上月球。1971年7月31日，第一辆航天员代步月球车随"阿波罗15号"

登上月球，它长3米、轴距2.3米、高1.1米，空车质量210千克(图2)。月球代步车大大扩大了航天员在月面的活动范围，它实际行驶27.76千米，工作3小时2分。在此之前，航天员仅能在着陆器附近活动，因为为了维持航天员在月面环境下生存的宇航服非常笨重，限制了航天员的行动。

图2 随"阿波罗15号"登月的月球代步车(1971年)

"嫦娥三号"着陆器是人类自1976年之后的37年来第一个再次在月球软着陆的探测器。"玉兔号"是自1973年苏联"月球车2号"之后40年来第一辆再次在月面运行的月球车，也是人类送上月球的第6辆月球车。

## 二、"嫦娥三号"(与"玉兔号"月球车)的主要任务及技术特色[4]

"嫦娥三号"任务，是中国月球探测工程"绕、落、回"三步走规划中第二阶段的一次主要任务，从2004年开始论证，2008年3月18日正式立项，研制和发射历时6年。"嫦娥三号"的主要任务和技术特色如下。

1. 工程目标

"嫦娥三号"的工程目标是突破月球软着陆、月面巡视探测、深空测控通信与遥操作、深空探测运载火箭发射等关键技术，提升航天技术水平；研制月球软着陆探测器和巡视探测器，建立地面深空站及包括运载火箭、发射场、深空测控站、地面应用

## 5.2 "嫦娥三号"成功登陆月球

等在内的相关设施，具备实施月球软着陆探测的基本能力。

**2. 科学探测任务**

开展月表形貌与地质构造调查，月表物质成分和可利用资源调查，地球等离子层体探测和月基天文观测三类科学探测任务。

**3. 任务描述**

"嫦娥三号"探测器由着陆器和巡视器两部分组成，着陆器质量约3640千克（干重约1220千克），巡视器质量约140千克。巡视器收拢状态包络尺寸约为1500毫米（长）×1000毫米（宽）×1100毫米（高）。发射时巡视器固定于着陆器顶部，探测器发射状态包络尺寸约为$\Phi$3650毫米×3600毫米。着陆器配置了四种有效载荷：降落相机、地形地貌相机、月基光学望远镜、极紫外相机，总质量约为38.8千克。巡视器也配置了四种有效载荷：全景相机、测月雷达、红外成像光谱仪、粒子激发X射线谱仪，总质量约为17.5千克。

测控系统由我国航天测控网和VLBI测轨分系统组成，辅以国际联网的测控站。地面应用系统设在中国科学院国家天文台，由数据接收、数据预处理、通信与网络、科学应用与研究等分系统组成。利用北京密云50米、云南昆明40米孔径天线并行工作，完成探测器数传信道的数据接收。

"嫦娥三号"由CZ-3B火箭在西昌卫星发射中心2号工位发射，直接进入近地点约200千米，远地点约380 000千米，倾角28.5°的地月转移轨道。经1~3次中途修正，飞行约112小时到达月球附近。在近月点进行一次近月制动，进入倾角90°、高度100千米、周期约118分钟的环月轨道。在此轨道上运行约4天后择机实施一次变轨进入近月点15千米、远月点100千米、周期约114分钟的椭圆轨道，在此轨道上运行约100小时，以满足精确测轨的要求，随后从高度约15千米的近月点开始动力下降。动力下降过程持续时间约750秒，包括主减速段、快速调整段、接近段、悬停段、避障段、缓速下降段6个过程。

探测器完成月面着陆后，巡视器将从着陆器上释放、分离。其后着陆器将进行就位探测，巡视器进行巡视探测，这个阶段称为月面工作段。着陆器的设计寿命为12个月，巡视器的设计寿命为3个月。

首个月昼期间着陆器和巡视器的有效载荷开机，进行测试和初步科学探测工作。从第二个月昼起，着陆器和巡视器工作约10~11个地球日，约17~18个地球日用于昼夜、夜昼转换和月夜休眠。因月夜期间没有光照，温度极低，着陆器舱盖闭合，太阳翼调整，休眠唤醒开关闭合，设备断电，热控流体回路接通，利用同位素热源使舱内维持一定的低温环境，避免设备损坏。巡视器首先找到满足姿态要求的休眠点，桅杆、-Y太阳翼收拢，热控流体回路接通，类似于着陆器，利用同位素热源使舱内维持一定的低温环境，度过月夜。当月昼再次来临时，太阳翼的输出功率达到预定值，着陆器和巡视器会自主完成供电系统和相应电子设备加电程序，应答机开机，在地面指令控制下两器再度进入工作状态。

至写稿时为止，"嫦娥三号"已顺利落月，完成了巡视器的释放、分离和两器互拍，标志着这次任务的工程目标已经实现。传回的巡视器和着陆器在月面的照片见图3和图4。其后完成了第一个月昼的测试和探测工作，在月面的累计行程约59米，所有探

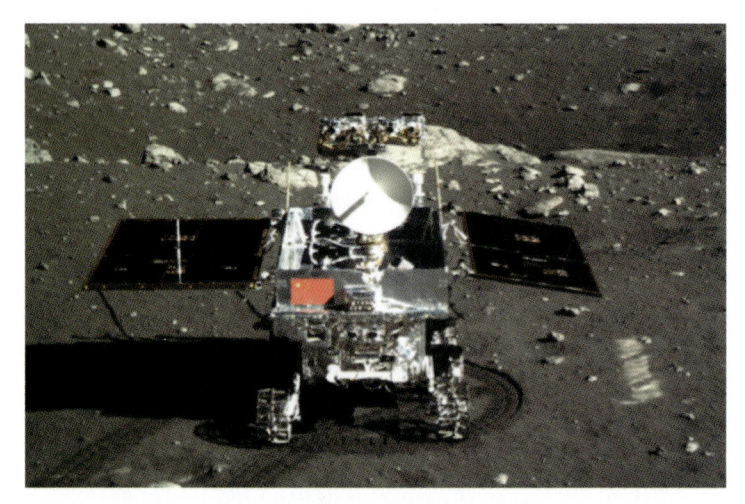

图3　在月面的"玉兔号"巡视器

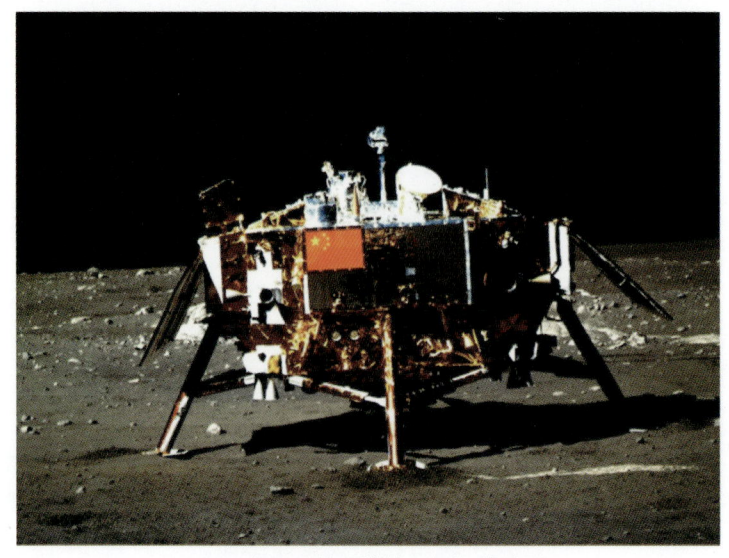

图4　在月面的"嫦娥三号"着陆器

## 5.2 "嫦娥三号"成功登陆月球

测仪器开机测试正常,取得了初步的在轨测试和探测结果,两器均正常进入月夜休眠状态。

**4. 主要技术特色**

"嫦娥三号"任务首次实现了我国航天器在地外天体的软着陆和巡视探测。为此采用了大量的新技术,例如,设计了自主式、高精度分段减速、悬停、避障式无人着陆控制方案,采用了微波测速测距、高动态激光测速、激光三维成像技术,结合惯性测量,进行信息综合,高精度地控制了探测器避开月面障碍,平稳地降落到月面。

首次研制和建立了我国大型深空站,形成了能够覆盖行星际的深空测控网。成功研制35米、66米口径的深空测控站和65米口径的射电望远镜,为我国开展行星际探测和深空天文观测奠定了基础。

首次在月面开展多种形式的科学探测。研制成月基天文望远镜、极紫外相机、粒子激发X射线谱仪等一批新的探测仪器,适应于月面环境下开展科学探测任务。

为完成这次任务,还突破了月面遥操作、多窗口窄宽度发射和高精度入轨、同位素热源和两相流回路温控、特种地面试验设施和试验方法等一系列新技术,大大提高了我国航天工程实施能力。

## 三、中国月球与深空探测的未来

"嫦娥三号"实现了我国月球探测"绕、落、回"规划的第二步。目前,第三步"采样返回"的"嫦娥五号"任务已在紧张地进行之中,估计在2017年前后实施。"嫦娥四号"是"嫦娥三号"的备份星,它将根据"嫦娥三号"任务执行情况进行调整。载人登月和火星、金星、小行星、木星、太阳等深空探测项目也进行过多次论证,我国相关部门将根据科学发展的需求、经济可承受能力和技术可实现程度做出规划和安排。我国的月球和深空探测工作是人类探索未知宇宙活动的一部分,无意与世界上任何国家和组织竞争,将沿着我国自己的规划稳步推进。

### 参 考 文 献

1 The Apollo Missions. http://www.nasa.gov/mission_pages/apollo/index.html [2013-12-30].
2 Lunokhod programme. http://en.wikipedia.org/wiki/Lunokhod_program [2013-12-30].
3 Lunar Roving Vehicle. http://en.wikipedia.org/wiki/Lunar_Roving_Vehicle [2013-12-30].
4 吴伟仁, 裴照宇, 刘彤杰, 等. 嫦娥三号工程技术手册. 北京: 中国宇航出版社, 2013.

## Chang'e-3 Successfully Landed on the Moon

*Sun Huixian*

Chang'e-3 was launched at 1:30 on Dec.2, 2013 at XICHANG Satellite Launching Center. It was separated from the rocket at 1:48 and entered the earth-moon transfer orbit with the perigee of 210 km and the apogee of 36,8000 km. The solar panels were deployed at 2:18, and the launching task was successed. The Chang'e-3 soft-landed on the Moon at 21:11 on Dec.14. That makes China become the third country in the world to implement the spacecraft soft-landing on the moon. This article introduces the process of lunar exploration of mankind, the mission objectives and technical characteristics of Chang'e-3 and its rover Yutu (Jade rabbit). The future lunar and deep space exploration program of China are also introduced briefly.

# 5.3 我国大气灰霾成因及控制的科学思考

### 贺　泓　马庆鑫　马金珠　楚碧武
（中国科学院生态环境研究中心）

## 一、我国大气灰霾的特点和成因

随着经济发展和城市化进程的加速，我国以城市群为特征的大气灰霾污染态势日益严峻[1]。气象上将大量极细微的干尘粒等均匀地浮游在空中，使水平能见度小于10.0千米的空气普遍浑浊现象称为灰霾。雾和霾的判识标准为：相对湿度小于80%，判识为霾；相对湿度大于90%，判识为雾；相对湿度80%～90%时，是雾和霾的混合物，按照大气细颗粒物PM2.5和PM1.0（空气动力学直径分别小于2.5和1.0微米）的浓度判识雾或霾的程度。PM2.5的来源可分为一次源（直接排放）和二次源（二次生成）。一次源可分为自然界排放和人为源排放。其中，自然排放源包括：风扬尘土、火山灰、森林火灾、海浪飞沫、生物来源等；人为排放源包括：工业粉尘、机动车尾气颗粒物、道路扬尘、建筑施工扬尘、厨房烟气等。PM2.5的二次生成是指排放到大气中的气态污染物通过多种化学物理过程产生的二次细粒子。人类活动排放的大量气态污染物如二氧化硫（$SO_2$）、氮氧化物（$NO_x$）、氨（$NH_3$）、挥发性有机化合物（VOCs）等，都能够在大气中被氧化产生硫酸盐、硝酸盐、铵盐和二次有机气溶胶（SOA）。这些二次生成的细粒子是大气中PM2.5的重要来源。全球范围内，二次粒子贡献率可达20%～80%，在我国中东部地区常常高达60%[2]。

无论一次颗粒物还是二次颗粒物，在大气中都会经历一个吸湿增长的过程，增重增容，这和当时的污染状况及气象条件都有关系。灰霾形成是内外因共同作用的结果。外因是出现以水平静风和垂直逆温为特征的不利气象条件，而内因则是大气中的PM2.5及其前体污染物的浓度严重超过了由当地天气、地形等因素所决定的环境容量。在持续的静稳天气条件下，污染物不易扩散，并且通过均相和非均相化学过程产生二次颗粒物的积累，并与一次颗粒物叠加导致大气中细粒子超标。自然条件不可控制，大气污染才是真正的内因。20世纪40～50年代的伦敦烟雾事件的主因是燃煤导致的煤烟型污染；之后的洛杉矶光化学烟雾事件的主因是机动车尾气导致的复合型大气污染，其主控因素比较明确。而随着我国社会、经济的跨越式发展，把发达国家经历的不同阶段、不同类型的大气复合污染历程压缩到当下这个特殊阶段，我国大气污染类型已经由燃煤型污染转变为目前燃煤-机动车-工业排放多类型污染、高负荷共存的重度复合大气污染类型，这是发达国家所没有经历过的新情况。

在我国的重度复合大气污染中，氧化剂($O_3$和OH自由基等)浓度高，有助于$SO_2$和二氧化氮($NO_2$)等酸性气体向硫酸、硝酸的快速转化，也有助于VOCs向SOA(含有机酸)的转化，进一步加剧灰霾污染状况[3]：一方面，这些酸性组分会促进新粒子生成；另一方面，其与高浓度$NH_3$发生酸-碱反应和非均相成核过程，产生具有强吸湿性的盐，在湿润空气中易于发生吸湿增长，转变成消光能力强的粒子，最终形成灰霾。近期研究结果表明，在复合污染条件下，污染物环境容量下降也是形成灰霾的一个重要原因。在中国科学院战略性先导科技专项"大气灰霾追因与控制"的支持下，我们结合实验室模拟和外场观测结果，发现在高浓度$NO_x$和矿质颗粒物共存的情况下，活化了大气中的分子氧，造成大气的氧化性增强，降低了$SO_2$的环境容量，加速了$SO_2$向硫酸盐的转化，促进灰霾的爆发[4-5]。

总的来说，虽然我国对PM2.5的污染现状和来源分析已经开展了很多研究工作，但这些工作还不够系统深入。国务院在2013年9月颁布了《大气污染防治行动计划》("国十条")，其中提出了很具体的奋斗目标，如污染最严重的京津冀地区到2017年细颗粒物PM2.5浓度要下降25%。为科学控制灰霾污染，实现"国十条"的预定目标，急需加强对PM2.5的科学认识，发挥科技的支撑作用。

## 二、大气灰霾的防治建议

### 1. 近期防治措施

我们在前期研究基础上提出，在复合污染条件下，单一污染物的环境容量会下降。同时，考虑到我国中东部城市规模大、人口密度高的特殊国情，我国对大气污染物排放的控制应该制定比发达国家更为严格的环保标准，并加强执法力度，督查企业等责任主体严格遵守。只有加大源头控制工作的力度，对致霾重点污染源(主要是燃煤和机动车)排放的PM2.5及其主要气态前体物($SO_2$、$NO_x$、$NH_3$、VOCs等)严格控制，才能有效地缓解中国的大气灰霾污染问题。根据现阶段的污染特点，提出如下建议：

(1) 油品质量和机动车尾气污染控制应该放在最优先的位置。机动车尾气直接排放致霾的PM2.5(含碳颗粒、硫酸盐等)及其前体物($NO_x$、VOCs、$SO_2$)，对城市圈大气灰霾的形成有较大的贡献[6-7]。提高油品质量可以促进机动车尾气净化后处理技术的应用，大大降低机动车排放污染。例如，由于油品质量不同步的问题，环境保护部曾两次推迟柴油车国家第四阶段排放标准实施，至今柴油标准仍落后于排放标准的要求。

另外，汽油车的排放法规没有包含对细粒子的限制，汽油车排放对PM2.5的贡献可能被低估。应尽快着手研发汽油车细粒子检测和控制技术，支撑新标准立法。加快淘汰老旧机动车；发展公共交通，缓解城市交通拥堵；立法控制非道路机动车(工程车、农用车等)排放。

和其他污染源相比，机动车尾气污染控制具有技术含量高、易于规模应用和见效快的特点，应该放在目前重中之重的位置。

(2) 切实做好燃煤烟气脱硫、脱硝工作。燃煤电厂烟气排放新标准已经相当严格，采用的除尘脱硫、脱硝技术联用给企业带来不小的成本压力。2013年1月京津冀灰霾期间的观测结果表明，PM2.5中硫酸盐浓度居高不下[5]。虽然目前烟气脱硫技术已经普及，但$SO_2$排放仍在高位运行，远未得到根本控制，有必要对环保技术的应用状况进行调查，发现可能出现的漏洞环节，加大监督、执法力度。此外，要尽快推广烟气脱硝技术，遏制$NO_x$排放继续上升的势头，完成"十二五"末期消减$NO_x$排放总量10%的约束性指标。

(3) 对工业废气污染控制，应该加快立法和新技术研发。工业(工业锅炉、石油、化工、钢铁、水泥等行业)是一次颗粒物和二次颗粒物前体物($SO_2$、$NO_x$、VOCs等)的重要来源。由于各行业所需环保技术和成本承受能力各异，废气排放控制立法和技术研发进度参差不齐，建议加快工业行业废气排放控制立法工作，重点研发一批PM2.5及其前体物联合控制技术并推广应用。

另外，通过废气排放控制立法也有利于利用市场手段鼓励先进产能，淘汰落后产能，促进产业升级。

(4) 农业区应加强$NH_3$排放的控制，严控秸秆燃烧。$NH_3$排放对于污染物气粒转化及颗粒物吸湿增长致霾具有极大的促进作用，农业源$NH_3$排放主要来自畜牧业和农业施肥，建议研究采取相应的控制措施。生物质燃烧排放的颗粒物也是导致灰霾产生的重要原因之一，建议严控农业区特别是城郊区的秸秆燃烧。

## 5.3 我国大气灰霾成因及控制的科学思考

**2. 根本解决措施**

我国应该加强环境立法，将清洁空气纳入国民经济和社会发展规划；合理规划能源结构，大力实施节能减排，稳妥推进新能源利用，逐步减少煤炭、石油等传统能源的使用，增加清洁能源和新能源的比重；合理规划产业布局，促进产业升级，淘汰落后产能，发展环保产业，转变经济增长方式，真正实现可持续发展。这些根本解决措施不可能立竿见影，收效必然是一个长期的过程。

## 参 考 文 献

1. Chang D, Song Y, Liu B. Visibility trends in six megacities in China 1973-2007. Atmos Res, 2009, 94(2): 161-167.
2. Yang F, Tan J, Zhao Q, et al. Characteristics of PM2.5 speciation in representative megacities and across China. Atmos Chem Phys, 2011, 11(11): 5207-5219.
3. Quan J, Zhang Q, He H, et al. Analysis of the formation of fog and haze in North China Plain (NCP). Atmos Chem Phys, 2011, 11(15): 8205-8214.
4. Liu C, Ma Q, Liu Y, et al. Synergistic reaction between $SO_2$ and $NO_2$ on mineral oxides: a potential formation pathway of sulfate aerosol. Phys Chem Chem Phys, 2012, 14(5): 1668-1676.
5. Wang Y, Yao L, Wang L, et al. Mechanism for the formation of the January 2013 heavy haze pollution episode over central and eastern China. Sci China Earth Sci, 2014, 57(1): 14-25.
6. 郝吉明, 马广大, 王书肖. 大气污染控制工程(第三版). 北京: 高等教育出版社, 2010.
7. 唐孝炎, 张远航, 邵敏. 大气环境化学(第二版). 北京: 高等教育出版社, 2006.

## Formation Mechanism and Control Strategy of Haze in China

*He Hong, Ma Qingxin, Ma Jinzhu, Chu Biwu*

Haze is mainly caused by the interactions of air pollution and meteorological conditions. With a leapfrog development of Chinese society and economy, air pollution in China is becoming highly complex. The environmental capacity of single pollutant decreases under the complex air pollution conditions, leading to frequent haze. This paper provides some suggestions on controlling air pollution from vehicles, coal burning, industry and agriculture.

## 5.4 我国人感染H7N9禽流感疫情的防控及挑战

**舒跃龙**

(中国疾病预防控制中心病毒病预防控制所国家流感中心)

2013年初，中国疾病预防控制中心从上海等地送检的肺炎标本中分离出一种从未在动物中和人群中发现过的新型H7N9禽流感病毒[1]。感染者大多表现为重症肺炎甚至死亡。截至2014年1月23日，该病原已造成包括我国台湾和香港在内的15个省223人感染，其中65人死亡。疫情发生后，我国迅速采取了关闭活禽市场等控制措施，疫情得到了一定的控制。但是由于该病毒特殊的生物学特点，使得我们在防控方面仍然面临巨大挑战。

### 一、流感和禽流感

流感病毒为单股、负链、分节段RNA病毒。根据核蛋白和基质蛋白的不同分为甲、乙、丙三型。其中甲型流感病毒根据表面血凝素(HA)和神经氨酸酶(NA)蛋白结构及基因特性又可分成16个HA亚型(H1~H16)和9个NA亚型(N1~N9)。水禽是所有甲型流感病毒的天然宿主。禽流感主要是指禽中流行的由流感病毒引起的感染性疾病。禽流感病毒可分为高致病性禽流感病毒、低致病性禽流感病毒和无致病性禽流感病毒。

流感是由流感病毒引起的人急性呼吸道传染病，主要由甲型流感病毒H1N1、H3N2亚型和B型流感病毒所引起。

### 二、新型H7N9禽流感病毒的发现

由于种属屏障，禽流感病毒只在偶然的情况可以感染人，在H7N9禽流感病毒被发现以前，已确认可以感染人的禽流感病毒有H5N1、H9N2、H7N2、H7N3、H7N7、H5N2、H10N7，症状表现各不相同，可以表现为呼吸道症状、结膜炎、肺炎，严重情况下甚至导致患者死亡[2]。2013年3月，在我国上海发现家庭聚集性肺炎病例，通过病毒分离和序列测定，发现导致肺炎的病原是一种新型重配的H7N9禽流感病毒，其HA基因为H7亚型，其NA基因为N9亚型；同时又不同于禽类中的H7N9，其内部基因来自H9N2禽流感病毒，因此该新型H7N9禽流感病毒是H7、N9及H9N2的多源重配病

[1]。随后更多的研究结果表明这种病毒内部基因的重配过程十分复杂，而且仍在变化之中[3-5]。

## 三、新型H7N9禽流感病毒与甲型H1N1、H5N1禽流感病毒的特征比较

2009年甲型H1N1流感病毒是一种之前从未在人群分离到的重配病毒，是由人源、猪源和禽源流感病毒重配而来的。2009年，甲型H1N1流感病毒造成全球范围内的流感大流行，共造成20%～30%的人群感染，其中10%～15%的人群发病，死亡人数超过28万。此次流感大流行结束后，甲型H1N1流感病毒很快取代了之前在人群中流行的季节性H1N1流感病毒，与A(H3N2)亚型流感和B型流感病毒共同在人群中呈季节性流行。甲型H1N1流感病毒感染者主要是青壮年，轻度和中度病例较多，病死率并不高。目前该传染病已经纳入常规的季节性流感，按照丙类传染病管理，而且接种的季节性流感疫苗中已经包含了该病毒组分。

H7N9和H5N1禽流感均为乙类传染病，其相同点包括：

(1) 感染途径都是以从禽到人的传播为主，但都存在非持续性有限人际传播；

(2) 临床症状类似，都主要以肺炎为主，而且病死率都很高，H7N9禽流感病死率为36%左右，H5N1为60%左右，轻症和亚临床感染均罕见[6-7]；

(3) 潜伏期均为3天左右；

(4) 接触禽类、访问活禽市场、罹患慢性疾病均是二者感染和致病的危险因素；

(5) 达菲等神经氨酸酶抑制剂类药物对二者均有效；

(6) 人群均对这两种病毒没有免疫力，因此对疫苗的研制是十分重要的。

但是二者之间也存在很多不同，主要表现在：

(1) 到目前为止，感染宿主范围不同。H7N9禽流感病毒主要感染鸡，偶尔感染人、鸭和鸽子[1,8]。H5N1禽流感可以感染水禽、家禽和野禽，也可以感染其他动物如猫、狗、老虎等，偶尔会感染人；

(2) H7N9禽流感病毒感染鸡后不致病[8]，而H5N1禽流感病毒感染鸡后表现为高致病，几乎100%死亡；

(3) H7N9禽流感病毒不仅可以结合禽流感病毒受体，也可以结合人流感病毒受体，具有典型的双受体结合特点。而H5N1只能结合禽流感病毒受体，因此H7N9较H5N1禽流感病毒更容易感染人[9]，随后晶体结构研究也证明了这一点[10-12]；

(4) H7N9禽流感主要感染者以超过60岁的老年人为主，而H5N1禽流感则主要以青壮年为主；H5N1禽流感感染者中男女性别比相当，但H7N9禽流感感染者中男性多于女性[13-14]。

## 四、我国人感染H7N9禽流感疫情主要防控策略

我国在H7N9禽流感疫情发生之后，迅速采取了一系列防控措施，有效地控制了疫情。

(1) 通过建立起来的全国传染病监测平台和全国流感监测网络，迅速查明了病原，目前基于该网络实时监测病毒的流行和变异情况；

(2) 迅速关闭活禽市场，取得了很好的防控效果；

(3) 迅速研发成功检测试剂，为病例的诊断和流行病学调查提供了科学手段；

(4) 不断优化临床治疗方案，努力降低病死率；

(5) 将人感染H7N9禽流感纳入法定乙类传染病，对H7N9禽流感进行规范化和法制化管理。

## 五、面临的主要挑战和建议

(1) 由于H7N9禽流感在禽类中不致病，人成为发现H7N9禽流感病毒感染的"哨兵"，这对防控工作造成极大的挑战，因此应推进现代化养殖和经营模式的升级转型，逐步改变人们的生活习惯；逐步在全国大中城市取消活禽的市场销售和宰杀，对无法取消活禽交易的市场，实施休市制度和严格的卫生管理措施；

(2) 加强对H7N9禽流感患者的早诊早治，尽最大的努力，减少重症病人的发生，降低病死率；

(3) 由于病毒的变异进化很难预测，因此要加强对病毒的实时监测，通过病毒进化、重配、药物敏感性、临床特征及宿主范围等各个方面的实时监测，为风险评估、应对措施的制定及临床治疗提供科学依据；

(4) 尽快研发人用H7N9禽流感疫苗，有备无患。

## 参 考 文 献

1　Gao R B, Cao B, Hu Y W, et al. Human infection with a novel avian-origin influenza A (H7N9) virus. New Engl J Med, 2013, 368(20):1888-1897.

2　朱闻斐, 高荣保, 王大燕, 等. H7亚型禽流感病毒概述. 病毒学报, 2013, 29: 245-249.

3　Liu D, Shi W, Shi Y, et al. Origin and diversity of novel avian influenza A H7N9 viruses causing human infection: phylogenetic, structural, and coalescent analyses. Lancet, 2013, 381: 1926-1932.

4　Wu A, Su C, Wang D, et al. Sequential reassortments underlie diverse influenza H7N9 genotypes in China. Cell Host Microbe, 2013, 14(4): 446-452.

5　Lam T T, Wang J, Shen Y, et al. The genesis and source of the H7N9 influenza viruses causing human infections in China. Nature, 2013, 502(7470): 241-244.

6   World Health Organization. Avian influenza in humans.http://www.who.int/influenza/human_animal_interface/avian_influenza/en [2013-11-22].

7   Gao H N, Lu H Z, Cao B, et al. Clinical findings in 111 cases of influenza A (H7N9) virus infection. New Engl J Med, 2013, 368(24): 2277-2285.

8   Zhang Q Y, Shi J Z, Deng G H, et al. H7N9 influenza viruses are transmissible in ferrets by respiratory droplet. Science, 2013, 341: 410-414.

9   Zhou J F, Wang D Y, Gao R B, et al. Biological features of novel avian influenza A (H7N9) virus. Nature, 2013, 499(7459): 500-503.

10  Shi Y, Zhang W, Wang F, et al. Structures and receptor binding of hemagglutinins from human-infecting H7N9 influenza viruses. Science, 2013, 342(6155): 243-247.

11  Tharakaraman K, Jayaraman A, Raman R, et al. Glycan receptor binding of the influenza A virus H7N9 hemagglutinin. Cell, 2013, 153(7): 1486-1493.

12  Xiong X, Martin S R, Haire L F, et al. Receptor binding by an H7N9 influenza virus from humans. Nature, 2013, 499(7459): 496-499.

13  Li Q, Zhou L, Zhou M, et al. Epidemiology of the avian influenza A (H7N9) outbreak in China. New Engl J Med, 2014, 370: 520-532.

14  Benjamin J C, Lianmei J, Eric H Y L, et al, Comparative epidemiology of human infections with avian influenza A H7N9 and H5N1 viruses in China: a population-based study of laboratory-confirmed cases. Lancet, 2013, 382: 129-137.

## The Strategies and Challenges for Avian H7N9 Influenza Prevention and Control

*Shu Yuelong*

Since a novel avian influenza A (H7N9) virus has been discovered in Yangtze Delta region in early 2013, more severe human infections and deaths have been reported. A lot of measures including live poultry markets closure have been implemented to control the outbreak. However, the special biological features of the H7N9 virus still leave us a great challenge for its prevention and control. Thus, continued surveillance should be enhanced to provide evidences for appropriate strategies development, and more important, the poultry production system, trade model and the marketing system should be improved to prevent human infection with influenza A(H7N9) virus from the original source.

# 5.5 食品添加剂与食品安全

## 王 静 孙宝国
(北京工商大学食品学院)

食品工业是我国国民经济的支柱产业，也是保障民生的基础性产业。2012年，我国规模以上食品工业总产值近9万亿元，同比增长21.7%。食品添加剂作为现代食品工业的重要组成部分，对于改善食品色、香、味、形，调整营养结构、改进加工条件、提高食品的质量和档次、防止腐败变质和延长食品的保存期、维护食品安全发挥着重要的作用。

然而近几年来，从"瘦肉精猪肉"事件、"红心鸭蛋"事件、"三聚氰胺奶粉"事件，到"染色馒头"事件，食品安全问题频频曝光，人们的食品安全感越来越差。谈到食品安全，很多人就会想到食品添加剂，误认为食品安全问题就是食品添加剂造成的。消费者调查显示，超过80%的消费者认为食品安全问题就是由于食品添加剂造成的[1]。事实上，迄今为止，我国出现的有重大危害的食品安全事件，没有一件是因为合理、合法使用食品添加剂造成的，但是，食品添加剂却成了很多食品安全事件的替罪羊。合理、合法使用食品添加剂不仅不会造成食品安全问题，还对维护食品安全发挥着重要作用。

## 一、食品添加剂的必要性

食品添加剂是指为改善食品品质和色、香、味，以及为防腐、保鲜和加工工艺的需要而加入食品中的人工合成的或者天然的物质。人类使用食品添加剂的历史与人类文明史一样悠久。公元前1500年的埃及墓碑上描绘有人工着色的糖果；中国在周朝时即已开始使用肉桂增香；在公元前164年的西汉时期，制作豆腐时就已经使用盐卤做凝固剂，并一直流传至今；公元6世纪北魏末年农学家贾思勰所著的《齐民要术》中记载了从植物中提取天然色素及应用的方法；大约在800年前的南宋时就已经在腊肉生产中使用亚硝酸盐作为防腐剂和护色剂，并于公元13世纪传入欧洲。

随着生活水平的提高，人类对食品品质的要求也随之提高，食品工业和餐饮业的发展对改善人类的食物品质、方便人民生活、提高体质等方面都具有特别重要的意义，其中食品添加剂担当着决定性的角色。

日常生活中的许多食品都离不开食品添加剂。面包、饼干里有膨松剂；巧克力、

## 5.5 食品添加剂与食品安全

冰激凌里有乳化剂；火腿肠里有护色剂和防腐剂；可乐里有着色剂和酸味调节剂；啤酒里有防腐剂二氧化碳，干红葡萄酒里有防腐剂二氧化硫；豆腐里有卤水，主要成分是氯化镁，是凝固剂；油条里有明矾，是膨松剂；口香糖里有甜味剂和胶姆糖基础剂；味精学名叫谷氨酸钠，是增味剂；鸡精里除了谷氨酸钠，还有肌苷酸钠、鸟甘酸钠、鸡肉香精，这些都是食品添加剂；大米中有防腐剂，面粉中有抗结剂和防腐剂；食用油里有抗氧化剂；食盐里有抗结剂；酱油和醋里都有防腐剂。另外，一些食品添加剂还能满足人们的特殊需求，如在肥胖病人、糖尿病人的食品中使用的各种甜味剂安全性高、不影响血糖值，对健康有利。如果没有了食品添加剂，不仅商店里各种琳琅满目的食品将会不复存在，就是我们的家庭厨房也会难以正常运转：面粉会发霉、食盐会结块、食用油会酸败、酱油会变质等。食品添加剂是食品工业的灵魂，没有食品添加剂，就没有食品制造和现代食品工业。

## 二、食品添加剂的作用及其与食品安全的关系

食品添加剂在食品工业中发挥着重要作用。目前，我国允许使用的食品添加剂有2300多种，此外还有200多种营养强化剂[2]。根据在食品加工中的作用不同，食品添加剂可以分为酸度调节剂、抗结剂、消泡剂、抗氧化剂、漂白剂、膨松剂、着色剂、护色剂、酶制剂、增味剂、营养强化剂、防腐剂、甜味剂、增稠剂、食品香料等。

食品添加剂如着色剂、护色剂、食品香料香精、增稠剂、乳化剂、品质改良剂等能够改善和提高食品色、香、味及口感等感官指标，满足人们对食品风味和口感的要求。食品防腐剂和抗氧化剂在食品工业中可防止食品氧化变质，避免营养素的损失，对保持食品的营养具有重要的作用。食品营养强化剂可以提高和改善食品的营养价值，对于防止营养不良和营养缺乏，保持营养平衡，提高人们的健康水平具有重要意义。食品添加剂的使用还能够满足食品加工操作如润滑、消泡、助滤、稳定和凝固等的需要。

食品添加剂对维护食品安全、延长食品的保质期也具有重要作用。目前全世界范围内，因食用致病微生物污染的食品引发疾病是食品安全头号问题[3]。许多食品如不采取防腐保鲜措施，出厂后将很快腐败变质，食用后将会造成严重危害。为了保证食品在保质期内保持应有的质量和品质，必须使用防腐剂、抗氧化剂和保鲜剂。

合法使用食品添加剂不仅是安全的，也是必要的。食品工业越发展，人民生活水平越提高，使用食品添加剂的品种和数量就会越多。食品添加剂已成为现代食品工业生产中不可缺少的物质。

## 三、食品添加剂在使用方面存在的主要问题

我国《食品添加剂使用标准(GB2760-2011)》中规定了食品添加剂的使用原则：不应对人体产生任何健康危害；不应掩盖食品腐败变质；不应掩盖食品本身或加工过程中的质量缺陷或以掺杂、掺假、伪造为目的而使用食品添加剂；不应降低食品本身的营养价值；在达到预期目的前提下尽可能降低在食品中的使用量。但是，由于食品添加剂产业发展较快，食品添加剂管理机制尚未完善和健全，再加上一些企业盲目逐利等因素，使得围绕食品添加剂产生的安全问题时有发生。当前，我国食品添加剂使用中存在的主要问题有违禁使用非法添加物、超范围和超量使用食品添加剂、食品添加剂的标识不符合规定。

1. 违禁使用非法添加物

违禁使用非法添加物是指将严禁在食品中使用的化工原料或药物当成食品添加剂来使用。近几年来屡屡被曝光的三聚氰胺、苏丹红、瘦肉精、孔雀蓝等都不属于食品添加剂，是在食品中违禁使用非法添加物的典型案例。这些违法行为不但给人民身体健康带来巨大威胁，也损害了食品添加剂在消费者心中的形象，导致公众错将非法添加物引发的食品安全问题归因于食品添加剂。

2. 超范围和超量使用食品添加剂

我国的食品添加剂使用标准中对允许使用的食品添加剂的品种、范围和用量都有明确的规定。超范围和超量使用食品添加剂是指超出了标准中所规定的某种食品中可以使用的食品添加剂的种类和范围，或者超过了规定的食品添加剂使用量。上海超市"染色馒头"事件就是超范围使用食品添加剂的典型案例，柠檬黄是一种允许使用的食品添加剂，但不允许在馒头中使用。膨化食品中使用甜蜜素和糖精钠也属于超范围使用食品添加剂，虽然甜蜜素和糖精钠都属于食品添加剂，但是不允许使用在膨化食品中。食品添加剂计量不准确或者多环节使用食品添加剂都会造成食品添加剂的超量使用[4-5]。

3. 食品添加剂的标识不符合规定

《食品安全法》《预包装食品标签通则》等法律、法规对食品产品中的食品添加剂信息标识是有明确规定的，要求通过标签标识让消费者了解所购买食品产品中究竟添加了哪些食品添加剂。但是，部分企业无视法律法规要求，不正确或不真实地标识食品添加剂，侵犯了消费者的知情权。还有部分企业为了迎合消费者心理，会在产品包装上标明"本品不含任何添加剂""本品不含防腐剂""本品不含人工色素""本

品不含香精"等。事实上现代食品工业化生产离不开食品添加剂，这样不符合实际的标识不仅使食品添加剂成为媒体抨击的内容和关注的焦点，也加深了消费者对食品添加剂的疑惑，不利于食品工业的发展。

## 四、加强食品添加剂管理维护食品安全的建议

(1) 制定和完善食品添加剂产品质量标准和检验方法标准，严厉打击食品非法添加和滥用食品添加剂的违法犯罪行为，确保食品安全，提高公众对食品添加剂的信任；

(2) 加强食品添加剂和食品安全知识培训，提高食品添加剂生产者及使用者的法律意识和责任意识，促使食品生产企业按照食品添加剂使用标准加工食品、并正确标识；

(3) 加大对消费者食品添加剂科普知识的宣传教育，引导消费者正确认识和理性对待食品添加剂和食品安全问题；

(4) 组织开展食品添加剂的风险评估和风险交流，帮助广大消费者科学、正确地认识食品添加剂和食品安全问题，增强对食品添加剂和食品安全的信心；

(5) 加强食品添加剂和食品安全的科技研发，尽快提升我国食品添加剂产业科技水平和产品质量档次，提高食品安全检测能力和水平，为确保我国食品安全提供科学和技术保障。

## 参 考 文 献

1　孙宝国. 食品添加剂与食品安全. 科学中国人, 2011, 22: 34-38.

2　孙宝国. 躲不开的食品添加剂. 北京：化学工业出版社，2013.

3　尤新. 食品安全和食品添加剂发展动向. 粮食加工, 2010, 35(2): 9-14.

4　郑玮. 浅析食品添加剂生产、流通和使用现状及实行分级管理的思考. 中国卫生监督杂志, 2011, 18(4): 354-358.

5　赵同刚. 食品添加剂的作用与安全性控制. 中国食品添加剂, 2010, (3): 46-50.

### Food Additives and Food Safety

*Wang Jing, Sun Baoguo*

Food additives have been around almost as long as the history of human civilization. There will be no modern food industry without food additives. Using food additives legally and fairly is necessary to maintain food safety. However, food additives have become the most disturbing risk factors of food safety for consumers at present. The importance of food additives, the role of food additives played in maintaining food safety, and the main problems existed in food additives application were introduced in this paper. Some suggestions were put forward to intensify food additives supervision and maintain food safety.

# 5.6 中国页岩气的勘探开发现状与利用前景

**邹才能　张国生　董大忠　王玉满　王淑芳**
(中国石油勘探开发研究院)

页岩气是指赋存于富有机质泥页岩及其夹层中，以吸附或游离状态为主要存在方式的非常规天然气[1]。长期以来，页岩一直被作为生成油气的烃源岩，而不能成为有效储集层，即使在页岩中钻探出工业气流，也被认为是裂缝性气藏。直到20世纪70年代中后期，页岩气才逐渐受到重视。1981年，被誉为"页岩气之父"的乔治·米歇尔对巴内特(Barnett)页岩C.W. Slay No. 1井实施大规模压裂并获得成功，实现了真正意义的页岩气突破[2]。进入21世纪，随着地质认识的深化与水平井、水力压裂等技术的进步，美国率先实现了页岩气大规模开发利用，并带动全球掀起页岩气研究与勘探开发热潮[3]。

## 一、世界各国页岩气开发的现状

全球页岩气勘探开发自1821年在美国东部泥盆系页岩中钻成第一口页岩气井、1914年发现第一个页岩气田——Big Sandy气田以来，历经1821～1978年偶然发现、1978～2003年认识与技术突破、2003～2006年水平井与水力压裂等技术推广应用、2007～2013年全球化发展等4个阶段。目前，北美地区的美国、加拿大已成功实现工业化开发。亚太地区的中国、澳大利亚、印度，欧洲地区的波兰、乌克兰、土耳其、英国，中南美地区的阿根廷、智利等国家，已认识到页岩气资源的开发利用前景，开始开展页岩气基础研究与勘探开发试验，中国等少数国家已实现工业突破[4]。

北美地区是页岩气资源最丰富，也是目前唯一实现工业化开发利用的地区。北美地区页岩气技术可采资源量64.5万亿米$^3$，约占全球资源总量的29%[5]。其中，美国

## 5.6 中国页岩气的勘探开发现状与利用前景

是世界上最早发现并大规模开发利用页岩气的国家。美国从1976年启动页岩气研究与试验项目,经过大约30年时间的持续攻关与开采试验,先后在巴内特、费耶特维尔(Fayetteville)、海恩斯维尔(Haynesville)、马塞勒斯(Marcellus)等页岩层系获得重大突破,页岩气产量快速增长,2012年产量达2710亿米$^3$,约占美国总产量的40%。加拿大是继美国之后世界上第二个对页岩气进行勘探开发的国家。加拿大页岩气资源分布广、层位多,技术可采资源量16.2万亿米$^3$,主要分布在不列颠哥伦比亚、阿尔伯塔、萨斯喀彻温、南安大略、魁北克等地区。

欧洲地区是页岩气资源最少,也是对页岩气开发利用最为迫切的地区。欧洲地区页岩气技术可采资源量25万亿米$^3$,约占全球资源总量的11%,主要分布在俄罗斯、波兰、法国、乌克兰等国家。2009年,德国国家地学实验室启动为期6年的"欧洲页岩项目"(GASH);2010年,欧洲启动9个页岩气勘探开发项目,其中5个在波兰。目前,波兰页岩气勘探开发已取得初步突破,在位于北部靠近Lebork的一口井中成功开采出页岩气,日产大约8000米$^3$,但因产量明显低于美国,埃克森美孚公司已放弃在波兰勘探页岩气。乌克兰在哈尔科夫地区钻探发现页岩气;土耳其计划近期在东部迪亚巴克尔省钻探第一口页岩气井;英国计划将页岩气开采税率由目前油气开采的62%降至30%,鼓励页岩气开发利用。

亚太地区是页岩气资源第二丰富,也是继北美之后第二个取得工业突破的地区。亚太地区页岩气技术可采资源量52.1万亿米$^3$,约占全球资源总量的24%,主要分布在中国、澳大利亚、巴基斯坦、印度等国家。中国已在四川、鄂尔多斯、沁水等盆地和重庆、湖南等地区钻探证实存在页岩气资源,并建立起四川盆地海相页岩气、鄂尔多斯盆地陆相页岩气产业化示范区,完钻各类页岩气130余口,获页岩气井64口,累计生产页岩气超过1亿米$^3$。澳大利亚在大洋洲7个盆地中发现富有机质页岩,已在新西兰获得单井工业性突破。印度在靠近西孟加拉邦杜尔加布尔的Barren Measure页岩中发现了页岩气,计划对外拍卖6个页岩气区块。印尼计划拍卖位于北苏门答腊、南加里曼丹的页岩气区块。

中南美地区页岩气技术可采资源量40.5万亿米$^3$,约占全球资源总量的18%,主要分布在阿根廷、巴西、委内瑞拉等国家。阿根廷页岩气技术可采资源量为22.7万亿米$^3$,位居世界第三,是南美页岩气开发利用前景最好的国家,目前阿根廷国家石油公司和陶氏化学阿根廷子公司已经同意投资勘探页岩气资源。

非洲地区页岩气技术可采资源量38.5万亿米$^3$,约占全球资源总量的17%,主要分布在阿尔及利亚、南非、利比亚等国家。南非已于2013年10月发布《水力压裂法试行条例》,并计划明年发放一系列页岩气区块的勘探许可。

## 二、我国页岩气开发面临的机遇与挑战

美国页岩气的大规模开发利用，推动我国从政府部门到科研院校和生产企业，都掀起了页岩气研究与勘探开发试验热潮。短短几年时间，我国在页岩气基础研究、资源调查、示范区建设等方面都取得重要进展，加快开发已具备四大机遇。

一是我国天然气对外依存度大幅攀升，需要加快页岩气开发利用。2000年以来，伴随克拉-2、苏里格、普光等一批大气田的发现，天然气产量以年均12.1%的速度快速增长，2012年产量已达1072亿米$^3$。但产量增速仍赶不上需求增速，导致天然气工业刚进入快速发展期就出现供不应求的局面，2012年对外依存度已达25%。在此形势下，加快页岩气等非常规天然气的开发利用，对推进我国天然气工业的快速发展、促进经济社会低碳绿色发展十分重要。

二是我国页岩气资源比较丰富，具有发展的资源基础。我国陆上发育海相、海陆过渡相、陆相三大类富有机质页岩，分布范围广泛，具备页岩气形成的良好物质基础。国内外不同机构评价认为，我国页岩气技术可采资源量为31.6万亿米$^3$[5]、25万亿米$^3$[6]、8.8万亿米$^3$（海相）[7]、10万亿～15万亿米$^3$等。总体来看，我国页岩气资源潜力比较大，具备加快发展的资源基础。

三是国家已出台多项优惠扶持政策，为加快页岩气发展创造了良好条件。目前，国家能源局已先后出台《关于出台页岩气开发利用补贴政策的通知》《页岩气产业政策》等优惠政策支持页岩气加快发展。国土资源部已进行两轮页岩气区块招标，吸引了大批企业投资进行页岩气开发。一些地方政府也拨出专项资金用于页岩气研究与勘探开发试验。

四是我国页岩气开发利用具有后发优势，如果组织得力可以加快发展节奏。美国经过大约30年时间的攻关，逐步形成水平井、多段压裂、微地震监测等页岩气勘探开发核心技术。我国页岩气发展可以借鉴美国发展经验，通过成熟技术引进、消化、吸收和再创新，实现规模开发的时间有望比美国大大缩短[8]。

但我国页岩气地质条件与美国相比差异较大，开发利用仍面临四大挑战。

一是地质条件的特殊性决定了国外成熟技术难以照搬应用。与美国以海相页岩气为主不同，我国陆相页岩、海相页岩都有，而且海相页岩主体呈现时代老、热演化程度高、改造强、埋藏深的特点，陆相页岩主体处于生油阶段，国外陆相页岩气也没有真正实现大规模开发。

二是地表条件复杂，不适应大型设备动迁与照搬美国开采模式。美国海相页岩气主要分布于平原区，地表相对平坦，可以采用大规模平台式"工厂化"模式开采，不仅能大幅提高资源动用程度，还能大幅降低生产成本。我国页岩气主要分布于山地、丘陵等复杂地区，大型工程设备动迁难度大，需要建立我国平台式"工厂化"开采模

式的布井要求，创新发展适合我国地面条件的工程技术。

三是水资源总体短缺，大型水力压裂面临挑战。美国页岩气开发主要采用低成本大型滑溜水压裂改造技术，需要大量的水资源。如果我国页岩气开发采用这项主体技术，则面临水资源不足的严重约束，需要发展新型的少用水甚至无水压裂技术。

四是成本压力大，大规模经济开发面临挑战。由于我国页岩气地质地表条件复杂，加上许多关键技术与装备仍需进口，导致相同深度页岩气水平井建井成本是美国的2~3倍，需要国家给予积极政策扶持方能实现规模开发利用。

## 三、对我国页岩气开发的思考

非常规油气作为技术主导型油气资源，比起常规油气，开发难度更大、技术要求更高，规模发展需要较长时间的技术准备和突破准备，实现科技与管理创新，一旦突破发展速度会很快。我国页岩气开发也需要经历一段时间技术准备，要花费大量精力、大量投入，不断实践。

我国页岩气规模发展，需要突破理论关、技术关、成本关、环保关"四关"，需要制定加快核心区优选、加大试验区建设、加强生产区规划"三步走"路线图[9]。当前至少需要坚持做好5件事。

一是加大基础研究创新，打一批地质取心资料井，进一步摸清家底，寻找出我国除威远－长宁－焦石坝等之外的新页岩气工业化开采核心区；

二是在四川等盆地建设不同类型页岩气工业化试验区，形成工业技术、方法和开采模式；

三是加大页岩气勘探开发技术和装备自主研发力度，尽早实现国产化；

四是大力培养页岩气多学科人才；

五是国家要给页岩气在政策上更大的支持和扶持，用非常规的机制和体制，保障页岩气科学有效发展。

页岩气发展有空间，但需要时间。十年磨一剑，我国页岩气会有更好的发展前景。

## 参 考 文 献

1　国家能源局. 页岩气产业政策. 2013-10-22.

2　邹才能, 董大忠, 王社教, 等. 中国页岩气形成机理、地质特征及资源潜力. 石油勘探与开发, 2010, 37(6): 641-653.

3　邹才能, 陶士振, 侯连华, 等. 非常规油气地质(第二版). 北京：地质出版社, 2013.

4 张所续. 世界页岩气勘探开发现状及我国页岩气发展展望. 中国矿业, 2013, 22(3): 1-3.
5 EIA. Technically Recoverable Shale Oil and Shale Gas Resources: An Assessment of 137 Shale Formations in 41 Countries Outside the United States. http://www.eia.gov/analysis/studies/worldshalegas/ [2013-06-10].
6 国土资源部油气资源战略研究中心. 全国页岩气资源潜力调查评价及有利区优选. 2013-03-01.
7 中国工程院. 我国页岩气和致密气资源潜力与开发利用战略研究. 2012-09.
8 赵文智, 李建忠, 杨涛, 等. 我国页岩气资源开发利用的机遇与挑战 //第二届"中国工程院/国家能源局能源论坛"论文集——化石能源的清洁高效可持续开发利用. 北京: 煤炭工业出版社, 2012: 17-26.
9 邹才能, 张国生, 杨智, 等. 非常规油气概念、特征、潜力及技术——兼论非常规油气地质学. 石油勘探与开发, 2013, 40(4): 385-399.

## The Status Quo and Future Prospects of Shale Gas Exploration and Development in China

*Zou Caineng, Zhang Guosheng, Dong Dazhong, Wang Yuman, Wang Shufang*

In the 21st century, with the deepening of geological knowledge and advances of horizontal wells, hydraulic fracturing and other technology, the United States take the leader in large-scale exploitation of shale gas and arouse a global boom of shale gas exploration and development. Marine shale gas in Sichuan Basin of China has achieved industrial breakthrough, with cumulative production over 100 million m$^3$. Opportunities and challenges coexist in China shale gas development. In order to achieve the large-scale exploitation of shale gas as early as possible, "three-step route" of accelerating the core area selection, increasing the pilot area development, and strengthening the production area planning should be followed, and "four challenges" of theory, technology, cost and environment should be broken through as soon as possible.

# 第六章 科技战略与政策

S&T Strategy and Policy

## 6.1 关于国家财政科技资金分配与使用情况的调研报告

**全国人大财政经济委员会**
**全国人大教育科学文化卫生委员会**
**全国人大常委会预算工作委员会**

从2013年4月起,全国人大财政经济委员会(简称财经委)、全国人大教育科学文化卫生委员会(简称教科文卫委)和全国人大常委会预算工作委员会(简称预算工委)联合就国家财政科技资金分配与使用情况进行了专题调研。调研组召开座谈会听取了国家发展和改革委员会(简称国家发改委)、财政部和科技部等有关部门的情况介绍,调研了相关科研院所、部分企业和高等院校,并先后赴北京、上海、湖南、广西等省(自治区、直辖市)进行了考察。同时还委托辽宁、上海、湖北和陕西4省(直辖市)人大财经委(常委会预算工委)开展了专题调研。调研主要就完善科技管理体制、健全科技资金统筹协调机制、优化财政科技投入结构、加强科技资金绩效管理等问题展开,进行了深入的讨论和研究。调研情况报告内容如下。

### 一、基本情况

科技是国家强盛之基,党的十八大提出实施创新驱动发展战略,体现了现阶段转变经济发展方式的核心要求。近年来,国务院有关部门和地方各级政府积极落实中央战略部署,密切结合我国经济发展实际,不断完善财政科技投入的体制机制,逐步加大财政对科技的投入,在提升我国科技创新能力、促进经济发展方式转变方面取得了一定的成效。

## 6.1 关于国家财政科技资金分配与使用情况的调研报告

### (一)加强科技投入政策、法规与机制建设

国务院高度重视财政科技资金投入方面的政策法规及与之相匹配的体制机制建设。1996年，国务院成立了国家科技教育领导小组，教育部、财政部、科技部等部门作为成员单位参加，统筹协调国务院各部门及部门与地方之间涉及科技的重大事项。依据全国人大常委会制定的《科学技术进步法》和《促进科技成果转化法》，国务院及各地方制定了各项激励科技创新的法规和政策，建立了财政科技投入与有效使用的法律保障机制。2006年，国务院发布《国家中长期科学和技术发展规划纲要(2006—2020年)》(简称《科技规划纲要》)，提出要健全国家科技决策机制，加强统筹协调，完善国家重大科技决策议事程序。截至2013年，财政部、国家发改委和科技部等16个部门陆续出台了78个实施细则。

地方各级政府也制定了相应的配套政策措施。上海市出台了改革和完善财政科技投入机制的一系列制度文件，有效规范了财政科技资金的管理和使用。湖南省颁布实施了《创新型湖南建设纲要》，初步建立政府引导、企业为主、社会各方积极参与的科技资金多元化投入机制。湖北省出台《省政府关于创新科技投入机制的若干意见》，将财政科技资金投入调整为"前资助""后资助"、创业投资引导等多种方式并行。陕西省人大常委会通过《陕西省科学技术进步条例》，结合该省实际对军民融合、示范区建设、农业科技研发等方面做了详细的规定，体现了地方立法的特色。

### (二)不断加大财政资金投入力度

2008～2012年，全国财政科技支出[①]由2582亿元增长至5600亿元，年均增长21.5%，占全国财政支出的比重由4.1%上升至4.4%。其中，中央财政科技支出由1285亿元增长至2614亿元，年均增长19.4%；地方财政科技支出由1297亿元增长至2986亿元，年均增长23.2%。

公共财政预算支出科目中"科学技术"类支出是全国财政支出的重要组成部分，约占全国财政科技支出的80%。2008～2012年，"科学技术"类支出中各项支出协调增长。其中与R&D支出直接相关的"基础研究""应用研究"等科目年均增长分别为17.3%和12.9%。2012年这两项支出分别占财政"科学技术"类支出的8.1%和29.1%。

从资金的具体用途看，2008～2012年中央财政科技资金重点用于国家科技计划(基金)和重大专项。在国家科技计划(基金)中，《科技规划纲要》部署的重点领域和优先主题主要由国家科技支撑计划、863计划投入，基础研究主要由自然科学基金、973计划投入，前沿技术主要由863计划投入；项目成果的转移转化主要由火炬计划、创新基金

---

[①] 全国财政科技支出包括公共财政支出中"科学技术"类的全部支出和其他类目中(如教育、医疗卫生等)有关科技的支出，属于财政科技支出大口径的概念。

投入。

《科技规划纲要》在重点领域中确定一批优先主题的同时还围绕国家科技发展的战略目标，筛选出极大规模集成电路制造技术及成套工艺、新一代宽带无线移动通信、高档数控机床与基础制造技术等16个重大战略产品、关键共性技术或重大工程作为重大专项，由中央财政予以支持。

### （三）改进经费管理方式

一是建立健全科技经费管理体制。根据我国现行科技管理体制，中央各部门中具有科技管理职能、涉及财政科技经费使用和管理的有几十家。其中，财政部负责中央财政科技经费预算总体安排，具体核定科研机构运行经费、基本科研业务费；国家发改委和科技部主要负责科研基建经费、国家科技计划项目的立项、资金的分配和管理；工业和信息化部、教育部、国家自然科学基金委、中国科学院等相关部门按照职责分工负责相关项目的立项、资金的分配和管理。而科技重大专项由国务院发文，各专项领导小组提出方案后，经科技部、财政部和国家发改委三部门综合平衡，由项目牵头单位提出预算方案，经财政部组织评审后下达。

为避免和减少财政科技资金的重复投入，财政部、国家发改委和科技部建立三部门之间的部级协调会商机制，并逐步完善国家科技计划项目数据库，建立科研项目检查重复机制。上海市成立由市财政局、市科委等部门组建的"市级科技成果转化和产业化项目投入管理平台"，避免了科技项目的交叉重复，提高了科技资金的使用效率。

二是不断优化财政资金投入方式。财政部、农业部通过机制创新，构建现代农业产业技术体系，优化农业科技资源配置，搭建全国农业大联合、大协作的平台，在一定程度上解决了中央地方分割、部门分割、产学研分割，资源配置重复交叉、效率不高等问题。创新支持方式，设立科技型中小企业技术创新基金支持中小企业开展技术创新活动。研究启动国家科技成果转化引导基金，综合运用财政直接支持、贷款补偿、绩效奖励等方式促进成果转化，引导产学研结合。探索实施科研项目后补助试点工作。湖南省设立科技专项资金，每年集中60%以上的部门预算用于重点项目投入，支持战略性新兴产业和高新技术产业等关键瓶颈技术的攻关和突破。陕西省发挥财政资金的带动作用，按照企业投入不低于财政资金10倍的比例，与企业联合建立捆绑资金，开展技术攻关，推动产业升级。

三是加强科研项目经费管理。2006年，国务院办公厅转发《关于改进和加强中央财政科技经费管理的若干意见》（国办发[2006]56号），出台了一系列加强财政科技经费管理的政策措施。财政部、科技部等部门先后出台了《国家科技支撑计划专项经费管理办法》《国家重点基础研究发展计划专项经费管理办法》等一系列部门规章，并采取巡视检查、专项审计、财务验收等手段加强经费监管。2001年国家科研计划实施课题制管理。近年来财政部等有关部门在总结实施经验的基础上，强化承担单位的法人责任，明确课题承担单位是课题经费使用和管理的主体。建立间接成本补偿机制，在课题专项经费中设立间接费用，明确补偿渠道，提高补偿水平。建立科研项目经费年初预拨机制。湖北省武汉市严格规范财政科技资金预算编制，将预算安排的科技资金全部分解到具体项目和使用单位，并在市人代会前提交市人大常委会预算工委审查。

### （四）财政科技资金推动科技发展取得成效

一是科技计划和重大专项取得进展。核高基、宽带移动通信、油气开发、新药创制、大飞机等12个国家科技重大专项获得成果百余项，大幅提升了我国在关键领域的自主创新能力。同时，航天绕飞对接试验、深海载人潜水器发展及全球卫星定位与通信系统的建立取得了世人瞩目的成绩。

二是促进企业逐步成为创新主体。财政科技资金在引导社会R&D投入方面发挥了积极作用。企业研发投入比重逐年加大，企业R&D投入比2008年增长3%。2012年34.4万家规模以上工业企业研发项目超过28万项，比2011年增长23.8%，投入R&D经费7200亿元，增长20.1%，其中676家国家级试点企业研发投入强度、人均发明专利、新产品收入等指标是行业平均水平的3~4倍。

三是促进科技创新能力提升。根据欧洲工商管理学院和世界知识产权组织发布的《2012年全球创新指数》报告，在141个国家中，中国创新指数排名由2011年第43位上升至2012年第34位。2012年，我国专利申请数量为205.1万件，为2008年的2.8倍，其中境内申请188.6万件；专利授权量125.5万件，为2008年的3.6倍，其中境内授权114.4万件；2011年，SCI收录科技论文数量16.8万篇，为2006年的2.7倍。

## 二、主 要 问 题

近年来我国财政科技投入增长较快，但与建设创新型国家和加快发展方式转变的要求相比，资金分配和使用上还存在一定的问题，主要是重复、分散、低效问题较为突出。有重分配、轻管理，重投入、轻绩效现象，使用效率总体上不够高，对全社会科技投入的引领和促进作用也不足。以企业为主体、产学研相结合的技术创新体系尚未有效形成，科技创新对经济社会发展的支撑作用还有待进一步增强。如何适应当前科技创新新趋势，实现由政府主导型创新到政府服务型创新的转变，还是一个有待破解的课题。

### 1. 科技资源配置效率不够高，科技管理体制亟待改进

(1) 财政科技资金分散管理，缺乏有效协调。现行科技管理体制，既有按创新过程分段的纵向管理，又有按学科领域分工的横向管理。交叉重复较多、缺乏有效协调，是制约财政科技资金配置和使用效率的主要问题。一是科技计划、专项、基金设置职能边界不够清晰。各有关部门依据需要，自上而下立项安排相关经费，但是相互之间统筹协调机制尚不健全，跨部门检查重复和科研项目信息平台建设覆盖面不够，导致一些重大专项和重点领域研发工作中人才、资金、平台等创新要素难以有效整合集中，制约了财政科技资金效能的充分发挥。如在共性技术平台、工程技术实验室或中心的认定与建设，基础研究和中小企业创新支持等方面，部门交叉较多。同一项目重复申报资金，同一成果多头应付交差现象屡见不鲜。二是决策机制不够健全。对资金投入量很大的重大科技项目，决策前往往只是一个部门主导，对不同方面意见缺乏充分有效论证。三是各级政府按行政隶属关系而不是科技活动规律设置科研管理机构，地方政府科技管理作用未能有效发挥，基层科技主管部门同样忙于抓项目、争资金，工作重点不突出。

(2) 公共科技资源配置不尽合理，对共性技术研发、公益性科研领域支持不够。调研中发现，我国公共科技资源配置，既有重复浪费，也有缺位现象。一方面，有些领域，科研机构上下重叠设置，同质扩张；另一方面，全社会或全行业受益的共性技术研发工作缺乏有效载体，投入支持不够。一些过去承担共性技术研发功能的转制院所在并入企业后科研功能有所弱化，造成行业重大共性技术科研缺乏有效的组织和支持；一些社会公益类科研院所被转制为企业后，长期在市场和公益科研之间摇摆，影响了其科研事业的发展，造成一些历史遗留问题。

(3) 科研机构事业单位改革滞后，智力投入补偿机制不健全。由于事业单位分类改革及其相应的收入分配制度改革没有到位，导致财政科技资金对智力投入保障与激励不足，造成一些科研经费人为浪费或违规违纪操作。近年来，在资金审计中发现很多人员经费挤占项目经费问题，甚至有的科研骨干因此获刑，其中也有收入分配制度和经费管理制度不合理的因素，值得高度重视。

### 2. 资金分配结构和使用方式有待优化

(1) 基础研究比重偏低。目前基础研究经费占科研总经费的比重不足5%，远低于一些发展中大国，与主要创新型国家的平均水平差距较大。如我国高校的基础研究经费占高校R&D经费比例较低，2011年R&D支出中基础研究约占1/3，应用研究占54%。科研院所偏向于能够取得直接效益的应用研究和试验开发，基础研究投入和能力不足，研究层次甚至不如一些创新型企业。此外，我国基础研究比例偏低，既是我国科技发

## 6.1 关于国家财政科技资金分配与使用情况的调研报告

展水平所处历史阶段的一种客观反映,也有相关统计制度尚不完善,基础研究投入的统计口径偏窄的因素。

(2) 财政科技项目资金分配方式单一。一些政府部门仍然习惯于计划、立项的科研资金分配使用方式,由政府主导创新向政府服务创新转变得不够。立项目、申项目、批项目花费精力较多,项目审批后的进展和实际效果则关注不够。

(3) 现行的税收优惠政策落实力度不够。目前支持科技创新的税收优惠政策主要有增值税低税率、高新技术企业所得税优惠、研究开发费用所得税加计扣除优惠等,但上述优惠政策对优惠的主体、范围、税率等细节规定不明确,总的看门槛偏高,真正能够享受到税收优惠的企业数量有限,对企业创新活动激励不足。

**3. 财政科技经费预算管理亟待加强**

(1) 科研项目及其经费管理需进一步完善。近年来,科技经费规模大幅度增长,然而市场导向、目标导向、需求导向的立项机制没有真正建立,项目竞争多、协同攻关少,难以形成完整的创新链条。科研项目立项审批耗时过长、程序烦琐,预算下达滞后。此外,还存在科技项目配套资金到位率低,课题结余资金管理不完善,项目按期结题验收率较低,项目进展总体较慢等问题。

(2) 科技经费监督机制尚不完善。一方面,违反财经纪律的问题比较突出。2010年以来,审计署在科技支撑计划、科技重大专项等审计或调查中,查处课题单位和科研人员未经批准调整预算、扩大开支范围、挤占挪用科研经费等违反财经制度的问题时有发生。课题结余资金、利息管理政策可操作性不强,部分单位虚列支出、突击花钱列支。有些项目负责人还有套取侵占科研经费等违法犯罪问题。另一方面,各级政府、各部门重叠交叉的检查监督给科研单位造成沉重负担。有些单位反映,有时同时要接待不同部门多批检查组,接待压力大,影响了日常工作的开展。

(3) 科研经费绩效评估体系有待建立完善。目前我国科研经费的预算绩效管理还处于初级阶段,需要进一步建立完善适应科研活动规律的分类绩效考核体系。绩效目标管理、绩效评价考核等工作针对个别项目的多,对有关科技计划、重大专项乃至涉科部门的整体预算如何评价探索较少。针对具体科研活动绩效评价的目标还不够明确,评价标准、评价技术等不完善,内、外部评价制度没有完全建立,缺乏针对不同类型科研活动的具体操作方法。绩效导向的结果形式化,各类资金安排项目缺少评估终止机制,与预算编制缺乏联系,激励约束以及问责机制不健全。

(4) 科研单位的管理作用有待加强。提高科技资金使用效率要求发挥好科研人员和科研单位两个积极性,课题制与法人制之间的关系有待进一步理顺。近年来,在科研项目及经费管理上,过度强调课题制,科研单位(法人单位)在科研布局、学科发展乃至经费管理上的职能则有所弱化,对课题组的影响力较小。

207

## 三、意见建议

科技创新是提高社会生产力和综合国力的战略支撑，也是经济社会发展的首要推动力。党的十八大提出，要将科技创新摆在国家发展全局的核心位置，要以全球视野谋划和推动创新，深化科技体制改革，推动科技和经济紧密结合，加快建设国家创新体系，着力构建以企业为主体、市场为导向、产学研相结合的技术创新体系。近期，习近平总书记在考察中国科学院时指出，要坚决扫除影响科技创新能力提高的体制障碍，有力打通科技和经济转移转化的通道，优化科技政策供给，完善科技评价体系。

从调研情况看，我国财政科技资金分配与使用总体情况是好的，在促进科技进步、建设创新型国家方面发挥了重要作用；所存在的问题既有资金分配因素，也有使用管理因素，但都与现行科技管理体制和运行机制直接相关。必须深化科技体制改革，为提高财政科技资金使用效率奠定体制机制基础。为此，提出以下几点建议。

1. 深化科技体制改革，加快转变政府职能

深化科技体制改革，应当深刻把握我国国情和国际发展态势，按照社会主义市场经济体制、创新型国家发展战略和科技发展内在规律的要求，以明确定位、优化结构、完善机制、提升能力为重点，建立起政府、企业、科研、教育以及金融服务机构等各司其职、协同合作的国家创新体系。当前，科技创新涉及全社会各个领域各行各业，不再单纯是传统意义上的以某项重大科技突破或某个领域崛起为标志，而是以众多学科、领域全面持续系统创新为特征；提升国家科技实力不仅要发挥自上而下的举国体制的优势，更要重视以企业为主体的分布式创新。深化科技体制改革，关键是要加快转变政府职能，处理好政府与市场、政府与社会的关系，实现政府主导创新向政府服务创新的转变。一方面，要充分发挥政府在营造创新制度和政策环境方面的作用，坚持推进市场导向、需求导向和目标导向，通过政策和财政资金示范作用引导多元化的主体参与创新活动，合理利用市场配置资源的高效性，推动企业成为创新主体，充分调动企业和社会的创新积极性。另一方面，政府要加强对市场难以调节、企业无力或投入意愿不强领域的支持，如基础研究、前沿技术研究、公益性研究、重大关键共性技术研究等；加强对创新链条中薄弱环节的引导支持，如建立专项基金支持中试活动、成果转化等，实现政府与市场的合理互补。

按照以上要求，应着重做好以下几点：一是加强顶层设计，完善国家科技决策与协调体系。充实和加强高层科技决策协调机构(如做实国家科教领导小组办公室)，主要负责科技发展战略决策和科技发展规划的制定，各类科技计划、项目的统筹协调以及国家重大科技项目的组织实施。全面清理整合各种名目的科研平台、基地，下大力气减少项目的交叉重复，集中财力提高效率。切实解决科技领域条块分割、重复低效问

## 6.1 关于国家财政科技资金分配与使用情况的调研报告

题，形成部门合力。二是转变工作方式，加快政府部门职能转变，把科研环境建设放在工作的首位，重点加强制度建设、标准制定和政策引导。三是处理好中央与地方政府科技管理的职能分工，机构设置从实际需要出发，不必"上下一般粗"。中央可侧重于基础研究、前沿技术研究、国家重大科技项目等，省级可侧重于地方特色创新体系建设、共性技术和应用技术研究，市、县可侧重应用技术推广。四是完善创新政策体系。加大对重点实验室和中试环节的支持力度，更好发挥普惠性的税式支出等间接扶持政策的作用。五是加强科研工作的开放性，广泛吸引国际优秀科技人才，充分利用好国内国外科技资源。

**2. 完善分配使用管理，切实提高财政科技资金效益**

(1) 优化财政科技资金分配。一是加大基础研究支持力度。财政性科技资金应持续增加投入，通过奖补方式积极引导社会资金加大投入，鼓励高等院校更多开展基础研究。二是完善科研人员收入分配制度。结合事业单位深化改革，加快建立具有激励作用的科研人员薪酬制度。三是继续完善科研经费投入机制。适当加大对高等院校、科研院所和公益性行业的稳定性经费投入。四是适当提高间接费用比例。扩大间接成本补偿机制实施范围，尽快出台成本核算和管理办法，明确各类间接费用的分摊办法，实现项目承担单位和合作单位间的合理分配。

(2) 完善财政科技资金管理。一是完善决策机制，实现项目指南导向向目标结果导向的转变。提高产业界在制订科技项目计划方面的参与程度，保证计划安排与市场需求的衔接。二是强化预算管理，实施全过程预算监督，根据科技活动不确定性强的特点完善预算调整机制，实现规范性和灵活性的统一。三是优化管理模式，实行科技决策、执行、评价相对独立、互相监督的运行机制，采取事前资助、事中跟投、事后补助等多种投入方式，减少中间环节。四是完善基金制度，考虑基础研究的自由探索特点，通过自然科学基金等支持基础研究，按领域提供长期、稳定的资金支持。五是处理好课题制与法人制的关系，发挥好两个积极性。探索法人单位在满足一定条件的情况下统筹使用和管理课题资金，增强科研项目经费管理的灵活性。六是建立全国性科技信息平台。加快科技条件资源信息化的数字平台建设，各部门共建共享，使全社会分散的科研数据、材料、信息得到集成，促进科技资源的开放共享和高效利用，形成公平竞争的科研环境；加快政府性科技项目库和成果库的信息平台建设，推进公开财政性科技资金支持的项目信息，接受全社会监督，促进提高财政资金使用效益。

(3) 提高财政科技资金绩效管理水平。一是建立科技计划、基金、平台等的战略评估制度。对已设立的科技计划、基金、平台等，执行中应有中期评估机制，根据评估结果，进行必要的动态调整。二是完善项目绩效目标设立和评估结果使用制度。借鉴国际经验，区别基础研究、应用研究等不同类型的科技活动，建立绩效评价标准体系，加强对创新能力、成果转化能力的评价，规范绩效评价程序，完善同行评议、第三方中介独立评价机制，建立项目中止、撤销机制，稳步建立财政性科技资金绩效预算管理体系。三是建立有效的科研成果转移和扩散机制，加大成果转化支持力度，提高成果转化率，促进科研成果转化为实际生产力。

3. 加强人大预算监督，健全科技法律制度

(1) 加强人大预算审查监督。一是完善预算审查监督机制。在人大审查预算时，要求政府在部门预算中提交科技创新综合预算信息，报告财政性科技资金支出方向、结构等全方位内容。建立协同监督机制，更好地发挥专门委员会的作用，共同开展科技预算审查工作，并广泛听取人大代表、专家学者、科技工作者以及社会各方面的意见和建议。二是加强预算绩效审查。各级人大要对绩效评估进行监督，并成为一项制度。对科技创新预算资金开展绩效审查，加强对重大科技专项的监督，要求部门预算提出绩效目标，部门决算时报告绩效评价结果，根据评价结果适当调整下一年预算安排，并结合中长期预算管理要求，加强对科技计划综合绩效的监督，促进提高资金使用效益。

(2) 健全科技法律制度。修订完善相关科技法律，进一步明确政府、企业等在国家创新体系中的地位和职能，合理调整政府部门和单位的职责分工，促进形成部门合力；优化科技决策、执行、监督、评价等方面的程序，推进服务型政府建设，促进财政性科技资金更多向基础研究、前沿技术研究、公益性研究、重大关键共性技术研究方面倾斜，更多向创新平台建设、成果转化机制等薄弱环节倾斜。建议加快修订《促进科技成果转化法》，进一步明确国家和项目承担单位在转移转化技术方面的权利、责任和义务，有效调动项目承担单位和科研人员的积极性。

## The Investigation Report on Allocation and Use of National Financial S&T Funds

*The Financial and Economic Affairs Committee of the NPC, The Education, Science, Culture and Public Health Committee of the NPC, The Budget Affairs Commission of Standing Committee of the NPC*

Since April 2013, the Financial and Economic Affairs Committee of the NPC, the Education, Science, Culture and Public Health Committee of the NPC, and the Budget Affairs Commission of Standing Committee of the NPC jointly carried out a special investigation on allocation and use of national financial S&T funds. This report presents the results of the investigation; the main views are as follows: perfecting S&T management system, improving co-ordination mechanism of S&T funds, optimizing financial S&T investment structure, and strengthening performance management of S&T funds.

# 6.2 关于加强科教结合推进国家创新体系建设的思考

孙福全　彭春燕　王　元
（中国科学技术发展战略研究院）

江泽民同志在1995年的全国科学技术大会上首次提出科教兴国战略，把科技和教育作为国家振兴的手段和基本方针；胡锦涛同志在2006年的全国科学技术大会上提出自主创新战略，把自主创新放在国家战略的核心位置；党的十八大和十八届三中全会进一步提出实施创新驱动发展战略，建立产学研协同创新机制，指出科技创新是提高社会生产力和综合国力的战略支撑。无论是科教兴国战略，还是自主创新战略和创新驱动发展战略，都必须加强科技与教育的紧密结合，加强科教与经济发展的紧密结合，全面推进国家创新体系建设。

## 一、新形势下加强科教结合的战略意义

20世纪80年代，尤其是进入21世纪以来，美国、德国、法国等世界主要发达国家纷纷将科技创新作为经济发展的核心动力，大力推动科技与教育结合，采取的措施包括建设研究型大学、加强产学研合作、建立科技园区等。在我国，科技与教育通过部际协调机制和部部会商机制及主体内在需求实现了多种形式的结合，科教结合总体上说是比较紧密的。新的形势对科教结合提出了更新更高的要求。2012年7月，全国科技创新大会颁布的《关于深化科技体制改革加快国家创新体系建设的意见》提出，在创新体系建设方面，要推动创新体系协调发展。中共中央总书记习近平在主持中共中央政治局第九次集体学习时强调，实施创新驱动发展战略决定着中华民族的前途命运，要紧紧抓住和用好新一轮科技革命和产业变革的机遇，把创新驱动发展作为面向未来的一项重大战略实施好。在新形势和新要求下，急需突破科教结合存在的体制机制问题，实现科技与教育紧密结合。

**1. 加强科教结合有利于完善国家创新体系，提高国家创新体系整体效能**

建设国家创新体系要求建立科学研究与高等教育有机结合的知识创新体系。国家科研院所和社会公益性科研院所不仅是科学研究的主体，而且承担着前沿技术和高技术研究的重任。高等教育是国家创新体系的重要组成部分：高等教育是培养创新人才的摇篮，而人才是国家创新体系的核心；高等教育具有知识创造、知识积累、知识传递和传播的功能，而知识是国家创新体系的基本因素；高等教育与国家创新体系其他环节紧密相连，服务经济社会发展。因此，加强科教结合是建设和完善国家创新体系、提高国家创新体系整体效能的必然要求。

**2. 加强科教结合有利于突破核心关键技术，支撑结构调整和发展方式转变**

我国经济经过了30年的高速增长之后已步入次高速增长时期，资源环境的巨大压力、人口红利优势的减弱、传统增长模式的不可持续性要求我们必须转变经济发展方式，走创新驱动发展的道路。而转变经济发展方式面临的根本制约是关键技术缺乏和创新能力不足。不仅传统产业缺乏核心关键技术，新兴产业发展也存在盲目引进技术和盲目扩张规模的问题。突破核心关键技术，提高原始创新能力，必须要充分利用现有的科技教育资源，发挥科研院所与教育机构各自的优势，围绕创新链和产业链实现跨领域、跨学科的更大范围的结合。

**3. 加强科教结合有利于培养创新型人才，提高科学研究水平和创新能力**

高等教育通过系统和科学培养，促使研究生、博士后、青年科研人员的科研思维水平和创新能力不断提高，为科学研究提供了大量的科技创新后备人才，从而提高科研效率。高等学校、科研院所和企业等创新主体通过项目、基地、人才相结合等科教结合方式，围绕国家经济社会发展重大需求和科学前沿，持续开展科学研究工作和技术攻关，取得了一大批具有国际影响的原创性成果，为拓展人类知识疆域、科技进步和经济社会发展做出有重要价值的贡献，同时也促进科技创新能力和解决制约经济社会发展问题的能力不断提高。

**4. 加强科教结合有利于提升科技和教育的质量和水平，建设一流高等学校和研究机构**

科技创新为高等教育的深入发展带来巨大的影响，如培养目标的确定、专业的分化和新学科建设等。高等教育也积极为科技创新服务，为科技创新提供理论先导和智力、人才的支持。同时，随着科学技术的快速发展和知识经济时代的到来，科技发展对高等教育提出了更高的要求，高等教育的职能发生重大变革。现代化高等教育的重要职能就是加强科学研究和科技创新。随着科学与技术的融合趋势逐步显现，使传统的高等教育在保持科学或基础研究的同时，逐步加强了技术或应用研究工作。在科学与技术一体化的进程中，技术与生产一体化的基础也逐步形成。它促使高等教育进一步走向社会，加强了高等教育与经济的直接联系或与生产的结合。

## 二、加强科教资源统筹配置，提高资源配置效率

加强科教结合，核心是统筹配置科教资源，平衡市场和政府"两只手"的力量，提高资源配置效率。

### 1. 强化科教资源配置的统筹协调机制

我国的科技经费管理体制是一种相当分散的管理体制，40多个国家部门涉及科学技术支出，科技部仅占中央本级科技支出的13%左右。由于缺乏部门间的统筹协调，不可避免地出现科教资源配置的交叉重复。需要加强决策协调，强化国家科教领导小组的作用；加强规划协调，制定中长期科学发展规划；加强预算协调，强化部门间工作协调机制，从根本上突破原有科教资源运行的部门内"小循环模式"。

### 2. 营造效率优先、兼顾公平的科教资源配置格局

我国的科教资源配置向少数地区和机构过度集中，虽具有一定合理性，但过度集中势必导致区域之间创新能力和经济社会发展水平差距的持续扩大。因此，科教资源配置应在效率优先前提下兼顾公平。应设立中西部区域科技专项，引导科教资源向中西部欠发达地区倾斜；设立中西部科技人才专项，鼓励创新团队、领军人才向中西部地区流动，同时以人为本配置相关资源，发挥创新资源合力。

### 3. 加大对基础研究的支持力度

近5年来，中央本级财政科技支出中用于基础研究科目的支出比例基本保持在14%左右，美国类似比例稳定在20%左右。更值得关注的现象是，经初步估算，我国财政基础研究科目经费中只有约60%的经费用在基础研究方面。需要探索有利于基础研究发展的多元化投入体系，政府应加大对基础研究的投入力度，尤其是增加对面向国家需求的基础研究的支持力度。进一步明确基础研究计划定位，确保基础研究计划经费真正用于基础研究，973计划和自然科学基金的分工定位也要进一步明晰。

### 4. 增加对机构的稳定性支持

通过改革拨款制度、减拨事业费和实行课题制管理等措施，我国形成了目前以竞

争项目为主的科技资源配置方式。竞争性项目过多，导致科研人员花费大量精力用于项目申请和评审，无法潜心研究，真正的优势队伍无法保证研究的持续性。需要适度加大对科学家自由探索的稳定支持力度，增加机构的基本科研经费投入，增加机构性稳定经费支配的自主权，在现有科技计划中试点中长期的科技项目实施机制。

## 三、创新科教结合组织模式，加强协同创新

加强科教结合的关键是创新科教结合的组织模式，从而实现协同创新。创新科教结合组织模式，必须明确高等学校与科研院所的定位，促进科教资源的开放共享。

### 1. 推动高等学校与科研院所在明确定位基础上加强协作

随着国家经济的发展，创新活动的组织日益复杂化，高等学校与科研院所职能不断延伸，产生了交叉重叠：一是高等学校社会服务的第三职能不断加强和拓展，开始更多地面向产业、企业创新发展需求；二是科研院所拓展了其人才培养的职能，采取了多种形式的人才培养模式；三是高等学校与科研院所追求职能的全面拓展，存在研究领域重叠、研究方向趋同等问题。虽然高等学校和科研院所职能的延伸有其合理性，但出现了职能定位相对模糊，职能分工不明确等职能过度延伸的问题。有必要结合当前国家创新体系建设的需求，进一步明确我国高等院校与科研院所的职能分工，并在此基础上加强两者的协同。不同类型的高等学校和科研院所应该紧密结合自身特点与已有优势，适度强调发展目标和发展路径选择的差异化和多样化。

### 2. 大力发展新型研发组织，探索现代院所制度

近年来，经济发达地区涌现出一批以深圳光启、华大基因等为代表的新型研发组织，对于现代院所制度的建设具有启示作用。但它们毕竟发展时间较短，相关体制机制仍有待进一步完善。如这类研究机构在现有的制度体系中尚未有明确的法律定位，其注册类型多种多样，无法将其纳入统一的政策支持框架。急需加快相关法律法规的制定，加强与现有政策措施的对接。通过新型研发组织的建设实践和合作创新的经验，充分整合科教资源，探索建立科技教育相结合的创新中心。

### 3. 完善资源共享机制，促进科教资源的开放共享

长期以来，我国非常重视加强公共科研基地和国家科技基础条件平台建设，开放共享机制有所加强，但从整体上看，我国各类科技资源的开放共享环节仍较为薄弱。一是各类科技资源多成为部门所有、单位所有，甚至是少数课题组个人所有，有关科技资源信息严重缺乏。二是国家层面尚未在科技资源开放共享方面制定专门的政策法

规,现有政策法规多缺乏可操作性。要进一步打破科技资源分散、封闭、重复建设的现状,促进财政资助项目的成果信息、大型仪器设备和文献资料等的共享,引导激励高等学校、科研院所的开放共享,完善科技报告、调查统计、信息披露等制度。

## 四、完善科技创新管理,形成科教结合新机制

加强科教结合,动力来源于完善科技创新管理,形成科教结合新机制。科技创新管理机制主要包括科技创新活动的评价机制、科技成果转化的激励机制、科技创新人才的培养机制等。

### 1. 建立健全有利于科技创新活动的评价机制

通过积极探索和实践,高等学校和科研院所逐渐建立了以科学论文、专利和承担政府科技计划项目数量等为主要指标的科研评价体系。当前该机制仍然存在一些弊端:一是重科研轻教学,对教学工作重视不足;二是重数量轻质量,科研项目多数以近期的专利与论文作为考核指标;三是重硬指标轻软指标,对教学能力、学术影响力等比较抽象、难以量化的软指标未做具体要求。有必要深化科研评价体制的改革,重点推动从单一数量评价逐步发展为综合评价和分类评价,加大高等学校和科研院所评价自主权,改革完善评价方法,建立多元化考核评价体系。

### 2. 健全完善有利于科技成果转化的激励机制

目前我国高等学校、科研院所关于知识产权的激励和收益分配机制仍不完善:一是职务发明成果归属制度忽视了发明创造中起决定性作用的发明人的智力劳动,不利于激励科研人员从事知识转移;二是科技成果转化收益缺乏法律制度保障,职务发明人通过协议能享有的权益非常有限;三是财政和国有资产管理部门对科技成果作价入股审批滞后,针对科研人员股权激励政策的推行遇到障碍。需要明晰成果产权归属,把财政资金支持形成的科技成果的全部产权(包括所有权、使用权、收益权、处置权)归属承担单位所有,努力消除科技成果转化的制度障碍,把国家激励科技成果转化的相关政策措施落到实处。

### 3. 建立健全创新人才的培养和流动机制

近年来,我国科技人力资源快速增长,2010年全年R&D人员为255.4万人/年,每万就业人员中R&D人员为33.56人/年,居于世界前列。但是,我国高层次科技人才仍十分短缺,能跻身国际前沿、参与国际竞争的科学家更是凤毛麟角。针对我国创新人才培养机制不健全不完善的问题,需要加强科学灵活的制度设计,建立高等学校和科

研院所科技人员的强制性流动制度，促进科技人才高效流动。加强和完善利用"大项目""大平台"人才培养模式，开展多学科交叉重点攻关，营造良好政策环境，促进青年科研人员成长。

## 五、政策建议

**1. 加强科技创新顶层设计，促进科技管理向创新管理转变**

为落实创新驱动发展战略的总要求，应加强科技创新的顶层设计，发挥市场在科技资源配置中的决定性作用，加强国家各有关管理部门的统筹协调，聚集创新要素，按照科技创新链条配置科教资源，彻底打破科技教育与经济"两张皮"的现象。科技管理部门应主要负责组织面向国家需求的重大基础研究、高技术和新兴技术研究及跨行业、跨区域的重大科技问题研究。

**2. 以重大科技项目为载体，整合全国科技教育资源**

围绕国家经济、社会发展需求与目标，统筹考虑科技经费的总量和结构，每年集中财政科技经费的一定比例，实施面向产业需求的重大科技专项和科技产业化工程等国家重大科技项目。探索通过组建产业技术创新联盟和建立国家实验室的方式加以实施，充分发挥高等学校在产业技术创新战略联盟中的作用。将国家重大项目的组织实施与人才培养紧密结合起来，通过这些创新实践推进交叉学科、跨学科建设。

**3. 建立国家级协同创新中心，促进产学研协同创新**

协同创新要求加强科技与教育部门的协调，发挥各自优势，更好地协同优化配置资源。建议借鉴教育部正在推动建立"2011协同创新中心"的经验，依托国家科研机构、国家技术开发类和社会公益类科研机构建立一批产学研协同创新中心，主要致力于产业关键技术、共性技术、社会公益性技术研发。依托大型中央企业、创新型企业建立一批产学研协同创新中心，主要致力于产业化技术研发，力争扩大产业规模、催生新的产业和提高产业竞争力。围绕重点区域发展建立一批跨区域的协同创新中心，促进区域创新极的形成和区域协调发展。

**4. 促进科技与教育的资源共享，加强研究人员的横向交流**

加强高等学校和科研院所资源共享平台建设，建立和完善科研平台开放共享机制，把开放共享纳入科技创新考核和绩效评估范围，采取稳定支持或根据服务水平给予后补助等有效措施，促进提升服务水平。高等学校与科研院所可通过互聘导师、学生交换、联合培养等方式提高研究生培养水平，加强高水平领军人才的交流和青年科技人才培养。高等院校与科研院所要发挥自身优势，本着互利共赢的原则积极参与行业技术创新体系建设，积极参与产业技术研发和国家重大科技工程建设。

5. 建立更加开放的科教体系，提高科教国际化水平

在全球范围内统筹科教资源，提高科教国际化水平，从而大幅提升我国的科技创新能力和教育质量。一是充分借鉴发达国家经验，加大与发达国家联合设立高等学校和科研机构的力度；二是加快建立现代大学和科研院所制度，具备条件的研究型大学可在全球范围内招生，设立一定比例的流动岗位招聘海外教师和研究人员；三是高校、科研机构和企业联合建立国际技术转移中心，积极承接国外技术转移，并按照互惠互利的原则向发展中国家输出我国的适用技术。

## 参 考 文 献

1  何郁冰. 产学研协同创新的理论模式. 科学学研究, 2012, 30(2): 165-174.
2  骆兰. 构建激励导向的高校教师绩效评估体系. 教育与职业, 2010, 30: 33-35.
3  马廷奇. 我国研究型大学人才培养模式改革新进展. 高等教育研究, 2009, 30(4): 84-92.
4  李建强, 黄海洋, 等. 产业技术研究院的理论与实践研究. 上海: 上海交通大学出版社, 2011.
5  钟云华, 杨阳腾. 创新活力来自哪里. 经济日报, 2012-07-06.

## Thought about Strengthening the Combination of S&T and Education to Promote the Construction of National Innovation System

*Sun Fuquan, Peng Chunyan, Wang Yuan*

Strengthening the combination of S&T and education is to promote the interconnection and interaction between S&T system and education system, representing in the following aspects: first, optimizing the allocation of resources for S&T and education by realizing a resources allocation pattern for S&T and education through the manner of giving priority to efficiency with due consideration to fairness, to improve the efficiency of the allocation of S&T resources; second, realizing an innovative organizational model of the combination of S&T and so as to strengthen the synergetic innovation and facilitate the sharing of S&T resources and efficient flow of S&T talents; third, improving the administration mechanism of S&T innovation, therefore forming an evaluation system conducive to knowledge creation, an incentive mechanism conducive to the commercialization of research outputs, and a training mechanism conducive to the cultivation of innovative talents.

## 6.3 未来10年我国学科发展战略研究的部署

**曹效业[1] 张柏春[2] 高 璐[2]**

(1 中国科学院；2 中国科学院自然科学史研究所)

学科是人类知识体系中的基本组成部分，是知识体系不断发展和分科深化的结果。学科的发展不仅对国家的科学、教育与创新具有基础意义，同时也与战略性新兴产业的发展密切相关，具有重要的战略意义。为夯实学科基础，促进学科均衡、协调发展，2009年4月，中国科学院学部与国家自然科学基金委员会(简称基金委)联合启动了"2011～2020年我国学科发展战略研究"项目，以数学、物理学、化学、天文学、地球科学、生物学、农业科学、医学、自然与环境科学、能源科学等19个学科领域为单元，分别成立了由院士担任组长的战略研究组，开展战略研究工作。2012年4月，"未来10年中国学科发展战略"共20册报告得以付梓出版，受到中央领导的重视，并在社会上引起了反响。

在各方的鼓励下，中国科学院学部与基金委近两年持续支持和部署学科发展战略研究工作，期待在未来能够孕育出更加深入的研究成果。在此，将我们组织并参与的学科发展战略研究的一些经验与大家分享，以期越来越多的科技专家、管理工作者与各级领导能够更加关注学科与科技发展的关系及其相关政策。

### 一、学科发展战略研究的意义

为什么要选择学科作为我们战略研究的一个重要切入点呢？

首先，这是由科学发展的规律决定的。现代科学以学科作为发展、教育的基础。17世纪的科学革命后，人类对自然和自我的认识不断拓展和深化，物理、化学和生物学开始逐渐分化，近代学科体系逐步形成。随着18、19世纪自然科学知识体系的不断扩展、完善，学科继续分化和成长，热力学、电磁学等新学科的涌现，逐步形成近代

## 6.3 未来10年我国学科发展战略研究的部署

学科体系的基本框架。20世纪更是新学科大放异彩的时代，遗传学、生态学、分子生物学等分支不断涌现。学科的发展体现了新知识的创新及其体系化的过程，学科之间的相互交叉与互动成为科学知识发展的一种重要形式。只有尊重科学进步的规律，完善学科布局，才有利于促成突破性的前沿科学发现。

其次，这是由我国科学技术发展模式决定的。我国对西方科学知识的引进与吸收始于17世纪初，但真正建立现代科学技术的基本体系是在民国时期。新中国成立后，中国科学院等科研机构及高等院校进一步系统化地建设现代科学技术的一级和二级学科体系。1956年制定的《1956～1967年科学技术发展远景规划纲要》确立了57项新中国建设的重点任务，并形成了"以任务带学科"的发展模式。这一模式有力推动了我国尖端科技领域的发展，填补了一些学科门类的空白，为工业化与国防建设奠定了科研与教育基础。但是，这种突出"任务"的模式在某种程度上弱化了学科的持续建设，使得科技界难以解决一些源头创新不足的问题。因此，我们须研究学科发展战略，谋划如何为学科建设补课，以持续强化科学原创能力。

再次，这是由当今科学技术管理体系所决定的。与世界其他国家一样，我国对基础研究的资助基本上是按照学科布局的。基金委的资助工作覆盖了自然科学与工程及管理科学所有学科。从高校体制来看，学科更像是专业的"户口"，教育部对于科研资源的分配也以学科为基础。学科在我国的科研管理、研究经费分配中处于基础地位，因此，探讨分析我国各学科发展的现状及战略意义，评估我国相关学科领域的发展态势尤为重要。以学科作为切入点，从战略高度全面谋划和前瞻部署科技发展，对我国当今科学与教育的健康发展具有基础性意义。

从国际层面来看，各国在制定科技发展规划与基础研究战略时，都强调基础研究与学科的地位，并加大对跨学科领域的支持。如美国国家科学基金会(NSF)在《2006～2011年战略规划》中认为，现在各个学科领域正在加速发展，不断开启新的探索领域。这种形势要求NSF更为关注原创性知识，不断扩展新的、具有潜在发展能力的新领域；同时支持各种交叉性、复杂性学科的发展，超越单一学科的局限。日本在2006年3月发布的《第三期科学技术基本计划》中强调：为完成第二期计划中设定的在50年中培养30位诺贝尔奖获得者的目标，第三期计划将继续推动基础科学研究，坚持对基本概念、新思想与新领域的研究，着力建设一组学科，而不是不合时宜地强调具体的研究领域。面对经济危机、能源短缺、气候变化、粮食安全等重大全球性挑战，各国都不约而同地强调基础研究与学科的重要作用，这也为我们开展学科发展战略研究提供了借鉴。

## 二、"未来10年我国学科发展战略研究"的开展

从1988年起,基金委首次组织我国自然科学与工程科学领域的科学家开展全面的学科发展战略研究,出版系列调研报告。这一研究不仅对科学基金的资助有指导意义,而且对制定国家基础科学政策、指导研究生培养也起到了重要作用。

学科发展战略研究是中国科学院学部作为我国科学技术最高学术机构的一项基本职责。为配合《国家中长期科学和技术发展规划纲要(2006—2020年)》,充分发挥中国科学院院士群体在制定国家科学规划中的作用,促进未来10年我国基础研究实现学科均衡协调可持续发展,2009年4月,经基金委和中国科学院协商,签订了《关于合作开展"2011~2020年我国学科发展战略研究"》的协议书。双方决定成立联合领导小组,通过合作组织开展学科发展战略研究,分析我国基础研究的发展规律、人才培养规律和环境建设需求,提出我国学科发展布局、优先发展方向及推动国家基础研究健康发展的政策建议。

根据国家基础研究学科发展的总体布局和《国家自然科学基金"十二五"发展规划》制定工作的需要,联合领导小组提出需要开展战略研究的学科单元和战略研究组的组成建议名单;中国科学院学部对上述建议提出咨询意见。战略研究组对基金委资助工作所覆盖的19个学科领域进行规划,包括数学、物理学、天文学、力学、化学、纳米科学、生物学、农业科学、脑科学与认知科学、医学、地球科学、空间科学、环境科学、海洋科学、工程科学、材料科学、能源科学、信息科学、管理科学等。

战略研究开始后,很快成立了由院士专家牵头、中青年科学家参与的19个战略研究组。两年多的时间里,包括196位院士在内的600多位专家开展了深入全面的战略研究工作,参加了学科发展战略研究报告的起草与咨询。专家们围绕着七个方面内容展开研究,分别为:①明确学科在国家经济社会和科技发展中的战略地位;②分析学科的发展规律和研究特点;③总结近年来学科的研究现状和动态;④提出学科发展布局的指导思想、发展目标和发展策略;⑤提出未来5~10年学科优先发展领域以及与其他学科交叉的重点方向;⑥提出未来5~10年学科在国际合作方面的优先发展领域;⑦从人才队伍建设、条件设施建设、创新环境建设、国际合作平台建设等方面,系统地提出学科发展的体制机制保障和政策措施。

为了使战略研究报告能够体现我国科学发展的水平,真正为未来10年的学科发展指明方向,中国科学院学部和基金委多次征询高层次战略科学家的意见和建议。基金委各科学部专家咨询委员会数次对相关学科战略研究的阶段成果和研究报告进行咨询审议;2009年11月和2010年6月,中国科学院各学部常委会分别组织院士审议各战略研究组提交的阶段成果和研究报告初稿;其后,学部又组织部分院士对研究报告终稿提

出审读意见。

在此基础上,中国科学院学部组织有关专家成立总报告研究起草组,专家们根据19个学科领域的战略研究报告,请相关院士专家按照学科发展趋势、关键科学问题、有限领域和重点方向的框架结构对各学科的发展战略进行再梳理。科技史、科技情报与科技政策等学科专家的加入,使得总报告更注重总结学科发展的一般规律,并且从战略性新兴产业与学科发展的关系、新科技革命与学科准备等方面提出有针对性的政策建议。总报告提出了"厚实基础、协调发展、前瞻布局、重点突破"的学科发展战略指导思想,提出了对交叉学科的建设和发展实行倾斜政策,着力解决好学科发展的人才基础问题,加快建立我国学科发展的科学家治理机制等政策建议。

学科发展战略报告的组织、研究与起草过程充分体现了我国战略科学家在重要科学问题上的远见卓识,院士群体积极参与咨询,发挥了学部的科学思想库作用。

## 三、持续深化和扩展学科发展战略研究

2012年4月5日,在"未来10年中国学科发展战略"丛书首发会现场,中国科学院与基金委签署了共同开展学科发展战略研究的合作框架协议,探索持续开展学科发展战略研究的长效合作机制,以增强国家科学思想库的研究咨询能力,切实担当起服务国家决策咨询的核心作用。

2013年4月26日,中国科学院学部学术与出版工作委员会(简称学术与出版委)会议上通过了《中国科学院学部学科发展战略研究项目实施办法》,确定了持续资助学科发展战略研究的方针、组织及管理办法等管理制度并明确:战略研究须面向世界科学前沿,结合国家战略需求,分析各学科领域的发展历程、阶段特征,评估我国相关学科发展态势,提炼重大科学问题,提出有限领域和前沿方向,形成优化我国科技布局、保持学科均衡协调发展、推动学科重点突破、促进人才培养等多方面的政策建议。

在中国科学院与基金委签署合作框架协议后,学部随即开始部署学科发展战略研究的新项目,这些项目分为三类:①中国科学院各学部自主部署项目,主要由各学部常委会从院士提交的选题中择优支持立项;②学部学术与出版委部署的跨学部综合项目,选题主要由各学部推荐或学术与出版委根据学科发展战略总体部署情况而提出,经学术与出版委审议立项;③学部与基金委联合部署项目,选题由各学部常委会、学术与出版委及基金委提出,经联合领导小组审议立项。

学科发展战略研究的选题要求高度聚焦学科前沿、交叉方向和传统学科的新生长点,并应当在未来一段时间内形成对基础研究主要学科的覆盖。这些新项目的选题更加广泛,覆盖了"2011~2020年我国学科发展战略研究"中未涉足的学科领域及其分

支学科，如数学中的应用数学学科发展战略、化学中的化学生物学学科发展战略、物理学中的工程热物理学科前沿增长点、生物学中的生命组学发展战略与对策研究等，以及一些新兴的战略研究领域，如航天运输系统、矿产资源及冰冻圈科学的学科发展战略研究等。

新部署的学科发展战略研究工作在人员组成上保持了由院士牵头的方式，跨学部的综合研究项目由不少于两位院士担任负责人，同时吸纳青年研究人员参与。在人员组成方面的一项重要尝试是：各学科的战略研究组中吸纳1～2名科技情报、科技史与管理专家参加，这在一定程度上增加了战略研究的历史深度，拓宽了研究的政策视野。

在参与学科发展战略研究的几年中，我们深刻地体会到国内科研环境与科研实力的变化，以及我国促进自主创新、加快源头创新的决心与努力。制定学科发展战略，一定要认清学科发展的阶段，鼓励处在源头创新期的学科解放思想，稳定资助处于创新密集期的学科，引导处于完善扩散期的学科与领域完成知识成果的转移与转化，更快更好地解决经济社会发展中的各类问题。厘清以上这些学科发展中需要回答的问题，不仅有利于我国基础科学的布局和建设，指导科学研究与研究生教育，而且，对于产业升级、创新驱动发展也将起到一定的推动作用。学科发展战略研究任重道远，期待通过院士专家及众多学者的共同努力，能够在未来若干年取得新一期战略研究的成果，为建设适合科学健康发展、创新不断涌现的科研体制与环境做出贡献。

## Mapping China's Disciplinary Development Strategy in the Next Decade

*Cao Xiaoye, Zhang Baichun, Gao Lu*

Disciplinaries play an important basic role in promoting the development of science and technology. China Disciplinary Development Strategy in the Next Decade, published in March 2012, was accomplished by Chinese Academy of Sciences (CAS) and National Science Foundation (NSF). First, this paper illustrates the significance of disciplinary strategy studies and its historical necessities. Then the background and the progress of the strategy studies is introduced. Finally, the paper describes the further research on disciplinary strategies planned by CAS and NSF.

# 6.4　2013年世界主要国家和组织科技与创新战略新进展

**胡智慧　张秋菊　葛春雷　陈晓怡　刘栋　裴瑞敏**
**汪凌勇　任真　刘㵄　王文君　王建芳**
(中国科学院国家科学图书馆)

2013年，科技创新依然是美国、日本、德国、法国、英国、加拿大、澳大利亚、韩国、俄罗斯、巴西、西班牙及欧盟等主要国家和组织的主要任务。各国制定或实施科技中长期发展战略与规划，改革与完善科技管理体制，提高政府研发经费投入，以加快科技创新促进经济发展的步伐。

## 一、美　国

2013年，美国科技创新政策的主要内容是：改善联邦资助管理，增强联邦资助的协调性、问责制与透明性；重组联邦科学技术工程和数学(STEM)教育计划，避免资源分散、提高协调性、改善问责制；筹划国家实验室改革方案，确保实验室开展高优先级的研究；推进国家制造业创新网络建设，加快美国制造业创新。

### (一)改善联邦资助管理

为协调并简化联邦资助管理，2013年1月，美国白宫管理与预算办公室(OMB)提出统一联邦资助与管理审计的要求，主要措施包括：整合8个联邦资助指导文件，明确对不同实体的重点要求；简化联邦资助接受者的报告要求，明确资助经费用于薪资的合理性；确保联邦机构在提供资助前能够更好地评估资助申请报告的财务风险与价值；对联邦机构提供指导，确保对次级受资助者施行健全的监管；更加注重审计，防止浪费、欺诈和滥用；确保联邦机构获得受资助者的成果，并加强对受资助者的管理。

为增强联邦资助的问责制与透明性，11月，美国众议院提出《保持美国联邦政府对研究、科学技术与跨部门教育计划的投资法案》的草案(简称《FRIST法案》草案)，该草案的重点内容为改革美国国家科学基金会(NSF)的资助管理，要求NSF将科技促进发展纳入资助评价标准，增加资助评审透明性。该草案强调，NSF在平衡生命科学、数学、物质科学、计算机与信息科学、地球科学、工程学、社会科学、行为科学和经

223

济学等领域的研究资助基础上，需不断增加对关系国家利益的战略领域的投资；NSF主任应说明每个受资助项目是否有助于提高经济竞争力、提升公众健康与福祉、发展科学技术与医学劳动力并提高公众科学素养、增强学术界与产业界的合作、促进美国科学进步、支持国家安全；NSF须在决定批准项目前，公布其拟批准的资助项目及资助理由，并公布做出资助决定的NSF职员信息。

### （二）筹划国家实验室改革方案

出于对预算紧缩的担忧与提高实验室管理效率的需要，国会与白宫都着手对国家实验室进行新的改革，目标是确保实验室开展优先领域研究，并保证不浪费资源和重复设置研究计划。6月，参议院预算小组选举由9名成员组成的改善国家实验室运行的国家委员会；7月，众议院科学委员会对美国信息技术与创新基金会等机构联合发布的国家实验室管理改革建议报告举行了听证会；同月，美国能源部（DOE）组建由DOE官员与部分实验室主任组成的国家实验室政策委员会，帮助确定国家实验室在DOE整体研究与技术发展战略中的作用，并委托现有的DOE顾问委员会评估实验室布局。

### （三）重组联邦STEM教育计划

美国科学技术工程与数学（STEM）教育计划分散在14个联邦部门共计226个STEM计划之中，存在分散、重复和难以评估的问题。5月，美国国家科学技术委员会发布了《联邦科学技术工程与数学教育5年战略规划》，勾画出教育计划的整合路线图，即通过撤销78个计划、合并38个计划，将STEM教育计划缩至110个，从而使联邦STEM计划主要集中在教育部、NSF与史密森学会三个机构。教育部主要负责初级与中级STEM教育计划，增强其在K-12教育中的领导作用；NSF主要负责本科与研究生STEM教育计划；史密森学会主要负责非正式的STEM教育与公共科学活动。战略规划的4个优先领域是：改善K-12的STEM教育；调整绩效欠佳的教育计划；简化研究生奖学金申请程序；扩大公众的参与度。

### （四）推进国家制造业创新网络建设

为推进国家制造业创新网络建设，1月，美国国家科学技术委员会发布国家制造业创新网络建设的基本原则，包括：①国家制造业创新网络计划资助15个制造业创新研究所（IMIs）；②国家先进制造计划办公室负责IMIs的组织遴选工作；③IMIs的资助周期是5～7年，联邦政府将共投入10亿美元经费，联邦与私营部门的资助比例为1∶1，经费资助主要集中在第二年与第三年，资助期满以后，各研究所凭借会员费、知识产权许可费、合同研究经费等收入自我维持；④政府机构不事先确定要资助的IMIs所关注技术重点领域，但可根据申报的技术重点是否满足国家需求进行遴选；⑤遴选标准包括研究所关注的技术重点对美国经济具有重要性，技术重点领域所开展的研发、商业化与培训活动能够对规模化制造生产产生重大影响，研究所从私营部门等能够获得较多的共同投资，中小企业与其他社区利益相关方积极参与，自我维持计划可行性高；⑥IMIs所关注的技术成熟度与制造成熟度要达到4～7级。

11月，美国先进制造国家计划办公室发布国家制造业创新网络研究所绩效评估指标框架与知识产权管理框架。绩效评估指标框架从制造业创新研究所对制造业创新、就业与区域制造业生态系统的广泛影响、产业价值、教育与劳动力发展、计划组合、金融与网络贡献等6个方面共提出了44个定性与定量相结合的指标，其中17个核心指标将应用到所有的制造业创新研究所绩效评估中，其余指标作为示范指标将试验性地应用到部分制造业创新研究所绩效评估中。知识产权管理框架主要解决的是研究所在处理专利事务时所面临的主要法律问题，包括具体项目、研究所权利、政府权益等3个层面的知识产权关注点；旨在为研究所制定其知识产权管理计划时提供弹性空间。

## 二、日　　本

2013年，日本根据国家发展战略目标，调整科技管理体制，明确科技管理机构的使命与定位；制定科技创新战略，确立科技发展目标；修改国家研究开发计划评估大纲以构建符合本国需求、适应世界科技发展要求的科技布局。

### （一）调整科技管理体制

1月，日本文部科学省进行了机构调整。新设创新基础局和信息教育科，强化创新的研究战略、制度与计划的推进体制。在高等教育局和研究开发局新增医学教育、产学研合作、交叉领域研发以及航天航空科技主管职位。新增岗位的职能包括：科技方面，构建大规模产学研合作的研发基地，加强大学研究能力的促进体制，加强建立面向海洋资源调查研究能力的体制等；教育方面，建立针对学生安全措施的推进体制，加强震后学校重建及设施经费的执行体制，加强国立大学改革的推进体制等。

4月，日本综合科学技术会议发布《加强司令部功能》报告，强调了综合科学技术会议的使命与职责。该报告指出综合科学技术会议是内阁的重要政策制定部门，以宏观政策为工作重点，负责制定科技发展方向，确定国家重大研究领域，实施战略性综合科技政策，并进一步明确了其作为首相"参谋"的职责。报告还提出综合科学技术会议应具备分析与计划能力及协调与领导能力。

## （二）实施增强国际竞争力的政策措施

4月，日本综合科学技术会议提出了《创新2025》战略的后续政策措施。《创新2025》战略自2007年实施以来，社会体制改革和科学技术一体化推进初见成效，但跨部门的政府和产学综合体制及交叉领域的融合进展尚不理想。针对社会系统的改革战略和技术革新战略，政府提出了一系列后续政策措施，包括：对回馈社会的项目制定具体的评价内容和指标，通过具体的案例和实证研究，树立创新驱动的样板；为提高创新成效，完善解决社会问题的战略路线图；根据形势的变化相应地调整和修改在科技体制、技术开发、社会体制改革等方面的具体措施；集中对重点课题和项目进行灵活调整。

5月，日本综合科学技术会议进一步提出了加强国际竞争力的政策措施。包括：①改善规制环境。优化雇佣制度、商业环境等方面实施国际前沿课题的政策，并进行必要的规章制度改革。②打破各省厅条块分割的法规制度。通过法规制度的改革完善科研环境，设置法规制度改革委员会，改善新特区的法规制度环境。③改善交通与都市环境。加强推进城市化进程的政策。④推进国际尖端技术特区，吸引全球的企业和人才。从加强城市竞争力出发，策划和制定特区内的城市发展计划，特区要实现建设世界上最适合发展的商业环境、雇佣制度。⑤推进农业特区的创建。制定税收、金融等方面的支持措施。

## （三）发布《科技创新综合战略》

6月，日本综合科学技术会议发布了指导日本科技发展的最新纲领性文件《科技创新综合战略》，旨在建设世界上最适合创新的国家。报告提出了贯彻科技创新政策的六项原则：明确整体目标与阶段性任务；整体把握科技创新战略，重新认识研究开发全过程；明确任务与责任人，产学官紧密合作；发挥政策手段的综合调控作用；运用质量循环管理评估实施效果。据此提出日本未来的经济、社会发展目标：保持经济实力，实现可持续发展；促进社会安定，民众富裕且有安全感；为世界进步和全人类的发展作出贡献；营造推动科技创新的外部环境。为此，政府需要重新审视与创新相关的"人才培养""基础研究""研究开发制度设计"等政策，制定有效措施，以推动创新。报告明确提出科技创新的重点课题：构建清洁、经济的能源体系；建立健康长寿社会；完善新一代社会基础建设；实现地区资源优势的再创造；推进震后的复兴。同时提出，在落实科技创新的具体政策时，要以"智能化""系统化""全球化"的战略眼光开展科技创新。

### (四)修改《国家研究开发评价大纲指针》

9月,日本发布了新修改的《国家研究开发评价大纲指针》,转变科技政策方向,即从以往的"推动种子型研发"向"解决问题型的研发"转变。政府对科技政策体系进行了反思,以往对国家研发活动进行评估的目的是履行问责制,包括中期评估(研发项目是否按计划推进)和事后评估(研究开发项目是否取得预定的成果),而今后将更加强调是否促进创新。修改的关键点:一是引进项目评估,强调必须建立项目评估制度,体现包括促进成果推广等目标;二是明确结果,结果是表示研发成果带来效果的指标,要制定包括研发并推进成果推广的科技创新政策,就必须明确结果。鉴于此,在新的大纲指针中提出了加强事前评估和跟踪评估。通过积累跟踪评估等经验,为日本今后制定科技创新政策提供依据。

### (五)加强基础研究和人才培养的措施

10月,日本综合科学技术会议在科技创新政策专门调查委员会会议上提出"加强基础研究和人才培养措施",主要包括:制定激励青年科研人员和人才培养的政策;将有限资源有效地用于促进基础研究与人才培养;加强竞争机制和发挥大学的能力以取得可持续的成果;改革竞争经费的管理;积极推进基础研究成果向社会推广;推动产业界、社会等多样人才的培养和利用。该报告是对日本擅长模仿而短于独创这一批评的积极回应。

## 三、德 国

2013年,德国继续加大联邦政府研发投入,深入讨论科研体系的未来发展,推出迄今为止规模最大的医疗健康研究计划,发布《生物经济政策战略》,加快向节约型经济转变,扩大科研基础设施建设,推进公共科研成果的开放获取。

### (一)持续加大政府研发经费投入

在全球债务危机和公共财政紧缩的背景下,德国政府坚定地将推进研究与开发作为长期奉行的政策。2013年,德国联邦政府在研发领域的经费投入达到144亿欧元,比上年增长5%。联邦教研部在2013年的研发支出为83亿欧元,比上年增长3%。

### (二)讨论德国科研体系的未来发展

《精英大学计划》(2017年到期)、《研究与创新公约》(2015年到期)和《高等教育公约》(2015年到期)是推动德国科研体系有力发展的重要驱动力。公约到期后是否延续、如何延续及在延续时突出什么重点，将成为影响德国科研体系未来发展的重要问题。为此，2012年9月至2013年12月，德国主要科研主体和联盟组织纷纷就此发表立场。通过此次对科研体系未来发展的讨论，德国科研界也希望促进新一届政府将教育和科研置于优先发展战略地位，为新一届政府在科研领域的决策与行动提供指导和参考。德国主要科研主体和联盟组织一致认为：大学是科研体系的核心，政府应增加对大学基本经费的资助。同时延续《精英大学计划》，继续支持德国大学的卓越化发展；突出科研体系内各主体的研究特色和使命，保持德国科研体系的多样性优势；延续《研究与创新公约》，保证对非高校科研机构资助经费每年持续增长；科研体系内各主体间应更密切地合作，特别是高校和非高校科研机构之间；改善青年科学家的职业前景，提高科研的职业吸引力。

### (三)公布大型科研基础设施路线图

4月，德国联邦教研部公布了新的《教研部大型科研基础设施路线图》，介绍了德国目前在建的24个大型科研基础设施项目和3个新纳入的项目。3个新项目是：切伦科夫望远镜阵列(CTA)，用以提高对银河和银河系外围复杂结构的认知，总建设成本预计为1.91亿欧元；欧洲化学生物学开放筛选平台(EU-Openscreen)，用以发现新生物活性物质，总建设成本预计为5500万欧元；商用民航机全球观测系统(IAGOS)，用以更准确地预测天气，确定大气污染对飞行的影响，总建设成本预计为4000万欧元。新项目的设计、运行和使用都将在德国及欧洲研究区进行。此次公布的路线图为试行版，教研部希望通过与科研组织广泛对话来确定路线图经试行阶段后是否可以延续，如有可能，路线图将从2014年起进入规范运行阶段。

### (四)出台《生物经济政策战略》

7月，德国联邦内阁通过《生物经济政策战略》，致力于充分利用生物经济的潜力，降低对化石燃料的依赖，加快向节约型经济转变。该战略提出以下指导原则：食品安全优先于原材料生产，确保并提高德国生物经济竞争力及在国际市场上的增长潜力，培养高素质专业人才，提高关键技术向产业应用的转移，加强可持续性标准的应用，开展政治、经济、科技和社会共同合作。在此基础上，确立了8个行动领域：联结生物经济所涉及的不同政策领域，加强政府各部门间的信息交流和政策协调；加强社会对话与信息发布，了解社会对生物经济发展提出的要求，提高公众对生物产品和生物创新的接受度；培养专业人才，进一步扩大德国在生物经济领域所具备的专业知识；可持续发展农业、林业和渔业经济，持久提高农业用地的生产率，充分利用持久可供使用的木材原料的潜力，可持续开发水生资源，可持续生产高附加值的动物源性食品；通过资助研究与创新来开发富有前景的技术、产品和市场；优化现有价值链并开发新的区域价值链，形成价值网络；减少非农业用途的农林用地使用，降低食品生产与可再生能源和工业原料间的土地使用竞争；确保国际贸易中可再生原料的市场准入，建立并继续制定国际上认可的农、林、渔业的可持续性标准，扩大国际研究与技术合作。

### （五）启动迄今规模最大的医疗健康研究计划

7月，德国联邦教研部启动迄今为止规模最大的医学健康研究计划，将在未来20年的时间里对大约20万自愿参与者进行调查，研究遗传因素、自然环境、社会环境和生活方式等因素对糖尿病、阿尔茨海默病、心血管疾病、癌症等常见疾病发生的影响。该计划的总资助约2.1亿欧元。德国13所大学、亥姆霍兹联合会的4个研究中心、莱布尼茨科学联合会的4个研究所及2个政府部门的研究机构参与研究。

### （六）推进科研成果开放获取

1月，德国科研组织联盟(成员包括马普学会、弗劳恩霍夫协会、亥姆霍兹联合会、莱布尼茨科学联合会、德国科学基金会等10家科研组织)启动了《数字化信息计划》的第二阶段工作。未来5年，德国科研组织联盟将协调各成员机构在数字化研究基础设施领域中的专业技术和资源，重点通过"金色通道"（首次发表）和"绿色通道"（学术知识库的二次发表）将传统的科学出版体系转向开放获取，从而最大限度地开放科研成果。此外还将进一步在国内和国际环境中为广泛落实科学界的开放获取出版创造法律、资金、技术和组织上的先决条件。

6月，德国联邦议会对《著作权法》第38条进行了补充，要求公共资金资助占一半以上的科研活动在每年至少出版两期以上的期刊上发表的论文，即使作者已经授予出版商独有使用权，作者也有权在论文首次发表12个月后将录用原稿提供给公众使用。

## 四、法　　国

2013年，法国通过颁布新教研法、制定2020科学战略议程、设立工业振兴计划等重大举措，重组国家咨询机构与资助机构，确定未来科技投入的重点方向，加强数字、能源转化等重点领域的发展，提升工业竞争力与创新能力，以科技进步带动经济增长与就业增加。

### （一）颁布新教研法推进科技体制改革

7月，法国颁布新的《高等教育与研究法》，其主要内容包括：帮助大学生成功就学与就业；以三种模式重组大学：①多所大学合并成一所新学校；②一所或多所学校、研究机构挂靠另一大学作为附属机构；③多所大学和研究机构重组成独立法人机构"大学-机构共同体"，原"研究与高等教育集群"等科学合作机构过渡至"大学-机构共同体"；新建由总理领导的研究战略委员会；新建研究与高等教育评估高级委员会，取代执行不力的原研究与高等教育评估署(AERES)；将科技成果转化作为大学与科研机构的公共服务使命。根据该法的规定，法国于12月成立国家级咨询机构研究战略委员会(CSR)，取代国家科学与技术高等理事会(HCST)，以解决其咨询不力、与决策者划分不清、代表群体不够全面等问题。CSR集中来自科学界、经济社会界的国内外专家及议会代表、地方代表，将确定法国科研战略的优先发展方向并参与跟踪评估，提升法国的科研与创新实力。

4月，法国建立战略与预见总署，取代原法国战略分析中心，加强与决策者和政府机构间的沟通，并增强其在公共决策中的影响。该署将为政府决定国家未来重大发展方向，确定经济、社会、文化、环境等中长期发展目标等提供意见与建议，强化其预见功能。

### （二）制定纲领性战略议程确定未来投入重点

为确定国家优先发展重点，保障法国在欧洲科研界的地位，5月，法国发布《法国2020研究、转化与创新战略议程》，确定了法国未来发展的9个战略方向与相应的行动计划，主要内容包括：①明确法国科研关注的九大社会挑战：资源有效管理与应对气候变化，安全且有效的能源，工业振兴，生命健康与福祉，食品安全与人口问题，可持续城市发展体系，信息化社会，创新、包容、适应性强的社会，欧洲空间开发政策；②重建法国科研规划与协调机制；③促进技术研究开发；④促进创新与技术转化；⑤制定针对重大研究与创新挑战的规划；⑥增强法国科研在欧洲乃至全球的影响力等。

7月，在《法国2020研究、转化与创新战略议程》的指导下，法国科研署公布2014年工作重点，明确表示在预算缩紧的情况下，将集中力量支持应对战略议程中提出的九大社会挑战的研究项目，并保障自身项目与欧洲《展望2020》相协调。

### （三）重点加强数字、能源等领域发展

2月，法国总理府发布《数字化路线图》，确定了3个重点方向与相应具体措施：使数字化成为年轻人成长与就业的机会；通过数字化加强法国企业的竞争力，如最高投入1.5亿欧元支持数字化关键技术等；推广数字化发展，如建立公共数字空间为大众提供数字工具等。10月，法国教研部正式启动法国数字化大学计划，将在未来5年建设

数字化大学，建成首个在线课程平台(MOOCs)等。

9月，法国总统宣布实施34项工业振兴计划。计划涉及前沿技术与传统工业领域，围绕能源转化、生命健康与数字技术三大优先重点展开。具体包括低能耗汽车、未来高铁、智能电网、云计算、未来工厂等科研项目。预计将带来455亿欧元的附加价值，并在未来10年巩固与创造48万个工作岗位。

### (四)促进产业创新

2013年初，法国成立国家公共投资银行，由法国创新署(OSEO)、信托投资银行(CDC)的子公司CDC企业部与法国战略投资基金(FSI)重组而成。作为国家重要公共资助机构，国家公共投资银行拥有210亿欧元资本，由国家与CDC各持一半股份，主要用于支持法国中小企业的创新与国际化发展，实现工业复兴。

7月，法国公共投资银行正式完成组成方的注资与人员转入，形成三元组织结构：融资部、投资部与股权投资部。该银行集中了来自不同资助来源的资本，并通过26个地区代表处为中小企业提供支持，将面向企业的创新产品及工艺的制造与商业化、企业创建等提供资助、信贷、融资担保等服务。

11月，法国总理宣布实施促进创新的新计划，旨在改变法国当前的创新氛围，消除企业与公共实验室、政府机构之间的壁垒，为创新提供新的动力。该计划的主要举措包括：①全面创新，在学校推广创业文化；设立吸引海外优秀企业家项目；设立超过1千万欧元的"新企业家奖学金"支持学生创业。②开放创新，新建1亿欧元知识产权基金促进科技成果转移转化；鼓励公共科研机构与中小企业共建联合实验室。促进经济增长的创新，加强天使投资、风险投资的影响力；加强国家公共投资银行促进创新型中小企业发展的举措。③公共创新，在法国战略与预见总署(CGSP)内设立创新政策评估委员会。

12月，法国宣布召开面向全球的产业创新竞赛，旨在吸引全球人才在法国实施创新项目，以应对重大的产业挑战，促进法国工业发展。支持入选的项目将围绕2030创新委员会确定的7个产业发展战略重点展开，包括：能源存储、重金属回收、海洋资源利用、植物蛋白和植物化学、个性化医学、银发产业、大数据应用。

## 五、英 国

为推动未来经济增长，2013年英国政府制定了新的科技战略与政策，主要包括：制定信息经济战略、航空工业和农业技术领域的发展战略，确定英国高技术发展与工业方面具有最大潜力的技术领域，支持产业创新，促进产学合作。

## 6 科技战略与政策

### （一）发布领域研发战略

2月，英国政府发布《信息经济战略》框架，并向全社会征询意见。6月，英国政府与产业界正式发布了《信息经济战略》，主要包括：①通过企业改造、加强企业研发、强化知识产权保护、建设产业集群和加强针对性政府采购等措施，建立强大、创新及向全球出口卓越产品的信息产业部门体系；②发布资助中小企业开发新信息及网络技术、发展网络商务的新计划，使企业能灵活有效地利用信息技术并挖掘数据，进而促进经济增长；③促进智能化城市与数字政府的建设，使英国企业与人民都能获取政府的公开信息，在数字时代受益；④加强培训信息经济类人才，强化基础设施建设及网络安全，抢先研发5G移动技术，支撑英国的信息经济发展。

3月，英国政府发布航空工业中长期发展战略《起飞：实施英国航空工业战略愿景》。按照等比例资金匹配原则，政府和航空工业界未来7年将对研发提供210亿英镑，以保持英国仅次于美国的全球第二航空工业大国地位，提高航空业的创新力与竞争力；支持企业广泛参与全球航空工业供应链，扩大在全球民用飞机市场中的份额；提供长期稳定支持，鼓励航空业研发下一代飞机技术；由政府与企业界联合资助，建立英国航空技术研究院；在航空工业增加11.5万个就业岗位。

12月，英国政府发布《英国农业技术战略》，确定农业技术增资的重点方向：作物和家畜基因组学、农业工程、遗传学、营养学、食品科学、作物和家畜健康、作物育种、环境科学、人类营养、功能食品、营养制品、清洁技术和废弃物能源再生技术、工业与合成生物学。新建的农业技术领导理事会负责监管该战略相关行动的执行，帮助制定优先领域和确定行动重点，减少技术战略委员会和其他投资机构的重复投资并促进整合。

### （二）加大对八大重点技术领域投入

1月，英国商业、创新与技能部宣布，政府将对八大重点技术领域新增4.9亿英镑研发投入，包括：对地观测、医药等领域的大数据分析与低能耗计算1.89亿英镑；空间技术及空间观测数据的商业产品与服务2500万英镑；建立机器人与自动化系统相关领域的创新中心及产业园区3500万英镑；建设国家生物制剂产业创新中心及促进合成生物学研究与商业化8800万英镑；建立英国再生医学研究平台及转化中心2000万英镑；建立世界级农业科学研究园区及国家植物表型组学研究中心3000万英镑；先进合成材料、高性能合金、低能耗电子及电信技术等7300万英镑；新型储能网、新型发电、节能及低碳技术等新能源领域3000万英镑。政府将额外提供3500万英镑建设各研究园区，2500万英镑建设国家计量实验室，5000万英镑建设创新性研究设备和基础设施。

10月，该部宣布了对上述八大技术领域的具体投资项目，以促进实验室的高技术

## 6.4 2013年世界主要国家和组织科技与创新战略新进展

成果走向市场，包括：农业技术催化剂7000万英镑；向监控北大西洋洋流的两个项目合计投资4400万英镑；英国研究合作伙伴投资基金，将为伦敦国王学院、格拉斯哥大学、南安普顿大学各提供1500万英镑、1000万英镑和1000万英镑；合成生物学方面，为伦敦国王学院建立创新与知识中心提供1000万英镑，为系列跨学科研究新中心提供2000万英镑，支持公司商业化研究种子资金1000万英镑，为DNA合成研究提供1800万英镑，为合成生物学培训提供200万英镑；为大数据研究提供3400万英镑。

### (三)支持产业创新

2013年，英国政府将支持小企业研发计划的预算由上一财年的4000万英镑增加到1亿英镑，并向各大商业银行提供10亿英镑，扩大对小企业的长期贷款。支持创业贷款计划的总资助额度将增加3000万英镑，达到4200万英镑，以支持18~30岁的创业者创建新企业。

英国技术战略委员会《2013年执行计划》总预算为4.4亿英镑(比上一财年增加0.5亿英镑)，以支持创新型企业发展，包括：建立生物医学分析与细胞治疗创新中心，资助政府的生命科学研究战略等6800万英镑；资助高附加值制造业创新中心、知识转移合作伙伴特别工作组及与中国的合作等6300万英镑；支持能源领域企业主导的项目，资助海岸可持续能源创新中心，研究可持续、安全且便宜的能源等3500万英镑；支持食品领域的政府农业技术产业战略1400万英镑；支持政府汽车及航空航天产业战略3500万英镑；支持建筑环境领域企业主导的项目和政府建筑产业战略，资助未来城市创新中心等1600万英镑；开发数据和数字交互式新操作系统，支持政府的信息经济产业战略，资助数字经济创新中心等共4700万英镑；建设卫星数据系统及天基卫星体系，资助卫星技术应用创新中心等共2100万英镑；将对国家创新中心网络继续投资，以促进卓越研究机构的前沿技术成果转化为大中小企业的新产品与服务。

### (四)促进产学合作

12月，英国商业、创新与技能部宣布了支持大学企业发展的《大学企业园计划》。该计划由英国财政部投资先导资金1500万英镑，同时英国贸易与投资总署将与地方机构合作，共同吸引海外对这类企业园所在地的投资。该计划将在全英格兰选址，鼓励大学提供空间给予早期发展阶段的高新技术公司。《大学企业园计划》将发掘许多学生的潜能，使他们获得学位后即可进入企业。

## 六、加拿大

2013年，加拿大政府发布新财年的创新预算案、推动国立科研机构改革、加强优势产业和中小企业创新、支持优先领域发展、加强产学研合作等措施，促进创新、就业和经济增长。

### (一)发布2013创新预算案

3月，加拿大联邦政府发布新一年度的财政预算案《经济行动计划2013》(Economic Action Plan 2013)，旨在支持就业和经济增长，被外界称为"创新预算案"，其中研究与创新方面主要资助方向包括：①加强高等教育机构与产业界之间的合作。例如，每年向自然科学与工程研究理事会拨款1500万加元(约合1412.7万美元)，其中1200万加元用于大学与学院创新计划。②提升基因组研究能力。《经济行动计划2013》预算拨款1.65亿加元用于支持多年的基因组研究。③支持顶尖研究基础设施的建立。在《经济行动计划2012》向加拿大创新基金会拨款5亿加元的基础上，《经济行动计划2013》预算再向其拨款2.25亿加元，用于先进科研基础设施的建设。④向加拿大原子能有限公司拨款1.41亿加元，以确保医疗同位素的供应和乔克河实验室(Chalk River Laboratories)的运行。

在支持企业创新方面，向加拿大国家研究理事会的产业研发援助计划拨款200万加元，用于支持中小企业从大学、研究机构等获取研究与商业开发服务；向《加拿大可持续发展技术计划》提供3.25亿加元用于支持新型清洁技术的开发和商业化；向《加拿大科研与实验开发税收刺激计划》共拨款2000万加元支持企业研发。在改善风险投资体系方面，部署4亿加元新资金用于改善风险投资，并期望通过此计划撬动10亿加元私有资金。此外，还提出要建立创新中心，促进创业的人才发展，以及促进加拿大创新创业文化建设等。

### (二)推动国立科研机构改革

2013年，加拿大继续推动国立科研机构——国家研究理事会(NRC)的改革，以实现科技与经济的紧密结合。NRC改革的目标是使其从强调基础研究，回归到通过战略性研发、科学技术服务满足加拿大当前和未来产业需求的使命和目标。5月，加拿大政府宣布重新定位NRC，使其转变成为面向产业的研究与技术组织。NRC将对其组织结构、人员和研究项目进行调整，一些研究所或研究团队可能被调整到政府其他部门或学术团体，另一些与NRC方向不符的机构可能被撤销。重新定位的NRC将通过投资面向企业的大型研发项目来支持加拿大的产业，并发展国际合作网络，确保及时开展前沿研究，获取世界一流的科研基础设施和人才。改革后的NRC将通过战略研发、技术服务、加强国家科技基础设施管理、产业研发援助计划等4种途径建立与产业界的联系。

### (三)加强对优势产业的资助

4月,加拿大政府将航空航天产业作为加拿大卓越的投资目标和供应链资源,向《战略航空与防御计划》投入为期5年、总额10亿加元的资助。此外,新建一个大型的航天技术演示项目,提供为期4年的1.1亿加元拨款,并在4年后再向该项目拨款5500万加元;还承诺要建立国家航空航天研究与技术网络,提高企业获得航空安全认证的能力等。

5月,加拿大政府发布《足迹项目》(Footprints Project),用于采矿业的研究和创新,该计划由采矿企业领导并在加拿大的多个大学实施,且得到了自然科学与工程研究理事会(NSERC)5100万美元和加拿大采矿和勘探行业赞助商的约700万美元的经费支持。

### (四)加强产学研合作研究

2月,NSERC通过《战略项目基金》,将资助81个科研团队与企业在重要领域进行长期合作,充分利用研究者的专业知识,促进企业的研发活动。该基金总计3.6亿加元,为期3年,用于增强环境科学与技术、信息与通信技术、制造技术、自然资源与能源领域的研究和培训。

6月,加拿大政府宣布通过《学院与社会创新(CCI)计划》,资助20个来自大学、学院和企业的合作团队。该计划支持高等教育研究机构将其才能和知识运用到产业中,并能为其学生提供有价值的产业经验。加拿大政府共提供1800万加元用于资助研究合作团队。

## 七、澳大利亚

2013年,澳大利亚从战略和举措层面都更加重视加强研究的战略导向,强调创新,并强化产业界参与,以鼓励技术转移转化。从国家宏观战略、政策的制定,到国家战略研究优先领域的确立,再到研究影响评估的加强和监测与测度的规范,都体现这一思路,从而强化国家战略牵引(以确保国家地位)和服务于重大需求(经济、环境与社会)的目标。

### (一)强化战略研究

6月,澳大利亚科技界发布联合声明,呼吁政治领导人支持战略性国家研究政策。该声明重点提出加强战略研究投资和促进产学合作,主要内容包括:进行战略投资;建设研究劳动力队伍;加强产学联系。

6月,澳大利亚总理吉拉德和政府首席科学家兰·查布(Lan Chubb)共同发布了澳大利亚未来将重点投资的战略研究优先领域,主要目标是致力于应对澳大利亚未来将面临的最重大的经济、环境与社会挑战,确保澳大利亚在未来世界中的地位。这些重大挑战涉及5个方面:在不断变化的环境中生存;提高国民健康水平与福利;食物与水资源管理;确保澳大利亚在瞬息万变的世界中的地位;提高生产率和促进经济增长。

### (二)调整新政府科研管理机构与资助政策

9月,阿博特政府公布政府部门调整方案。根据该方案,原有的政府科技与创新主管部门——创新、工业与科研部被分拆,其原主要职能之工业、科学与研究、技能、培训划归新的工业部,高等教育职能划归新的教育部,气候变化职能划归新的环境部。由工业部长负责处理科学事务,不再设立主管科技的部长职位。在科研经费方面,新政府承诺不会削减澳大利亚最大的科研资助机构澳大利亚研究理事会(ARC)的总体预算。

11月,澳大利亚科学院向新成立的国家审计委员会提交建议书。建议书指出,世界各国政府都已经认识到科学对于提高生产率和竞争力的价值和必要性。尽管一些国家的金融和经济环境相比澳大利亚要更加困难,然而这些国家均视科学投资为确保国家未来经济繁荣、增长和福利的根本。相比之下,澳大利亚对科学的投资不够,目前其全社会研发投资总额占GDP的比重仅为2.2%,显著低于OECD国家平均水平,导致澳大利亚国家研究事业开始出现下滑,并将因计划中的预算削减和一些研究计划的终止而遭到进一步损害。

### (三)提升研究影响

6月,澳大利亚研究理事会等8家研究资助机构发布统一的研究影响评估原则与框架,进一步明确了对研究影响进行测度和报告的要求与相关规范,这意味着政府对科研影响评估的规范和加强,体现了政府对研究作为长期生产率重要贡献者的价值的新认识及其事关国计民生方面的作用与影响的加倍重视。

7月,政府首席科学家兰·查布提出国家科学技术工程与数学(STEM)战略建议。其核心思想和内容是:将研究与创新视为未来繁荣与社会福利的核心驱动力;强调STEM战略四个关键要素(教育、知识、创新和影响)的相互关联及其与创新体系整合的必要性。重要行动建议包括:在政府最高层次建立国家创新委员会负责STEM战略制定;集中一定比例的公共资金用于支持研究成果转移转化。该战略得到澳大利亚科学院和澳大利亚企业委员会的共鸣,在澳大利亚产生巨大反响。

### (四)扩大产业参与

2013年,联邦政府发布《澳大利亚创业计划》,拟投资10亿澳元,重点是帮助中小企业成长,促进创新、创业与就业。主要内容包括:扩大《澳大利亚产业参与计划》,创建10个产业创新园区;《增长机遇与领导力发展计划》为创新园区内具有高增长潜力的中小企业提供支持;《澳大利亚风险创业计划》通过新的投资和措施促进澳大利亚境内创新驱动型和以知识为基础的企业的发展;《企业解决方案计划》让澳大利亚中小企业为满足公共部门需求提供解决方案;将《企业联系计划》的服务扩展到新行业等。

2月,澳大利亚国防部公布了《澳大利亚工业能力计划》。该计划为澳大利亚工业界特别是中小型企业参与澳大利亚主要国防合同提供了重要信息。每一行业的工业能力计划根据工业界参与的范围和复杂程度有所不同。

## 八、韩 国

2013年,韩国政府在科技行政管理体制、科技发展规划、科研评估政策等方面进行了较大力度的改革和调整,并进一步强化了对基础研究的支持和投入,努力向领跑型科技创新战略转型。

### (一)加快创新促进发展

2月,韩国新一届总统朴槿惠正式就职。为增强国家的发展动力,她提出韩国需要彻底转变经济发展模式,新政府所倡导的"创造经济"理念就是要将国民的想象力、创新力与科学、信息通信技术相结合,推动文化创意与产业之间及各产业间的融合,开拓新产业与新市场,并创造就业岗位。9月,朴槿惠提出,韩国应以拥有能够称霸国际市场的核心原创技术向领跑型科技创新战略转型,通过对基础科学研究进行投资夯实科技基础,并致力于开发前沿高新技术,鼓励技术型创业,大力发展风险投资企业。

新成立的韩国未来创造科学部于6月公布了《创造经济实施计划》,旨在将国民的创意与科学、信息通信技术相结合,打造新产业与新市场,从而创造更多的就业机会。该计划确定了三大目标:通过创造和创新增加工作岗位和扩大市场;增强韩国的创造经济在全球的领导地位;营造尊重创意和充分发挥创意的社会氛围。2013年,政府将为该计划投入6.9万亿韩元(约合62亿美元),未来5年共投入约40万亿韩元(约合356亿美元)。

## （二）改革科技管理体制

国家科学技术审议会是朴槿惠就职后新成立的韩国科技领域的最高决策机构，其主要职能包括审批国家科技发展总体规划和政策，协调政府各部委和各行业的科技政策，对科技预算、科研评估、人才培养、国际科技合作、区域创新等重要的科技政策进行最终决策。

国家科学技术咨询会议是朴槿惠就职后新成立的总统科技咨询机构，由总统担任议长，其余20余位委员均为非政府专家，下设科技未来战略、科技基础、创造经济三个分委员会。

韩国未来创造科学部于4月正式成立，该部整合了原教育科学技术部的科技管理职能、知识经济部对信息通信技术和产业技术的资助职能，原有的教育科学技术部则改为教育部。该部主要负责制定国家科技政策，包括修订《科学技术基本法》等61项国家级科技法、编制政府研发预算等。

在国立科研机构管理体制改革方面，韩国国家科学技术审议会于12月批准将未来创造科学部下属的基础技术研究会和产业技术研究会合并为科学技术研究会，此次改革的主要目的是：强化研究会对国立科研机构的支撑职能，制定国立科研机构未来发展战略的职能，加大对国立科研机构之间合作研究的扶持，提高研究会运营的效率。

## （三）制定科技发展规划

7月，韩国国家科学技术审议会批准并公布了每5年一期的国家级科学技术综合性计划《第三次科学技术基本计划》。本次计划提出了"利用创造性的科技开启充满希望的新时代"的愿景，以及未来5年将重点推进的五大战略：加大研发投入并提高其使用效率；开发国家战略性技术；增强中长期的创新力量；积极发掘有潜力的新产业；创造就业岗位。计划通过振兴基础科学研究、培养创意型科技人才、重点开发120项国家战略性技术和30项关键技术等78项具体政策措施，增强韩国的创新能力，使WoS(Web of Science)数据库中被引频次位列前1%的论文中韩国论文数量增加到世界排名前10位的水平，将研发投入对韩国经济增长的贡献率从目前的35.4%提升至2017年的40%，使韩国跻身全球七大科技强国，并创造64万个就业岗位。为实现以上目标，朴槿惠政府未来5年的研发预算规模将达到92.4万亿韩元，比李明博政府的68万亿韩元增加36%。

8月，韩国国家科学技术审议会公布《2013～2017年基础研究振兴综合计划》，希望通过基础研究建设创造型未来社会，提出的目标包括：将政府研发预算中用于基础研究的经费比重从2012年的35.2%提高到2017年的40%，将WoS数据库中被引频次前1%的论文中韩国论文的数量排名从2011年的世界第15位提升至2017年的世界前10位，将被引用率前0.1%论文中韩国第一作者的数量从2011年的49名提升至2017年的100名。

### (四)完善科研评估政策

为了实现从追赶型向领跑型科技创新战略的转型,韩国国家科学技术审议会于10月讨论并通过了《国家研发成果评估改进综合措施》,提出必须完善国家科研评价体系,并遵循三大指导方针:①从以成果数量为导向的评估转变为以成果质量为导向的评估;②以成果目标与科研机构特殊使命的实现程度为中心的定制型评估;③评估将涵盖研发规划、研发执行、成果产出与推广的研发全周期。该文件还针对研发项目与课题评估、科研机构评估、研发成果评估的支撑体系和激励机制提出了具体的改革措施。在科研机构评估方面,根据科研机构设立的目的和明确的定位,将科研机构分为基础与未来前沿型(R型)、公共与基础设施型(R&D型)、实用型(R&BD型)、研究与教育型(R&E型)、政策研究型(R&P型)5种类型,以开展定制型的管理评估与研究成果评估。

## 九、俄 罗 斯

2013年,俄罗斯在重组国家级科学院系统和改革科研资助体系的同时,还出台了一系列科技中长期发展战略与规划,以加快科技创新促进经济发展的步伐。

### (一)重组国家级科学院系统

9月,俄罗斯政府制定的《关于俄罗斯科学院、国家级科学院的重组及修订相关联邦法》经俄罗斯总统普京签署生效。该法案自俄罗斯政府于6月底讨论通过并向国家杜马(议会下院)递交以来,在俄罗斯国内外引起广泛关注和评论。普京同时签署了《关于联邦科研组织署》总统令,批准成立科研组织署,并通过其启动国家级科学院系统的改革重组程序,将俄罗斯医学科学院和农业科学院并入俄罗斯科学院后,成立新的俄罗斯科学院,负责对国家科技政策提出建议并协调全国的基础科学研究和探索性研究,领导全院的科研工作。

重组改革后,在院士制度方面,院士构成仍包括院士、通讯院士、外籍院士三类,院士和通讯院士每年需提交个人年度科研工作书面总结和当年所取得的科研成果书面总结;在组织架构方面,除了地方分院、地区科学中心以外还增加了代表处。此外,新的俄罗斯科学院在学科布局、经费保障、拨款方式、国有资产管理、院长任期、研究所管理归属、研究所负责人任免、研究所评估等方面均将有明显变化,最大的变化体现在国有资产管理、研究所管理归属和负责人任免方式等方面。

俄罗斯科学院、俄罗斯医学科学院、俄罗斯农业科学院的科研机构将被移交给联邦科研组织署进行管辖。俄罗斯科学院下属科研机构的负责人应由所在科研机构在俄罗斯科学院主席团同意的候选人中选举产生，并由总统科学与教育委员会下设的人才委员会批准，然后由联邦科研组织署任命。联邦科研组织署对俄罗斯科学院、俄罗斯医学科学院、俄罗斯农业科学院移交的国有资产行使所有权，负责对其下属科研机构的工作进行评估。

### (二) 改革科研资助体系

俄罗斯虽然在2013年尚未走出经济危机的阴影，但是仍持续加大对科技领域的投资。11月，普京签署了题为"关于俄罗斯科学基金会及相关联邦法规"的联邦法，该法规定了新成立的俄罗斯科学基金会的法律地位、权力、职能，并制定了其资产构成和组织管理方面的规章。该基金会为非营利性法人实体，其资金主要来源于国家财政拨款。该基金会将以公开竞争的形式资助俄罗斯科学家、科教人员个人或团队开展的基础科学研究和探索型研究，在科研和高教机构成立世界一流的实验室和教研室，培育在特定领域占据领先地位的研究团队，建设科研基础设施，研发与生产高技术产品，开展国际合作，并参与国家科技与高等教育发展政策的制定。在俄罗斯联邦财政部12月公布的《2014～2016年联邦预算法》中，联邦教育科学部、俄罗斯科学基金会、俄罗斯基础研究基金会、俄罗斯人文科学基金会的年度预算均呈现明显增长态势。此外，俄罗斯还通过2012年成立的远景研究基金会，来承担俄罗斯国防工业综合体及相关产业的现代化改造任务。

### (三) 制定科技发展规划

5月，俄罗斯政府公布了《2014～2020年科技优先领域研发联邦专项计划》，联邦政府将为该计划拨款2022亿卢布(约合65亿美元)，由教育科学部负责实施与管理。计划的主要目标是在俄罗斯科技界形成能有效发挥作用的应用研究与开发部门，确保2020年在国家重点的科技优先发展方向拥有世界一流的研发水平和国际竞争力。

5月，俄罗斯总理梅德韦杰夫批准了《2014～2020年科研与科教人才联邦专项计划》，旨在建立高素质科研与科教人才的高效培养体系，并提升俄罗斯人才的国际竞争力。联邦政府将为该计划拨款1535亿卢布(约49亿美元)。该计划提出未来的重点任务应包括：吸引并留住投身科学、教育和高技术领域的青年人才；支持知名学者领导的科研团队开展高水平的研究等。

7月，梅德韦杰夫签署《生物技术和基因工程发展路线图》，目标是：到2020年之前，俄罗斯生物技术制品产值占GDP比重达到1%；到2030年前达到3%。2015年前，该路线图实施的重点是扩大对生物制品的国内需求并加大出口；用生物合成替代化学合成，建设能够取代现有产品结构的新型工业研发生产基地；建设生物质能源技术研发和产业化实验基地。

7月，梅德韦杰夫签署《2013～2018年信息技术领域发展路线图》，主要目标包括：信息技术产品和服务出口总值要从当前的44亿美元增加到2015年的58亿美元和2018年的90亿美元；国家级信息产业新技术研发团队要从当前的6个增加到2015年的26个和2018年的50个。

### (四)发展区域创新集群

11月，梅德韦杰夫签署了题为"关于2013年为区域创新集群试点项目的实施提供补贴"的政府令，批准从2013年的联邦预算中为11个区域创新集群试点项目划拨11.39亿卢布(约合2.1亿元人民币)的联邦政府补贴，以支持各个创新集群的能源、交通、工程技术等领域的基础设施建设。

## 十、巴　西

2013年，巴西科技创新预算扭转了前两年连续缩减的形势，比2012年增长了15%，达到102亿雷亚尔(约合51亿美元)，回归到历年对科技创新投入稳步增长的轨道上。同时，策划修订改革科技创新法、科技政策评价体系、科技创新资助流程等一系列政策措施，以提高国家的研发创新能力，尤其是企业的研发创新能力。此外，巴西近年愈加注重国际科技合作。

### (一)研讨新的科技创新法

4月，巴西众议院举行听证会，为即将出台的新科技与创新法收集各方意见。此次讨论将在修订2011年8月出台的《第2177号法案》的基础上正式制定法律，希望以此来促进巴西的科技发展，消除官僚主义障碍，激励创新，从而产生社会效益。与会者的主要意见包括：放宽对研发创新活动所需的设备和物资的进口限制；对参与巴西研发项目的获得奖学金的外国学生提供临时签证；为促进大学研究人员参与企业创新建立辅助机制；问责制度更多地关注项目的结果而不是收支问题；解决技术许可证发放条件等影响科技发展的问题；增加技术创新中心；科研材料进口免征税；充分利用巴西的生物多样性开展科学研究；调整投标法，使其更适用于科技创新领域的采购和技术转让；放宽公共单位研究人员只能供职于一家机构的制度；将科技园、孵化器纳入法律规范。

## （二）改革科技政策评价办法

1月，巴西科技与创新部出台了首个年度《监督与评价计划》，明确了对政府科技政策、方案和行动的评估与跟踪的优先行动和方法。为此提出了16个监测指标，包括研发投入占GDP的比例，企业、联邦政府、州政府各自研发投入占GDP的比例，企业创新率，进行持续研发的企业的数量，创新型企业应用政府创新资助工具的比例，在企业中从事研发活动的技术和研究人员的数量，完成中等教育、高等教育、研究生教育的学生各自的就业比例，巴西科技发展委员会(CNPq)发放的本科生奖学金、硕士奖学金、博士奖学金的数量，本科毕业生中的工科毕业生比例，大学校园配备高性能网络通信与合作基础设施的数量等。

## （三）着力企业创新

3月，巴西联邦政府出台了《企业创新计划》，预计投入329亿雷亚尔(约合164.5亿美元)用于刺激各经济领域通过技术创新提高生产力和竞争力。这笔资金在2013和2014年使用，资助的企业涉及工业、农业、服务业领域众多行业。资金的执行机构为巴西国家经济社会发展银行、科技与创新部下属的巴西科学研究与发展项目资助署(FINEP)。计划将以4种方式资助企业的研发与创新：向企业提供经济补贴，资助企业与研究机构的合作项目，在技术性企业入股，向企业发放信贷。

9月，FINEP出台了《FINEP30日计划》，这项计划将简化对创新的资助流程，增加透明度，使项目资助申请的回复时间由112天缩短至30天。

## （四）加强战略领域部署

近年，巴西进一步明确了国家面向未来的重点领域，包括：同步光网络、纳米技术、生物技术、信息与通信技术。2013年，加强了在这些重点领域的部署。

7月，《科学无疆界计划》公布了一项专门面向空间领域的人才培养项目，此外还计划在2013年和2015年分别发射"CBERS-3号"和"CBERS-5号"中巴地球资源卫星。同月，建立国家海洋和水文研究所，并已耗资8000万美元采购一艘科考船。8月，出台巴西纳米技术项目，计划在2013年和2014年投入4.507亿雷亚尔(约合2.25亿美元)。

## （五）推进国际合作

1月，巴西科技与创新部同欧盟委员会联合研究中心签署了5年合作协议，涉及未来巴西与欧盟在7个科学领域的合作内容，包括：灾害预防和危机管理、气候变化和自然资源的可持续管理、能源、粮食安全、生物经济(尤其是生物技术)、信息和通信技术(包括地理信息和空间技术)和纳米技术。

## 十一、西班牙

2013年，西班牙在经济危机背景下，把科技创新作为提高经济竞争力的推动力，在国家宏观层面正式发布了《2013～2020年国家科技创新战略规划》和《2013～2016年国家科技研究创新计划》。积极推动卓越科研，提高西班牙科技的国际地位，促进产业发展，并加强对海外投资者和技术人才的引进。

### (一)出台战略性科技规划与计划

2月，西班牙内阁会议审批通过了首个8年长期科技战略规划，即《2013～2020年国家科技创新战略规划》。该战略规划的基本原则包括：注重政策制定的协调性和连贯性；资源分配过程中须保证科研质量并突出重点；重视可持续发展和能力建设；与欧洲研发创新政策协调一致等。战略目标包括：在人才培养方面，提高科研人员的流动性，加大对人才科研生涯发展的支持力度，提高人才在研究发展和创新过程中的参与度和就业能力。在卓越科研方面，加强研发机构的能力，加强科技基础设施建设，推动和发展前沿新兴技术。在企业的国际领先地位方面，推动企业研发创新活动，鼓励研发市场化，推动实用科技的发展。在解决社会面临挑战方面，重点解决食品、可持续农业、能源、交通、海洋资源、气候变化、数字化经济等领域所面临的问题。

同月，西班牙内阁会议也审批通过了《2013～2016年国家科技研究创新计划》，制定了人才和就业促进项目、优秀科研活动扶持项目、提高企业领导力项目和面向社会挑战研究的科研项目。

### (二)研发投入持续削减

在经济危机影响下，2013年西班牙国家研发投入创下缩减7.2%的新低。其中，对公立研究机构的补助进一步减少：西班牙高等科学委员会(CSIC)的研发投入减少8.9%；西班牙国家航空技术研究院(INTA)的研发投入减少7.7%；卡罗三世卫生研究院(ISCIII)的投入减少4.6%；能源环境科技研究中心(CIEMAT)则减少1.5%。面对大幅削减研发投入这一现状，3月，西班牙研究、发展和创新国务秘书处提出了如下应对政策：将科研项目的竞争力、发展潜力、能否改善民众生活条件作为获得补助的重要条件；建立更有弹性的合约管理机制；鼓励民间加大研发投入力度；努力争取欧洲科研项目中的相关经费。

### (三)积极推动卓越科研

西班牙重视推动卓越科研，西班牙研究、发展和创新国务秘书处从2012年起每年评选出"卓越科研中心",对其进行资助。7月,由国际知名科学家组成的独立科学委员会评选出第二批新资助的5个卓越科研中心,未来4年每个中心每年将获得100万欧元资助。5个卓越科研中心分别是:①由西班牙最高科研理事会(CSIC)和马德里自治大学共同创建的理论物理研究所,主要进行理论物理相关研究与专业人员培训工作(包括基本粒子物理学、宇宙学、天体粒子物理学等);②由加泰罗尼亚自治区政府和巴塞罗那自治大学联合创建的高能物理研究所,进行基础物理、粒子物理、天体物理和宇宙学的前沿理论研究和实验;③由CSIC和瓦伦西亚大学联合创建的化工技术研究所,进行催化、新材料(尤其是沸石)和光化学转换方面的研究;④隶属于CSIC的生物研究站,主要从进化的角度研究生物多样性、物种保护和恢复;⑤由加泰罗尼亚自治区政府、西班牙经济和竞争力部、庞培法布拉大学支持建立的基因组调控中心,通过基因组学研究解决常见疾病(如癌症、遗传性疾病等)问题,是致力于生物医学研究的非营利性国际化研究中心。

### (四)重视引进海外技术人才与投资者

9月,西班牙议会通过了《创业法案》,提出要重视引进海外高新技术人才及海外创业资本。为吸引教育、研发和创新类高级人才,西班牙政府为其提供签证和居留证方面的便利;主要包括以下三类人员: 2011年颁布的《科技与创新法》第13条中所提到的在科研活动方面有突出贡献,有能力进行新技术和新知识应用、转让和传播的科技人才;与西班牙公共或私营科研机构签署协议,进行工作或交流的外籍科研人才;受聘于西班牙大学、高等教育与研究机构或中心、商学院的外籍教师等。

## 十二、欧　　盟

2013年,欧盟在科技方面的重大事件仍是新一期研发创新框架计划的讨论确定,至年末终于形成定论,并进入具体实施阶段。在政策措施方面的重点是促进企业创新和技术转移转化。

### (一)确定并开始实施研发创新框架计划《展望2020》

2013年是欧盟第七期研发创新框架计划(FP7)的收官之年,自2011年欧盟委员会提出《展望2020》计划提案之后,欧盟理事会和欧洲议会先后对相关内容进行了多轮审议,经过长时间的争议,于2013年末最终确定了具体实施细节。2014年将正式启动新的研发创新框架计划《展望2020》。

计划预算额度确定为790亿欧元(2011年不变价格702亿欧元),比FP7预算增长了30%。计划提出的三个主题领域,即社会挑战、卓越科学和产业领导力的最终预算额度分别为总预算的39%、32%和22%；支持人才培养与流动的玛丽·居里计划预算约60亿欧元，占总预算的8%，比FP7期间增加30%；欧洲创新与技术研究院(EIT)预算27亿欧元，占总预算的3.5%，而FP7期间仅为3亿欧元。

计划实施重点包括：支持中小企业研发创新，提出预算的至少11%用于支持中小企业，具体措施如制定专门的中小企业支持措施，实施名为"创新快车道"的试验计划以加速创新转化等；吸引更多的人从事科学研究、更多科学家参与计划，计划预算中的7.4亿欧元将用于扩大参与相关措施；加强对非化石能源研究的投资，保证85%的能源预算用于非化石燃料能源研究，其中15%用于能效研究。

## (二) 促进企业创新与技术转移转化

促进企业创新与技术转移转化成为近年欧盟科技政策的重点，这在新的研发创新框架计划《展望2020》中可见一斑，同时，2013年欧盟出台了若干措施和计划来推动相关进展。

发布《创业行动计划2020》以释放欧洲创新潜力。行动计划提出采取三个方面的措施：加强创业教育与培训以支持人才成长和企业创建；改善创业者的框架条件，如为创业融资提供便利，强化现有金融工具，简化税收系统，在企业生命周期的关键阶段为创业者提供支持；促进欧洲的创业文化，培育新一代的创业者。

加强利益相关者论坛促进创新成果商业化。发布《欧盟技术平台(ETP)战略》，加强其作为利益相关者论坛促进创新成果商业化的作用。其目标是为欧盟及成员国制定研究与创新议程和路线图，通过识别研究商业化利用的路径、洞察市场机遇与需求、动员与网罗欧盟范围的创新参与者等，使其成为欧盟创新生态系统的关键要素，帮助欧盟发展创新联盟。

12月，欧盟宣布在《展望2020》下对原有的三个计划目标进行更新并增加新的领域计划，批准了如下8个领域的合作关系计划：未来工厂、节能建筑、欧盟绿色汽车计划、可持续加工业、光电产业、机器人技术、高性能计算、用于未来互联网的先进5G网络。这些公私合作关系计划采取欧盟委员会与关键部门代表性产业联盟签订合同协议的方式，使得欧盟委员会和产业界可以对这些部门开展研究与创新活动提供关键性资助，希望每1欧元的公共投资撬动3~10欧元的额外投资来开发能使欧洲企业处于世界市场领先地位的新技术、产品和服务。

参 考 文 献

1  The White House. Proposed OMB Uniform Guidance: Cost Principles, Audit, and Administrative Requirements for Federal Awards. http://www.whitehouse.gov [2013-02-05].

2. Committee on Science, Space and Technology. Subcommittee on Research and Technology Hearing - Keeping America FIRST. http://science.house.gov/hearing/subcommittee-research-and-technology-hearing-keeping-america-first-federal-investments [2013-11-13].

3. Office of Science and Technology Policy. Federal Science, Technology, Engineering, And Ma-thematics (STEM) Education 5-Year Strategic Plan. http://www.whitehouse.gov/sites/default/files/microsites/ostp/stem_stratplan_2013.pdf [2013-01-30].

4. Jeffrey Mervis. Congressional Panels Dump on STEM Reshuffling Plan. http://news.sciencemag.org/scienceinsider/2013/07/congressional-panels-dump-on-ste.html [2013-07-30].

5. David Malakoff. As Budgets Tighten, Washington Talks of Shaking Up DOE Labs. http://www.sciencemag.org/content/341/6142/119.full [2013-07-25].

6. Office of Science and Technology Policy.National Network For Manufacturing Innovation: a Preliminary Design. http://www.whitehouse.gov/sites/default/files/microsites/ostp/nstc_nnmi_prelim_design_final.pdf [2013-01-20].

7. Office of Science and Technology Policy. Draft Institute Performance Metrics for the National Network for Manufacturing Innovation. http://www.manufacturing.gov/docs/nnmi_draft_performance.pdf [2013-12-20].

8. Office of Science and Technology Policy. Draft Guidance on Intellectual Property Rights for the National Network for Manufacturing Innovation. http://www.manufacturing.gov/docs/nnmi_draft_ip.pdf [2013-12-20].

9. 日本科技総合会議. 科学技術イノベーションの環境創出. http://www8.cao.go.jp/cstp/siryo/haihu110/siryo1.pdf [2013-12-07].

10. 日本学術会議. 立地競争力の強化に向けて. http://www.kantei.go.jp/jp/singi/keizaisaisei/skkkaigi/dai6/siryou14.pdf [2013-12-06].

11. 日本化学研究所. 理研の総合力を発揮する―第3期中期計画スタート. http://www.riken.jp/~/media/riken/pr/publications/news/2013/rn201304.pdf [2013-07-20].

12. 日本文部科学省. 平成２５年度文部科学省機構・定員要求(変更)について. http://www.mext.go.jp/component/b_menu/other/__icsFiles/afieldfile/2013/01/11/1329773_2.pdf [2013-01-11].

13. 日本科技総合会議. 産業競争力会議の議論を踏まえた当面の政策対応. http://www8.cao.go.jp/cstp/siryo/haihu110/siryo4.pdf [2013-04-19].

14. 日本科技総合会議. 総合科学技術会議の司令塔機能の強化について. http://www8.cao.go.jp/cstp/siryo/haihu110/siryo3.pdf [2013-01-26].

15. 日本学術会議. 長期戦略指針「イノベーション２５」フォローアップ(案). http://www.kantei.go.jp/jp/singi/keizaisaisei/dai6/siji.pdf [2013-08-21].

16. 日本科技総合会議. 科学技術イノベーション総合戦略～新次元日本創造への挑戦～. http://www8.

cao.go.jp/cstp/sogosenryaku/index.html [2013-07-20].

17 日本科技総合会議.「国の研究開発評価に関する大綱的指針」（改定案）．http://www.spc.jst.go.jp/investigation/report.html [2013-10-13].

18 Bundesministerium für Bildung und Forschung. Investitionen in Innovationen.http://www.bmbf.de/press/3451.php [2013-11-01].

19 Max-Planck-Gesellschaft. Eckpunktepapier der Allianz der Wissenschaftsorga nisationen. http://www.mpg.de/7331297/Eckpunktepapier_Allianz-der-Wissenschaftsorganisationen_12062013.pdf [2013-06-25].

20 Bundesministerium für Bildung und Forschung. Nationale Gesundheitsstudie beginnt.http://www.bmbf.de/press/3480.php [2013-07-15].

21 Bundesministerium für Bildung und Forschung. Bundeskabinett beschlie ßt neue Bioökonomie-Strategie.http://www.bmelv.de/SharedDocs/Downloads/Broschueren/BioOekonomiestrategie.pdf?__blob=publicationFile [2013-07-25].

22 Bundesministerium für Bildung und Forschung. Neue Roadmap für Forschungsinfrastrukturen.http://www.bmbf.de/press/3442.php [2013-07-15].

23 Nationale Akademie der Wissenschaften. Für einen besseren Austausch wissenschaftlicher Informationen: Die Allianz der deutschen Wissenschaftsorganisationen setzt die Schwerpunktinitiative Digitale Information bis Ende 2017 fort.http://www.leopoldina.org/de/presse/pressemitteilungen/pressemitteilung/press/2109/ [2013-01-26].

24 Legifrance. LOI n° 2013-660 du 22 juillet 2013 relative à l'enseignement supérieur et à la recherche. http://www.legifrance.gouv.fr/affichTexte.do;jsessionid=514730DAA9D107C3E9466F34185D7282.tpdjo15v_3?cidTexte=JORFTEXT000027735009&dateTexte=20131016 [2014-01-07].

25 MESR. Conseil stratégique de la recherche. http://www.enseignementsup-recherche.gouv.fr/cid75958/installation-du-conseil-strategique-de-la-recherche.html，http://www.enseignementsup-recherche.gouv.fr/cid75958/conseil-strategique-de-la-recherche.html [2014-01-06].

26 CGSP. Bienvenue sur le site du Commissariat général à la stratégie et à la prospective. http://www.strategie.gouv.fr/blog/2013/07/bienvenue-sur-le-blog-du-commissariat-general-a-la-strategie-et-a-la-prospective [2013-08-06].

27 MESR. France Europe 2020 : l'agenda stratégique pour la recherche, le transfert et l'innovation. http://www.enseignementsup-recherche.gouv.fr/pid25259-cid71873/france-europe-2020-l-agenda-strategique-pour-la-recherche-le-transfert-et-l-innovation.html [2013-11-16].

28 ANR. A.N.R. 2014 : un équilibre entre recherche fondamentale et recherche technologique. http://www.enseignementsup-recherche.gouv.fr/cid73237/a.n.r.-2014-un-equilibre-entre-recherche-fondamentale-et-recherche-technologique.html [2013-07-26].

29 MESR. Budget 2014 : éditorial de la ministre：L'université et la recherche en mouvement. http://www.

enseignementsup-recherche.gouv.fr/cid74025/budget-2014-editorial-de-la-ministre.html [2013-10-16].

30 Premier ministre. 34 plans de reconquête pour dessiner la France industrielle de demain. http://www.gouvernement.fr/gouvernement/34-plans-de-reconquete-pour-dessiner-la-france-industrielle-de-demain [2013-09-16].

31 Premier ministre. Le Gouvernement présente la feuille de route pour le numérique. http://www.gouvernement.fr/premier-ministre/le-gouvernement-presente-la-feuille-de-route-pour-le-numerique. [2013-03-06]

32 MESR. Stratégie nationale de santé : vers la refondation du système de santé français. http://www.enseignementsup-recherche.gouv.fr/cid73945/strategie-nationale-de-sante-vers-la-refondation-du-systeme-de-sante-francais.html [2013-09-26].

33 Bpifrance. ACHÈVEMENT DES PROCESSUS D'APPORTS DE L'ETAT ET DE LA CAISSE DES DÉPÔTS À BPIFRANCE. http://www.bpifrance.fr/actualites/a_la_une/achevement_des_processus_d_apports_de_l_etat_et_de_la_caisse_des_depots_a_bpifrance [2013-07-16].

34 Premier ministre. L'innovation, facteur clé de la montée en gamme de notre économie. http://www.gouvernement.fr/premier-ministre/l-innovation-facteur-cle-de-la-montee-en-gamme-de-notre-economie [2013-11-06].

35 Premier ministre. La France lance son Concours mondial d'innovation. http://www.gouvernement.fr/gouvernement/la-france-lance-son-concours-mondial-d-innovation [2013-12-06].

36 CGSP. Internet : prospective 2030. http://www.strategie.gouv.fr/content/internet-prospective-2030-NA-02-juin-2013 [2013-07-06].

37 Premier ministre. La France dans dix ans: "dire clairement aux Français où nous voulons aller avec eux". http://www.gouvernement.fr/premier-ministre/declaration-a-l-issue-du-seminaire-gouvernemental-la-france-dans-dix-ans [2013-09-06].

38 MESR. Assemblée nationale: débat sur l'immigration étudiante et professionnelle. http://www.enseignementsup-recherche.gouv.fr/cid72404/assemblee-nationale-debat-sur-l-immigration-etudiante-et-professionnelle.html [2013-06-16].

39 MESR. Le gouvernement rend plus accessible la mobilité européenne et internationale desjeunes. http://www.enseignementsup-recherche.gouv.fr/cid73196/le-gouvernement-rend-plus-accessible-la-mobilite-europeenne-et-internationale-des-jeunes.html [2013-07-26].

40 Department for Business,Innovation and Skills. UK strategy for agricultural technologies. https://www.gov.uk/government/uploads/system/uploads/attachment_data/file/227259/9643-BIS-UK_Agri_Tech_Strategy_Accessible.pdf [2013-12-16].

41 Ministry Treasury. Budget 2013. https://www.gov.uk/government/news/budget-2013-2 [2013-02-20].

42 Technology Strategy Board. Technology Strategy Board: 2013-14 Delivery Plan. https://www.innovateuk.

org/documents/1524978/2138994/DeliveryPlan_2013.pdf [2013-05-15].

43 Higher Education Funding Council for England. UK Research Partnership Investment Fund 2015-16. http://www.hefce.ac.uk/media/hefce/content/pubs/2013/201335/2013_35.pdf [2013-12-20].

44 UK Department for Business,Innovation and Skills. Science and engineering teaching at English universities will receive a £400 million boost. https://www.gov.uk [2013-09-28].

45 UK Department for Business, Innovation and Skills. A new £15 million scheme will allow universities to drive local growth plans and support entrepreneur ship and innovation. https://www.gov.uk/government/news/15-million-boost-for-local-business-growth-at-universities [2013-12-21].

46 UK Department for Business,Innovation and Skills. Eight great technologies. https://www.gov.uk/government/speeches/eight-great-technologies [2013-01-26].

47 National Research Council. Open for business: Refocused NRC will benefit Canadian industries-The Government of Canada launches refocused National Research Council. http://www.nrc-cnrc.gc.ca/eng/news/releases/2013/nrc_business.html [2013-05-16].

48 Industry Canada. Minister Paradis Highlights Harper Government's Commitment to Aerospace and Declares Canada "Open for Business". http://news.gc.ca/web/article-eng.do?mthd=tp&crtr.page=1&nid=735059 [2013-04-26].

49 Canada Mining Innovation Council. Government of Canada Announces Funding for New Collaborative Project for Research and Innovation in the Mining Industry . http://www.cmic-ccim.org/en/newslist/index.aspx?deptId=RANr 2dPR2tbiHtk33463mAeQuAleQuAl&newsId=QczaoD5lA5H8jqCQvw6yiHy9NweQuAleQuAl [2013-05-20].

50 Alan Bernstein. Collaboration: Link the world's best investigators. http://www.nature.com/nature/journal/v496/n7443/full/496027a.html [2013-03-01].

51 NSERC. Government of Canada Supports Scientific Discovery for Thousands of Researchers and Students. http://www.nserc-crsng.gc.ca/NSERC-CRSNG/ProgramNewsDetails-NouvellesDesProgrammesDetails_eng.asp?ID=412 [2013-05-26].

52 NSERC. Government of Canada Committed to Research and Innovation: Minister of State Rickford Announces Funding to Top Academics. http://www.nserc-crsng.gc.ca/Media-Media/NewsRelease-CommuniqueDePresse_eng.asp?ID=421 [2013-08-12].

53 NSERC. Government of Canada: Building a Stronger Economy Through Investments in Research Partnerships. http://www.nserc-crsng.gc.ca/Media-Media/NewsRelease-CommuniqueDePresse_eng.asp?ID=388 [2013-02-26].

54 NSERC. Government of Canada Invests in New Research Partnerships. http://www.nserc-crsng.gc.ca/Media-Media/NewsRelease-CommuniqueDePresse_eng.asp?ID=41 [2013-06-26].

55 Government of Canada. Economic Action Plan 2013. http://www.budget.gc.ca/2013/doc/plan/budget2013-

eng.pdf [2013-04-01].

56 Australian Academy of Sciences. Invest in Research and Translation: Stand Up for Australia's Future. http://www.science.org.au/news/media/17june13.html [2013-12-28].

57 ARC. Research Impact Principles and Framework. http://www.arc.gov.au/general/impact.htm [2013-12-28].

58 Department of Industry. Strategic Research Priorities. http://www.innovation.gov.au/Research/Documents/SRP_fact_sheet_WEB.PDF [2013-12-28].

59 Ian Chubb. Science, Technology, Engineering and Mathematics in the National Interest: A Strategic Approach. http://www.chiefscientist.gov.au/2013/07/science-technology-engineering-and-mathematics-in-the-national-interest-a-strategic-approach [2013-12-28].

60 대통령. 과학기술, 선도형 혁신전략으로 바꿔야. http://www.president.go.kr/activity/today.php?search_key=&search_value=&search_cate_code=&cur_year=2013&cur_page_no=1&req_uno=308 [2012-12-31].

61 미래창조과학부. 창조경제 실현계획 발표. http://msip.go.kr [2012-12-31].

62 국가과학기술심의회. 국가과학기술심의회 구성. 운영 계획(안). http://www.nstc.go.kr/c3/sub3_1_view.jsp?regIdx=580&keyWord=&keyField=&nowPage=2 [2012-12-31].

63 미래창조과학부. 과학기술과 ICT를 통한 창조경제와 국민행복 실현, http://msip.go.kr/upload/work/msip_report.pdf [2012-12-31].

64 국가과학기술심의회. 출연(연) 개방형 협력 생태계 조성을 위한 과학기술분야 연구회 기능 재정립 방향(안). http://www.nstc.go.kr/c3/sub3_1.jsp?keyWord=&keyField=&order=&orderDir=&nowPage=1 [2012-12-31].

65 국가과학기술심의회. 제3차 과학기술기본계획. http://www.nstc.go.kr/download.jsp?idx=569&group=MEETING [2012-12-31].

66 국가과학기술심의회. 기초연구진흥종합계획(안). http://www.nstc.go.kr/c3/sub3_1_view.jsp?regIdx=585&keyWord=&keyField=&nowPage=1 [2012-12-31].

67 국가과학기술심의회. 기초과학연구원 5개년 계획('13~'17)(안). http://www.nstc.go.kr/c3/sub3_1.jsp?keyWord=&keyField=&order=&orderDir=&nowPage=1 [2012-12-31].

68 국가과학기술심의회. 국가연구개발 성과평가 개선종합대책(안). http://www.nstc.go.kr/ [2012-12-31].

69 Администрация Президента РФ. Указ 《О Федеральном агентстве научных организаций》. http://www.kremlin.ru/news/19301 [2012-12-31].

70 Правительство Российской Федерации. О Федеральном агентстве научных организаций. http://government.ru/docs/7778 [2012-12-31].

71 Администрация Президента РФ. Подписан закон о Российском научном фонде. http://www.kremlin.

ru/acts/19550 [2012-12-31].

72 Министерство финансов Российской Федерации. Федеральный закон от 02.12.2013 № 349-ФЗ "О федеральном бюджете на 2014 год и на плановый период 2015 и 2016 годов". http://www.minfin.ru/ru/budget/federal_budget [2012-12-31].

73 Правительство Российской Федерации. Об утверждении Концепции ФЦП 《Исследования и разработки по приоритетным направлениям развития научно-технологического комплекса России на 2014—2020 годы》. http://government.ru/docs/1861 [2012-12-31].

74 Правительство Российской Федерации. О Концепции федеральной целевой программы 《Научные и научно-педагогические кадры инновационной России》 на 2014—2020 годы. http://правительство.рф/gov/results/24283/ [2012-12-31].

75 Правительство Российской Федерации. Об утверждении плана мероприятий (《дорожной карты》) 《Развитие биотехнологий и генной инженерии》. http://government.ru/docs/3257 [2012-12-31].

76 Правительство Российской Федерации. Об утверждении плана мероприятий (《дорожной карты》) 《Развитие отрасли информационных технологий》. http://government.ru/docs/3256 [2012-12-31].

77 Правительство Российской Федерации. О распределении субсидий, предоставляемых в 2013 году на реализацию программ развития пилотных инновационных территориальных кластеров. http://government.ru/docs/8335 [2012-12-31].

78 巴西科学报. Código Nacional de Ciência Tecnologia e Inovação em discussão. http://www.jornaldaciencia.org.br/Detalhe.jsp?id=86940 [2013-04-23].

79 巴西科技与创新部. MCTI divulga seu primeiro Plano Anual de Monitoramento e Avaliação. http://www.mct.gov.br [2013-01-26].

80 巴西科学研究与发展项目资助署. Glauco Arbix lança FINEP 30 dias, uma vitória do financiamento à inovação no Brasil. http://www.finep.gov.br [2013-09-03].

81 巴西科技与创新部. Governo federal lança Plano InovaEmpresa. http://www.mct.gov.br/index.php/content/view/345708/Governo_federal_lanca_Plano_Inova_Empresa.html [2013-03-14].

82 巴西科技与创新部. Raupp apresenta ações para atender a áreasestratégicas. http://www.mct.gov.br [2013-07-22].

83 巴西科技与创新部. Acordo entre Brasil e UniãoEuropeiaabrangeseteáreascientíficas.http://www.mct.gov.br/index.php/content/view/345005/Acordo_entre_Brasil_e_Uniao_Europeia_abrange_sete_areas_cientificas.html [2013-01-24].

84 巴西科学报. Carta do Rio reúne propostas finais da VII Conferência da IAP. http://www.jornaldaciencia.org.br/Detalhe.jsp?id=85973 [2013-02-26]

85 巴西战略研究与管理中心. Ciência para o Desenvolvimento Sustentável Global: Contribuição do Brasil. http://fmc.cgee.org.br/index.php?option=com_content&view=article&id=135&Itemid=325 [2013-11-23].

86　Ministerio de Economía y Competitividad. Estrategia Eespañola de Ciencia y Tecnología y de Innovación 2013-2020. http://www.idi.mineco.gob.es/stfls/MICINN/Investigacion/FICHEROS/Politicas_I+D+i/Estrategia_espanola_ciencia_tecnologia_Innovacion.pdf [2013-02-05].

87　Ministerio de Economía y Competitividad. Plan Estatal de I+D+I 2013-2016.http://www.idi.mineco.gob.es/stfls/MICINN/Investigacion/FICHEROS/Politicas_I+D+i/Plan_Estatal_Inves_cientifica_tecnica_innovacion.pdf [2013-02-20].

88　Secretaría de Estado de Investigación, Desarrollo e Innovación. El Plan de Actuación Anual 2013 Cuenta con 3.800 Millones de Euros. http://www.idi.mineco.gob.es [2013-06-25].

89　Secretaría de Estado de Investigación, Desarrollo e Innovación. La Secretaria de Estado de I+D+i Entrega Las Acreditaciones Severo Ochoa.http://www.idi.mineco.gob.es [2013-07-04].

90　Ministerio de Empleo y Seguridad Social. Ley de Emprededores. http://www.leydeemprendedores.es [2013-09-19].

91　European Parliament. Horizon 2020 Budget Approved by ITRE Committee. http://www.eurekanetwork.org [2013-09-19].

92　Council of the European Union. Council Adopts "Horizon 2020". http://www.consilium.europa.eu/uedocs/cms_Data/docs/pressdata/en/intm/139875.pdf [2013-12-03].

93　European Commission. Making the EU More Attractive for Foreign Students and Researchers. http://ec.europa.eu/dgs/home-affairs/e-library/documents/policies/immigration/study-or-training/docs/students_and_researchers_proposal_com_2013_151_en.pdf [2013-03-25].

94　European Commission. The European Parliament Accepts Proposals Aiming to Create a European Venture Capital Fund and European Funds for Social Entrepreneurship. http://www.welcomeurope.com/news-europe/european-parlament-accepts-proposals-aiming-create-european-venture-capital-fund-european-funds-social-entrepreneurship-15805+15705.html [2013-03-20].

95　European Commission. Strategy for European Technology Platforms: ETP 2020. http://ftp.cordis.europa.eu/pub/etp/docs/swd-2013-strategy-etp-2020_en.pdf [2013-07-16].

96　European Commisson. Contractual Partnerships with Industry in Research and Innovation. http://europa.eu/rapid/press-release_MEMO-13-1159_en.htm?locale=en [2013-12-17].

## New Progress in S&T and Innovation Strategies of Major Countries and Organizations in 2013

*Hu Zhihui, Zhang Qiuju, Ge Chunlei, Chen Xiaoyi, Liu Dong, Pei Ruimin, Wang Lingyong, Ren Zhen, Liu Si, Wang Wenjun, Wang Jianfang*

In 2013, development strategies in major countries and organizations such as United States of America, Japan, Germany, France, United Kingdom, Canada, Australia, South Korea, Russia, Brazil, Spain, and European Union were all focused on S&T innovation. Each country released its scientific and technological development strategies and plans, so as to improve scientific and technological management, enhance governmental R&D investment, and accelerate economic development by scientific and technological innovation.

# 第七章

## 中国科学的发展概况
Brief Accounts of Science Developments in China

# 7.1 2013年科技部基础研究管理工作进展

陈文君　沈建磊　傅小锋　王　静

(科技部基础研究司)

2013年，科技部基础研究司以科学发展观为指导，认真贯彻落实党的路线方针政策，深入落实创新驱动发展战略，紧密围绕科技部中心工作，加强基础研究宏观布局和顶层设计，积极推动基础研究管理机制改革，扎实推进各项业务工作，促进项目、基地、人才协同创新，着力为我国基础研究发展营造良好环境。

## 一、加强基础研究顶层设计和宏观管理，深入落实创新驱动发展战略

### 1. 积极开展战略研究，为基础研究顶层设计提供支撑

为在新形势下促进我国基础研究发展，万钢部长于2013年8月5日在《光明日报》上发表了题为"加强基础研究 提升原创能力"的文章，分析了当今世界科学发展呈现的新特征及创新驱动发展战略赋予基础研究的历史使命，同时对深化科技体制改革、推动基础研究繁荣发展提出了相关政策建议。该文在科技界产生了良好的反响。

科技部积极配合全国政协教科文卫体委员会开展了"优化财政科技投入结构，建立稳定支持基础研究新机制"的重大调研活动，完成了相关分析，对于推动政府和社会重视基础研究，加大基础研究投入发挥了重要作用，得到了全国政协有关领导的高度肯定。

973计划(含国家重大科学研究计划，下同)充分发挥顾问组、咨询组、专家组专家的战略咨询作用，瞄准国际科学前沿，围绕国家战略需求中的重大科学问题，先后在农作物分子育种、脑科学和脑疾病、地球深部过程与成矿作用、黄河水沙调控、大数

## 7.1 2013年科技部基础研究管理工作进展

据、空间科技、干细胞、全球变化、量子计算等领域和重要方向开展了专题调研;针对深海研究、大飞机研制、合成生物学发展、中医基础理论、高能物理、大口径射电望远镜等主题组织召开了多次研讨会;纳米研究重大科学研究计划形成了碳材料与器件、纳米生物材料、能源纳米材料与技术等10余份战略调研报告,为973计划顶层设计、超前部署提供了重要支撑。

组织开展了国家重点实验室体系评估考核绩效管理重大专题调研,初步提出了完善和改进评估考核绩效管理的总体思路和改进院校类国家重点实验室评估工作的具体措施。

科技部开展了《国家中长期科学和技术发展规划纲要(2006—2020年)》落实情况中期评估基础研究专题的调研工作,成立了以陈宜瑜为组长的评估专家组,对实施情况进行系统评估。组织完成《中国科学技术发展报告(2013)》和《国家科技计划年度报告2012》中基础研究部分的编写工作;组织编制了《2013年地方基础研究工作调研报告汇编》。

**2. 加强企业基础研究布局,继续推进企业创新能力建设**

(1) 探索企业承担973计划项目的新机制。为引导企业开展高水平基础研究,提高企业的创新能力,973计划立项支持了中国石油天然气集团公司、中国石油化工集团公司、中国商用飞机有限责任公司和中国航空集团公司的4个项目,批准经费1.18亿元。以新奥集团、北京中星微电子有限公司、中信重工机械股份有限公司和长春奥普光电技术股份有限公司等4家企业为试点,开展企业和专家共同凝练科学问题的新模式,组织企业研究团队与973计划的专家一起,围绕企业发展面临的重大需求,研讨关键科学问题,优化科研团队,明确科学目标和研究任务。4个企业的项目经多轮评审论证后获得立项支持,投入经费达1.2亿元,其中50%由企业支出。

(2) 继续推进企业国家重点实验室建设。科技部继续推进企业国家重点实验室建设与管理,积极探索定向建设的方式。以培育和支撑战略性新兴产业为主线,提出了企业国家重点实验室新建工作方案。完成企业国家重点实验室2010年承担的8个基础研究项目验收。积极开展国家重点实验室体系评估考核改革工作,强调国家重点实验室向企业开放力度。

**3. 强化对地方基础研究的引导,提升区域创新能力**

为进一步调动地方开展基础研究工作的积极性,引导地方基础研究管理部门聚焦创新驱动发展战略,组织召开了2013年地方基础研究工作会议,陈小娅副部长出席会议并作了重要讲话。此次会议主要研讨如何深入落实创新驱动发展战略,交流地方基础研究工作经验，探讨新形势下区域基础研究工作新思路，努力推动区域创新能力的提升。来自各地方科技厅(委、局)的百余人参加了会议。

创新实验室管理工作。从省部共建实验室工作入手，加强对地方基础研究工作的指导和支持，调动各地积极性，效果明显。在省部共建实验室培育基地的基础上，本着先行先试的原则，先后建设了福建光催化、广东器官衰竭防治和华南应用微生物等6个省部共建国家重点实验室。

## 二、积极推进科技计划管理改革与创新，提升科技管理的科学性和规范性

### 1. 进一步加强科技计划间的衔接与协调

按照科技部党组关于深化科技计划管理改革的有关精神，围绕科技部的重点工作和重点专项，立足科学前沿，加强973计划与其他科技计划间的协调、整合和有机衔接，推动协同创新。在指南制定过程中，针对重大科技专项、863计划和科技支撑计划实施过程中的瓶颈问题，提炼出需要由973计划部署解决的重大科学问题，为指南制定提供重要参考。同时，将973计划结题验收项目中的突出成果推荐给其他计划继续支持。打通创新链上下游的资助格局，围绕粮食丰产、医疗科技、智能电网、新型显示、稀土材料、高性能纤维、第三代半导体材料、智能制造等科技部重点工作，构筑973计划、863计划和科技支撑计划协同部署的局面。

### 2. 完善973计划决策、执行和监督并举的科学管理机制

根据973计划管理办法，完成了973计划领域专家咨询组和中医理论专题专家组的换届工作；制定了973计划领域专家咨询组工作细则和中医理论专题专家组工作规程，遴选约150位专家组成第四届领域专家咨询组和第三届中医理论专题专家组；根据项目专员制试点的要求，明确了973计划项目专员制试点的项目和专员范围，完善了973计划项目过程管理。

### 3. 不断改进973计划管理方式

在973计划指南中，首次明确B类和C类不同规模的支持方向，引导项目申报按照研究工作量提出预算，使资助方式更加灵活；立项评审中，为提高效率，减轻科学家负担，多数项目不再要求两次答辩；为加强同行评审，将综合交叉和前沿的部分项目纳入相关领域评审；为强化指南对评审的指导作用，顾问组专家分领域参加第二轮复评。

#### 4. 扩大青年科学家专题试点，加大青年人才培养力度

973计划继续推动青年科学家专题试点工作。首批19个青年科学家专题项目2013年已经开始实施。同时在2013年工作部署中扩大了青年科学家专题试点范围；国家重大科学研究计划由去年的纳米研究、蛋白质研究、干细胞研究3个试点领域向6个计划全面铺开，加大对35岁以下青年人才支持力度。通过评审批准32个项目立项，将于2014年启动。

#### 5. 加大国际评审力度

973计划在评审中不断提高海外专家参评比例：网络评审中，海外专家和"千人计划"入选者约占评审专家总数的20%；复评专家中，港澳台地区专家和"千人计划"入选者比例约为15%。遴选了约500名优秀海外专家充实到973计划专家库中，丰富了海外专家的信息。

#### 6. 深化国际热核聚变实验堆(ITER)专项管理改革

为吸引更多高校优秀研究人员参与国家磁约束核聚变能发展研究专项，在2014年项目指南中，首次设立了面向高校的团队项目，经评审共立项11项，受到了高校的广泛欢迎并得到国家磁约束核聚变专家委员会的高度评价；继续强化对45岁以下青年人才的支持，在核聚变理论和工程技术人才项目方面支持12个课题。这批项目和课题将于2014年启动。

#### 7. 推进科技基础性工作专项管理改革

成立了以陈宜瑜为组长的科技基础性工作专项第一届专家顾问组，提供战略咨询、协助编制指南、参与项目评审和过程管理，进一步加强项目全过程的管理，使管理更加科学规范。根据工作内容体量，实行分类改革，突出重点，拓宽支持方式，将项目由原有的一般项目和重点项目分成A、B、C三类进行管理。

## 三、稳步推进各项业务工作，营造有利于基础研究发展的环境

### 1. 开展973计划项目部署工作

(1) 做好973计划项目的评审立项和管理。围绕973计划9个领域中的关键科学问题，完成了111个新项目立项工作(91个重大项目和20个青年科学家专题项目)；针对国际竞争激烈的相关领域和前沿方向，部署了40个项目和12个青年科学家专题。

组织完成了2012年立项的187个项目和2个重大科学目标导向项目的中期评估工作；根据评估结果，对项目的研究计划、研究方案、研究队伍及经费进行了相应调整和优化，实现了项目的动态管理。

完成了2009年立项的107个项目和2011年立项的3个项目的结题验收工作，提高项目验收的针对性，并加强科普宣传。开展2015年基础研究重大战略需求征集，目前正在制定2015年重要支持方向。

(2) 加强重大科学目标导向项目的部署与管理。按照"成熟一个，启动一个"的原则，加强科学问题清晰、目标明确、需求重大、研究思路有实质性创新的重大科学目标导向项目的部署，不断聚焦重点领域，凝练科学目标。启动了"水稻优良品种的分子设计研究""超强激光驱动粒子加速及其重要应用""波的衍射极限关键科学问题研究""与硅技术融合的石墨烯类材料及其器件的研究""冰冻圈变化及其影响研究""半导体相变存储器"等6个重大科学目标导向项目。对"细胞多能性和人类重大疾病的猴模型研究"项目进行中期评估，成立项目责任专家组，加强项目整体设计和实施指导与监督。组织对"中国人类蛋白质组草图"重大科学目标导向项目实施路线图论证和立项论证。

(3) 推动项目群开展实质性合作研究。继续推动心脑血管疾病项目群交流，并加强中医和现代医学在心脑血管疾病防治方面的结合和交流；建立掘进装备和工程力学项目群，围绕深部硬岩掘进装备设计制造、施工、工程地质等科学问题，以及项目间合作界面、支撑关系进行了认真梳理和讨论，使项目间各有侧重，互相支撑，进行交叉研究，联合解决行业问题，为实现深部硬岩装备自主设计、制造和施工奠定科学基础。

## 2. 加强国家重点实验室建设

(1) 完成院校国家重点实验室评估、整改核查等工作。完成了工程领域43个国家重点实验室和材料领域21个国家重点实验室的现场评估、综合评定和复评工作。以评促建，在评估基础上，系统总结经验和问题，分析了工程材料领域学科发展状况及实验室发挥的作用，为相关领域实验室下一步发展明确了方向。完成了医学遗传学国家重点实验室等5个实验室的整改情况核查工作。

(2) 稳步推进港澳地区国家重点实验室伙伴实验室建设。根据香港创新科技署的推荐，并经征求国务院港澳事务办公室意见，同意依托香港中文大学、香港科技大学、香港大学和香港浸会大学新建4个伙伴实验室。

(3) 推动青岛海洋科学与技术国家实验室建设试点工作。为贯彻落实创新驱动发展战略和建设海洋强国的总要求，深化科技体制改革，科技部和山东省、青岛市共同推进整合相关海洋科技资源，将建设青岛海洋科学与技术国家实验室作为深化科技体制改革的试点工作，先行先试，探索新的管理体制和运行机制。

截至目前，国家重点实验室整体布局和体系建设更加完善，总计达到397个，其中院校类259个，企业类99个，军民共建类14个，港澳伙伴实验室18个，省部共建类7个；省部共建国家重点实验室培育基地达到100个；国家实验室(试点)达到6个；国家野外科学观测研究站105个。

3. 扎实推进人才工作

继续推进"千人计划"重点实验室平台引才工作。完成了第十批"千人计划"重点实验室和重点学科平台的初评工作。根据评审结果，择优遴选，向中组部推荐了124人(长期项目80人，短期项目44人)。随后，中央组织部组织召开"千人计划和万人计划综合咨询会"，对各平台单位推荐的候选人进行了综合咨询，重点实验室和重点学科平台共推荐145人参评，最终有140人通过评审，通过率为97%。

4. 抓好科技基础性工作

完成了科技基础性工作专项2014年度的需求征集、指南发布、项目申报、两轮评审和经费预算评审，最终共遴选28个项目入库，拟启动39个项目；完成了2013年度立项的49个项目的任务书签订工作；完成了2006～2008年部分立项项目的验收工作；完成了材料科学数据共享网的中期检查工作，以及水文水资源数据共享中心、基础科学数据共享网的结题验收工作。

5. 做好国家磁约束核聚变能发展研究专项的部署和管理工作

(1) 完成国家磁约束核聚变能发展研究专项2014年项目的立项评审工作。针对我国磁约束核聚变能发展需求，根据《国家磁约束核聚变能发展"十二五"专项规划》和已部署项目情况，在托卡马克装置升级改造、聚变工程实验堆预研等方向重点部署了25个项目。

(2) 完成2011年14个项目和2012年6个项目的中期评估工作。根据评估结果和专家组建议，对项目的研究计划、研究方案以及研究队伍进行了相应调整和优化。

(3) 完成2010年13个项目、2009年9个项目和2008年5个采购包预研项目的结题验收工作。对已取得的研究成果进行了总结和评价，为后续研究提供了思路。项目的实施为我国签署ITER装置采购包安排协议和参加ITER装置建设打下了坚实的科学和技术基础。

6. 继续推动基础研究重要领域的国际合作

科技部组织成立了中国-欧洲核子研究中心(CERN)合作委员会和国内协调工作委员会，并组织召开了中国-CERN合作国内协调工作委员会第一次会议。与国家自然科学基金委员会召开了工作协调会,就我国参与大型强子对撞机(LHC)四个探测器硬件升级的经费问题及中方与CERN签订谅解备忘录的方式进行了讨论。2013年10月11日,科技部与国家自然科学基金委员会、中国科学院等部门联合召开了中国与CERN合作专家咨询会,组织专家听取了参与有关探测器升级工作的中方工作组报告,并进行了集中讨论。

科技部分别召开中国平方公里阵列射电望远镜(SKA)专家委员会第二次和第三次会议,就如何推动我国参与SKA建设准备阶段的工作进行了深入研究。组织召开了SKA建设准备阶段研发任务招投标工作部内协调会,就SKA工作最新进展情况、中方参与投标情况展开讨论,并就从国家层面对中方团队给予经费支持的可行性及原则达成了共识。先后两次召开SKA法律政策研讨会,围绕SKA建设准备阶段核心议题进行深入研讨,为未来中方参与SKA相关政策的制定奠定了基础。

## 四、我国基础研究水平持续提高,重大原创性成果不断涌现

我国在基础研究重点领域取得了一批具有国际影响的重大原创性成果。例如,中国科学院物理研究所赵忠贤等完成的"40K以上铁基高温超导体的发现及若干基本物理性质研究"成果,确立了铁基超导体是新一类的非常规超导体,激发了世界范围内新一轮探索和研究铁基高温超导的热潮,获得了2013年国家自然科学奖一等奖;首次实验观测到量子反常霍尔效应,首次发现四夸克粒子,用化学小分子诱导体细胞重编程为多能干细胞等,这些成果都在国际上引起强烈反响,表明我国基础研究水平向国际科学前沿迈出重要步伐。

反映基础研究水平的国际论文数量和质量不断提升。据中国科学技术信息研究所的科技论文统计结果表明,2012年SCI收录中国科技论文为19.01万篇,排在世界第2位,占世界份额的12.08%,所占份额比上一年度提升了1%;论文共被引用次数位居世界第5位,比上一年度提升了1位,提前完成了《国家"十二五"科学和技术发展规划》中确定的到2015年"国际科技论文被引用次数进入世界前5位"的目标;高被引国际论文数和国际热点论文数都位居世界第4位。这些数据表明我国基础研究实力持续提升。

### Major Progress in Administration Works of the Department of Basic Research of Ministry of Science and Technology in 2013

*Chen Wenjun, Shen Jianlei, Fu Xiaofeng, Wang Jing*

In 2013, under the direction of the leading Party group of Ministry of Science and Technology, the Department of Basic Research had conscientiously implemented the spirit of the 18th CPC National Congress, the Second Plenary Session of the 18th CPC National Congress, and the national science and technology innovation conference, thoroughly implemented the innovation-driven development strategy by, ① strengthening the basic and strategic research; ② enhancing the top design and overall planning; ③ actively promoting the basic research management reformation; ④ solidly carrying out the management tasks of National Basic Research Program of China (973 Program), the National Key Scientific Research Projects, the State Key Laboratory System, ITER Program, etc.; ⑤ promoting the collaborative innovation among projects, innovation bases, and talents to provide an excellent environment for scientific research, and hence to enable China to go a step further in basic science research.

# 7.2 2013年度国家自然科学基金资助情况

## 国家自然科学基金委员会计划局项目处

2013年是国家自然科学基金委员会(简称基金委)全面贯彻落实党的十八大精神的开局之年，是国家自然科学基金(简称科学基金)事业立足新起点实现更大发展的重要一年。在过去的一年里，基金委认真贯彻《国家中长期科学和技术发展规划纲要(2006—2020年)》和科学基金"十二五"发展规划，准确把握"支持基础研究、坚持自由探索、发挥导向作用"的战略定位，坚持"依靠专家、发扬民主、择优支持、公正合理"的评审原则，统筹安排资助计划，为推动基础研究繁荣发展、提升自主创新能力进行了不懈努力。

2013年基金委共接收了全国2222个依托单位提出的各类申请16.22万余项，其中集中接收期间收到各类项目申请157 995项，因逾期申请、申请材料或手续不全等原因不予接收的项目申请9项，实际接收申请157 986项，比2012年同期减少12 806项，降幅达7.50%。

在集中接收的各类项目申请中，面上项目申请量下降幅度较大，申请数量为72 114项，比2012年同期(2012年度青年-面上连续资助项目不在集中接受期受理申请)减少了16.19%；其他类型的项目各有增减，与2012年相比，青年科学基金项目和地区科学基金项目申请量略有提高，分别增加1184项和580项，增幅分别为1.98%和5.15%；优秀青年科学基金申请量较2012年减少630项，降幅17.56%；国际(地区)合作与交流项目较2012年同期增加137项，增幅为28.48%；重点项目、国家杰出青年科学基金、科学仪器基础研究专款等项目申请量较为稳定，有关统计数据见表1。

## 7 中国科学的发展概况

**表1　2013年度国家自然科学基金项目申请情况(按项目类别统计)**

| 项目类型 | 2012年申请项数/项 | 2013年申请项数/项 | 增加率/% |
| --- | --- | --- | --- |
| 面上项目 | 86 046 | 72 114 | −16.19 |
| 重点项目 | 2 766 | 2 627 | −5.03 |
| 重大项目 | — | 49 | — |
| 重大研究计划项目 | 692 | 497 | −28.18 |
| 国家杰出青年科学基金 | 1 942 | 1 978 | 1.85 |
| 优秀青年科学基金 | 3 587 | 2 957 | −17.56 |
| 国际(地区)合作与交流项目 | 481 | 618 | 28.48 |
| 联合资助基金项目 | 2 055 | 2 274 | 10.66 |
| 青年科学基金项目 | 59 786 | 60 970 | 1.98 |
| 地区科学基金项目 | 11 258 | 11 838 | 5.15 |
| 海外及港澳学者合作研究基金 | 442 | 444 | 0.45 |
| 国家基础科学人才培养基金 | 139 | 94 | −32.37 |
| 国家重大科研仪器设备研制(自由申请)项目 | 314 | 247 | −21.34 |
| 科学仪器基础研究专款 | 462 | 480 | 3.90 |
| 数学天元基金 | 736 | 799 | 8.56 |
| 重点学术期刊项目 | 86 | — | — |
| 合计 | 170 792 | 157 986 | −7.50 |

　　经初步审查，不予受理项目申请4461项，占申请总数的2.8%。在规定期限内，共收到正式提交的复审申请574项。经审核，受理复审申请431项，由于手续不全等原因不予受理复审申请143项。复审结果认为原不予受理决定符合事实、予以维持的394项，认为原不予受理决定有误、继续进行通讯评审的37项，占全部不予受理项目的0.8%，其中6项获得资助。

　　2013年，基金委按照《国家自然科学基金条例》和相关类型项目管理办法的规定，科学遴选、择优资助了全国1489个依托单位的各类型项目39 012项，批准金额约235.2亿元。有关统计数据见表2。

## 7.2 2013年度国家自然科学基金资助情况

**表2 2013年度各类项目资助情况**

| 项目类型 | 资助项目数/项 | 资助经费/万元 |
| --- | --- | --- |
| 面上项目 | 16 194 | 1 200 000.00 |
| 重点项目 | 564 | 166 300.00 |
| 重大项目 | 114 | 39 000.00 |
| 重大研究计划项目 | 368 | 72 605.00 |
| 国家杰出青年科学基金 | 198 | 38 760.00 |
| 创新研究群体科学基金 | 67 | 39 660.00 |
| 国际(地区)合作与交流项目 | 1 181 | 63 691.05 |
| 专项基金项目 | 1 327 | 41 133.50 |
| 联合基金项目 | 495 | 50 964.00 |
| 青年科学基金项目 | 15 367 | 370 000.00 |
| 地区科学基金项目 | 2 497 | 120 000.00 |
| 海外及港澳学者合作研究基金 | 140 | 6 400.00 |
| 国家基础科学人才培养基金 | 52 | 12 640.00 |
| 国家重大科研仪器设备研制专项 | 49 | 91 300.00 |
| 优秀青年科学基金项目 | 399 | 39 900.00 |
| 合计 | 39 012 | 2 352 353.55 |

2014年，基金委将深入贯彻落实十八届三中全会精神，按照国务院关于深化科技体制改革的战略部署，优化战略布局，统筹资助部署，营造创新环境，构筑学术灯塔，培育创新思想和创新人才，提升基础研究整体水平和原创能力，为服务创新驱动发展、加快建设创新型国家奠定坚实基础。

## Projects Granted by National Natural Science Fund in 2013

*Bureau of Planning, National Natural Science Fundation of China*

This article gives a summary of National Natural Science Fund in 2013. The total amount of funding is about 23.52 billion yuan, and funding statistics for various kinds of projects are listed.

# 7.3　2013年度国家最高科学技术奖概况

## 国家科学技术奖励工作办公室

2014年1月10日，中共中央、国务院在北京隆重举行国家科学技术奖励大会。中共中央总书记、国家主席、中央军委主席习近平向获得2013年度国家最高科学技术奖的中国科学院院士、中国科学院大连化学物理研究所张存浩，中国科学院院士、中国人民解放军总装备部程开甲颁发奖励证书。

2013年度国家最高科学技术奖获得者概况如下。

张存浩，男，1928年2月出生，山东无棣人，1947年毕业于国立中央大学化工系，1948年留学美国，1950年获美国密歇根大学硕士学位。1950年回国后，历任中国科学院大连化学物理研究所所长、国家自然科学基金委员会主任、中国科学院学部主席团成员及化学部主任、中国科学技术协会副主席、国务院学位委员会委员、国际纯粹与应用化学联合会执行局成员等职。现任中国科学院大连化学物理研究所研究员。1980年当选中国科学院化学部学部委员(院士)，1992年当选第三世界科学院院士。

张存浩院士是我国著名物理化学家，我国高能化学激光奠基人，分子反应动力学奠基人之一。

20世纪50年代，张存浩院士与合作者研制出水煤气合成液体燃料的高效熔铁催化剂，乙烯及三碳以上产品产率均超过当时国际最高水平。60年代，致力于固液和固体火箭推进剂及发动机的研究，与合作者首次提出固体推进剂燃速的多层火焰理论，比较全面、完整地解释了固体推进剂的侵蚀燃烧和临界流速现象。70年代，开创了我国高能化学激光研究领域，主持研制出我国第一台氟化氢/氘化学激光器，整体性能指标达到当时国际先进水平。

20世纪80年代以来，张存浩院士开拓和引领了我国短波长高能化学激光的研究和探索。1983年，与合作者开展脉冲氧碘化学激光器研究；1985年，在国际上首次研制出放电引发脉冲氧碘化学激光器，效率及性能处于国际领先地位；1992年，研制出我

## 7.3 2013年度国家最高科学技术奖概况

国第一台连续波氧碘化学激光器,整体性能处于国际先进水平,为推动我国化学激光领域的快速发展发挥了至关重要的作用。

张存浩院士还注重化学激光的机理和基础理论研究。20世纪80年代,他领导的研究团队率先开展了化学激光新体系和新"泵浦"反应的研究;开展了以双共振多光子电离光谱技术研究分子激发态光谱和分子碰撞传能动力学的工作,取得了多项国际先进或领先的研究成果。在国际上首创研究极短寿命分子激发态的"离子凹陷光谱"方法,并用该方法首次测定了氨分子预解离激发态的寿命为100飞秒,该成果被《科学》杂志主编列为亚洲代表性科研成果之一。在国际上首次观测到混合电子态的分子碰撞传能过程中的量子干涉效应,并明确此量子干涉效应本质上是一种物质波的干涉,这项成果被评为2000年中国十大科技进展新闻。

张存浩院士一贯注重科技人才的培养,几十年来,他积极创造和提供有利条件,促进团队中一批中青年骨干成长为具有国际影响力的科学家。在任国家自然科学基金委员会主任期间,他积极推动制定资助青年科学家成长的政策和制度,营造有利于创新的科研环境,为优秀青年科学家的快速成长提供了良好发展空间。

程开甲,男,1918年8月出生,江苏吴江人,1941年毕业于浙江大学物理系,1946年留学英国,1948年获英国爱丁堡大学哲学博士学位,任英国皇家化学工业研究所研究员。1950年回国后,历任浙江大学物理系副教授,南京大学物理系教授、副主任,第二机械工业部第九研究所副所长、第九研究院副院长,中国核试验基地研究所副所长、所长和基地副司令员,国防科学技术工业委员会科技委常任委员、顾问,现任中国人民解放军总装备部科学技术委员会顾问。1980年当选中国科学院数学物理学部学部委员(院士),1999年获"两弹一星"功勋奖章。

程开甲院士是我国著名物理学家,是我国核试验科学技术的创建者和领路人。

20世纪40年代初,程开甲院士先后在自由粒子狄拉克方程严格证明、五维场论等方面做出了出色的工作,与导师波恩共同提出了超导电性双带机理,在《自然》《物理评论》等杂志上发表多篇论文。50年代,他在国内率先开展系统的热力学内耗理论研究,在多年教学和研究工作的基础上,撰写了我国第一部《固体物理学》。

20世纪60年代,程开甲院士建立并发展了我国的核爆炸理论,系统阐明了大气层核爆炸和地下核爆炸过程的物理现象及其产生和发展规律,并在历次核试验中不断验证完善,成为我国核试验总体设

程开甲

**267**

计、安全论证、测试诊断和效应研究的重要依据。以该理论为指导，创立了核爆炸效应研究领域，建立并完善了不同方式核试验的技术路线、安全规范和技术措施；领导并推进了我国核试验技术体系的建立和科学发展，指导建立了核试验测试诊断的基本框架，研究解决了核试验的关键技术难题，满足了不断提高的核试验需求，支持了我国核武器设计改进和作战运用。

20世纪80年代，程开甲院士开创了我国抗辐射加固技术研究领域。在他的带领下，我国系统开展了核爆辐射环境、电子元器件与系统的抗辐射加固原理、方法和技术研究，利用核试验提供的辐射场进行辐射效应和加固方法的研究；指导建设先进的实验模拟条件，推动我国自行设计、建造核辐射模拟设施，开展基础理论和实验研究，促进了我国抗辐射加固技术的持续发展，为提升我国战略武器的生存与突防能力提供了技术支撑。

90年代以来，他不顾年迈，仍在材料理论、高功率微波等方面继续开展研究。

程开甲院士毕生在国防科学领域辛勤耕耘、自力更生、发愤图强、严谨求实、崇尚科学、无私奉献、勇于登攀，为我国核武器事业和国防高新技术发展作出了卓越贡献。

---

### Summary of the 2013 National Top Science and Technology Award

*National Office for Science and Technology Awards, Ministry of Science and Technology of China*

The 2013 National Top Science and Technology Award of China was awarded to two distinguished Chinese academicians, Prof. Zhang Cunhao and Prof. Cheng Kaijia, for their outstanding achievements in their respective fields. Prof. Zhang, a world-renowned physical chemist, has laid the foundation of high energy chemical laser and molecular reaction dynamics in China, While Prof. Cheng as a preeminent physicist, has founded and headed nuclear test science and technology of China.

---

## 7.4　2012年度国家自然科学奖情况综述

### 张婉宁
（国家科学技术奖励工作办公室）

国家自然科学奖是我国五大国家级科学奖之一，用来表彰在基础研究和应用基础研究中阐明自然现象、特征和规律，并做出重大科学发现的中国公民。根据2013年1月

## 7.4 2012年度国家自然科学奖情况综述

8日《国务院关于2012年度国家科学技术奖励的决定》,2012年度国家自然科学奖共授予41个项目(一等奖空缺)。具体获奖项目及其完成人情况如表1所示[1]。

**表1 2012年度国家自然科学奖获奖项目目录**

| 序号 | 编号 | 项目名称 | 主要完成人(所在单位) | 推荐单位/推荐专家 |
|---|---|---|---|---|
| | | 二等奖 | | |
| 1 | Z-101-2-01 | 模空间退化和向量丛的稳定性 | 孙笑涛(中国科学院数学与系统科学研究院) | 中国科学院 |
| 2 | Z-101-2-02 | 大维随机矩阵理论及其应用 | 白志东(东北师范大学) | 吉林省 |
| 3 | Z-101-2-03 | 守恒律组和玻尔兹曼方程的一些数学理论 | 杨 彤(香港城市大学) | 周毓麟<br>李大潜<br>石钟慈 |
| 4 | Z-102-2-01 | 低维强关联电子系统中的奇异自旋性质理论研究 | 王玉鹏(中国科学院物理研究所)<br>曹俊鹏(中国科学院物理研究所)<br>张 平(北京应用物理与计算数学研究所)<br>陈 澍(中国科学院物理研究所)<br>戴建辉(浙江大学) | 中国科学院 |
| 5 | Z-102-2-02 | 金笼子与外场下纳米结构转变的研究 | 龚新高(复旦大学)<br>孙得彦(中国科学院固体物理研究所)<br>刘志锋(香港中文大学)<br>顾 晓(复旦大学)<br>季 敏(复旦大学) | 教育部 |
| 6 | Z-102-2-03 | 基于核自旋的量子计算研究 | 杜江峰(中国科学技术大学) | 教育部 |
| 7 | Z-102-2-04 | "高能电子宇宙射线能谱超出"的发现 | 常 进(中国科学院紫金山天文台) | 中国科学院 |
| 8 | Z-103-2-01 | 基于边臂策略的立体化学控制与催化反应研究 | 唐 勇(中国科学院上海有机化学研究所)<br>孙秀丽(中国科学院上海有机化学研究所)<br>叶 松(中国科学院上海有机化学研究所)<br>周 剑(中国科学院上海有机化学研究所)<br>康彦彪(中国科学院上海有机化学研究所) | 上海市 |
| 9 | Z-103-2-02 | 特定结构无机多孔晶体的设计与合成 | 于吉红(吉林大学)<br>庞文琴(吉林大学)<br>李激扬(吉林大学)<br>李 乙(吉林大学)<br>徐如人(吉林大学) | 教育部 |

续表

| 二等奖 ||||||
|---|---|---|---|---|
| 序号 | 编号 | 项目名称 | 主要完成人（所在单位） | 推荐单位/推荐专家 |
| 10 | Z-103-2-03 | 含氮手性催化剂的设计合成及其不对称催化有机反应研究 | 冯小明（四川大学）<br>刘小华（四川大学）<br>林丽丽（四川大学） | 教育部 |
| 11 | Z-103-2-04 | 纳米材料的安全性研究 | 赵宇亮（中国科学院高能物理研究所）<br>陈春英（国家纳米科学中心）<br>王海芳（北京大学）<br>丰伟悦（中国科学院高能物理研究所）<br>柴之芳（中国科学院高能物理研究所） | 中国科学院 |
| 12 | Z-103-2-05 | 基于天然高分子的环境友好功能材料构建及其构效关系 | 张俐娜（武汉大学）<br>杜予民（武汉大学）<br>蔡　杰（武汉大学）<br>陈凌云（武汉大学）<br>周金平（武汉大学） | 湖北省 |
| 13 | Z-103-2-06 | 复杂生物样品的高效分离与表征 | 邹汉法（中国科学院大连化学物理研究所）<br>张丽华（中国科学院大连化学物理研究所）<br>叶明亮（中国科学院大连化学物理研究所）<br>吴仁安（中国科学院大连化学物理研究所）<br>张玉奎（中国科学院大连化学物理研究所） | 辽宁省 |
| 14 | Z-103-2-07 | 金属酶的化学模拟及其构效关系研究 | 毛宗万（中山大学）<br>计亮年（中山大学）<br>巢　晖（中山大学）<br>刘建忠（中山大学）<br>鲁统部（中山大学） | 广东省 |
| 15 | Z-104-2-01 | 黄土和粉尘等气溶胶的理化特征、形成过程与气候环境变化 | 安芷生（中国科学院地球环境研究所）<br>张小曳（中国科学院地球环境研究所）<br>曹军骥（中国科学院地球环境研究所）<br>李顺诚（香港理工大学）<br>刘晓东（中国科学院地球环境研究所） | 中国科学院 |
| 16 | Z-104-2-02 | 中亚增生造山作用及其环境效应 | 肖文交（中国科学院地质与地球物理研究所）<br>孙继敏（中国科学院地质与地球物理研究所）<br>高　俊（中国科学院地质与地球物理研究所） | 中国科学院 |
| 17 | Z-104-2-03 | 中国大气污染物气溶胶的形成机制及其对城市空气质量的影响 | 庄国顺（复旦大学）<br>郭志刚（复旦大学）<br>黄　侃（复旦大学）<br>孙业乐（复旦大学）<br>王　瑛（复旦大学） | 上海市 |

## 7.4 2012年度国家自然科学奖情况综述

续表

| 二等奖 ||||||
|---|---|---|---|---|
| 序号 | 编号 | 项目名称 | 主要完成人（所在单位） | 推荐单位/推荐专家 |
| 18 | Z-104-2-04 | 过去2000年中国气候变化研究 | 葛全胜（中国科学院地理科学与资源研究所）<br>王绍武（北京大学）<br>邵雪梅（中国科学院地理科学与资源研究所）<br>郑景云（中国科学院地理科学与资源研究所）<br>杨　保（中国科学院寒区旱区环境与工程研究所） | 中国科学院 |
| 19 | Z-105-2-01 | 水稻复杂数量性状的分子遗传调控机理 | 林鸿宣（中国科学院上海生命科学研究院）<br>高继平（中国科学院上海生命科学研究院）<br>任仲海（中国科学院上海生命科学研究院）<br>宋献军（中国科学院上海生命科学研究院）<br>金　健（中国科学院上海生命科学研究院） | 上海市 |
| 20 | Z-105-2-02 | 年轻新基因起源和遗传进化的机制研究 | 王　文（中国科学院昆明动物研究所）<br>杨　爽（中国科学院昆明动物研究所）<br>周　琦（中国科学院昆明动物研究所）<br>蔡　晶（中国科学院昆明动物研究所）<br>李　昕（中国科学院昆明动物研究所） | 云南省 |
| 21 | Z-105-2-03 | 脊椎动物免疫的起源与演化研究 | 徐安龙（中山大学）<br>黄盛丰（中山大学）<br>元少春（中山大学）<br>陈尚武（中山大学）<br>禹艳红（中山大学） | 教育部 |
| 22 | Z-105-2-04 | 植物应答干旱胁迫的气孔调节机制 | 宋纯鹏（河南大学）<br>张　骁（河南大学）<br>苗雨晨（河南大学）<br>江　静（河南大学）<br>安国勇（河南大学） | 河南省 |
| 23 | Z-105-2-05 | 纳米材料若干新功能的发现及应用 | 阎锡蕴（中国科学院生物物理研究所）<br>梁　伟（中国科学院生物物理研究所）<br>汪尔康（中国科学院长春应用化学研究所）<br>顾　宁（东南大学）<br>杨东玲（中国科学院生物物理研究所） | 北京市 |
| 24 | Z-105-2-06 | 凹耳蛙声通讯行为与听觉基础研究 | 沈钧贤（中国科学院生物物理研究所）<br>徐智敏（中国科学院生物物理研究所）<br>余祖林（中国科学院生物物理研究所） | 中国科学院 |
| 25 | Z-106-2-01 | 中药复杂体系活性成分系统分析方法及其在质量标准中的应用研究 | 果德安（北京大学、中国科学院上海药物研究所）<br>叶　敏（北京大学）<br>吴婉莹（中国科学院上海药物研究所）<br>关树宏（中国科学院上海药物研究所）<br>刘　璇（中国科学院上海药物研究所） | 国家中医药管理局 |

271

| 序号 | 编号 | 项目名称 | 主要完成人（所在单位） | 推荐单位/推荐专家 |
|---|---|---|---|---|
| | 二等奖 ||||
| 26 | Z-106-2-02 | TGF-β/Smad信号通路维持组织稳态的生理功能和机制 | 杨　晓（中国人民解放军军事医学科学院生物工程研究所）<br>滕　艳（中国人民解放军军事医学科学院生物工程研究所）<br>王　剑（中国人民解放军军事医学科学院生物工程研究所）<br>兰　雨（中国人民解放军军事医学科学院生物工程研究所）<br>孙　强（中国人民解放军军事医学科学院生物工程研究所） | 北京市 |
| 27 | Z-106-2-03 | 小檗碱纠正高血脂的分子机理，化学基础及临床特点 | 蒋建东（中国医学科学院医药生物技术研究所）<br>宋丹青（中国医学科学院医药生物技术研究所）<br>魏　敬（南京医科大学南京第一医院）<br>孔维佳（中国医学科学院医药生物技术研究所）<br>潘淮宁（南京医科大学南京第一医院） | 卫生部 |
| 28 | Z-107-2-01 | 无线多媒体协同通信模型及性能优化 | 陆建华（清华大学）<br>朱文武（微软亚洲研究院）<br>张　黔（微软亚洲研究院）<br>殷柳国（清华大学）<br>陶晓明（清华大学） | 工业和信息化部 |
| 29 | Z-107-2-02 | 控制系统实时故障检测、分离与估计理论和方法 | 周东华（清华大学）<br>叶　昊（清华大学）<br>钟麦英（清华大学）<br>方崇智（清华大学）<br>王桂增（清华大学） | 中国科学技术协会 |
| 30 | Z-107-2-03 | 全生命周期软件体系结构建模理论与方法 | 梅　宏（北京大学）<br>黄　罡（北京大学）<br>张　路（北京大学）<br>张　伟（北京大学） | 教育部 |
| 31 | Z-107-2-04 | 若干新型非线性电路与系统的基础理论及其应用 | 吕金虎（中国科学院数学与系统科学研究院）<br>陈关荣（香港城市大学）<br>禹思敏（广东工业大学） | 中国科学院 |
| 32 | Z-107-2-05 | 神经生物信息模式识别与时空分析 | 胡德文（中国人民解放军国防科学技术大学）<br>王正志（中国人民解放军国防科学技术大学）<br>周宗潭（中国人民解放军国防科学技术大学）<br>徐　昕（中国人民解放军国防科学技术大学）<br>刘亚东（中国人民解放军国防科学技术大学） | 中国人民解放军总装备部 |

## 7.4 2012年度国家自然科学奖情况综述

续表

| | | 二等奖 | | |
|---|---|---|---|---|
| 序号 | 编号 | 项目名称 | 主要完成人（所在单位） | 推荐单位/推荐专家 |
| 33 | Z-108-2-01 | 氧化锌薄膜微结构与性能调控中的若干基础问题 | 潘　峰（清华大学）<br>曾　飞（清华大学）<br>宋　成（清华大学）<br>杨玉超（清华大学）<br>刘雪敬（清华大学） | 教育部 |
| 34 | Z-108-2-02 | 特征结构导向构筑无机纳米功能材料 | 谢　毅（中国科学技术大学）<br>吴长征（中国科学技术大学）<br>熊宇杰（中国科学技术大学） | 中国科学院 |
| 35 | Z-108-2-03 | 新型磁热效应材料的发现和相关科学问题研究 | 沈保根（中国科学院物理研究所）<br>胡凤霞（中国科学院物理研究所）<br>孙继荣（中国科学院物理研究所）<br>张西祥（香港科技大学）<br>吴光恒（中国科学院物理研究所） | 中国科学院 |
| 36 | Z-109-2-01 | 复杂构件不均匀变形机理与精确塑性成形规律 | 杨　合（西北工业大学）<br>詹　梅（西北工业大学）<br>郭良刚（西北工业大学）<br>李宏伟（西北工业大学）<br>孙志超（西北工业大学） | 工业和信息化部 |
| 37 | Z-109-2-02 | 复杂曲面数字化制造的几何推理理论和方法 | 丁　汉（华中科技大学）<br>朱向阳（上海交通大学）<br>尹周平（华中科技大学）<br>朱利民（上海交通大学）<br>王　煜（香港中文大学） | 教育部 |
| 38 | Z-109-2-03 | 多尺度多物理场耦合的复杂系统中流动与传热传质机理研究 | 何雅玲（西安交通大学）<br>唐桂华（西安交通大学）<br>赵天寿（香港科技大学）<br>闵春华（西安交通大学） | 教育部 |
| 39 | Z-110-2-01 | 低维纳米功能材料与器件原理的物理力学研究 | 郭万林（南京航空航天大学）<br>胡海岩（南京航空航天大学）<br>张田忠（上海大学）<br>郭宇锋（南京航空航天大学）<br>王立峰（南京航空航天大学） | 教育部 |
| 40 | Z-110-2-02 | 压电和电磁机敏材料及结构力学行为的基础研究 | 沈亚鹏（西安交通大学）<br>陈常青（西安交通大学）<br>田晓耕（西安交通大学）<br>王子昆（西安交通大学）<br>王　旭（西安交通大学） | 教育部 |

续表

| 二等奖 |||||
|---|---|---|---|---|
| 序号 | 编号 | 项目名称 | 主要完成人(所在单位) | 推荐单位/推荐专家 |
| 41 | Z-110-2-03 | 非线性应力波传播理论进展及应用 | 王礼立(宁波大学)<br>任辉启(中国人民解放军总参谋部工程兵科研三所)<br>虞吉林(中国科学技术大学)<br>周风华(宁波大学)<br>吴祥云(中国人民解放军总参谋部工程兵科研三所) | 宁波市 |

注：按照现行国家科学技术奖学科分类代码，101代表数学学科组、102代表物理与天文学学科组、103代表化学学科组、104代表地球科学学科组、105代表生物学学科组、106代表基础医学学科组、107代表信息科学学科组、108代表材料科学学科组、109代表工程技术科学学科组、110代表力学学科组。

分析2012年度国家自然科学奖奖励情况，可发现如下基本特点。

1. 参加评审项目整体水平较往年有所提升，获奖项目客观地反映了学科发展水平

2012年度国家自然科学奖共受理了推荐项目139项，其中136项通过形式审查进入下一轮学科专业评审。虽然一等奖空缺，但从整体看，获奖率为30.15%，比2011年(27.69%)有所提高。此外，自2008年以来，国家自然科学奖每年获奖项目数约为34项，近两年来更是稳中有升。

除2012年新设的力学学科组外，其余各学科组获奖项目数基本稳定，客观地反映了相关学科现阶段发展水平(表2)。

表2　2008～2012年获奖项目的学科分布情况　　　　　(单位：项)

| 学科<br>年份 | 数学<br>(与力学) | 物理学<br>与天文学 | 化学 | 地球<br>科学 | 生物学 | 基础<br>医学 | 信息<br>科学 | 材料<br>科学 | 工程技<br>术科学 | 力学 |
|---|---|---|---|---|---|---|---|---|---|---|
| 2008 | 4 | 3 | 4 | 5 | 5 | 3 | 5 | 2 | 3 | — |
| 2009 | 3 | 4 | 5 | 3 | 2 | 2 | 4 | 2 | 3 | — |
| 2010 | 3 | 5 | 6 | 4 | 2 | 2 | 3 | 1 | 3 | — |
| 2011 | 1 | 4 | 6 | 6 | 5 | 2 | 4 | 4 | 4 | — |
| 2012 | 3 | 4 | 7 | 4 | 6 | 3 | 5 | 3 | 3 | 3 |
| 总计 | 14 | 20 | 28 | 22 | 20 | 12 | 21 | 12 | 16 | 3 |

2. 中青年科技人员及留学归国人员对国家科技进步的重要作用进一步显现

根据对2012年度国家自然科学奖、技术发明奖和科学技术进步奖等三个奖项进行

## 7.4 2012年度国家自然科学奖情况综述

的统计,项目完成人平均年龄为57岁,36~55岁的约占项目完成人总数的75.5%。在自然科学奖第一完成人中,36~55岁的共33位,占第一完成人总数的80.9%。此外,具有留学背景的第一完成人也高达23位,占第一完成人总数的56.1%。

### 3. 获奖项目充分反映国家各项科技计划、自然科学基金实施对我国基础研究工作的推动和促进

2012年,所有41个获奖项目均得到了国家各科技计划或科学基金的支持,其中有39个奖项获得国家自然科学基金资助,30个奖项至少获得一项国家科技计划(包括973计划、863计划和国家科技攻关计划)资助,这体现了我国基础研究和应用基础研究投入稳定增长的产出回报(表3)。

**表3 国家各类科技计划/基金对2012年国家自然科学奖获奖项目的资助情况**

| 计划/基金 | 国家自然科学奖获奖项目数/项 |
| --- | --- |
| 973计划 | 25 |
| 863计划 | 9 |
| 国家科技攻关计划 | 2 |
| 国家自然科学基金 | 39 |
| 香港及国外基金 | 1(香港基金) |

### 4. 应用基础研究面向国家重大战略需求,科技惠及民生

2012年度获奖项目除在科学理论、科学发现等基础研究领域有所创新,在生物、环境气候变化、基础医学等应用基础研究方面也涌现了许多优秀的项目。如中国科学院上海生命科学院林鸿宣院士领衔完成的项目"水稻复杂数量性状的分子遗传调控机理"以我国最主要的粮食作物水稻作为研究对象,结合农业生产领域的迫切需求,开展了水稻耐盐、产量等数量性状的分子遗传调控机理研究,取得了一系列创新性成果,为作物分子育种研究奠定了基础。由河南省推荐的"植物应答干旱胁迫的气孔调节机制",以揭示作物抗旱节水分子机制、提高植物水分利用率为目标,为基因工程技术提高植物的抗旱性开辟了新途径。

### 参 考 文 献

1 国家科学技术奖励工作办公室.2012年度国家自然科学奖获奖项目目录. http://www.most.gov.cn/ztzl/gjkxjsjldh/jldh2012/jldh12jlgg/201301/t20130117_99196.htm [2013-01-17].

## Summary of the 2012 National Natural Science Award

*Zhang Wanning*

The 2012 National Natural Science Awards of China has been conferred on 41 projects. The average age of the prize winners displays a downwards trend. Each projects was supported by one or more National Scientific Plans and National Natural Science Fundation of China. The abilities of original innovation have been emphasized.

## 7.5 中国科学五年产出评估
### ——基于WoS数据库论文的统计分析(2008～2012年)

岳 婷　杨立英　丁洁兰　周秋菊

(中国科学院国家科学图书馆)

当前，我国处于转变经济发展方式、建设创新型国家的关键时期[1]，科学技术发挥着重要的支撑作用。我国的科技投入也在不断加大：2008～2012年，R&D经费投入基本实现翻番，2012年达到了10 298.4亿元，占GDP的1.98%，总量居世界第三位[2]。在增加经费投入的同时，科研活动的效果评价成为决策者和公众关注的焦点问题。

基于科研产出对科研活动进行测度，是评价科研产出效率的重要视角。科研成果数量与质量是描述科研成果的基础维度，前者重点反映科研活动规模，后者描述科研活动的效率。在评价实践中，决策者不仅关注科研成果的数量，而且对科研产出的质量有着更明确的期望。作为世界科学舞台的新兴力量，中国是"科研产出大国"已是不争的事实。因此，决策者更为关注科研成果的质量。本文聚焦科研成果的质量评估，如学术影响力和重要成果，以期为科研管理者从定量的角度了解中国科研水平，并借此优化、调整国家科技战略布局，进而为制定合理的科技发展政策提供参考依据。

科学论文是科研成果的重要载体，也是利用定量分析方法进行科技评价的重要依据。汤森路透集团发布的Web of Science(WoS)数据库收录了全世界10 000余种重要科技期刊，可以较为全面地反映科学研究成果，是科学评价研究的主要数据基础。在《2013科学发展报告》中，我们对WoS数据库中收录的中国论文(SCI论文)①发展态势进行了分析[3]。2013年，我们依然基于这一数据库的数据，利用文献计量方法，对中

---

① 本文WoS数据库统计文献类型为article、review、note，统计口径为全作者方式，中国包含中国内地及香港特别行政区、澳门特别行政区，数据下载时间为2013年12月10日。

## 7.5 中国科学五年产出评估

国的科研产出进行定量分析,并与世界主要科技国家进行比较,分析2008~2012年中国科学整体及各学科发展态势。

# 一、总体发展态势

### 1. 论文产出规模

**中国SCI论文数量在2008~2012年以14.3%的年增长率增长,世界份额由9.7%上升到13.9%,自2006年之后持续居于世界排行榜的"亚军"位置。2012年,中国SCI论文数量达到了18.7万篇。这一时期研究规模扩张成为中国科研发展的基本特征。**

论文产出数量在很大程度上受从事科研活动人员规模的制约,可以在一定程度上揭示科学研究规模,进而可以反映科研工作体量。因此,可以将其作为评价和判断研究水平的基本指标。

从论文数量的角度看,2012年,中国SCI论文数量达到了18.7万篇,虽然与美国仍有较大差距,但远远高于英国、德国、日本等传统科技强国。自2006年以来,中国已经连续7年保持世界论文数量排行榜的"亚军"位置。

从论文数量增长的态势看,2008~2012年,中国SCI论文数量处于高速增长期,年增速达到了14.3%。而同期主要发达国家的SCI论文数量增速基本在5.0%以下。由于中国SCI论文数量在2008~2012年的快速增长,中国论文的世界份额从9.7%上升至13.9%。在中国论文占世界份额不断增加的同时,美国、英国、法国、日本的世界份额则均有小幅下降(图1)。这说明,由于新兴科技国家尤其是中国的崛起,传统科技强

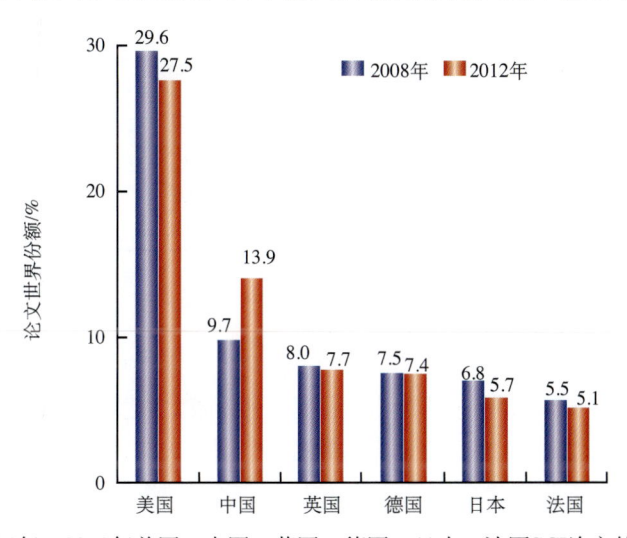

图1  2008年、2012年美国、中国、英国、德国、日本、法国SCI论文的世界份额

国的相对规模优势在下降。此外,中国论文数量高速增长也使得中国与世界头号科技强国美国之间的论文数量差距在不断缩小:2008年中国SCI论文数量仅相当于美国的32.7%,而2012年相当于美国的50.5%(表1)。

表1  2008~2012年SCI论文TOP20国家/地区* (单位:篇)

| 国家/地区 | 2008年 | 2009年 | 2010年 | 2011年 | 2012年 | 增长率**/% | 2008年世界排名 | 2012年世界排名 |
|---|---|---|---|---|---|---|---|---|
| 世界 | 1 127 324 | 1 180 938 | 1 222 078 | 1 295 679 | 1 342 376 | 4.5 | — | — |
| 美国 | 333 717 | 341 271 | 350 071 | 362 785 | 369 258 | 2.6 | 1 | 1 |
| 中国 | 109 379 | 126 430 | 139 319 | 162 565 | 186 577 | 14.3 | 2 | 2 |
| 英国 | 89 709 | 92 807 | 96 274 | 100 413 | 103 528 | 3.7 | 3 | 3 |
| 德国 | 84 283 | 87 919 | 91 130 | 95 501 | 99 045 | 4.1 | 4 | 4 |
| 日本 | 77 079 | 76 592 | 75 511 | 77 126 | 77 125 | 0.0 | 5 | 5 |
| 法国 | 62 510 | 64 275 | 65 328 | 67 096 | 68 610 | 2.4 | 6 | 6 |
| 加拿大 | 52 813 | 55 279 | 56 793 | 58 720 | 60 589 | 3.5 | 7 | 7 |
| 意大利 | 48 904 | 51 386 | 52 630 | 55 078 | 57 793 | 4.3 | 8 | 8 |
| 西班牙 | 40 693 | 43 869 | 46 298 | 50 489 | 53 481 | 7.1 | 9 | 9 |
| 韩国 | 34 350 | 37 732 | 41 440 | 45 444 | 48 970 | 9.3 | 12 | 10 |
| 澳大利亚 | 35 785 | 38 665 | 41 233 | 44 975 | 48 455 | 7.9 | 11 | 11 |
| 印度 | 37 772 | 39 640 | 42 771 | 46 674 | 48 151 | 6.3 | 10 | 12 |
| 巴西 | 29 419 | 31 548 | 33 093 | 35 670 | 37 346 | 6.2 | 13 | 13 |
| 荷兰 | 27 744 | 30 083 | 32 159 | 33 694 | 35 841 | 6.6 | 15 | 14 |
| 俄罗斯 | 27 765 | 28 443 | 27 577 | 28 996 | 28 050 | 0.3 | 14 | 15 |
| 中国台湾 | 22 280 | 23 775 | 24 912 | 27 227 | 27 443 | 5.4 | 16 | 16 |
| 瑞士 | 20 356 | 21 733 | 22 939 | 24 547 | 26 037 | 6.4 | 17 | 17 |
| 土耳其 | 19 572 | 21 876 | 23 077 | 23 851 | 25 018 | 6.3 | 18 | 18 |
| 伊朗 | 11 443 | 14 688 | 17 268 | 21 956 | 24 193 | 20.6 | 22 | 19 |
| 瑞典 | 18 758 | 19 582 | 20 418 | 21 493 | 22 931 | 5.2 | 19 | 20 |

*TOP20国家/地区按2012年论文数量确定
**指复合年均增长率。第$n$年相对于第$m$年的复合年均增长率(CAGR)计算公式为:CAGR=[$(X_n/X_m)^{1/(n-m)}$-1]×100%(其中,$X_n$为第$n$年(末年)的数值,$X_m$为第$m$年(起始年)的数值)

综上所述,2008~2012年是中国科研规模快速发展的重要阶段:与自身相比,论文数量不断达到新的高度;与传统科技强国相比,中国与美国的差距日渐缩小的同时,领先于德国、法国、日本的优势也在进一步扩大。总之,研究规模迅速扩张是2008~2012年中国科研发展的基本特征。

## 2. 学术影响力

2008~2012年，中国SCI论文的总体学术影响力和相对影响力均表现出良好的上升态势：总被引频次居世界第4位，占世界的份额从4.7%提高至9.5%；篇均引文指标由2003~2007年的2.9增加到2008~2012年的4.2。与历史数字相比，中国已经取得了长足进步，但与主要科技发达国家相比，尤其是在相对影响力方面，中国仍然存在较大差距。

科学研究工作的质量和成效可以通过论文被引频次进行测度和揭示。本文所使用的引文指标为"5年期引文指标"，即5年期内发表的论文在同一时间窗收到的总被引频次。例如，2008~2012年中国的"5年期引文指标"指2008~2012年中国发表的论文在2008~2012年的总被引频次。"5年期引文指标"可以反映国家在某一个特定5年期之内的学术影响力。

表2列出了2003~2007年、2008~2012年两个5年期内主要国家的总被引频次，可以揭示出国家的总体学术影响力。与前一个5年期相比，2008~2012年，中国引文世界排名由第8名上升至第4名，世界份额实现了翻番，从4.7%提升至9.5%。上述分析表明，中国在论文产出规模不断扩大的同时，科研成果的总体学术影响力也不断提升。

表2　2003~2007年、2008~2012年SCI引文*TOP20国家/地区**

| 国家/地区 | 2003~2007年 论文 数量/篇 | 引文 数量/次 | 份额/% | 世界排名 | 2008~2012年 论文 数量/篇 | 引文 数量/次 | 份额/% | 世界排名 |
|---|---|---|---|---|---|---|---|---|
| 世界 | 4 735 965 | 22 703 471 | — | — | 6 168 395 | 32 227 388 | — | — |
| 美国 | 1 507 098 | 10 437 284 | 46.0 | 1 | 1 757 102 | 13 296 325 | 41.3 | 1 |
| 英国 | 401 080 | 2 538 756 | 11.2 | 2 | 482 731 | 3 648 078 | 11.3 | 2 |
| 德国 | 380 674 | 2 319 144 | 10.2 | 3 | 457 878 | 3 343 814 | 10.4 | 3 |
| 中国 | 360 914 | 1 059 088 | 4.7 | 8 | 724 270 | 3 072 708 | 9.5 | 4 |
| 法国 | 272 970 | 1 510 780 | 6.7 | 5 | 327 819 | 2 215 751 | 6.9 | 5 |
| 日本 | 386 794 | 1 824 489 | 8.0 | 4 | 383 433 | 2 054 830 | 6.4 | 6 |
| 加拿大 | 219 934 | 1 270 640 | 5.6 | 6 | 284 194 | 1 964 412 | 6.1 | 7 |
| 意大利 | 207 780 | 1 138 776 | 5.0 | 7 | 265 791 | 1 760 872 | 5.5 | 8 |
| 西班牙 | 158 050 | 760 351 | 3.4 | 10 | 234 830 | 1 394 753 | 4.3 | 9 |
| 澳大利亚 | 140 479 | 742 590 | 3.3 | 11 | 209 113 | 1 347 060 | 4.2 | 10 |
| 荷兰 | 119 214 | 846 529 | 3.7 | 9 | 159 521 | 1 329 749 | 4.1 | 11 |
| 瑞士 | 86 779 | 670 884 | 3.0 | 12 | 115 612 | 1 061 799 | 3.3 | 12 |
| 韩国 | 129 856 | 444 131 | 2.0 | 14 | 207 936 | 889 105 | 2.8 | 13 |
| 瑞典 | 85 944 | 564 565 | 2.5 | 13 | 103 182 | 795 042 | 2.5 | 14 |

## 7 中国科学的发展概况

续表

| 国家/地区 | 2003～2007年 论文 数量/篇 | 引文 数量/次 | 份额/% | 世界排名 | 2008～2012年 论文 数量/篇 | 引文 数量/次 | 份额/% | 世界排名 |
|---|---|---|---|---|---|---|---|---|
| 印度 | 130 320 | 345 531 | 1.5 | 16 | 215 008 | 759 447 | 2.4 | 15 |
| 比利时 | 66 233 | 414 796 | 1.8 | 15 | 88 628 | 678 589 | 2.1 | 16 |
| 巴西 | 91 174 | 269 868 | 1.2 | 22 | 167 076 | 563 622 | 1.8 | 17 |
| 中国台湾 | 81 459 | 270 118 | 1.2 | 21 | 125 637 | 538 561 | 1.7 | 18 |
| 丹麦 | 46 115 | 335 392 | 1.5 | 17 | 62 177 | 523 469 | 1.6 | 19 |
| 奥地利 | 45 447 | 273 931 | 1.2 | 20 | 59 735 | 427 360 | 1.3 | 20 |

*2003～2007年的引文数量是指2003～2007年发表的论文在同一时间窗内收到的总被引频次；2008～2012年的引文数量是指2008～2012年发表的论文在同一时间窗内收到的总被引频次

**TOP20国家/地区按2008～2012年引文数量确定

由于总被引频次在很大程度上受论文总量影响，而篇均引文指标可以消除研究规模的影响，反映国家科研成果的相对影响力。图2给出了主要国家的篇均引文指标，从中可以看出中国SCI论文的篇均引文水平显著提高，"得分"由2003～2007年的2.9提升至2008～2012年的4.2。然而，在与其他国家及世界平均水平线的横向比较中可以发现，前后两个5年期，中国的篇均引文始终落后于世界平均水平线，而美国、英国、德国和法国处于遥遥领先的位置，日本与世界平均水平线大体相等。这说明，中国科研成果的相对影响力与传统科技强国还有较大差距。

综上所述，就自身来看，中国SCI论文在2008～2012年的总体影响力和相对影响力

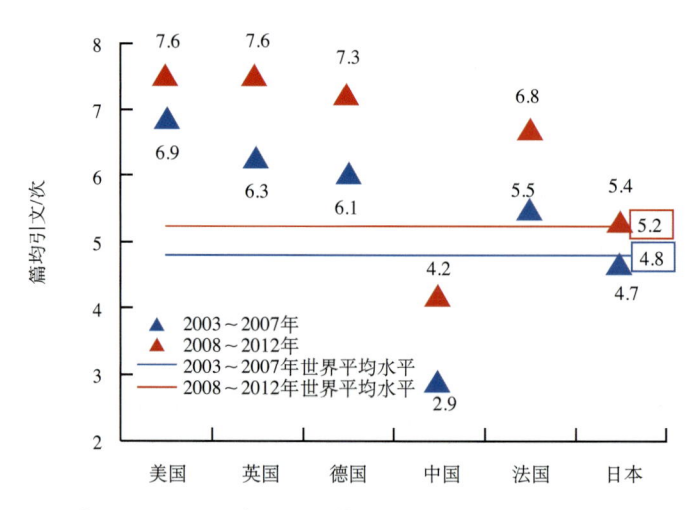

图2 2003～2007年、2008～2012年美国、英国、德国、中国、法国、日本SCI论文的篇均引文

## 7.5 中国科学五年产出评估

均表现出良好的上升态势。但在与科技发达国家的国际比较中，相对影响力较弱，这说明中国仍需要进一步提升科研成果的学术影响。

## 二、学科发展态势

### 1. 论文产出规模

**2008～2012年，对于以探索生命奥秘和改善人类生存质量为宗旨的生命科学领域来说，中国SCI论文数量增加最为显著，为中国科研总体规模的迅速扩张奠定了重要基础。例如，在临床医学这一生命科学领域研究规模最大的学科方面，中国的SCI论文数量增幅达到了199.3%。此外，从国际比较看，中国在SCI论文总量约为美国半数的前提下，材料科学、化学领域的产出规模超过了美国。**

在《2013科学发展报告》中，我们对中国、美国19个学科的产出态势和分布格局进行了分析，今年延续这一分析思路，将汤森路透集团的基本科学指标库(ESI)19个学科作为学科划分依据，以5年为时间窗，对比2003～2007年和2008～2012年的中国与美国在ESI各学科发表SCI论文的情况。

从自身发展变化看(表3)，中国环境科学和生命科学领域相关学科的SCI论文数量在2008～2012年均大幅增加，与2003～2007年相比，增幅超出一倍以上。例如，在环境科学领域，中国前一个5年期的论文数量为7374篇，后一个5年期达到了18 873篇，增长率为155.9%；在临床医学这一生命科学领域研究规模最大的学科方面，中国SCI论文的增长率高达199.3%；此外，中国在分子生物学、神经科学、微生物学等学科的SCI论文增长率均超过了200%。

与美国相比(表3)，中国材料科学、化学这两个学科的产出规模过美国。如材料科学，2003～2007年中国的产出规模就已经超过美国。2008～2012年，中国在材料科学领域的产出规模优势进一步扩大，SCI论文的产量达到了74 531篇，远远超出美国的43 441篇。但就整体而言，中国绝大多数学科的产出规模都与美国存在差距，尤其是在生命科学领域的各学科，中国的SCI论文数量均远不及美国。

比较中国与美国各学科产出规模的增长态势，共性的特点是环境与临床医学不仅是中国进步显著的学科，同时也是美国增速较快的两个学科。虽然中国和美国在上述两个学科的研究基础不同，所处发展阶段也存在差异，但SCI论文的两大产出国均对环境和临床医学给予关注，表明改善人类生存环境和探索生命奥秘是不同国家科研人员共同的责任和追求。

表3　2003~2007年、2008~2012年中国、美国19个学科的SCI论文数量及增长率　　（单位：篇）

| 领域 | 学科 | 中国 2003~2007年 | 中国 2008~2012年 | 增长率/% | 美国 2003~2007年 | 美国 2008~2012年 | 增长率/% |
|---|---|---|---|---|---|---|---|
| 数学 | 数学 | 14 691 | 28 443 | 93.6 | 33 629 | 40 778 | 21.3 |
| 工程技术 | 材料 | 42 845 | 74 531 | 74.0 | 35 786 | 43 441 | 21.4 |
| 工程技术 | 工程 | 35 467 | 80 593 | 127.2 | 88 036 | 97 553 | 10.8 |
| 工程技术 | 计算机 | 15 625 | 21 452 | 37.3 | 43 070 | 36 844 | −14.5 |
| 物质科学 | 化学 | 89 333 | 147 673 | 65.3 | 107 129 | 114 357 | 6.8 |
| 物质科学 | 物理 | 55 898 | 98 773 | 76.7 | 113 632 | 118 486 | 4.3 |
| 资源环境 | 地学 | 11 193 | 21 665 | 93.6 | 44 272 | 52 490 | 18.6 |
| 资源环境 | 环境 | 7 374 | 18 873 | 155.9 | 39 836 | 48 947 | 22.9 |
| 资源环境 | 空间 | 3 008 | 4 956 | 64.8 | 26 148 | 30 515 | 16.7 |
| 生命科学 | 临床医学 | 23 360 | 69 915 | 199.3 | 297 139 | 381 814 | 28.5 |
| 生命科学 | 生化 | 13 385 | 29 987 | 124.0 | 93 698 | 95 157 | 1.6 |
| 生命科学 | 分子生物学 | 4 978 | 16 286 | 227.2 | 63 860 | 71 237 | 11.6 |
| 生命科学 | 动植物 | 11 172 | 23 404 | 109.5 | 71 500 | 78 022 | 9.1 |
| 生命科学 | 药学 | 7 083 | 18 257 | 157.8 | 37 919 | 43 895 | 15.8 |
| 生命科学 | 神经科学 | 3 889 | 12 308 | 216.5 | 70 087 | 82 534 | 17.8 |
| 生命科学 | 农业 | 5 070 | 15 244 | 200.7 | 28 474 | 30 482 | 7.1 |
| 生命科学 | 免疫 | 2 192 | 6 124 | 179.4 | 36 174 | 40 033 | 10.7 |
| 生命科学 | 微生物 | 2 577 | 7 941 | 208.2 | 22 543 | 24 393 | 8.2 |
| 生命科学 | 精神病学 | 1 402 | 3 429 | 144.6 | 59 363 | 75 842 | 27.8 |

2. 学科影响力

与自身发展基础相比，2008~2012年中国各学科的整体影响力均取得了显著进步，引文量增幅接近或高于150%。从国际比较看，虽然中国材料科学与化学学科的产出规模已超过美国，但其学术影响力仍落后于美国。在生命科学领域，中美引文数量的差距更为显著。从国际比较中的学科相对优劣势看，中国工程技术和物质科学领域的影响力水平相对较高，生命科学领域的影响力水平相对滞后，而美国则表现出相反的学科影响力格局。

前面的分析表明：2008~2012年中国各学科的产出规模取了显著进步。相应地，中国的学科影响力也随之大幅增长。表4列出了2003~2007年、2008~2012年中国、美国19个学科的SCI引文数据。

## 7.5 中国科学五年产出评估

就自身的研究基础来看，在前后两个5年期，中国各学科的影响力均有大幅提高，2008～2012年的引文数量增幅都接近或高于150%。其中，农业科学和环境科学表现最为突出，在论文数量分别增加了2倍和1.5倍的基础上，引文数量增加了3倍以上(表4)。

表4　2003～2007年、2008～2012年中国、美国19个学科的SCI引文数量*及增长率　（单位：次）

| 领域 | 学科 | 中国 2003～2007年 | 中国 2008～2012年 | 增长率/% | 美国 2003～2007年 | 美国 2008～2012年 | 增长率/% |
|---|---|---|---|---|---|---|---|
| 数学 | 数学 | 17 909 | 53 131 | 196.7 | 66 888 | 96 504 | 44.3 |
| 工程技术 | 材料 | 91 784 | 312 223 | 240.2 | 186 396 | 348 048 | 86.7 |
| 工程技术 | 工程 | 71 972 | 258 246 | 258.8 | 282 573 | 360 369 | 27.5 |
| 工程技术 | 计算机 | 23 008 | 59 362 | 158.0 | 165 499 | 153 451 | −7.3 |
| 物质科学 | 化学 | 285 283 | 763 324 | 167.6 | 798 925 | 1 062 315 | 33.0 |
| 物质科学 | 物理 | 186 446 | 446 522 | 139.5 | 811 990 | 1 021 153 | 25.8 |
| 资源环境 | 地学 | 34 576 | 85 583 | 147.5 | 239 048 | 361 713 | 51.3 |
| 资源环境 | 环境 | 19 279 | 82 072 | 325.7 | 216 095 | 333 840 | 54.5 |
| 资源环境 | 空间 | 12 398 | 32 327 | 160.7 | 296 030 | 373 061 | 26.0 |
| 生命科学 | 临床医学 | 101 379 | 285 775 | 181.9 | 2 287 541 | 3 030 857 | 32.5 |
| 生命科学 | 生化 | 51 253 | 151 321 | 195.2 | 935 087 | 947 209 | 1.3 |
| 生命科学 | 分子生物学 | 28 227 | 97 599 | 245.8 | 936 909 | 1 067 351 | 13.9 |
| 生命科学 | 动植物 | 25 453 | 80 885 | 217.8 | 287 196 | 366 197 | 27.5 |
| 生命科学 | 药学 | 22 066 | 77 414 | 250.8 | 254 134 | 339 251 | 33.5 |
| 生命科学 | 神经科学 | 16 904 | 57 296 | 239.0 | 640 413 | 821 273 | 28.2 |
| 生命科学 | 农业 | 12 103 | 51 663 | 326.9 | 102 172 | 130 305 | 27.5 |
| 生命科学 | 免疫 | 10 563 | 36 062 | 241.4 | 405 247 | 467 764 | 15.4 |
| 生命科学 | 微生物 | 11 101 | 32 138 | 189.5 | 204 782 | 239 356 | 16.9 |
| 生命科学 | 精神病学 | 4 240 | 12 848 | 203.0 | 294 987 | 422 298 | 43.2 |

*2003～2007年的引文数量是指2003～2007年发表的论文在同一时间窗内收到的引文数量；2008～2012年的引文数量是指2008～2012年发表的论文在同一时间窗内收到的引文数量

与美国相比，虽然中国在材料科学与化学领域的论文数量已经超过美国，但在被引频次指标上，中国明显落后于美国。例如，2008～2012年，中国材料科学和化学的论文数量分别为美国的1.7和1.3倍，但引文数量却仅为美国的89%和72%。在中美两国共同关注的资源环境和生命科学领域的相关学科方面，中国与美国的学科影响力差距悬殊，如中国精神病学的引文数量仅为美国的3.0%(表3、表4)。

分析中国各学科在国际比较中的相对优劣势，以美国作为参照系，图3描绘了中国、美国19个学科的引文世界份额雷达图。从图3可以看出，2008～2012年，中国工程技术、物质科学和部分资源环境领域学科(地学、环境)的引文世界份额明显高于生命科学领域学科，前者的引文份额为9.2%～22.9%，后者仅为1.7%～9.1%。这说明，中国各学科的影响力水平发展参差不齐。在全部学科体系中，工程技术和物质科学是中国的相对影响力优势领域，生命科学处于相对弱势地位。而美国的相对优势领域集中在生命科学领域，相关各学科的引文世界份额为30%～60%，而工程技术和物质科学学科则处于相对弱势位置(引文份额20%～40%，图3)。这说明，中国与美国的学科影响力格局存在较大差异。

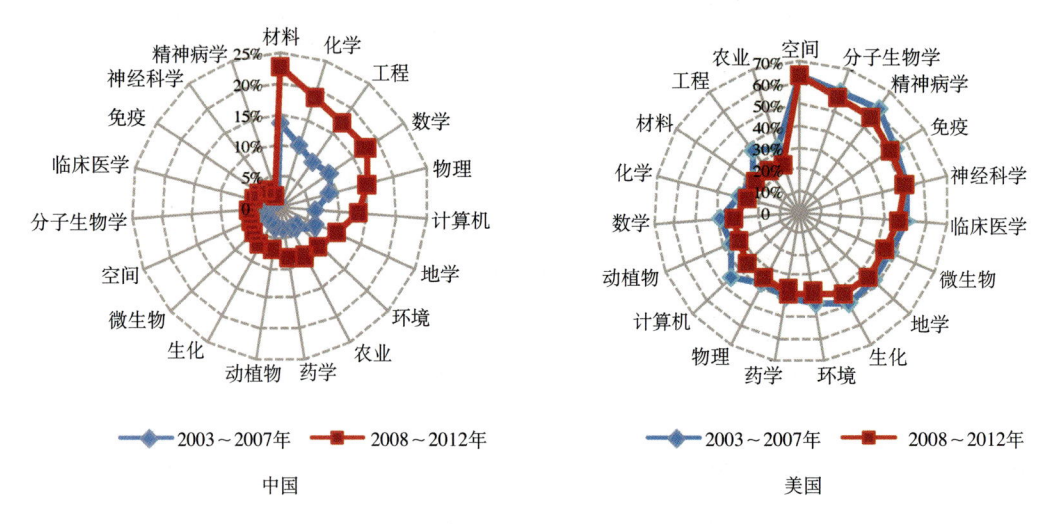

图3 2003～2007年、2008～2012年中国、美国19个学科的SCI引文世界份额

## 三、高被引论文发展态势

前面的分析揭示出中国目前的科研活动表现出以下基本特征：产出规模达到相当体量，学术影响力整体提升。在上述发展态势的背景和前提下，我们把关注的视角聚焦至反映科研核心竞争力的重要成果方面。由于论文被引频次的多少可以在一定程度上反映出科研成果学术影响力的高低，本节将以汤森路透集团的基本科学指标库(ESI)高被引论文[①]作为重要成果的数据样本，分析和评估中国重要成果的产出能力及发展水平。

---

①ESI高被引论文是指WoS数据库中某国某个学科的论文中，被引频次超过该学科1%基线的论文。

## 7.5 中国科学五年产出评估

**1. 整体态势**

2008～2012年，中国高被引论文的发展进入了快速上升的通道，论文数量由858篇上升到1986篇，世界份额由8.5%增长至14.8%。2012年，中国的高被引论文数量已经与英国、德国大体相当。但是从高被引论文数量占本国论文总数1.1%的份额看，中国的这一指标依然处于低位，落后于其他TOP10国家，揭示出中国重要成果的产出效率有待提高。

2008～2012年，中国入围高被引论文榜的SCI论文数量迅速增加(表5)。以2012年为例，中国高被引论文的数量为1986篇，位列高被引论文国家排行榜的第3名，与世界第

**表5　2008～2012年ESI高被引论文TOP20国家/地区 ***　　　　　　　　　　　　(单位：篇)

| 国家/地区 | 2008年 数量 | A**/% | B***/% | 2009年 数量 | A**/% | B***/% | 2010年 数量 | A**/% | B***/% | 2011年 数量 | A**/% | B***/% | 2012年 数量 | A**/% | B***/% |
|---|---|---|---|---|---|---|---|---|---|---|---|---|---|---|---|
| 世界 | 10 106 | — | 0.9 | 10 313 | — | 0.9 | 10 844 | — | 0.9 | 12 207 | — | 0.9 | 13 379 | — | 1.0 |
| 美国 | 5 389 | 53.3 | 1.6 | 5 426 | 52.6 | 1.6 | 5 720 | 52.7 | 1.6 | 6 304 | 51.6 | 1.7 | 6 516 | 48.7 | 1.8 |
| 英国 | 1 437 | 14.2 | 1.6 | 1 487 | 14.4 | 1.6 | 1 640 | 15.1 | 1.7 | 1 859 | 15.2 | 1.9 | 2 085 | 15.6 | 2.0 |
| 中国 | 858 | 8.5 | 0.8 | 1 002 | 9.7 | 0.9 | 1 249 | 11.5 | 1.0 | 1 575 | 12.9 | 1.0 | 1 986 | 14.8 | 1.1 |
| 德国 | 1 197 | 11.8 | 1.4 | 1 277 | 12.4 | 1.5 | 1 473 | 13.6 | 1.6 | 1 688 | 13.8 | 1.8 | 1 891 | 14.1 | 1.9 |
| 法国 | 763 | 7.5 | 1.2 | 882 | 8.6 | 1.4 | 945 | 8.7 | 1.4 | 1 054 | 8.6 | 1.6 | 1 201 | 9.0 | 1.8 |
| 加拿大 | 727 | 7.2 | 1.4 | 763 | 7.4 | 1.4 | 872 | 8.0 | 1.5 | 1 023 | 8.4 | 1.7 | 1 045 | 7.8 | 1.7 |
| 意大利 | 566 | 5.6 | 1.2 | 640 | 6.2 | 1.2 | 686 | 6.3 | 1.3 | 814 | 6.7 | 1.5 | 1 008 | 7.5 | 1.7 |
| 荷兰 | 518 | 5.1 | 1.9 | 566 | 5.5 | 1.9 | 675 | 6.2 | 2.1 | 784 | 6.4 | 2.3 | 908 | 6.8 | 2.5 |
| 西班牙 | 407 | 4.0 | 1.0 | 483 | 4.7 | 1.1 | 569 | 5.2 | 1.2 | 713 | 5.8 | 1.4 | 854 | 6.4 | 1.6 |
| 澳大利亚 | 482 | 4.8 | 1.3 | 530 | 5.1 | 1.4 | 587 | 5.4 | 1.4 | 747 | 6.1 | 1.7 | 847 | 6.3 | 1.7 |
| 瑞士 | 457 | 4.5 | 2.2 | 498 | 4.8 | 2.3 | 549 | 5.1 | 2.4 | 694 | 5.7 | 2.8 | 819 | 6.1 | 3.1 |
| 日本 | 563 | 5.6 | 0.7 | 564 | 5.5 | 0.7 | 624 | 5.8 | 0.8 | 747 | 6.1 | 1.0 | 780 | 5.8 | 1.2 |
| 韩国 | 229 | 2.3 | 0.7 | 252 | 2.4 | 0.7 | 309 | 2.8 | 0.7 | 391 | 3.2 | 0.9 | 483 | 3.6 | 1.0 |
| 瑞士 | 274 | 2.7 | 1.3 | 306 | 3.0 | 1.4 | 364 | 3.4 | 1.6 | 414 | 3.4 | 1.7 | 462 | 3.5 | 1.8 |
| 比利时 | 253 | 2.5 | 1.6 | 294 | 2.9 | 1.8 | 318 | 2.9 | 1.8 | 390 | 3.2 | 2.1 | 404 | 3.0 | 2.1 |
| 丹麦 | 192 | 1.9 | 1.8 | 232 | 2.2 | 2.1 | 255 | 2.4 | 2.1 | 357 | 2.9 | 2.6 | 371 | 2.8 | 2.5 |
| 中国台湾 | 123 | 1.2 | 0.6 | 141 | 1.4 | 0.5 | 153 | 1.4 | 0.7 | 210 | 1.7 | 0.7 | 293 | 2.2 | 1.1 |
| 印度 | 163 | 1.6 | 0.4 | 183 | 1.8 | 0.5 | 204 | 1.9 | 0.7 | 267 | 2.2 | 0.6 | 292 | 2.2 | 0.6 |
| 奥地利 | 166 | 1.6 | 1.6 | 167 | 1.6 | 1.5 | 240 | 2.2 | 2.0 | 267 | 2.2 | 2.1 | 289 | 2.2 | 2.2 |
| 波兰 | 101 | 1.0 | 0.6 | 103 | 1.0 | 0.5 | 125 | 1.2 | 0.4 | 172 | 1.4 | 0.8 | 256 | 1.9 | 1.1 |

*TOP20国家/地区按2012年高被引论文数量确定
**指高被引论文数量占世界高被引论文数量的份额
***指高被引论文数量占本国论文总数的份额

2名的英国(2085篇)相差不多，以微弱优势领先于德国(1891篇)，占当年世界高被引论文总数的14.8%(指标A，表5)。这一数字与2008年中国高被引论文数占当年世界高被引论文总数的8.5%相比，有了大幅提升。但是，比起美国占据约半数世界高被引论文的优势，中国仍有较大的提升空间。

对于某个国家而言，高被引论文作为该国全部SCI论文的子集，其绝对数量在很大程度上会因总量的增加表现出"水涨船高"的特征。即随着本国SCI论文数量的增加，高被引论文数量可能会相应增长。因此，本节引入了高被引论文数占本国论文总数的份额（简称高被引论文的本国份额，指标B，表5）这一相对指标，来描述不同国家高被引论文的产出效率。表5的数据表明，2008~2012年中国高被引论文的本国份额从2008年的0.8%开始稳步增长，2012年达到1.1%。可见，与自身的基础相比，中国的高被引论文产出效率在不断提高。但是与2012年的高被引论文TOP10国家相比，中国仍然以较大差距落后于美、英、德、法等国家(表5)，说明中国重要成果的产出效率仍有待提高。

综上所述，2008~2012年，中国高被引论文的数量及其占世界份额发展态势良好，处于上升通道。同时数据也表明，中国这一数量和份额的快速增长在很大程度上依赖于中国论文总量的迅速增长。

2. 中国与美国的学科格局比较

在工程技术、物质科学领域，中国高被引论文的世界份额均超过了高被引论文国家基准线(14.8%)。其中材料科学的世界份额最高，达到37.2%。美国学科层面的优劣势格局与中国相反，高于美国高被引论文国家基准线(48.7%)的学科集中在空间科学和生命科学领域。中国绝大多数生命科学学科的高被引论文的引文份额略低于论文份额，美国除数学之外所有学科的引文份额均高于论文份额。

前面的分析表明，2008~2012年中国高被引论文总量呈现出快速增长的发展特征。各学科高被引论文的迅速增加是总量发展的重要基础。从学科的角度揭示中国重要成果的产出水平，有助于在细节上掌握中国重要成果的发展格局。美国作为世界头号科技强国，不仅整体科研实力远远超出其他国家，高被引论文数量更是引领其他国家。本部分将以美国作为参照国，评估和对比中国重要成果的学科格局。

图4给出了2012年中国、美国19个学科高被引论文的世界份额。从图4可以看出，中国的高被引论文国家基准线为14.8%(即中国全部高被引论文数量占世界高被引论文总量的份额)，美国的高被引论文国家基准线为48.7%(即美国全部高被引论文数量占世界高被引论文总量的份额)。通过比较各学科高被引论文占世界份额与国家基准线的差异，可以发现中国与美国重要成果格局特征。

## 7.5 中国科学五年产出评估

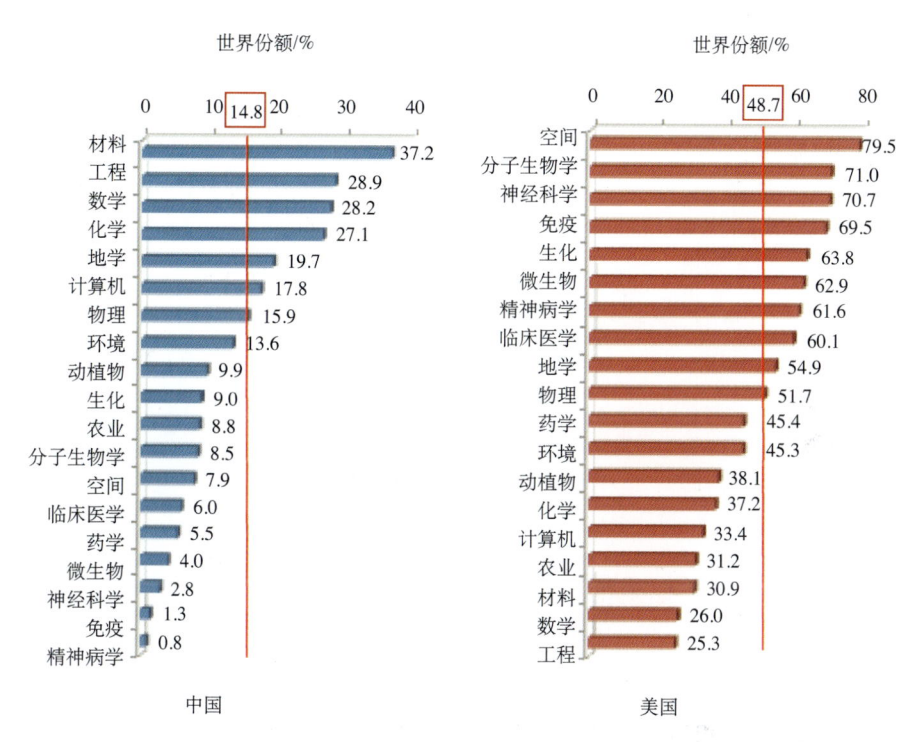

图4 2012年中国、美国19个学科的ESI高被引论文世界份额

中国:
- 材料 37.2
- 工程 28.9
- 数学 28.2
- 化学 27.1
- 地学 19.7
- 计算机 17.8
- 物理 15.9
- 环境 13.6
- 动植物 9.9
- 生化 9.0
- 农业 8.8
- 分子生物学 8.5
- 空间 7.9
- 临床医学 6.0
- 药学 5.5
- 微生物 4.0
- 神经科学 2.8
- 免疫 1.3
- 精神病学 0.8

（基准线 14.8）

美国:
- 空间 79.5
- 分子生物学 71.0
- 神经科学 70.7
- 免疫 69.5
- 生化 63.8
- 微生物 62.9
- 精神病学 61.6
- 临床医学 60.1
- 地学 54.9
- 物理 51.7
- 药学 45.4
- 环境 45.3
- 动植物 38.1
- 化学 37.2
- 计算机 33.4
- 农业 31.2
- 材料 30.9
- 数学 26.0
- 工程 25.3

（基准线 48.7）

注：图中两条竖线分别为中国、美国的高被引论文国家基准线

在工程技术、物质科学领域，中国高被引论文的世界份额均超过了国家基准线(14.8%)。其中材料科学的高被引论文世界份额最高，达到37.2%；而在生命科学和资源环境领域，高被引论文世界份额基本都低于10%。美国学科层面的表现与中国相反，高于美国高被引论文基准线(48.7%)的学科集中在空间科学和生命科学领域，而工程技术、数学、材料科学等学科的高被引论文的世界份额稍显逊色，略低于国家基准线(图4)。可见，中美学科格局的特征存在明显差异。

以相对较少的论文获取较多的引文，是高效科学研究活动的表现形式之一。图5给出了中国与美国高被引论文与引文的世界份额。从图5可以看出，中国绝大多数生命科学学科的引文份额略低于论文的份额，这些学科的影响力发展相对滞后于论文产出数量。而动植物和分子生物学两个学科是例外，它们的引文世界份额以较大的优势领先于论文份额，如动植物学的论文份额为9.9%，而引文份额高达13.9%。对于工程技术、数学、化学等基础学科来说，中国的引文世界份额略高于论文份额。对于美国来说，除数学之外所有学科的引文份额均高于论文份额(图5)，这说明美国绝大多数学科以相对较少的论文获得了相对较多的引文。

# 7 中国科学的发展概况

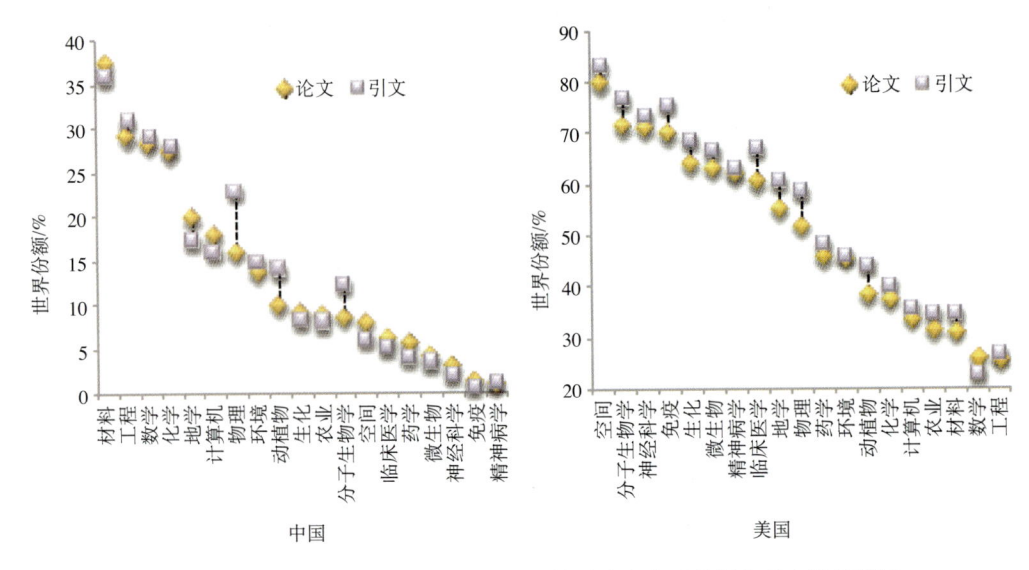

图5　2012年中国、美国19个学科的ESI高被引论文世界份额和引文世界份额

## 四、结　语

基于SCI论文的统计结果表明，2008～2012年，中国的科研活动表现出成果数量迅速增加，与世界科技强国的差距不断缩小的基本特征。在论文数量快速增长的同时，中国论文的学术影响力也不断提升。此外，在反映重要成果水平的高被引论文方面，中国也取得了显著进步。整体而言，2008～2012年，中国科学研究处于快速进步的发展通道之中。

在取得卓越进步的同时，统计数据也揭示出中国科研活动仍存在以下问题。

首先是两个滞后，即学术影响力指标滞后于论文数量指标、相对影响力指标滞后于总体影响力指标。作为新兴科技国家，研究论文的产出规模扩张往往是其科学发展的重要特征，而高水平论文产出不足也是制约其科学实现飞跃的关键瓶颈问题之一。未来中国科研工作要进一步提升影响力，提高高水平科研成果的产出能力才能实现中国科技的真正腾飞。

其次是进步与差距，即与中国自身相比取得了长足进步，但与世界科技强国相比仍有较大差距。与自身的发展基础相比，中国取得了令人惊叹的发展，并且不断缩小与世界科技强国的差距，给予国人诸多信心。但客观而言，在论文产出能力快速提升的大局下，中国与科技强国在影响力指标上相去甚远。

再次是各学科发展水平不均衡。中国在生命科学这一未来最具发展潜力的研究领域，表现出明显的"短板"特征。无论在与美国的横向比较还是与本国其他学科的纵向比较中，中国大部分生命科学学科的表现都不尽如人意。这或许与我国生命科学研究基础薄弱、研究起步晚密切相关，在短期内生命科学学科的发展步伐可能很难赶上工程技术、物质科学等优势学科[4]。在夯实上述基础学科优势的基础上，提升生命科学等弱势学科研究水平，缩小弱势学科与强势学科之间的差距，是未来中国科学整体推进的重要因素之一。

回顾过去，展望未来，差距与进步并存是本文的主旋律，祝愿中国科学研究在新的一年披荆斩棘，继续前进，取得更大的辉煌。

## 参 考 文 献

1　白春礼. 以重大成果产出为导向改革科技评价. 中国科学院院刊, 2012, (4): 407-410.
2　OECD. Science, Technology and R&D Statistics. http://www.oecd-ilibrary.org/science-and-technology/data/oecd-science-technology-and-r-d-statistics_strd-data-en [2013-01-12].
3　杨立英, 岳婷, 丁洁兰, 等. 中国科学五年产出评估——基于WoS数据库论文的统计分析(2007～2011年)//中国科学院. 2013科学发展报告. 北京：科学出版社, 2013: 268-280.
4　杨立英, 周秋菊, 岳婷. 中国科学: 增长的极限与生命科学的进步——2011年SCI论文统计分析. 科学观察, 2012, (2): 41-49.

## The Evaluation of Academic Production in China
### —Based on WoS Database (2008-2012)

*Yue Ting, Yang Liying, Ding Jielan, Zhou Qiuju*

Based on the analysis of the scale of scientific output, this article focuses on the academic impact of the Web of Science(WoS) papers of China by bibliometric methods, including: the overall academic impact, the impact of individual discipline and the highly cited papers. The conclusions can be drawn as follows: ① The academic impact of the scientific output of China lags behind the number of it, and the quality of papers should be enhanced a lot. ② During 2008-2012, the academic impact of China has made a great progress, but there's still a big gap between China and the developed countries. ③ The disciplinary structure of China is unbalanced. For China, the disciplines in life sciences are disadvantaged, and the improvement of those disciplines is a key factor to raise the S&T level.

# 第八章 科学家建议

Scientists' Suggestions

# 8.1　科学引领我国城镇化健康发展的建议

### 中国科学院学部咨询组

为落实党的十八大和中央经济工作会议提出的"积极稳妥推进城镇化并着力提高城镇化质量"的方针，许多地区已经开始制定以大规模城镇化为核心的经济刺激计划，紧锣密鼓地编制城市群规划、城镇体系规划及各种类型的开发新区、产业园和产业基地规划。种种迹象表明，新一轮大规模推进城镇化、拉动内需、使经济高速增长的强大势头正在兴起。在这种情况下，我们认为，如何正确认识"积极稳妥地推进城镇化"的方针及如何正确地理解城镇化所面临的任务十分重要。为此，需要分析我国国情和总结十多年来高速城镇化发展的经验教训，正确估计中长期我国各种类型城市（大中小城市、城市群等）集聚产业和人口的能力，预测未来我国城镇化发展的可能规模和城镇化的合理进程。在此基础上，制定推进农业转移人口市民化、发挥各类城市综合承载能力等一系列政策措施。在启动这样大规模的中长期发展规划时，应该充分考虑到遇到的困难和过程的长期性，以求科学地引导我国城镇化的健康发展。本文就上述有关问题做粗略的分析，并提出几点建议。

## 一、城镇化高速发展中的突出问题及其主要原因

### （一）突出问题

1996年以来的大规模城镇化，有力地促进和保障了大规模的工业化，推动了我国经济的国际化，综合国力大幅度提高，成为世界第二大经济体，城镇居民生活大幅度改善。但是，持续大规模和高速城镇化也出现了一系列突出的问题，付出了巨大的代价。这主要表现在以下几个方面。

## 8.1 科学引领我国城镇化健康发展的建议

**1. 城镇化速度过快，城镇化率虚高**

从"九五"(1996~2000年)时期开始，我国城镇化一直处于高速发展状态。2012年我国城镇化率达到52.6%，但是实际的人口城镇化率只是35%。全国2.6亿农民工没有市民化，他们的居住等生活条件很差，是谓"半城镇化"。中小城市发展缓慢，部分中小城市衰落，农村空心化严重。

**2. 持续不断的大规模占地和圈地，耕地资源消耗过多**

在人口"半城镇化"的同时，近10年来每年因征地而失去耕地的农民平均为260万人。2000~2004年，全国地级以上城市的建成区面积就增加了53.8%，约合1160万亩。最近5年来，全国因城镇化占去耕地约1500万亩，形成了大量失地农民与城市边缘人群。据估计，目前全国失去土地的农民有5000万人。如果继续这样占掉耕地和挥霍土地，我国潜在粮食危机将不可避免地演变成现实的粮食危机。

**3. 经济增长和产业支撑与高速城镇化不相适应**

近年来，我国城市就业问题突出。在我国三次产业的就业比重中，第一产业仍占35%。目前，我国拥有庞大的基础原材料产业，经过若干年的快速增长，依靠这些产业的继续扩张来吸纳农村劳动力和农村人口，空间已经很小。今后，城镇化和就业人口的增加将越来越依赖于第三产业的发展和农村地区中小企业的发展。但是，由于人口基数巨大，每年提高一个百分点的城镇化率，就业岗位就要求增加800万~1000万个。第三产业的发展空间也很难持续提供这么多的就业岗位。目前，我国有110多个资源型城市，2030年将增加到200个左右，这些资源型城市多数是有生命周期的，在今后某个时期将出现资源枯竭，城市规模不仅不可能大幅度扩张，反而会逐步缩小，少数还会衰亡。此外，作为城镇化的主要外部推动力，经济全球化的作用即外部市场对于提高城镇化率的促进作用将明显趋缓。中小城市发展所面临的主要困难是产业支撑和投入不足。

**4. 环境污染代价巨大，基础设施不堪重负**

1996年以来，大规模的城镇化是越来越严重的环境污染的主要原因之一，沿海地区的大中城市规模迅速扩张，加上生产低端产品的"世界工厂"，引起了突出的环境问题。中西部中小城市由于大规模开发资源和对资源进行加工而成为许多地区的污染源。近年来，平原农业区域中小城镇的发展也使广大农村成为藏污纳垢的地方。在流经城市的河段中有78%不适合作为饮用水水源，全球20个空气严重污染的城市中我国就占16个，严重的环境污染使国民的生存环境日益恶化，生命健康受到了广泛的威胁。环境污染引起的危机正在由局部发展到更大的地域范围。在一些局部范围内，环境危机正在演变成社会事件和社会危机。

近10年来，虽然各级政府在给排水、环保等城市基础设施方面的投资逐年增加，但资源、环境和基础设施领域的问题并没有相应减少，形成了欠账多、缺口大、水平低的基本状况。另外，城市公交基础设施也面临着巨大的压力。

5. 近年来各种新区规划和城市群规划出现诸多不良倾向

城市群的内涵是以1~2个特大型城市为核心，包括周围若干个城市所组成的内部具有垂直和横向经济联系的经济区域。我国的长江三角洲、珠江三角洲及京津冀三大城市群正在成为我国进入世界的枢纽和世界进入我国的门户。但是，当前全国要划定几十个"城市群"，大部分"城市群"的内部各城市间没有密切的产业(横向的和纵向的)联系，缺乏功能很强的核心城市。

## (二)主要原因

上述问题在过去十多年中不断累积，政府也曾经出台了许多政策，采取了一系列措施，但是，问题并没有得到解决，有的问题甚至变本加厉了。当前，我们特别需要从发展理念、方针政策等方面分析出现这些问题的原因，并从中吸取经验教训。

1. "十五"城镇化方针上的偏差及近年来的正确方针政策没有得到贯彻实施

"九五"期间，在中央政府做出实施国民经济软着陆决策的情况下，城镇化实现了超高速增长。2001年开始的"十五"计划的"城镇化战略"使本来已经高速行驶中的"城镇化列车"进一步加速，导致城镇化出现冒进。而"十一五"和"十二五"的"积极稳妥推进城镇化"的方针和城乡统筹的基本指导思想在许多地方没有得到重视和贯彻执行。

2. 走符合中国国情即具有中国特色城镇化道路的指导思想宣传薄弱，没有真正成为实施城镇化的指导思想

中国的国情及资源、环境特征在很大程度上决定了中国城市化的道路和发展模式，这条道路就是"资源节约型和环境友好型的城市化道路"。应该对各级干部和规划人员进行国情教育，解释这一条道路的内涵、指标及一整套具体的方针和政策措施，并在各个大区实行有差别的城镇化模式。而实际上，这些基本理念和指导思想仅仅在文件中提提而已。

## 8.1 科学引领我国城镇化健康发展的建议

**3. 干部政绩评价指标过分偏重GDP及城镇化速度，各地政府过分依赖"土地财政"**

多年来，尽管中央多次强调要从政治思想、工作成绩、群众路线和民主作风等方面评价和考察干部，但在实际中，发展观和政绩观往往出现偏差，真正重视的是经济增长速度和城市建设形象等方面。经济上搞得快，城市场面大、形象好，常常成为被上级提拔的重要政绩。这种干部考核指标上的偏差，强有力地引导广大干部在城市规划和建设中热衷于搞"大""快""虚"，彼此攀比甚至以搞运动的方式去片面追求城镇化速度和城镇化率。除政绩观偏差导致人为造城运动外，另一个主要原因是地方政府对"土地财政"的依赖性过大。许多地方土地出让金净收入占政府预算外收入的60%以上。地方政府通过卖地收入和土地抵押贷款弥补财政收支差额、筹集大规模城镇基础设施和公共服务设施建设资金等，导致片面追求城镇化的速度和高城镇化率。

**4. 城镇化发展进程和发展模式具有其客观基础和要求**

我国的城镇化进程和发展模式必须体现我国的国情和特色。评价和引领城镇化的合理进程，必须了解国家和区域发展的阶段、实力、水平对城镇化的驱动作用及自然基础和生态环境对于城镇化发展的重要基础作用；充分考虑到城镇化的分布格局是国家社会经济空间结构的重要组成部分；正确处理好城乡关系等。由于城镇规划与建设政策的制定和实施制度不完善，缺乏有效的监督约束和责任追究制度，也在很大程度上助长了不严格执行城镇规划、随意扩大规模、擅自变更建设性质和内容的问题发生。片面追求城镇化速度，其结果就会违背城镇化发展的客观规律。

**5. 如何看待城镇化的国际经验**

各国城镇化大都经历了漫长的历史过程。欧美主要国家城市化水平(城市化率)普遍达到70%甚至80%以上，但在其起步阶段平均每年增加只有0.16%～0.24%，在加速阶段每年增加也仅达0.30%～0.52%。根据我国的国情、城镇化人口总量及产业支撑等条件来分析判断，我们认为，我国未来长远的城镇化目标不一定要追求70%～80%的城镇化率。

## 二、科学地引领我国城镇化健康发展

### (一)城镇化是一个巨大的系统工程

实施城镇化这样巨大的系统工程，是长期积累和长期发展的渐进式过程，也是一个长期的历史任务。今后，将特别加强大城市群的发展和农村地区的城镇化，任务更为复杂和艰巨。

**1. 走符合中国特色的城镇化道路应当逐步成为全社会的共识和基本理念**

我们认为，当前需要认真总结以往的经验教训，结合城镇化方针的贯彻落实、提高各级干部对城镇化的科学认识和理论水平，把了解中国国情和资源环境特征及城镇化规律作为重点，树立走符合中国国情即具有中国特色城镇化道路的基本理念。还要建立符合科学发展观和生态文明建设要求的干部学习考核和政绩考核体系。

**2. 规划未来城镇化的合理进程，最重要的是科学评估产业支撑能力**

在未来一段较长时期内，工业化和现代化的发展，特别是通过经济结构的调整，可以扩大内需和扩大市场，使城市就业空间扩大。中小城市的发展，最大的问题不是基础设施问题，而是产业支撑问题，也是市场问题。为此，需要找出本地优势，搭建发展平台，培育特色产业，为农村劳动力就地就近转移就业创造条件，为城镇化建设提供产业支撑。

经济全球化与进出口贸易的未来发展对于新的就业岗位增加所起的作用将会趋缓，而资源、环境和生态条件的制约作用将比以往要强。

**3. 正确估计国家和地方政府的财力**

这些年来，许多地方政府大搞园区和产业集聚区的开发，很大一部分是依靠当地的"土地财政"。"十一五"期间全国土地出让金每年平均约0.77万亿元，现在已上升到每年2.71万亿元，从占财政收入比例的41.9%上升到76.6%。今后，如此巨量的土地财政肯定将无法维持。要考虑国家可用于城镇化发展的财政支出总额及是否可持续的问题。

**4. 逐步创造消除城镇化的制度性障碍的条件**

近年来，很多人认为大规模推进城镇化的障碍是制度因素，要推进城镇化发展及农民工市民化就要取消户籍制度。但是，这其中有两个重要问题需要考虑：其一，取消户籍制度及其他一系列限制市民化规模的基础和前提是具有足够的资金用于发展城市的各种公用事业及社会保障等。其二，传统的城市、农村完全不同的生产方式和生活方式的二分法已经不符合现代社会发展的实际情况。统筹城乡社会保障和公共服务逐步达到均等化，是城镇化任务的主要内涵。而这些目标的实现，则取决于大量的资金和复杂的管理工作。当然，其中也需要进行许多领域内的创新。

## （二）建议

**1. 坚决实施关于积极稳妥推进城镇化的方针及一系列正确的政策措施**

要针对十多年来我国城镇化发展问题，进行"积极稳妥推进城镇化"方针的教育，树立牢固的国情观念。按照着力提高城镇化质量的要求，根据我国不同区域主体功能定位和有差别的城镇化模式，建立具有"资源节约型和环境友好型城镇化道路"内涵的干部绩效考核指标体系。在实施"积极稳妥推进城镇化"方针过程中，不提倡设置城镇化的硬指标，更不要搞攀比、竞赛。总之，不搞人为的"拉动"，更不能搞人为的"造城"。

**2. 城镇化速度不能过快**

我国的城镇化需要遵循循序渐进的原则。我们建议，要在客观地认识国情的基础上，对城镇化发展水平进行科学的分析和预测，设定各个发展阶段的适宜的城镇化率。根据我国改革开放以来各时期的城镇化发展实际绩效和经验，除去城镇化率中的虚高部分，建议近期将城镇化的速度调整到每年增长1.0个百分点左右。在中长期范围内，保持每年增长0.6～0.8个百分点是比较稳妥的。与此同时，不同区域的城镇化发展速度应该有所差异。

**3. 要十分强调实行"资源节约型和环境友好型城镇化"的方针**

我国人均占有的资源非常有限，尤其是耕地资源和淡水资源短缺。各类城市的规划建设，要充分考虑到中国的这一基本国情。

城镇人均占地和人均生活耗能必须实行较低的指标：从20世纪90年代以来，我国城市的人均综合占地增加很快，达到了110～130平方米。大部分小城镇的人均综合占地指标高达200～300平方米。今后，我国城镇人均综合用地标准应该符合国情。建议以人均70～100平方米作为我国城镇综合用地的适宜区间。需要根据人口、经济密度和人均耕地等指标在全国范围内划分若干大区，并确定它们的适宜控制指标。由于中小城市一般没有大型的公共设施(体育场、交通枢纽、市政广场等)，未来的规划建设完全可以进一步缩小占地规模。

在我国能源勘探或新能源开发利用技术没有获得重大突破之前，一般特大城市(少数国际化大城市可例外)人均生活能耗每年应该为2吨标准煤左右，中小城市要明显低于这个指标。

加强生态建设和污染综合治理。各地政府需要把城镇人居环境质量改善作为衡量城镇化是否健康发展的重要指标，在各种评比考核指标体系中赋予城镇环境质量更大的权重。在沿海地带，重点治理由于人口密集、大中城市规模迅速扩张所引起的环境问题；在中西部地区，重点治理大规模地开发资源和对资源进行大规模加工所引起的污染问题；在生态基础本来就很脆弱的地区，重点加强生态恢复和生态建设。

4. 加强城乡统筹，发展多样化的城镇化模式

在城乡统筹发展中推进城镇化。城乡关系是国家、区域内最重要的关系，需要从区域的角度、从城乡整体的角度进行规划和统筹，使城市促进农村社会经济结构的变化和生存条件的改善，同时使城市发展获得广泛的支撑。其结果是使城镇化速度和模式与区域的社会和经济发展相协调。在现代社会经济发展的今天，城镇化已经在实践中发生了新的变化，如美国等发达国家已经有大量的人口分布在不城不乡的小镇，我国部分发达地区也出现了这种情况。我们应当根据具体条件灵活地发展城镇化，建设生活方式逐步"城镇化"的新农村将是许多地区进行城乡统筹的重要模式，经济繁荣的新农村是我国社会安定的"稳定装置"。

5. 认真搞好国土空间规划、城镇化规划和城市规划

国土空间规划是其他区域性规划的主要基础，近年来完成的全国主体功能区规划和长期酝酿的全国国土规划二者在目标、原则等方面实际上是一致的，都属于国土空间规划。城镇化规划可以分全国性和省区市两级，不宜编制地市一级的城镇化规划。城镇化规划主要阐明城镇化发展的意义、趋势、中长期目标及本区域城镇化发展的基础条件、产业发展方向和支撑潜力、人口集聚、城镇规模结构、重大基础设施建设、资源保障和集约利用、生态环境以及促进城镇化健康发展的政策措施等。全国一级的城市群规划可以先确定在长江三角洲(以上海为核心)、珠江三角洲(香港是这个大城市群的核心城市，广州应该培育成核心城市)、京津冀(以北京、天津为核心城市)、成渝地区(以重庆、成都为核心城市)和辽宁中南部地区(以沈阳、大连为核心城市)等五个地区进行。现在有关部门提到的省市区一级的城市群，就核心城市的产业层次、城市间产业联系、人口和就业人员流动的规模等还不具备城市群的条件，需要暂缓进行规划。城市规划及各种新区规划需要在总结以往经验教训的基础上进行，在产业规模、重大基础设施等方面要经过充分论证，坚决实行资源节约和环境友好的方针，坚决防止借各种名义再搞大规模"圈地"和"造城"。

## Recommendations on China's Healthy Urbanization

### Consultation Group of Academic Division, CAS

This paper analyzes striking problems arose in rapid urbanization of China,

> summarizes causes and lessons learned from them from the perspectives of notion of development, principle and policies. Solving guidelines and policies are proposed: firstly, the guidelines and corresponding policies of active and steady promotion of urbanization should be carried out firmly; Secondly, the development of urbanization should not be too fast; thirdly, policy of resource-saving and environment-friendly urbanization should be stressed; fourthly, coordination of urban and rural development will be strengthened, and the diversified model of urbanization should be adopted; The last, sound national land space planning, urbanization planning as well as city planning should be made scientifically and carefully.

# 8.2 我国土壤重金属污染问题与治理对策

## 中国科学院学部咨询组

重金属污染是我国主要的土壤环境污染问题。据不完全统计，我国受重金属污染的耕地约有1.5亿亩，占18亿亩耕地的8%以上，每年直接减少粮食产量约100亿千克；同时，还存在数以万计的重金属污染矿区和工业企业场地，危及饮用水水源和人居环境。2009年以来，连续发生与重金属污染相关的损害农业产量、农产品质量、饮用水安全及群众健康的特大环境事件达到30多起，呈高发态势。我国工业化、城市化、农业集约化将持续快速发展，不同来源的含重金属的污染物质还将不断进入土壤环境。若不加以有效遏制、控制和修复土壤重金属污染，我们付出的环境代价将更大，损害粮食安全和国民健康的问题将更突出。

## 一、我国土壤重金属污染状况及趋势

随着我国经济快速发展，从城市、城郊到农村，从偏远的矿区到周边及流域，土壤重金属污染的类型在增加，面积在扩大，程度在提高，危害在加剧。我国土壤环境质量状况令人担忧。

### 1. 耕地土壤重金属污染严重

随着我国人口的持续增长，对粮食的需求不断加大。粮食生产过程中含重金属的污水灌溉和肥料、农药及污泥的长期使用，给农地、蔬果地土壤带来大量的重金属污染物，造成了重金属在耕地土壤中的累积性污染。据报道，我国受镉、汞、铜、锌等重金属污染的耕地约有1.5亿亩，污水灌溉造成的污染耕地3250万亩，其中多数分布在西南、中南、长三角、珠三角、京津冀、辽中南等地区。

2．工业企业场地和矿区及其周边土壤污染加剧

金属制品加工、电镀、制革业和电池制造业等行业的企业场地土壤重金属污染较重，其周边土壤污染较普遍，主要的污染重金属有铬、铜、镍、锌、镉、汞、铅和锰等。我国存在数以十万计的重金属污染的工业企业场地。

矿区及周边土壤重金属污染严重。我国是世界第三大矿业大国，现有各类矿山4000多个。矿产资源的开采、冶炼和加工对周边及下游生态破坏和土壤环境污染严重。据估计，我国受采矿污染的土地面积200万余公顷，并且每年仍在递增。湖南、江西、云南、贵州、四川、广西等有色金属矿区土壤重金属污染尤为严重。

3．高背景区土壤重金属含量超标，叠加污染突出

我国西南地区(云南、贵州、四川等)土壤中镉、铅、锌、铜等重金属背景值远高于全国土壤背景值。这主要是重金属含量高的岩石(石灰岩类)在风化成土过程中释放重金属而富集土壤中之故。最突出的区域地球化学异常元素是镉，面积最广。当地土法炼锌等带来的含镉废水排放、废渣堆放以及镉含量高的磷肥施用等进一步增加耕地土壤重金属含量，这种叠加作用造成西南地区土壤重金属叠加污染尤为突出。

4．土壤重金属污染的流域性态势凸显

江河沿岸的矿山开采冶炼及工业活动产生的污水、尾矿渣的排放，以及矿渣和尾矿受雨水冲刷和大气传输物携带等来源的重金属进入河流而扩散污染，加上长期污水灌溉，导致江河沿岸农田土壤重金属大量积累，呈现流域性污染。

5．土壤中新型重金属污染渐现

当前，我国在土壤镉、铅、汞、铬等有毒重金属污染的同时，显现了铊、锑、钒等新型有毒重金属污染问题。这主要与不当的矿产资源开发与利用有关。如贵州省地处我国西南大面积低温成矿域中心，具有高铊地质背景，铊的富集与铅锌矿、汞矿、黄铁矿等矿石相伴生。土壤铊污染主要与硫化物的矿化及其开采冶炼有关。伴随着这些矿产资源的开发利用而产生的当地土壤和水环境铊污染及危害日益凸显。

6．土壤重金属污染的生态与健康风险增大

土壤重金属污染危及土壤生物群落结构与功能、农作物产量和农产品质量安全，

同时通过多种暴露途径影响饮用水环境、人居环境安全及居民健康。土壤重金属污染导致微生物群落功能、结构发生改变，生态系统稳定性受到影响，土壤动物多样性显著降低。

土壤重金属严重污染使农作物大面积减产。根据报道，由于工业、农业(肥料、农药等)导致的土壤污染，我国粮食每年因此减产100亿千克。

近年来，耕地土壤与农产品被污染的事件不断。还有资料表明，在一些铅、钒、镉污染区，儿童血铅、血钒含量和尿镉含量明显高于其他非污染区，有的地方出现了"癌症村"。

## 二、我国土壤重金属污染成因分析

我们认为，造成上述土壤重金属污染的主要原因如下所述。

1. 工矿企业粗放式增长，污水、尾矿渣和粉尘污染排放增加

我国的产业结构不合理，目前工业产值仍以重工业为主，其中污染较重的制造业和重化工业的比重大，但产业层次低。

污水、尾矿渣和粉尘污染排放增加。近年来，虽然单位产值污染排放量在减少，但污染排放总量依然很大。据环境保护部公布的历年环境统计公报，2011年全国工业固体废物产生量32.5亿吨，比上年增加34.0%，工业固体废物排放量超过50万吨的行业依次为煤炭开采和洗选业、有色金属矿采选业、黑色金属矿采选业，3个行业工业固体废物排放量占统计工业行业固体废物排放总量的71.0%。

2. 污水灌溉面积扩大

我国华北、东北、西北地区水资源匮乏，并且时空分布极不均衡，在水资源短缺和经济利益双重驱动的背景下，污水灌溉极为普遍，未经处理的含重金属污水直接用于灌溉造成土壤、农作物及地下水重金属严重污染，再加之污水灌溉面积不断扩大，已引发了一系列的环境、经济和安全问题。长期污水灌溉导致我国大面积农田土壤遭受重金属污染。

3. 含重金属肥料、农药和污泥的普遍施用

以化肥和有机肥重金属输入土壤的潜在积累风险增大。据国家统计局历年公布的《中国统计年鉴》，我国化肥施用量从1978年的884万吨增加到2011年的5704万吨，平均每年增长142万吨，化肥施用量约占全世界的30%以上，居世界之首。耕地化肥使用量平均每年达475千克/公顷，是发达国家化肥安全施用上限的2倍。化肥(尤其是磷肥)

中通常含有一定量的重金属元素(如镉)。同时，现代设施菜地中大量使用畜禽粪便及商品有机肥，其平均施肥量可达到一般露天菜产地的2~3倍。畜禽粪便主要来源于规模化养殖场，大多富含铜、锌、镉等重金属。近30年来，我国通过磷肥施用带入到耕地土壤中的镉总量估计为147~600吨，预计累计带入量将增加。

含重金属农药的普遍施用进一步加剧土壤污染。据国家统计局资料，2011年，我国农药使用量已达175.8万吨，东、中、西部农药使用量分别为67.7万吨、74.9万吨和31.2万吨。无机盐农药或有机金属农药，如波尔多液、福美胂、代森锰锌等，往往含有大量的重金属如铜、锌、铅、锰、汞等，这些含重金属农药配剂的长期大量使用已成为农业土壤特别是果园和菜地土壤中重金属污染物的主要来源之一。

城市生活和工业污泥的农用是导致土壤重金属污染的另一个重要原因。目前，全国每年污泥产生量接近2200万吨，资源化利用率在10%左右，城市污泥农用是污泥资源化的重要途径之一。据2008年对我国111个城市共193个污水处理厂污泥重金属含量的调查表明，污泥中重金属含量从高到低依次为锌＞铜＞铬＞铅＞镍＞镉＞汞。

**4. 区域地球化学异常及污染迁移扩散**

区域地球化学异常。西南地区多种重金属的土壤背景值普遍较高。如贵州省"七五"背景调查点土壤母质层镉平均含量为1.24毫克/千克，远高于0.084毫克/千克的全国平均水平。镉元素的高含量地区集中在贵州西南部、广西西北部、湖北大部、湖南与江西中部。

污染迁移扩散。随着有色金属矿藏开发规模的逐步扩大，重金属污染物通过污水、矿渣、尾矿、扬尘、地表径流进入土壤环境，不断累积或随江河水迁移扩散，导致沿岸土壤重金属的流域性污染。长期以来，我国对于矿藏开发的管理比较粗放，监管时有缺失，生产事故频发，矿区的点状污染演变成流域的线、面状污染，加之这些地区背景值往往较高，进一步加剧了土壤重金属污染。

**5. 法律法规缺失，标准不完善，监管不力**

在我国现行的法律体系中，还没有防治土壤污染的专门法律，也没有类似于美国《超级基金法》的专门清洁治理污染场地的法律或法规。已有的法律，如《环境保护法》《土地管理法》《水污染防治法》《大气污染防治法》《固体废物污染环境防治法》等，对土壤重金属污染防治有一些零星规定，但分散而不系统、缺乏可操作性。此外，目前我国现有法律强调惩罚性的行政责任和刑事责任，民事责任仅限于对实际发生的污染损害进行赔偿，没有明确规定清洁治理的法律责任，也未能充分贯彻预防为主的原则，进而使预防或减少土壤重金属污染的机制未能形成。

8.2 我国土壤重金属污染问题与治理对策

现行的土壤环境质量标准体系不完善。我国现行的1995年制定的国家《土壤环境质量标准》已不适合当前土壤环境管理的需求。至今，适用于居住用地、工业建设项目用地的国家土壤环境质量标准缺失。所有这些都在很大程度上阻碍了土壤污染的过程监管、源头控制和末端修复。

环境监管不力，执法力度不大。一直以来，我国土壤重金属污染的监管主体不明确，涉及的监管部门有环境保护部、国土资源部、农业部、水利部等。由于政府部门管理分散，以致出现监管的"灰色地带"，甚至出现部门间相互推诿现象。目前，我国土壤环境监管体系和制度不完备，尚未建立完善的土壤环境质量调查、监测制度及土壤环境质量监测网，对重金属污染土地开发利用的环境风险未采取严格的监管和控制。尽管我国已有"三废"重金属含量排放标准，但对灌溉水、肥料、农药、污泥等中的重金属含量及允许使用量的环境准入控制制度不够完善，环境监管和执法力度亟待加强；现实中"以罚代法、以罚代管"现象依然严重，导致排放标准未能得到有效执行。虽然我国已建立起国家、省、市、县四级环境执法体系，环境执法能力和水平正在不断提高，但是从现实看，受各种因素制约，国家监察、地方监管、单位负责的环境监管体制有待进一步理顺，环境执法制度、机制、程序还不完善，执法能力相对薄弱，"环境执法难"在全国普遍存在。所有这些都影响了对重金属污染物进入土壤环境的控制。

## 三、治理对策建议

土壤重金属污染是我国主要的环境问题之一，对食物安全和人体健康已经产生不良影响。防治、控制和修复土壤污染，保护和改善土壤环境质量，保障农产品数量与质量安全、饮用水质量安全、生态系统安全，建设良好人居环境，维护群众健康，是我国重大的民生工程和生态文明建设任务。我们建议，国家应将土壤重金属污染问题与水污染、大气灰霾等列为同等重要的问题摆到各级政府议事日程上来，实现全国土壤污染调查数据与资料的共享，制定土壤污染防治法，健全国家及地方土壤质量标准，创新土壤环境科技，服务土壤环境监管，确保土壤环境安全。

(1) 制定《土壤污染防治法》刻不容缓。土壤污染防治立法工作是切实遏制或避免甚至解决当前及长远我国土壤重金属污染问题的前提和基础。迫切需要率先制定《土壤污染防治法》，优先使我国土壤质量的维护与改善、重金属污染的预防、治理、控制及修复等工作有法可依，促进建立以环境保护部为主，与农业部、国土资源部、水利部等部门统筹、协调、联动的监督监管体制与机制。建议将土壤污染防治与土壤质量改善工作落实到各级政府政绩考核工作中去。

(2) 急需制定和修订国家及地方土壤环境重金属质量标准体系。针对我国现行的土壤环境质量标准已不适应当前土壤环境管理需求的问题，应尊重自然规律，尽快按照分区、分类、分等原则，科学制定新标准，修订旧标准，并允许地方制定土壤环境重金属质量标准体系。

(3) 针对我国存在大范围的土壤重金属高背景区(特别是西南地区镉高背景区)的现实，在规范高背景区生产与开发活动的同时，制定专门的土壤环境风险评估和监管体系，避免发生次生重金属污染。

(4) 加强土壤重金属污染治理修复与资源可持续利用的科技创新研究。进一步加强对重污染区、高背景区及"癌症村"等高风险区的重金属污染与人体健康相关的调查与对策措施研究；加强对服务环境管理的土壤污染成因、机理和防治修复技术创新研究；研发并大力推广含稀有、贵金属的矿山尾矿或工业废弃物资源化回收利用的绿色环保技术；同时加强土壤重金属污染治理与修复示范点建设。选取已对生态环境安全及人民身体健康造成严重威胁并产生严重后果的典型重金属污染区域与场地，如污灌区、矿山、冶炼厂、"癌症村"、电子垃圾拆解区等作为示范点，根据重金属污染成因与现状，针对性地设立专项资金，分别成立科研院所与修复公司联合的协同创新攻关团队，开展土壤重金属污染治理与修复专项技术开发研究及工程示范，然后以点带面，将成功的技术与经验推广应用于同类重金属污染农田土壤及工业企业场地土壤的治理与修复，为实现我国土壤重金属污染现状的根本好转提供工程技术支撑。

## Remediation of Heavy Metal Soil Contamination in China

### Consultation Group of Academic Division, CAS

This paper analyzes the status quo and causes of heavy metal soil contamination in areas of grain producing, mining and metal smelting industries as well as areas with high geochemical background in China, which is based on much of investigating, observing and researching. Several proposals are proposed: firstly, China's Soil Pollution Prevention Law should be made quickly; secondly, soils environmental quality standard of heavy metal both for country and regions should be formulated and revised; thirdly, a dedicated environmental risk assessment and supervision system for heavy metals soil in high background areas should be set to avoid secondary metal contamination; the last, science and technology innovation for recovery of heavy metal contamination and sustainable use of national resources should be strengthened.

# 8.3 加强国家药品应急信息化建设的建议

中国科学院学部咨询组

在经济全球化、社会复杂化的时代背景下,我国在高速发展的同时也面临着生态环境恶化的严峻形势,非常规突发性公共事件已日益由非常态化的偶发趋向常态化的频发。数据显示,我国平均每年因自然灾害、事故灾害和社会安全事件等突发公共事件造成人员的伤亡逾百万,受灾害影响的人口有2亿左右。药品是应对突发事件、救治伤病员必不可少的物资,关系人民的生命安全。回顾2008年的汶川地震、2010年玉树地震和2013年的雅安地震等灾害事故的应急药品保障情况,总体上不仅存在着供需在时间、空间、数量与品种上的矛盾,而且存在两级储备体系脱节、地方内部及军地协调不畅等问题。如在汶川地震和玉树地震救灾中出现短缺与过剩并存的情况(前方短缺、后方过剩;一线短缺、二线过剩;早期短缺、后期过剩),造成卫生救援不及时和药品浪费严重的后果,严重影响了医疗卫生救援的效率,其根本原因是应急信息不通畅、应急药品信息化跟不上应急保障的需求。

加强国家药品应急信息化建设,增强药品应急保障过程中信息的沟通协调能力,已成为当前药品应急管理部门急需和必须解决的问题。近年来,我国利用已建成使用的"全国传染病与突发公共卫生事件网络直报系统",使甲、乙类传染病的报告发病数比系统建立前提高了30%;2003年以前,传染病疫情从医疗机构报告到县区疾病预防控制机构平均需要4.9天,现在缩短到0.7天,报告的及时性提高了7倍。可见,加强国家药品应急信息化建设是提高应急药品保障效率的关键。

药品应急信息化建设是药品应急保障工作的中枢和核心,这主要是由以下因素决定的:一是应急药品自身因素。应急药品需求的不确定性及药品本身作为特殊商品的属性决定了应急药品保障的复杂性。药品应急信息化建设能够减少无价值的工作环节和程序,以最简易、最少盲目性的方式提供保障,实现高效、节约和简易的目标。二是"精确保障"的需要。"精确保障"依赖于精确的应急药品需求预测和对药品保障过程的实时感知,这就意味着对应急药品需求和现有存货要有精确的、及时的可视性。信息技术的飞速发展及其在药品信息化领域的广泛应用,如地理信息系统(GIS)、射频技术、云计算等,为这种可视性提供了现实的可能性。三是应急药品管理的需要。信息技术为实现应急药品全方位的精确管理提供了高效率平台,信息系统在国家和地方两级药品储备的入库、出库分类中发挥了重要的作用,在药品筹措、生产、应急研发、应急物流及使用等管理环节上,保证了应急药品管理的规范化,为应急药品

**305**

的精确管理提供了准确的数据。另外,药品应急信息化建设也是实现数字化预案和智能化保障的基础。

作为国家应急信息化建设的重要组成部分,地震、消防、防疫等应急信息化建设的快速发展也给药品应急信息化建设带来了急迫的需求。药品应急信息化建设已成为当前国家的一项重要战备任务。

我国现有的松散型药品应急信息体系不能适应药品应急保障联动、高效及时、精确供应的要求。主要表现在应急信息化建设管理不到位、投入不足、条块分割、水平相对落后等方面。

1. 缺乏统一的建设规划

国家药品应急保障涉及国务院应急管理办公室、工业和信息化部、国家食品药品监督管理总局、国家卫生和计划生育委员会、财政部等部门,以及医药企业、医疗机构和保障对象等。由于缺乏统一的药品应急信息化建设规划,没有统一的建设指南、建设标准、应急药品(包括机构)编码和行政规章,国家没有形成能够有效互通互联、信息共享的药品应急平台。虽然药品应急管理部门的政务网、医药企业物流信息系统、医疗机构的HIS、药学事业团体的药品数据库等都已投入建设并不断成熟,但由于各系统平台、计算机接口及数据标准的不统一,使得各地、各部门的技术断层比较大,系统的整合比较困难,形成药品应急"信息孤岛",导致药品应急保障过程中的"牛鞭效应"。

2. 软硬件建设相对落后

由于药品应急信息化建设还没有提到国家政务层面的议事日程,现代化的药品应急信息平台尚未开始建设,在药品应急保障时只能使用如储备平台、库存平台来替代,也没有形成全国统一的中央、地方两级医药应急储备系统。相对于其他公共卫生平台建设,药品应急平台相对滞后,且存在地域发展不平衡——东部优于西部,行业发展不平衡——医药行业相对较好,基础建设不平衡——硬件优于软件。

3. 信息利用机制不健全

在药品应急保障过程中,应急信息的有效利用是提高药品保障效率,实现精确保障,解决应急药品保障过程中"牛鞭效应"的有效途径。因此,信息的传输、共享、处理和利用是药品应急信息化建设必须要解决的问题。目前,我国的气象、地震、水利、农林、卫生、运输、反恐、消防等部门的应急信息的共享性较差,药品应急信息由于涉及商业利益,药品应急保障历史数据较少,造成对于药品应急保障智能决策和数据化预案可提供的技术支持能力较差。归根结底,没有形成一个有效的药品应急信息利用机制。

## 8.3 加强国家药品应急信息化建设的建议

**4. 投入不足**

信息化建设需要大量的资金投入，特别是经济基础薄弱地区的经费短缺情况更为显著，设备简陋、落伍且数量不够，面临着更新换代的问题。而经济不发达的地区，发生非常规突发事件的概率更大，加之医药行业和医疗机构欠发达，更需要加强药品应急信息化建设的力度，来提升应急药品保障能力。

**5. 人才素质不适应**

目前，药品应急信息平台建设所需的计算机专业人才相对较少，且人员分布很不平衡，尤其是既懂计算机技术，又懂药学专业和应急管理的复合型人才更是严重匮乏，在很大程度上制约了药品应急信息化建设的推进。

为加强国家药品应急信息化建设，特提出以下建议。

**1. 尽快完成药品应急信息化顶层设计**

建议由工业和信息化部、国家卫生和计划生育委员会、国家食品药品监督管理总局、国家中医药管理局、财政部等与药品应急相关部门组成国家药品应急信息建设与运行领导小组，领导小组下设国家药品应急信息化建设与运行中心，运行中心办公室可设在负责药品生产供应的工业和信息化部，充分发挥领导小组和运行中心的沟通协调作用，着力推进国家药品应急信息化建设。

建议进行国家药品应急信息化系统框架设计，制定《药品应急信息化建设指导意见》。成立国家药品应急信息化建设与运行专家组，由药学专家、信息专家、应急专家等组成，并在国家药品应急信息化建设与运行领导小组的领导下，在建设与运行中心的协助与指导下，着手进行药品应急信息平台的框架设计和《药品应急信息化建设指导意见》的制定。

建议加强药品应急信息标准化建设，建立统一的药品应急信息化建设标准体系，加快药品应急信息基础标准、信息管理与共享服务标准、信息网络系统标准、数字化技术规范、信息标准分类规范等信息标准的制定修订和推广应用，促进网络互联互通、应用协同互动和信息共享利用，并正式启动《国家药品应急信息化建设规范》的制定工作。

**2. 充分利用现有药品应急信息资源和先进信息技术**

建议充分梳理、立足需求，加强硬件建设。对全国与药品应急有关的部门及机构进行全面调研，充分掌握国家药品应急管理部门、医药企业、医疗机构等信息化现状，对现有的硬件资源进行有效整合，优化资源配置，进行国家药品应急信息化建设,避免重复建设以发挥基础建设的最大功能。在硬件建设过程中充分利用互联网、射频技术、地理信息系统、云计算等先进的科技手段。同时在硬件建设过程上着力解决地区建设不平衡的问题,充分考虑地域经济发展不平衡状态,对欠发达地区的硬件建设给予政策和财政上的倾斜,使药品应急信息化建设全国"一盘棋"、统筹协调发展。

3.建立全国联网的药品应急信息系统

建立全国统一的药品应急信息系统是为了解决各应急管理部门、医疗机构、医药企业之间的"信息孤岛"问题,实现药品应急信息的高效共享、传输与利用。该系统应整合气象、地震、水利、农林、卫生、运输、反恐、消防等部门的原始、预测、预警、发布信息,从中评估应急药品的需求,保证相关资源调度的准确性、完整性和及时性,达到加强跨部门应急信息沟通,消除信息传输障碍的目的。

4.加强药品应急辅助决策技术方法研究

建议加强药品应急辅助决策技术研究、药品应急信息再利用研究和应急药品编码研究,使药品应急信息化有科学理论、方法、模型可依,从而使药品应急信息化辅助决策功能科学合理。

5.加大财政投入和人才培养力度

药品应急信息化建设属于公共服务产品建设,要加大投入力度,保证药品应急信息化建设的顺利进行。要理顺信息化建设的投入机制,建议由财政部门统一预算划拨,按照国库集中支付的有关规定办理,专款专用。加大医药、管理和信息专业复合型人才的培养,从资金支持、政策鼓励、机制优化等多方面入手,及时补上人才"短板",促进我国药品应急信息化建设总体水平跃上新台阶。

## Recommendations on Informatization of National Response to Drug Safety

### Consultation Group of Academic Division, CAS

The importance of informatization for national response to drug safety is elaborated, and the challenges for it are analyzed, based on which suggestions for meeting the challenges are proposed, including: Top structure design for informatization of national response to drug safety; making full use of exist information resources and advanced IT technologies for national response; a well-built national information system for response to drug safety; the strengthening researches on aided technologies for decision-making in response to drug safety, the increasing financing as well as the input for human resources.

## 8.4 我国图像传感网技术和产业现状分析与发展建议

### 中国科学院学部咨询组

图像传感网通过图像传感器获取公共场所、基础设施、产品制造和流通过程等的图像信息，结合图像处理和网络技术，辅助实现安全监控、流通性控制和智能化生产等功能，承载了物联网中超过60%的信息获取，成为物联网这一战略性新兴产业中最重要的类别之一。大规模使用图像传感技术构建城市安防和智能交通等体系，已成为保障社会安全、提高资源利用效率的必要手段。图像传感网还是由星载、机载、地面观测共同构成的立体观测遥感网的最重要组成部分，其应用包括农业、重大工程设施、自然灾害等的监测及军事侦察等。未来，图像传感网将成为生产、生活和国防等各个领域实现智能化的重要基础和支撑。

以安防监控、交通管控等领域为例，图像传感网已形成了巨大的应用规模，有着巨大的市场需求。按典型的建设规划估算，要建设高清监控网监控全国城区道路，需要1568万个高清摄像头，其中成像芯片需近160亿元投资。如果再考虑机场、车站等公共场所，水利、电力等重要基础设施和智能制造、智能环保中的监控，仅高清图像传感器的成本就需要近千亿元。我国图像传感网产业的规模也已非常庞大。仅以安防行业为例，视频监控相关企业已达万余家，从业人员超过50万，年总产值超千亿元，快速发展、高速增长的趋势明显。同时，我国图像传感网的发展还面临着诸多的问题和制约，例如，需求和市场利润巨大的中高端图像传感器市场被国外所垄断；本应能够发挥我国软件算法研发优势的智能相机和智能传感网的绝大部分市场份额也被国外产品占据等。

图像传感网产业已明显具备战略性新兴产业的特征，是目前物联网中最快、最直接具有经济和社会效益的部分，既有重大产业需求，又有重大发展机遇和潜力，应引起国家的重视。但在包括物联网在内的国家各专项领域"十二五"发展纲要中，都没有专门描述图像传感网的内容，迫切需要由国家统一规划并战略性地推动、引导图像传感网产业的发展，使我国图像传感网产业迅速崛起，满足国内市场的巨量急需，并在国际市场中占有一席之地。

## 一、我国图像传感网技术和产业的发展现状与主要问题

1. 图像传感网产业已颇具规模，但图像传感网整体建设规划不足，相关行业标准和政策法规不健全，不同信息网络共享困难，重复投资严重

虽然我国图像传感网产业发展迅猛、规模庞大，但缺乏发展规划和规范管理，效率低下，存在大量的重复建设和投资浪费。例如，一些城市道路、高速公路上安装的多套监控系统分属于不同部门，功能重叠，并且很难实现信息互通和共享。另外，我国没有设计和建立专门的图像传感网标准，没有对图像传感网的各种接口进行规范，也没有对图像传感网大范围推广后将面临的安全和隐私保护等问题进行有关法律法规的规划制定等，影响了图像传感网整体的科学发展和高效应用。

2. 安防监控、智能交通等领域对高清晰、智能化的图像传感网需求迫切，但目前低端监控产品充斥市场，信息有效性差，甚至刚建成就有更新需求

我国各地现有的监控和智能交通系统，大多是旧式模拟标清监控系统，监控效果不佳，人脸、车牌等关键信息往往缺失。例如，"周克华案"中视频监控对破案发挥了重要作用，如果有更翔实的图像监控信息，无疑将更有助于顺利破案。认识到高清图像网在安防监控、案件侦破等方面的重要意义后，我国许多主要城市已开始试点建设高清图像网。例如，长沙"天网工程"、江苏"320工程"分别计划投资约20亿元；重庆"平安重庆"规划安装50万个摄像头，总投资72亿元。与此同时，大量不适应安防监控需求的低端图像监控网仍在不断规划和建设，其中近三年建设的图像传感网就有80%严重落后，甚至刚刚建成使用就需要更新升级。

在智能化信息处理方面，在我国已有的监控系统中，95%采用人工通过监视器进行监控的方式，无法实现智能的事件检测和识别，系统工作效率低、可靠性差。

3. 目前有巨量需求的中高端图像传感器芯片完全依赖进口，但我国对作为图像传感网中图像传感器主体的互补金属氧化物半导体(CMOS)技术有良好积累，有望实现跨越式发展

目前，我国基本没有研发和生产高清晰、高动态的中高端图像传感器的能力，国内巨额的市场利润不得不拱手让人。核心器件国产化应是我国图像传感网发展的必由之路。鉴于国内已能够基于进口图像传感器芯片研发高清化、网络化相机，只要进一

## 8.4 我国图像传感网技术和产业现状分析与发展建议

步突破中高端芯片技术瓶颈，就能实现高清相机和监控网络国产化。我国对作为安防监控等领域图像传感器主要载体的CMOS有较好的前期技术储备，如果进行战略性的重点投入，有望快速突破市场主流的1080线高清CMOS图像传感器的设计制造和批量生产，主导巨大的国内市场并在国际竞争中取得优势。在遥感对地观测等高端领域，我国对各种新型图像传感器的研发也明显落后于发达国家，应积极发展。

4. 图像处理算法和智能化图像处理软件有较好的研究基础，但未能实现产业化应用；智能相机市场几乎被国外产品占据

软件算法是图像传感网实现智能化并高效发挥作用的核心和灵魂。目前，我国自主的国产智能相机供给严重不足，95%的市场份额被国外产品占据。同时也导致我国的相机产品同质化严重，除了以资源消耗为代价的低价格、低附加值外，没有国际竞争力。

由于与产业化应用脱节，加之知识产权保护落后，本应是我国优势的图像处理算法和软件研发却未能有效实现成果转化和推广应用，更没有实现规模化产品应用，直接影响了我国智能化图像传感器和图像传感网产业的发展。

## 二、相关建议

1. 统筹规划图像传感网建设，组织相关标准、政策法规的研究制定和发布，推动新建监控网实现高清智能的跨越式发展

建议国家从整体上对图像传感网产业发展、图像传感器芯片研发等核心能力提升及图像传感网推广应用进行统筹规划，有效协调各部门的相互关系，从技术上和管理上推动跨越不同图像监控系统甚至遥感观测系统的系统集成，做到信息共享、协同使用。重视图像传输、交换等关键技术，特别是传输信号的标准化、规范化等，重点建设图像传感网相关标准，以更好地实现通用性、安全性和信息互通，为图像传感网新技术更科学、快速、高效的推广应用奠定基础。

建议根据应用需求，强力推动高清晰、智能化图像传感网的建设，避免因低端设备与需求不匹配而造成多次更新和重建的情况。建议逐步将不满足需求的中低端图像网升级到高清智能图像网，在重点地区和领域开展先进模式和技术的应用示范工程。

建议国家提早组织对未来图像传感网大规模发展与应用可能出现的信息安全、隐私保护及伦理问题等开展对策研究，能够尽早从政策与法规层面给出解决方案，为我国图像传感网得到广泛应用与健康发展提高保障。

311

2. 重视和支持图像传感器芯片研发制造等核心能力的提升和创新，争取在短期内突破1080线高清图像传感器技术工艺

中高端CMOS图像传感器研发能力在图像传感网发展中代表着核心竞争力，建议结合国家相关重大专项设立专门子项，构建先进工艺技术研发平台，先在短期内实现1080线高清图像传感器的自主设计制造，逐步实现大规模产业化生产；再进一步攻关实现更高端产品的自主研发生产；同时探讨支持民营企业参与该领域攻关和竞争的模式和机制。

建议同时加强对全天时宽天候监控监测、遥感观测等所需的红外、微波、高光谱等新型图像传感器研发的规划和支持，争取实现跨越发展。例如，加大对我国拥有自主知识产权的新型光学读出红外传感器技术的投入和支持，使我国在应用前景巨大的夜视监控等领域具备核心部件研发和产业化能力。

3. 建立和完善"图像传感"专业人才的培养机制，尽快解决"图像传感"领域的人才短缺问题

我国CMOS成像芯片设计相关专业人才十分短缺。建议国家推行设立"图像传感"学科点和博士、硕士专业点，或在有关的学科专业中设立图像传感研究方向。鼓励相关基础学科的带头人在高校和科研院所开设图像传感器设计专业，推动学科发展，加快培养理论与实践能力结合的高端人才。

4. 加强图像处理智能化软件的研发和应用，探索该领域产学研有效结合的机制和体制

智能化处理软件和智能相机的设计开发，是当前我国发展图像传感网最具实效和竞争力的方向之一。建议设立专门子项进行重点资助，加强图像智能化应用技术的研发投入；积极探索能够发挥我国智能化软件研发优势的产学研相协同的体制机制；健全知识产权保护和利益分配机制，提高算法、软件研发人员的积极性。

## Recommendations on Development of China's Image Sensing Technology and its Industrialization

### Consultation Group of Academic Division, CAS

The importance of Image Sensing is emphasized, and the status quo of as well as the problems for the development of China's image sensing technology and its industry are analyzed. Suggestions are proposed for these problems, such as coordinated

## 8.4 我国图像传感网技术和产业现状分析与发展建议

planning of image sensor network, supports for innovation as well as promotion of core R&D capability for image sensor chips, sound training mechanism for human resource in image sensing, and the strengthening R&D in intelligent image processing software.

（因篇幅所限，本章文章均有删节）

# 附 录
Appendix

# 附录一：2013年中国与世界十大科技进展

## 一、2013年中国十大科技进展

### 1. "嫦娥三号"月面软着陆开展科学探测

2013年12月2日1时30分，我国在西昌卫星发射中心用长征三号乙运载火箭，成功将"嫦娥三号"探测器发射升空。14日21时11分，"嫦娥三号"在月球正面的虹湾以东地区实现软着陆。15日4时35分，"嫦娥三号"着陆器与巡视器分离，"玉兔号"巡视器顺利驶抵月球表面。15日23时45分，两器完成互拍成像。按照计划，"嫦娥三号"开展月表形貌与地质构造调查、月表物质成分和可利用资源调查、地球等离子体层探测和月基光学天文观测等科学探测任务。"嫦娥三号"任务的圆满成功，标志着我国探月工程"绕、落、回"第二步战略目标取得全面成功。这是中国首次实现地外天体软着陆，成为世界上第三个自主实施月球软着陆和月面巡视探测的国家。

### 2. "神舟十号"飞船发射成功

2013年6月11日17时38分，"神舟十号"载人飞船在酒泉卫星发射中心发射升空，顺利将聂海胜、张晓光、王亚平3名航天员送入太空。6月13日，"神舟十号"与"天宫一号"实现自动对接，6月23日实现手控交会对接。6月25日，"神舟十号"飞船从"天宫一号"目标飞行器上方绕飞至其后方，并

完成近距离交会,我国首次航天器绕飞交会试验取得成功。组合体飞行期间,航天员进驻"天宫一号",并开展航天医学实验、技术试验及太空授课活动,开创中国载人航天应用性飞行的先河。6月26日,"神舟十号"载人飞船返回舱返回地面。

### 3. 首次在实验中发现量子反常霍尔效应

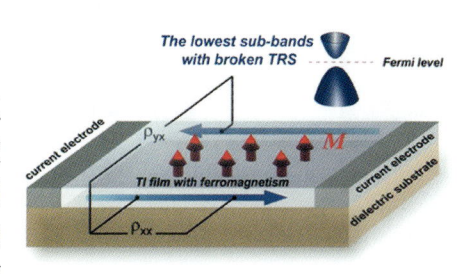

由中国科学院物理研究所和清华大学等机构的科研人员组成的团队,在量子反常霍尔效应研究中取得重大突破。他们从实验中首次观测到量子反常霍尔效应,这是我国科学家从实验中独立观测到的一个重要物理现象,也是物理学领域基础研究的一项重要科学发现。量子反常霍尔效应的美妙之处是不需要任何外加磁场,因此,人们未来有可能利用量子反常霍尔效应无耗散的边缘态发展新一代的低能耗晶体管和电子学器件,从而解决计算机发热问题和摩尔定律的瓶颈问题。相关成果于2013年3月14日在线发表于《科学》杂志。

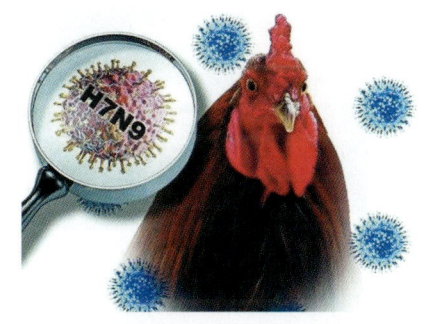

### 4. 禽流感病毒研究获突破

中国科学院微生物研究所、中国疾病预防控制中心及相关高校的科研人员对H7N9禽流感病毒溯源、H5N1禽流感跨种间传播机制的研究获得重要突破。两项成果分别在线发表于2013年5月1日和3日《柳叶刀》和《科学》杂志。中国农业科学院哈尔滨兽医研究所陈化兰团队的一项研究表明,H7N9病毒侵入人体发生突变后,存在较大人际间流行的风险。相关成果7月19日在线发表于《科学》杂志。10月26日,中国科学家在杭州宣布,自主研发出首例人感染H7N9禽流感病毒疫苗株。该成果由浙江大学医学院附属第一医院联合香港大学、中国疾病预防控制中心、中国食品药品检定研究院和中国医学科学院协同攻关完成。

### 5. "天河二号"蝉联世界超算冠军

2013年6月17日,国防科学技术大学研制的"天河二号"以峰值计算速度5.49亿亿次/秒、持续计算速度3.39亿亿次/秒双精度浮点运算优越性能,在第41届世界超级计算机500强排名中位居第一,标志着我国在超级计算机领域已走在世界前列。11月20日,在美国举行的国际超级计算大会上,国际

TOP500组织正式发布了第42届世界超级计算机500强排行榜。安装在国家超级计算广州中心的"天河二号"超级计算机,再次位居榜首,蝉联世界超算冠军。

### 6. 世界上"最轻材料"研制成功

浙江大学研制出一种被称为"全碳气凝胶"的固态材料,密度仅0.16毫克/厘米$^3$,是空气密度的1/6,也是迄今为止世界上最轻的材料。"全碳气凝胶"在结构韧性方面也十分出色,可在数千次被压缩至原体积的20%之后迅速复原。此外,"全碳气凝胶"还是吸油能力最强的材料之一。现有的吸油产品一般只能吸收自身质量10倍左右的有机溶剂,而"全碳气凝胶"的吸收量可高达自身质量的900倍。这一研究成果于2013年2月18日在线发表于《先进材料》杂志,并被《自然》杂志的《研究要闻》栏目重点配图评论。

### 7. 世界唯一实用化深紫外全固态激光器研制成功

2013年9月6日,由中国科学院承担的国家重大科研装备"深紫外固态激光源前沿装备研制项目"通过验收,使我国成为世界上唯一一个能够制造实用化、精密化深紫外全固态激光器的国家。中国科学院科研人员在国际上首先生长出大尺寸氟硼铍酸钾晶体,并发现该晶体是第一种可用直接倍频法产生深紫外波段激光的非线性光学晶体。科研人员在此基础上发明了棱镜耦合专利技术,率先发展出直接倍频产生深紫外激光的先进技术。目前,中国科学院在棱镜耦合器件上已获中国、美国、日本专利。我国科学家已应用该系列装备获得了一系列重要成果,使我国深紫外领域的科研水平处于国际领先地位。

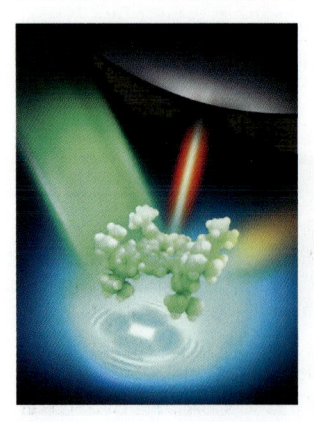

### 8. 实现最高分辨率单分子拉曼成像

由中国科学院院士侯建国领衔的中国科学技术大学微尺度物质科学国家实验室单分子科学团队董振超研究小组,在国际上首次实现亚纳米分辨的单分子光学拉曼成像,将具有化学识别能力的空间成像分辨率提高到前所未有的0.5纳米。2013年6月6日,《自然》杂志在线发表了该项成果。三位审稿人盛赞这项工作"打破了所有的纪录,是该领域创建以来的最大进展";"是该领域迄今质量最高的工作,开辟

附录一：2013年中国与世界十大科技进展

了一片新天地"。世界著名纳米光子学专家还在同期杂志的《新闻与观点》栏目撰文评述了这项研究。

### 9.世界最大单机容量核能发电机研制成功

2013年8月24日上午，目前世界最大单机容量核能发电机——台山核电站1号1750兆瓦核能发电机由中国东方电气集团东方电机有限公司制造完成，并从四川德阳市顺利发运。台山核电站是我国首座、世界第三座采用EPR三代核电技术建设的大型商用核电站。东方电机有限公司为台山核电站提供首期全部两台核能发电机，单机容量高达1750兆瓦，是东方电机有限公司迄今为止制造的技术难度最高、结构最复杂、体积最大、重量最重的核能发电机。东方电机开发设计了转子线圈装配新工艺、定子线棒制造新工艺、护环装配新工艺、油密封系统装配新工艺等一系列创新成果。

### 10.世界首台拟态计算机研制成功

中国工程院院士邬江兴带领科研团队，联合国内外十余家单位，提出拟态计算新理论，并成功研制出世界首台结构动态可变的拟态计算机。2013年9月21日，这项名为"新概念高效能计算机体系结构及系统研究开发"的项目在上海通过国家863计划项目验收。针对用户不同的应用需求，拟态计算机可通过改变自身结构提高效能。测试表明，拟态计算机典型应用的能效，比一般计算机的速度可提升十几倍到上百倍。其研制成功，使我国计算机领域实现从跟随创新到引领创新、从集成创新到原始创新的跨越；同时也可从体系技术层面有效破解我国核心电子器材、高端通用芯片、基础软件产品等软硬件长期受制于人的困局。

附　录

## 二、2013年世界十大科技进展

### 1. 人类探测器历史性地飞出太阳系

2013年9月12日，美国国家航空航天局宣布，1977年发射的"旅行者1号"探测器已经飞出太阳系，目前正在寒冷黑暗的星际空间中"漫步"。人类，迎来向星际空间进军标志性的第一步。最新数据显示，2012年8月25日可能就是"旅行者1号"脱离太阳系的日子。目前，该探测器距太阳约190亿千米，但仍暂时受到太阳的影响。《科学》杂志发表了相关报告。美国国家航空航天局副局长约翰·格伦斯菲尔德说，作为人类派往星际空间的"大使"，"旅行者1号"勇敢踏足从未有探测器到达过的地方，这是人类科学史上最伟大的成就之一，为人类的科学梦想与事业掀开了新篇章。

### 2. 首次3D打印出"活体组织"

研究人员创造出一种水滴网络，能够模仿生物组织中的细胞的一些特性。利用一台3D打印机，英国牛津大学的一个研究小组将这些小水滴组装成为一种与胶状物类似的物质，从而能够像肌肉一样弯曲，并能够像神经细胞束一样传输电信号，这一成果将有望应用在医疗领域。研究人员在2013年4月5日出版的《科学》杂志上报道了这一研究成果。研究人员说，这样打印出来的材料其质地与大脑和脂肪组织相似，可做出类似肌肉样活动的折叠动作，且具备像神经元那样工作的通信网络结构，可用于修复或增强衰竭的器官。

### 3. 世界第一台碳纳米管计算机建成

美国斯坦福大学研究人员利用新设计方法建成的碳纳米管计算机芯片包含178个晶体管，其中每个晶体管由10～200个碳纳米管构成。不过，这一设备只是未来碳纳米管电子设备的基本原型，目前只能运行支持计数和排列等简单功能的操作系统。论文发表在《自然》杂志上。专家认为，受限于硅

附录一：2013年中国与世界十大科技进展

自身性质，传统半导体技术已经趋近极限，而这项新突破使人们看到用碳纳米管代替硅，制造出体积更小、速度更快、价格更便宜的新一代电子设备的可能性。这一成果或将开启电子设备新时代。

### 4. 首次发现人类DNA存在四链螺旋结构

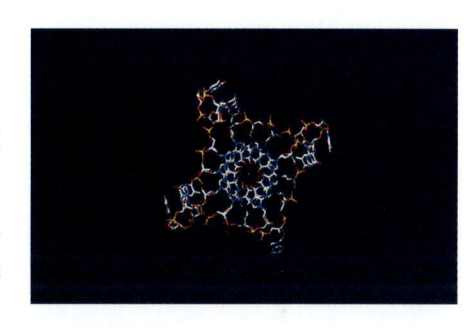

英国剑桥大学的尚卡尔·巴拉苏布拉马尼安等人在《自然·化学》杂志上报告说，过去研究者能在实验室中制出四链螺旋结构的DNA，但一直不知道这种结构是否在人体内天然存在，他们使用一种会发出荧光、只与四链结构DNA结合而不与普通双链结构DNA结合的物质，首次证实了人类DNA中也存在四链螺旋结构。巴拉苏布拉马尼安说，能够证实在人类细胞DNA中存在四链螺旋结构，是一个里程碑式的成就，对这一结构的研究将来也许会成为控制癌细胞增生的关键。

### 5. 首次捕捉到太阳系外高能中微子

2013年11月21日，多国研究人员在《科学》杂志上发文说，他们利用埋在南极冰下的粒子探测器，首次捕捉到源自太阳系外的高能中微子。科学家评论说，他们观测到的是太阳系外高能中微子的首个"坚实证据"。中微子天文学从此进入新时代。从2010年开始，来自美国、欧洲、日本与新西兰的200多名研究人员开始利用"冰立方天文台"捕捉中微子。所谓"冰立方天文台"，是指用86根钢缆串联5160个光学传感器，埋入南极冰下制成的一个体积达1立方千米的探测器，这也是世界上最大的中微子探测器，它利用中微子与冰作用时会发出微弱蓝光进行工作。

### 6. 成功培育出人类胚胎干细胞

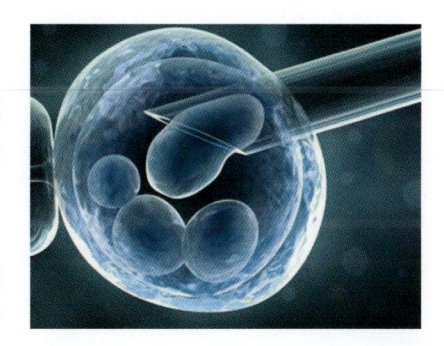

借助多年猴子细胞实验积累的数据，美国比弗顿灵长类动物研究中心的舒克拉特·米塔利波夫（Shoukhrat Mitalipov）及其同事发现了能够适用于克隆人体细胞的"秘诀"。在刊登于2013年5月16日出版的《细胞》杂志上的论文中，科学家表示，去除人体卵母细胞内包含DNA的细胞核，然后

321

将这些细胞与胎儿皮肤细胞或8个月大婴儿的皮肤细胞融合,产生出的胚胎携带着来自皮肤细胞的DNA。之后科学家能够使用这些胚胎衍生出胚胎干细胞,理论上这些胚胎干细胞能够分化成这个婴儿的所有类型的细胞。

### 7.世界最大地面天文观测装置正式启用

2013年3月13日,总投资15亿美元、人类有史以来最大的地面天文学观测装置——"阿塔卡马大型毫米波/亚毫米波天线阵"(简称"阿尔马")在智利北部阿塔卡马沙漠正式投入使用。66个重约120吨、直径7~12米的高精度抛物面天线组成一架直径16千米的大型射电望远镜,分辨率可达0.01角秒,相当于能看清500千米外的一分钱硬币,"视力"超出哈勃太空望远镜10倍。"阿尔马"项目由北美、欧洲和亚洲等多个地区的天文机构合作完成。研究人员介绍说,在这个革命性的观测装置协助下,他们可对宇宙中的尘埃云和恒星的形成开展深入研究。

### 8.首张人脑超清三维图谱问世

一个由神经学家组成的国际团队历经10年,通过对一名65岁妇女的大脑样本进行切片研究和分析,制作出迄今为止最详细的完整三维人脑图,包含1万亿字节数据的高分辨率图谱,非常精确和精细地展示了神经元组织,有助于弄清甚至重新定义几十年前解剖学研究所获得的大脑区域结构。研究人员将结果发表在2013年6月20日出版的《科学》杂志上。该"大脑"图谱的分辨率为20微米,此前基于磁共振成像的人脑图分辨率为1毫米,其清晰度是普通扫描图的50倍以上。

### 9.首次实现两个人脑之间的远程控制

美国华盛顿大学的研究人员通过互联网发送其中一人脑中的"想法",实现对另一人大脑及手部动作的控制。这项试验于2013年8月12日在位于西雅图的华盛顿大学校园内进行。研究人员表示,这项技术容易让人联想起各种科幻"心灵融合"情节。但实际上试验中所用的只是易被脑电图仪识别的简单脑电波信号，而不是人类真正复杂的思想，它不会让任何人拥有控制别人行动的能力。研究人员对人类数年以后掌握、利用大脑交流的能力充满信心。

*10. "一箭32星"发射创新纪录*

2013年11月21日，俄罗斯用一枚"第聂伯"运载火箭顺利发射了多颗卫星。根据计划，本次发射的一颗意大利卫星在入轨一个月后，还将释放出其携带的多颗子卫星，使发射载荷总数达到32个，超过美国"一箭29星"的世界纪录。据介绍，此次发射的卫星中最大的一颗是阿联酋的地球遥感卫星，质量为300千克，能够从距地球600千米高的轨道上拍摄精确度达1米的地面影像。本次发射还有14颗微型立方体卫星，每颗质量不超过10千克，这类卫星常用作科研或测试。这是"第聂伯"运载火箭2013年的第二次发射。"第聂伯"运载火箭为三级液体燃料火箭，起飞质量约211吨，主要用于发射小型商业卫星。

# 附录二：2013年中国科学院、中国工程院新当选院士名单

## 2013年中国科学院新当选院士名单

（共53人，分学部按姓氏笔画排序）

### 数学物理学部（9人）

| 序号 | 姓名 | 年龄 | 专业 | 工作单位 |
| --- | --- | --- | --- | --- |
| 1 | 向 涛 | 50 | 凝聚态理论 | 中国科学院物理研究所 |
| 2 | 孙 鑫 | 74 | 凝聚态物理 | 复旦大学 |
| 3 | 励建书 | 53 | 数学 | 香港科技大学 |
| 4 | 汪景琇 | 69 | 太阳物理 | 中国科学院国家天文台 |
| 5 | 陈十一 | 56 | 力学 | 北京大学 |
| 6 | 陈恕行 | 72 | 数学 | 复旦大学 |
| 7 | 欧阳颀 | 57 | 凝聚态物理 | 北京大学 |
| 8 | 周向宇 | 48 | 基础数学 | 中国科学院数学与系统科学研究院 |
| 9 | 赵政国 | 56 | 粒子物理与原子核物理 | 中国科学技术大学 |

## 附　录

### 化学部（9人）

| 序号 | 姓名 | 年龄 | 专业 | 工作单位 |
| --- | --- | --- | --- | --- |
| 1 | 丁奎岭 | 47 | 有机化学 | 中国科学院上海有机化学研究所 |
| 2 | 方维海 | 57 | 物理化学 | 北京师范大学 |
| 3 | 冯小明 | 49 | 有机化学 | 四川大学 |
| 4 | 李永舫 | 64 | 高分子化学与物理 | 中国科学院化学研究所 |
| 5 | 杨秀荣（女） | 67 | 分析化学 | 中国科学院长春应用化学研究所 |
| 6 | 张洪杰 | 59 | 无机化学 | 中国科学院长春应用化学研究所 |
| 7 | 张　涛 | 49 | 化工（工业催化） | 中国科学院大连化学物理研究所 |
| 8 | 韩布兴 | 55 | 物理化学 | 中国科学院化学研究所 |
| 9 | 谢　毅（女） | 45 | 无机化学 | 中国科学技术大学 |

### 生命科学和医学学部（9人）

| 序号 | 姓名 | 年龄 | 专业 | 工作单位 |
| --- | --- | --- | --- | --- |
| 1 | 金　力 | 50 | 进化遗传学 | 复旦大学 |
| 2 | 赵继宗 | 67 | 神经外科学 | 首都医科大学 |
| 3 | 施一公 | 46 | 生物物理学 | 清华大学 |
| 4 | 桂建芳 | 57 | 鱼类遗传育种 | 中国科学院水生生物研究所 |
| 5 | 高　福 | 51 | 病原微生物学与免疫学 | 中国疾病预防控制中心、中国科学院微生物研究所 |
| 6 | 韩家淮 | 53 | 细胞生物学 | 厦门大学 |
| 7 | 韩　斌 | 50 | 作物遗传与基因组学 | 中国科学院上海生命科学研究院 |
| 8 | 程和平 | 50 | 细胞生物学和生物物理学 | 北京大学 |
| 9 | 赫　捷 | 52 | 胸外科 | 中国医学科学院肿瘤医院 |

### 地学部（10人）

| 序号 | 姓名 | 年龄 | 专业 | 工作单位 |
| --- | --- | --- | --- | --- |
| 1 | 王成善 | 61 | 沉积学 | 中国地质大学（北京） |
| 2 | 王会军 | 49 | 大气科学 | 中国科学院大气物理研究所 |
| 3 | 吴立新 | 46 | 物理海洋学 | 中国海洋大学 |
| 4 | 张培震 | 57 | 地震动力学 | 中国地震局地质研究所 |
| 5 | 陈　骏 | 58 | 地球化学 | 南京大学 |
| 6 | 金之钧 | 55 | 石油地质学 | 中国石油化工股份有限公司石油勘探开发研究院 |
| 7 | 周成虎 | 48 | 地图学与地理信息系统 | 中国科学院地理科学与资源研究所 |
| 8 | 郭正堂 | 49 | 新生代地质与环境 | 中国科学院地质与地球物理研究所 |
| 9 | 崔　鹏 | 55 | 自然地理学与水土保持学 | 中国科学院水利部成都山地灾害与环境研究所 |
| 10 | 彭平安 | 52 | 有机地球化学 | 中国科学院广州地球化学研究所 |

附录二：2013年中国科学院、中国工程院新当选院士名单

## 信息技术科学部（7人）

| 序号 | 姓名 | 年龄 | 专业 | 工作单位 |
| --- | --- | --- | --- | --- |
| 1 | 王立军 | 66 | 光电子学 | 中国科学院长春光学精密机械与物理研究所 |
| 2 | 王巍 | 46 | 导航、制导与控制 | 中国航天科技集团公司第九研究院 |
| 3 | 尹浩 | 53 | 通信网络与信息系统 | 中国人民解放军总参谋部第六十一研究所 |
| 4 | 吕建 | 53 | 计算机软件 | 南京大学 |
| 5 | 郝跃 | 55 | 微电子学 | 西安电子科技大学 |
| 6 | 龚旗煌 | 48 | 非线性光学、超快光子学 | 北京大学 |
| 7 | 谭铁牛 | 49 | 模式识别与计算机视觉 | 中国科学院自动化研究所 |

## 技术科学部（9人）

| 序号 | 姓名 | 年龄 | 专业 | 工作单位 |
| --- | --- | --- | --- | --- |
| 1 | 丁汉 | 49 | 机械电子工程 | 华中科技大学 |
| 2 | 方岱宁 | 55 | 固体力学 | 北京大学 |
| 3 | 成会明 | 49 | 材料科学与工程 | 中国科学院金属研究所 |
| 4 | 刘维民 | 50 | 润滑材料与技术 | 中国科学院兰州化学物理研究所 |
| 5 | 李应红 | 50 | 航空推进技术 | 中国人民解放军空军工程大学 |
| 6 | 邱勇 | 48 | 有机光电材料 | 清华大学 |
| 7 | 何满潮 | 57 | 矿山工程岩体力学 | 中国矿业大学（北京） |
| 8 | 金红光 | 56 | 工程热物理 | 中国科学院工程热物理研究所 |
| 9 | 高德利 | 55 | 油气钻探与开采 | 中国石油大学（北京） |

# 2013年中国工程院新当选院士名单

（共51人，分学部按姓名拼音排序）

## 机械与运载工程学部（7人）

| 姓名 | 年龄 | 工作单位 |
| --- | --- | --- |
| 樊会涛 | 51 | 中国航空工业集团公司 |
| 蒋庄德 | 58 | 西安交通大学 |
| 李骏 | 55 | 中国第一汽车集团公司 |
| 徐芑南 | 77 | 中国船舶重工集团公司 |
| 杨华勇 | 52 | 浙江大学 |
| 尤政 | 49 | 清华大学 |
| 张军 | 48 | 北京航空航天大学 |

325

附 录

### 信息与电子工程学部（7人）

| 姓名 | 年龄 | 工作单位 |
| --- | --- | --- |
| 丁文华 | 57 | 中央电视台 |
| 费爱国 | 58 | 中国人民解放军空军装备研究院 |
| 桂卫华 | 63 | 中南大学 |
| 何 友 | 57 | 中国人民解放军海军航空工程学院 |
| 杨小牛 | 52 | 中国电子科技集团公司 |
| 张广军 | 48 | 北京航空航天大学 |
| 赵沁平 | 65 | 教育部 |

### 化工、冶金与材料工程学部（4人）

| 姓名 | 年龄 | 工作单位 |
| --- | --- | --- |
| 丁文江 | 60 | 上海交通大学 |
| 蹇锡高 | 67 | 大连理工大学 |
| 李元元 | 55 | 吉林大学 |
| 李仲平 | 49 | 中国航天科技集团公司第一研究院航天材料及工艺研究所 |

### 能源与矿业工程学部（7人）

| 姓名 | 年龄 | 工作单位 |
| --- | --- | --- |
| 蔡美峰 | 70 | 北京科技大学 |
| 陈 勇 | 56 | 中国科学院广州能源研究所 |
| 郭剑波 | 53 | 国家电网公司中国电力科学研究院 |
| 李 阳 | 55 | 中国石油化工股份有限公司 |
| 欧阳晓平 | 52 | 中国人民解放军总装备部西北核技术研究所 |
| 夏佳文 | 49 | 中国科学院近代物理研究所 |
| 赵文智 | 55 | 中国石油天然气股份有限公司 |

### 土木、水利与建筑工程学部（6人）

| 姓名 | 年龄 | 工作单位 |
| --- | --- | --- |
| 杜彦良 | 57 | 石家庄铁道大学 |
| 郭仁忠 | 57 | 深圳市规划和国土资源委员会 |
| 胡春宏 | 51 | 中国水利水电科学研究院 |
| 聂建国 | 55 | 清华大学 |
| 钮新强 | 51 | 水利部长江水利委员会 |
| 肖绪文 | 60 | 中国建筑股份有限公司 |

附录二：2013年中国科学院、中国工程院新当选院士名单

## 环境与轻纺工程学部（5人）

| 姓 名 | 年龄 | 工作单位 |
|---|---|---|
| 刘文清 | 59 | 中国科学院合肥物质科学研究院 |
| 宋君强 | 51 | 中国人民解放军国防科学技术大学 |
| 俞建勇 | 49 | 东华大学 |
| 张 偲 | 50 | 中国科学院南海海洋研究所 |
| 朱蓓薇（女） | 56 | 大连工业大学 |

## 农业学部（4人）

| 姓 名 | 年龄 | 工作单位 |
|---|---|---|
| 陈学庚 | 66 | 新疆农垦科学院机械装备研究所 |
| 李德发 | 59 | 中国农业大学动物科技学院 |
| 印遇龙 | 57 | 中国科学院亚热带农业生态研究所 |
| 赵振东 | 71 | 山东省农业科学院作物研究所 |

## 医药卫生学部（7人）

| 姓 名 | 年龄 | 工作单位 |
|---|---|---|
| 韩德民 | 62 | 首都医科大学北京同仁医院 |
| 韩雅玲（女） | 60 | 中国人民解放军沈阳军区总医院 |
| 胡盛寿 | 56 | 中国医学科学院阜外心血管病医院 |
| 林东昕 | 58 | 中国医学科学院肿瘤医院 |
| 王 辰 | 51 | 北京医院 |
| 王广基 | 60 | 中国药科大学 |
| 夏照帆（女） | 59 | 中国人民解放军第二军医大学长海医院 |

## 工程管理学部（4人）

| 姓 名 | 年龄 | 工作单位 |
|---|---|---|
| 曹耀峰 | 59 | 中国石油化工集团公司 |
| 黄维和 | 55 | 中国石油天然气股份有限公司 |
| 杨善林 | 65 | 合肥工业大学 |
| 周建平 | 56 | 中国载人航天工程办公室 |

## 附录三：香山科学会议2013年学术讨论会一览表

| 会次 | 会议主题 | 执行主席 | 会议日期 |
|---|---|---|---|
| 453 | 信息化背景下的经济转型和社会管理：挑战与对策 | 张玉台　傅志寰　杜　澄　吴建平　宋　立 | 1月08～10日 |
| 454 | 心血管疾病生物学治疗的重大科学前沿 | 裴　钢　葛均波　付小兵　杨黄恬　王建安 | 3月16～17日 |
| 455 | 心理行为的生物学基础及环境影响因素 | 杨玉芳　莫　雷　乐国安　傅小兰 | 3月26～28日 |
| 456 | 细胞重编程和细胞生物学前沿 | 杨焕明　薛社普 | 4月02～03日 |
| 457 | 免疫学前沿热点与发展趋势 | 曹雪涛　刘勇军　田志刚　程根宏 | 4月17～19日 |
| 458 | 重大工程及地质灾害中的颗粒物理与力学问题 | 郑晓静　于　渌　厚美瑛 | 4月26～28日 |
| 459 | 海洋预报前沿与业务化海洋学 | 苏纪兰　冯士筰　袁业立　胡敦欣　王　辉 | 5月07～08日 |
| 460 | 爆炸力学的进展与前沿 | 郑哲敏　白以龙　孙承纬　周丰峻　杨秀敏 | 5月10～11日 |
| 461 | 发挥中西医优势治疗原发性肝癌 | 吴孟超　张伯礼　郑伟达　吴健雄 | 5月22～23日 |
| 462 | 数据科学与大数据的科学原理及发展前景 | 石　勇　朱扬勇　Philip S. Yu　李建平 | 5月29～31日 |
| 463 | 现代服务业的科学问题与前沿技术 | 吴朝晖　陈　剑　华中生　徐以汎 | 6月04～05日 |
| 464 | 下一代高能正负电子对撞机：现状与对策 | 陈佳洱　赵光达　方守贤　陈和生　邝宇平　王贻芳 | 6月12～14日 |
| 465 | 第三次《气候变化国家评估报告》重点问题凝练与判断 | 徐冠华　刘燕华　马燕合 | 6月18～19日 |
| S17 | "新科技革命的方向"学术报告会——纪念香山科学会议二十周年 | 曹健林　詹文龙　高瑞平　樊代明 | 7月16日 |
| S18 | H7N9禽流感病毒跨种传播及预防措施 | 侯云德　钟南山　闻玉梅　李兰娟　孙　兵　吴　凡 | 8月23～24日 |
| 466 | 未来载人深空探测飞行器结构与材料的关键问题研究 | 杜善义　徐　坚　李　明　张柏楠 | 8月27～28日 |
| 467 | 空间环境与物质相互作用的关键科学问题 | 王礼恒　樊代明　张　泽　韩杰才　杜善义 | 9月03～04日 |
| 468 | 低维体系高温超导 | 薛其坤　杨　辉　丁　洪　张广铭 | 9月26～28日 |
| 469 | 中子科学平台及其在先进材料研究中的科学前沿和重大需求 | 陈和生　陈立泉　沈保根　许宁生　张焕乔 | 10月15～16日 |
| 470 | 储能技术发展及其在电力系统中应用的关键科学问题 | 郭剑波　周孝信　陈立泉　程时杰　衣宝廉 | 10月16～18日 |
| 471 | 癌症化学预防研究前沿 | 王陇德　杨中枢　程书钧　陈君石　赫　捷　董子钢 | 10月17～18日 |
| 472 | 放射医学及相关学科：现状与对策 | 柴之芳　苏　旭　赵宇亮 | 10月21～23日 |

续表

| 会次 | 会议主题 | 执行主席 | 会议日期 |
|---|---|---|---|
| 473 | 结构与功能：团簇化学发展的挑战与机遇 | 郑兰荪 洪茂椿 陈小明 谢素原 | 10月25～26日 |
| 474 | X射线自由电子激光在结构生物学中应用的突破性进展 | 许瑞明 雷鸣 施一公 饶子和 | 10月27～28日 |
| 475 | 煤基聚烯烃技术发展和中国的机遇 | 王笃金 赖世 吴秀章 焦洪桥 胡友良 | 10月30～31日 |
| 476 | 纳米地质学及纳米成藏成矿前沿科学问题 | 都有为 琚宜文 王焰新 陈天虎 孙岩 | 11月05～07日 |
| 477 | 土壤地球化学环境现状与污染防控 | 陈毓川 莫宣学 江桂斌 刘丛强 李家熙 张洪涛 | 11月09～10日 |
| 478 | 我国村镇规划建设和管理的问题与趋势 | 邹德慈 李晓江 谢扬 王凯 | 11月26～28日 |
| 479 | 植物发育与生殖：前沿科学问题与发展战略 | 许智宏 李家洋 薛勇彪 马红 薛红卫 李传友 | 11月27～28日 |
| S19 | 以颗粒物理原理认识地震* | 杨炳忻 | 11月29日 |
| 480 | 气象灾害风险管理 | 秦大河 丁一汇 闪淳昌 史培军 | 12月03～05日 |
| 481 | 健康中国战略实施的突破口 | 俞梦孙 佘振苏 肖培根 | 12月10～12日 |
| 482 | 天文考古与中国古代文明 | 周又元 王昌燧 何驽 孙小淳 | 12月17～19日 |

注：标"*"为报告研讨会，杨炳忻教授为会议主持。

# 附录四：2013年中国科学院学部"科学与技术前沿论坛"一览表

| 会次 | 主题 | 执行主席/召集人 | 召开时间 |
|---|---|---|---|
| 18 | 地球生物学前沿 | 殷鸿福 | 3月16～17日 |
| 19 | 信号与信息处理 | 李衍达 | 4月17日 |
| 20 | 生态重建与生态恢复 | 张新时 | 4月25～26日 |
| 21 | 能源动力与科学用能 | 徐建中 | 5月21～22日 |
| 22 | 控制科学面临的前沿科学问题 | 黄琳 | 5月30日 |
| 23 | 水科学基础研究进展 | 杨国桢 | 6月04～05日 |
| 24 | 高等化学教育 | 高松 | 6月08～09日 |
| 25 | 中国特色成矿 | 翟明国 | 8月18～19日 |
| 26 | 电动汽车对动力电源的需求及其对策 | 田昭武 | 9月16～17日 |
| 27 | 多铁性材料发展趋势与挑战 | 南策文 | 9月23～24日 |
| 28 | 可再生能源互联网 | 杨学军 | 9月25日 |
| 29 | 数理领域相关大科学装置 | 詹文龙 | 10月27日 |
| 30 | 陆海统筹研发碳汇 | 焦念志 方精云 傅伯杰 刘丛强 费维扬 | 11月29～30日 |
| 31 | 大型数据发展战略研究 | 贺福初 杨学军 | 11月30日～12月01日 |
| 32 | 合成生物学 | 赵国屏 杨胜利 赵进东 | 12月26～27日 |